UmweltWissenschaften

Schriftenreihe der Fakultät für Umweltwissenschaften
und Verfahrenstechnik
der Brandenburgischen Technischen Universität Cottbus

Geschäftsführender Herausgeber

Prof. Dr. rer. pol. MICHAEL AHLHEIM, BTU Cottbus

Titel der bisher erschienenen Bände

M. Kotulla, H. Ristau und U. Smeddinck (Hrsg.)
Umweltrecht und Umweltpolitik
1998. ISBN 3-7908-1093-2

Gerhard Wiegleb · Friederike Schulz
Udo Bröring (Herausgeber)

Naturschutzfachliche Bewertung im Rahmen der Leitbildmethode

Mit 27 Abbildungen
und 48 Tabellen

Physica-Verlag

Ein Unternehmen
des Springer-Verlags

Prof. Dr. Gerhard Wiegleb
Dr. Friederike Schulz
Dr. Udo Bröring
Lehrstuhl Allgemeine Ökologie
Brandenburgische Technische
Universität Cottbus
Universitätsstraße 3–4
D-03044 Cottbus

Die Deutsche Bibliothek – CIP-Einheitsaufnahme
Naturschutzfachliche Bewertung im Rahmen der Leitbildmethode / Hrsg.: Gerhard Wiegleb ... – Heidelberg; New York: Physica-Verl., 1999
(UmweltWissenschaften)
ISBN-13: 978-3-7908-1174-2 e-ISBN-13: 978-3-642-48431-5
DOI: 10.1007/978-3-642-48431-5

Umschlaggestaltung: Erich Kirchner, Heidelberg

SPIN 10697663 88/2202-5 4 3 2 1 0 – Gedruckt auf säurefreiem Papier

Vorwort

Er meint, die Ärzte wüßten noch etwas mehr von den Kranken, als daß sie sagen können, was ihnen gesund ist und ungesund; in der Tat aber wissen sie nur dieses. Ob aber eben dieses gefährlich ist, das Gesundsein mehr als das Kranksein, glaubst du, o Laches, daß dies die Ärzte wissen?

Das Zitat von Platon (Laches 195c, zit. n. Platon, Werke in acht Bänden, I., Darmstadt 1977) bezeichnet einen Umstand, der nach wie vor in öffentlichen Diskussionen oft übersehen wird, der aber offenbar bereits in der Antike Gegenstand der Reflektion war und im Rahmen der *naturschutzfachlichen Forschung* heute wohl kaum mehr ernsthaften Dissens hervorruft. Im weiteren Sinne ist hier vom Verhältnis von Normen und Werten einerseits, von Fachwissen und Daten andererseits die Rede. Übertragen auf die gegenwärtige Praxis im Bereich des Naturschutzes ist damit das Problem der *Bewertung* von Landschaften, Lebensräumen, Lebensgemeinschaften, Ökosystemen oder anderen Objekten in diesem Sachzusammenhang angesprochen, das immer dann prekär wird, wenn unterschiedliche Ansprüche und Interessen aufeinandertreffen. Sachbezogene Beurteilung kann auf Grundlage naturwissenschaftlich-empirischer Datenerhebung erfolgen, während Bewertung immer mit mehr oder weniger subjektiv gesetzten Normen konnotiert oder daran orientiert ist. - In ihrer Eigenschaft als Ärzte wissen die Ärzte nicht, ob es gut ist oder nicht, gesund zu sein, aber in ihrer zusätzlichen Eigenschaft als Menschen wissen sie es durchaus, unabhängig davon, wie die individuell-subjektive Bewertung auch ausfallen mag.

Von großer praktischer Bedeutung ist die Frage, wie Bewertung auf Grundlage sachbezogener Informationen *und* expliziter Setzung von Werten und Normen möglich ist, ob und wie Transformationsregeln operational, d.h. auch im öffentlichen Raum nachvollziehbar, eingeführt werden können und wie damit erfolgreich Naturschutz betrieben werden kann. Traditionsgemäß fand im Herbst 1997 ein vom Lehrstuhl Allgemeine Ökologie der Brandenburgischen Technischen Universität Cottbus organisierter naturschutzfachlicher Workshop statt, der diesmal unter dem Thema „*Naturschutzfachliche Bewertung im Rahmen der Leitbildmethode*" Fachleute zusammenführte, um das Verhältnis von Leitbildern, Bewertung und der Entwicklung von Handlungsoptionen im Kontext zu diskutieren. Schwerpunkt war die Bewertung von ökologischen Objekten, während in den Workshops der früheren Jahre Leitbilder und deren Entwicklung im Zentrum der Veranstaltungen standen.

Der vorliegende Band versammelt Beiträge, die auf Grundlage der Vorträge und Diskussionen zusammengestellt worden sind. Das vorliegende Buch soll eine weitgehende Übersicht des aktuellen Standes der Diskussion über Probleme der Naturschutzfachplanung vermitteln. Ökologen, Ökonomen, Naturschutzfachleute und Planer haben auf der Veranstaltung insbesondere versucht, die Grundlagen für eine erfolgreiche Bewertung von Umweltzuständen aus der Sicht des Naturschutzes fortzuentwickeln. Das theoretische Grundkonzept bot dabei die *Leitbildmethode*, die in den Planungswissenschaften seit langem etabliert ist, aber im Naturschutzbereich noch wenig eingesetzt wurde. Im einleitenden Teil (Beiträge 1 bis 6) wird dieses *theoretische Grundkonzept* im Rahmen der *allgemeinen Naturschutztheorie* entwickelt und in Bezug zur Bewertung gesetzt. In den drei folgenden Teilen werden Fallstudien und Beispiele einer erfolgreichen Anwendung von leitbild-orientierten Bewertungsverfahren dargestellt. In den Teilen 2 und 3 sind Beiträge zusammengestellt, die sich mit der Analyse naturschutzfachlicher und landschaftsplanerischer Bewertungsverfahren im einzelnen befassen. Während in Teil 2 (5 Beiträge) der Schwerpunkt auf dem Prozeß der *Wertbildung* liegt, bringt der Teil 3 Beiträge mit dem Schwerpunkt auf der *Bewertungsmechanik* und Abwicklung der Bewertung (7 Beiträge). Den Teil 4 bilden zwei Beiträge über *monetäre Bewertungsverfahren* aus ökonomischer Sicht.

Die Herausgeber bedanken sich bei allen Referenten und Referentinnen auf der Veranstaltung für die fruchtbaren Diskussionen sowie bei allen Autoren und Autorinnen dieses Bandes, den Rezensenten und dem Verlag für die gute Zusammenarbeit.

Cottbus, Juni 1998
Die Herausgeber

Inhaltsverzeichnis

Vorwort

Teil 1: Allgemeine Naturschutztheorie

Teil 2: Analyse naturschutzfachlicher und landschaftsplanerischer Bewertungsverfahren - Schwerpunkt Wertbildung

Teil 3: Analyse naturschutzfachlicher und landschaftsplanerischer Bewertungsverfahren - Schwerpunkt Bewertungsmechanik

Teil 4: Monetäre Bewertung von Umweltgütern

Inhaltsverzeichnis

Teil 3: Analyse naturschutzfachlicher und landschaftsplanerischer Bewertungsverfahren - Schwerpunkt Bewertungsmechanik

Teil 4: Monetäre Bewertung von Umweltgütern

1 Synoptische Einführung in das Thema „Naturschutzfachliche Bewertungsverfahren im Rahmen der Leitbildmethode"

Udo Bröring[1], Jörn Vorwald[1] & Gerhard Wiegleb[1]

[1] LS Allgemeine Ökologie, BTU Cottbus, Postfach 10 13 44, D-03013 Cottbus, Tel./Fax: 49-355-692291, e-mail: wiegleb@tu-cottbus.de

Zusammenfassung. Leitbildentwicklung, Datenerhebung, Bewertung und die Entwicklung daraus resultierender Handlungskonzepte bilden ein komplexes Geflecht, das operational auszuarbeiten ist. Dabei bildet die Bewertung als Abgleich von Soll-Ist-Zuständen, aus dem dann Rahmenbedingungen für Handlungskonzepte folgen, die Schnittstelle zwischen den verschiedenen Elementen der guten naturschutzfachlichen Praxis. Bewertung kann dabei mit unterschiedlichen Konnotationen geführt werden: Der Begriff bezeichnet zum einen etwa ein für einen bestimmten Fall anzuwendendes Verfahren zur Ermittlung eines Handlungsbedarfes, weiterhin aber auch bestimmte Verfahren, die nach Variantenprüfung Entscheidungen über die Vorgehensweisen bereitstellen. Entscheidende zusätzliche Elemente einer guten naturschutzfachlichen Praxis zur Förderung breiter Akzeptabilität und Akzeptanz sind neben operationalen, d.h. auch im öffentlichen Raum nachvollziehbaren Bewertungsverfahren die Diskursivität auf allen Ebenen des Planungsprozesses und die Szenariotechnik zur Entscheidungsfindung. Wichtige offene Probleme bleiben zunächst die Einbettung von Diskursivität und Szenariotechnik in eine allgemeine Diskursethik und die Rechtfertigung von Wertzuweisungen und naturschutzfachlichem Handeln im Rahmen einer allgemeinen Rechtfertigungstheorie.

Schlüsselwörter. Bewertung, Bewertungsverfahren, Grundmotive, Handlungsoptionen, Leitbildmethode, Rechtfertigung.

1 Einleitung

Nach dem gegenwärtigen Stand der theoretischen Diskussion ist die Leitbildmethode das geeignete Instrument zur Vereinheitlichung von Naturschutzpraxis, das es gesellschaftlichen Gruppen mit divergierenden Interessen und Vorstellungen ermöglicht, zu konsensfähigen Ergebnissen zu kommen (Marzelli 1994, Bastian 1996, Jessel 1996, Wiegleb 1997a, Deutscher Rat für Landespflege 1997). Erfahrungen mit Diskussionen über die Leitbildmethode zeigen, daß der Umsetzung von Leitbildern vielfach bereits im fachinternen Diskurs Vorurteile und andere Widrigkeiten im Wege stehen, was am Beispiel dreier häufiger Denkfiguren erläutert werden kann.

- Denkfigur 1: „Wir brauchen keine Leitbilder". Die naturschutzfachliche Diskussion ist durchsetzt von impliziten, unbegründeten Wertvorstellungen der jeweiligen Bearbeiter. Man spricht z. B. unreflektiert von „wertvollen" Arten (wenn man „seltene" Arten meint), „wertvollen Biotopen" usw., die geschützt werden „müssen". In solchen Fällen sind Wertvergleiche unmöglich, Zieldefinitionen erscheinen unnötig. Die Ziele und Werte sind den Bearbeitern so selbstverständlich, daß sie weder exakt formuliert noch gerechtfertigt oder gar überprüft werden müssen.
- Denkfigur 2: „Es gibt schon Leitbilder". Amtliche naturschutzfachliche Vorgaben (Naturschutzgesetze, Rote-Listen, EU-Richtlinien usw.) machen scheinbar eine Diskussion von Leitbildern unnötig. Natürlich existieren solche Vorgaben, die bei der räumlichen Konkretisierung von Zielen zu berücksichtigen sind. Im Regelfall enthalten sie jedoch keine Vorschriften über die Abwägung konkurrierender Werte in Raum und Zeit, die in realen Landschaftsausschnitten immer auftreten.
- Denkfigur 3: „Leitbildentwicklung ist schwierig" (als Variante von „Es gibt ein Bewertungsproblem"). Naturwissenschaftler haben oft große Schwierigkeiten, eine Inwertsetzung ihrer Fakten, Modelle und Klassifikationsschemata vorzunehmen. Dies führt entweder zu einer direkten Übernahme von Fakten als Werte (eine Variante des naturalistischen Fehlschlusses, Gethmann & Mittelstraß 1992) im Planungsprozeß oder aber zu einer Verlagerung der Wertzuweisung von der Zielfindung auf das Bewertungsverfahren bzw. darüber hinaus auf die Entscheidungsebene mit dem Effekt der völligen Beliebigkeit und Nicht-Nachvollziehbarkeit von Bewertungs- und Entscheidungsschritten.

Im folgenden sollen einige Klärungen vorgenommen werden, die dazu geeignet sein können, die geschilderten Schwierigkeiten zu überwinden. Offenbar handelt es sich vor allem um Sprachprobleme, weswegen großer Wert auf die Definition von Schlüsselbegriffen gelegt wird. Die dargestellten Überlegungen basieren im wesentlichen auf den Erfahrungen und Diskussionen während des Workshops und danach. Mehr denn je sind wir durch die Veranstaltung davon überzeugt worden, daß es zum Modell der diskursiven Leitbildentwicklung keine ernsthafte Alternative gibt (vgl. auch Vorwald & Wiegleb 1996).

2 Zum „Leitbildproblem“

2.1 Leitbilder und Leitbildmethoden

Im Hinblick auf das naturschutzfachliche Leitbildproblem ist zwischen den eigentlichen *Leitbildern* (Zielvorstellungen) und der *Leitbildmethode als Planungsmethode* und den damit verbundenen begrifflichen und konzeptionellen Schwierigkeiten deutlich zu unterscheiden (vgl. Wiegleb 1996a, 1997b). Während die Leitbildmethode eine spezielle naturschutzfachliche Vorgehensweise zur Lösung spezieller Aufgaben bezeichnet, bezieht sich der Begriff „Leitbild“ auf raumspezifische Zielvorstellungen mit ın der Praxis unterschiedlich gefaßten Konnotationen.

Der Begriff des Leitbildes hat unterschiedlichste *Bedeutungsnuancen* innerhalb bestimmter planungstheoretischer Ansätze und auf verschiedenen Planungsebenen. Dabei ist einerseits eine Überwindung der begrifflichen Schwierigkeiten notwendig. Andererseits sind historisch gewachsene Nomenklaturen niemals logisch und es existieren nicht zufällig verschiedene Auffassungen über Leitbilder. Methodisch bietet es sich an, scheinbar disparate Dinge möglichst konsistent logisch zusammenzufügen und wieder zu zerlegen, um zu sehen, was sich konzeptionell daraus entwickeln läßt.

Rein *formal* verstehen wir unter „*Leitbild*“ zunächst eine Menge von allgemeinen Sach- und Werturteilen mit einer Menge von speziellen Anwendungsregeln mit unterschiedlichen Konkretisierungen. Demnach sind naturschutzfachliche Leitbilder so etwas wie „*Mini-Ethiken*“, die mit übergeordneten Ethiken kommunizieren müssen. Diese allgemeine Definition umfaßt den Großteil der gegenwärtigen Anwendungen des Leitbildbegriffs und kann auf breite Zustimmung rechnen.

Leitbilder können zunächst im Hinblick auf die gegenwärtig in der Praxis unterlegten Konnotationen nach unterschiedlichen Merkmalen klassifiziert werden. Zu untersuchen ist anschließend das Verhältnis von sinnvoll definierten Leitbildern zu operationalen bzw. in der Praxis handhabbaren Planungs- und Umsetzungsmethoden und den bereits vorhandenen Grundmotiven des Naturschutzes (s.u. Kap. 2.4; vgl. Blumrich et al. 1998).

2.2 Klassifikation von Leitbildern

2.2.1 Deduktion, Induktion oder Intuition

Leitbilder können eine *deduktive Hierarchie* bilden, d. h. Unterziele werden aus Oberzielen „logisch konsistent“ abgeleitet (Kiemstedt 1991). Die Ableitung vom Allgemeinen zum Konkreten ergibt sich aber nicht zwingend logisch, ohne Zusatzinformation ist sie im Regelfall nicht möglich. Zu fragen ist zudem, ob Zielsysteme in der Planungswirklichkeit tatsächlich deduktiv abgeleitet werden können, bzw. welche anderen Fälle auftreten. Wir gehen davon aus, daß folgende Fälle häufig sind (vgl. Wiegleb, in diesem Band):

1. Die *induktive Verdichtung* empirisch untermauerter Objekt-Leitbilder erfolgt entweder „vom Punkt zur Fläche" durch räumliche Generalisierung, z. B. mit Hilfe von GIS (Wiegleb 1996b) oder auch vom Objekt zum Typ durch Klassifikationsverfahren. Letzteres ist sicher sehr häufig implizite in vielen Vorgehensweisen enthalten.
2. Noch häufiger ist möglicherweise die *intuitive Einführung* von verschiedenen Kriterien auf verschiedenen Betrachtungsebenen. Dies ist oft in der Praxis gegeben durch das anarchische Nebeneinander von Zielvorstellungen unterschiedlicher medialer und räumlicher Reichweite.

Vier logische Ebenen wie im Fürst-Kiemstedt-Modell sind aber nicht zwingend. Möglicherweise genügen für viele Anwendungen auch zwei Ebenen, wie z. B. bei Heidt et al. (1994) exemplifiziert.

Leitbilder können *bildhaft* („Kulturlandschaft von 1850"), *verbal* („nachhaltige Entwicklung") oder *numerisch* („< 50 mg/l Nitrat im Trinkwasser") sein. Dies korrespondiert z. T. mit der Systematik des Fürst-Kiemstedt-Modells, aber nicht notwendigerweise. Im eigentlichen Wortsinn umfaßt Leitbild zunächst nur die bildhaften Vorstellungen. Oft beharren auch Bearbeiter darauf, daß nur dieser Wortsinn erlaubt sei.

2.2.2 Statik oder Dynamik

Leitbilder können eigentlich nur *statisch* (besser vielleicht: *stationär*) formuliert sein („Bild"-Charakter), auch wenn sie numerisch gefaßt sind, und unabhängig davon, ob sie sich auf Prozesse oder Strukturen beziehen. Dennoch wird gelegentlich gefordert, einen dynamischen Leitbildbegriff zu formulieren, einerseits, um wechselnden Umständen von vornherein Rechnung tragen zu können, andererseits, um offen für Modifikationen und Weiterentwicklungen innerhalb des Leitbildes zu bleiben.

Ein *dynamisches Leitbild* könnte von der inhaltlichen Seite her bedeuten, daß der Weg als das Ziel von Dynamik gesetzt und somit ein „Prozeßschutz" angestrebt wird. Zu fragen bleibt allerdings, unter welchen Umständen, bzw. in welchen Fällen eher kurz- oder langfristige Zeithorizonte zu berücksichtigen, und welche Formen der Dynamik (Toleranzbreiten, Parameterkorridore, Grenzzyklen, deterministisches Chaos u. ä.) im einzelnen zu tolerieren sind.

2.2.3 Räumliche Hierarchien

Räumliche Skalen können in Form *inklusiver Hierarchien* berücksichtigt sein (Wiegleb 1997a). Häufig erweist sich, daß drei deutlich unterscheidbare Ebenen ausreichend für praktische Zwecke sind: zu unterscheiden wären eine Objektebene, eine Landschaftsebene und eine regionale Ebene. Zu berücksichtigen ist, daß es obere und untere Grenzen des Raumbezuges gibt, für die Leitbilder sinnvoll sind. Für einen Einzelbaum ist ebenso schwerlich ein Leitbild zu entwickeln (es sei denn im Rahmen einer artifiziellen Landschaftsgestaltung) wie für Gebiete größer als die EU (Vorwurf des Naturschutzimperialismus, vgl. jedoch Rio-

Konvention u.a. internationale Vereinbarungen). Bei Leitbildparametern wie „gefährdete“ Arten ist z.B. zu beachten, daß schon Rote Listen für einzelne Bundesländer problematisch sein können, wenn die Länder sich über mehrere Naturräume erstrecken.

2.2.4 Formale und juristische Gültigkeit

Leitbilder unterscheiden sich durch den Grad der *Verwissenschaftlichung* und der *Gültigkeit*. Wissenschaftlich begründete Leitbilder stehen in der Diskussion oft unvermittelt zwischen rein politischen Leitbildern. Gültigkeit nach gesellschaftlichen Maßstäben ist häufig nicht mit wissenschaftlicher Erkenntnis in Einklang zu bringen: Wissenschaftlich wahre Aussagen werden in der Entscheidung oft bewußt zugunsten anderer Wertsetzungen ignoriert.

Leitbilder können *rechtsverbindlich* sein (als Normen), *behördenverbindlich* oder auch relativ *unverbindlich*. Rechtsverbindlichkeit bedeutet dabei nicht unmittelbare Durchsetzung, aber konkrete Vorhaben dürfen auch nicht in direktem Widerspruch dazu stehen. Regelungsbedarf ist gegeben, wenn amtliche Leitbilder nicht mehr dem Stand der Wissenschaften entsprechen.

2.2.5 Weitere strukturelle Aspekte

Leitbilder können *implizit* oder *explizit* sein. Implizite Leitbilder sind Wertaussagen, die sich in als Sachaussagen vorgetragenen Sätzen verstecken („Biotop x ist wertvoller als y, weil er mehr seltene Arten enthält“). Hier schwingt z.B. Biodiversität oder Artenschutz als implizites Leitbild mit. Auch Sätze, die eine „Schutzbedürftigkeit“ aufgrund von Seltenheit oder Gefährdung unterstellen, haben ein implizites Leitbild.

Leitbilder können *typusbezogen* oder auch *objektbezogen* sein. Beides wird zur konkreten Raumbewertung gebraucht! Leitbilder können sich sogar auf die Ausprägung von Eigenschaften von Objekten beziehen. Dies ist ein wichtiger Aspekt, der im Bewertungsverfahren unmittelbar durch die Parameterwahl abgebildet werden muß.

Es gibt *sektorale* und *multikriterielle* Leitbilder. Sektorale Leitbilder arbeiten mit ganzheitlichen Wertzuweisungen nur für spezielle Schutzgüter (medienbezogen), multikriterielle Leitbilder arbeiten mit Einzelparametern oder Indikatoren, die integriert oder verrechnet werden. Auch dieser Aspekt findet sich unmittelbar im Bewertungsverfahren wieder.

2.3 Zur Leitbildmethode als Planungsmethode

Die Leitbildentwicklung ist der Prozeß, an dessen Ende ein bestimmter Satz (ein Werturteil eines Zielsystems) für einen bestimmten Fall akzeptiert wird und aus dem, abhängig vom Konkretisierungsgrad und der Raum-Zeit-Skala, auf die Bezug genommen wird, nach Abwicklung der Bewertung ein mehr oder weniger konkreter Handlungsbedarf (von Unterlassung bis zu speziellen Maßnahmenkatalogen) folgt.

Leitbilder können im Rahmen der „unabgestimmten Fachplanung“ als *Expertenmodelle* auftreten oder das Ergebnis einer „offenen Planung“, also eines erweiterten *diskursiven Prozesses* sein. Der Grad der Diskursivität ist ein wichtiges Merkmal. Auch das Expertenmodell beruht im Idealfall nicht nur auf einem Diskurs innerhalb der scientific community unter Einbeziehung verschiedener Fachdisziplinen, sondern ist bereits planerisch abgestimmt, d.h. mit Wertvorstellungen angereichert.

Leitbilder unterscheiden sich stark in ihrer *Geltung* oder *Akzeptanz* bzw. auch in ihrer *Legitimation* oder *Rechtfertigung*. Diese Aspekte gehören eng zusammen, sind aber nicht das gleiche. Ihr Verhältnis ist wenig untersucht.

- Z. B. ist das Rauschmittelverbot (ausgenommen Alkohol und Nikotin) in unserer Gesellschaft zwar legitimiert, aber kaum zu rechtfertigen (Beschaffungskriminalität u.ä. schädliche Nebenwirkungen). Deshalb hat es zwar einigermaßen Geltung, aber nur geringe Akzeptanz.
- Z. B. ist ein Eingriff i.S.d. Eingriffsregelung des BNatSchG verboten, Ersatz oder Ausgleich im Einzelfall schwerlich zu rechtfertigen (was ist schon ein spezifischer Ersatz oder Ausgleich für die Zerstörung von Unikaten, deren Wertschätzung sowohl juristisch wie moralisch unumstritten ist). Rechtfertigung erfolgt mit direktem Bezug auf die Ausgleichsregelung der Ländergesetze, nach denen aber nur formal juristisch (betr. Geltung bzw. Legitimation), nicht ethisch begründet abgewickelt werden kann.

Aus den Beispielen lernen wir zumindest, daß Geltung und Legitimation nicht das wichtigste sein können. Wichtiger sind Akzeptabilität und Rechtfertigbarkeit.

Leitbilder unterscheiden sich in Bezug auf den Zweck und den Anlaß, für den sie entwickelt werden. Das ist verwandt, aber nicht identisch.

- Leitbilder sind nötig im Bereich der *Gefahrenabwehr* (oft als Grenzwerte), der *Umweltvorsorge* (als allgemeine Leitsätze, z. B. Minimierungsgebot bezüglich Abfall) oder auch der *Prioritätensetzung der Landnutzung*. Hier vermischen sich offenkundig *Zweck*, *Ziel* und *Strategie*, die alle in gewisser Weise leitbild- oder auch wertgeprägt sind.
- Im reaktiven und konservierenden Naturschutz können unterschiedliche Anlässe der Leitbildentwicklung aus der *Landschaftsplanung* (z. B. im LRP), *Eingriffsregelung* (mit dem LBP) oder *Schutzgebietsausweisung* (mit dem PEP) resultieren und innerhalb eines geforderten Instrumentariums abgearbeitet werden. Diese hängen eng zusammen. Im Falle des Vorhandenseins eines LRPs als flächendeckender *Eignungs-* oder *Potentialanalyse* für bestimmte Nutzungsformen ist die Variantenprüfung und Bewertung von kleinräumigen positiven (Schutzgebiet, Renaturierung) oder negativen Veränderungen (Eingriff) leicht durchzuführen.
- Bei *perspektivischen* und *großräumigen* Biotopverbund-, Renaturierungs- oder Extensivierungsplanungen besteht oft kein eigenständiges Instrumentarium und es muß auf andere Planungsinstrumente (der Raumordnung oder Regionalplanung bzw. auch anderer Fachplanungen) ausgewichen werden. Dies verkompliziert die Leitbildentwicklung insofern, als fachfremde Leitbilder mitbe-

rücksichtigt werden müssen. Gegebenenfalls ist es aber ein Anlaß, die diskursive Leitbildentwicklung offensiv anzugehen.

- Auch in wissenschaftlich orientierten *Modellvorhaben* können Leitbilder entwickelt werden, ohne daß ein bestimmtes Instrumentarium vorgegeben ist. Hier scheint es eher ein Vorteil zu sein.

2.4 Leitbilder und Grundmotive

Leitbilder müssen eigentlich nicht von Grund auf entwickelt werden, denn die Leitbildentwicklung setzt nicht voraussetzungslos an. Es existiert eine Vielzahl von „*Protoleitbildern*" oder „*Grundmotiven*", die in der öffentlichen Diskussion vorhanden sind. Der Prozeß der Leitbildentwicklung ist eher ein Prozeß der *Auswahl* und *Präzisierung* und unterliegt damit Wertentscheidungen verschiedenster Art.

Die wichtigsten naturschutzfachlichen Grundmotive sind: *Naturnähe*, *Kulturlandschaft*, *Biodiversität*, *Nachhaltigkeit*. Sie lassen sich in einem Viererschema entlang der Achsen Natur und Kultur bzw. biotisch und abiotisch ordnen (Abb. 1.1):

Anthropogenität	→		
biotisch ↓		Biodiversität	
biotisch/abiotisch ↓	Naturnähe		Kulturlandschaft
abiotisch ↓		Nachhaltigkeit	

Abbildung 1.1. Viererschema der Grundmotive entlang der Achsen Natur/Kultur bzw. biotisch/abiotisch

Zu beachten ist, daß sowohl kulturelle, als auch nichtartifizielle Elemente im Allgemeinen Wertzuweisungen erhalten, was grundsätzlich unumstritten ist, wobei Biodiversität eher weniger, Nachhaltigkeit eher mehr artifizell ist (daher in Abb. 1.1 jeweils verrückt). Das gleiche gilt für biotische und abiotische Elemente. Unberührt bleibt zunächst die Frage, wie die Wertzuweisungen begründet, d.h. aus ethischen Grundvoraussetzungen allgemein akzeptierter Wertvorstellungen hergeleitet bzw. eingebettet und wie Entscheidungen auf Grundlage solcher Grundmotive im einzelnen zu rechtfertigen sind.

Schwierigkeiten ergeben sich insbesondere auch daraus, daß einzelne Begriffe sowohl als Ziele wie auch als Maßnahmen eingeführt werden. Der Erhalt der Kulturlandschaft (als Maßnahme) soll dem Ziel der Erhaltung der Biodiversität dienen. Der Schutz natürlicher Habitate soll ebenfalls diesem Ziel dienen usw. - In dieser Vielschichtigkeit ist auch die Bewertung zu sehen, die als notwendiges

Bindeglied zwischen Leitbildern und dem Erkennen von Handlungsbedarf figuriert.

3 Zum Bewertungsproblem

3.1 Allgemeines

Bewertung ist offenkundig ebenfalls ein mehrsinniges Wort. Häufig wird es im Sinne einer sachlichen Beurteilung oder Einschätzung, einer Expertenmeinung oder einfach als Analyse gebraucht.

Unter „Bewertung" wird „die Beurteilung eines Sachverhaltes anhand von Wertmaßstäben" verstanden (Fuchs-Heinritz et al. 1994.). Die Wertmaßstäbe sind dabei normativ vorab gesetzt. Diese Definition ist zwar sinnvoll, aber zu allgemein für planungstheoretische Anwendungen. Sie zeigt allerdings zunächst, daß es ein *meßtheoretisches Problem* gibt.

Unter *Bewertung (Bewertung I)* im naturschutzfachlichen Kontext wird nachfolgend der Abgleich zwischen einem Soll-Zustand und einem Ist-Zustand mit Hilfe diskursiv entwickelter Regeln (Wertmaßstäbe) verstanden.

Eine weitere Konnotation des Bewertungsbegriffes *(Bewertung II)* ist dadurch gegeben, daß auch Szenarien über mögliche Zukünfte, die mit Hilfe der diskursiven Leitbildentwicklung ausgearbeitet werden, nochmals bewertet werden müssen, bevor sie in Handlungskonzepte übergehen können (vgl. Abb. 1.2). Im Rahmen des Abwägungsprozesses wird nämlich zu entscheiden sein, ob ein Leitbild tatsächlich durchgesetzt werden soll (unter Beachtung diverser Rahmenbedingungen) oder welches der Szenarien zur Grundlage des Umsetzungsprozesses genommen wird. Dabei wird erneut auf Wertmaßstäbe zurückzugreifen sein, die entweder im Leitbild selbst enthalten sind oder zu diesem Zweck diskursiv entwickelt werden müssen. Wieder bleibt im Rahmen der eigentlichen praktischen Abwicklung das Problem unberührt, wie die Entscheidung für bestimmte Szenarien ethisch gerechtfertigt werden kann.

Schließlich ist von beiden genannten Bewertungsbegriffen die notwendige Bewertung des Erfolges von Maßnahmen bzw. der wertende Vergleich von angestrebter und tatsächlicher Aktualität der status quo post (*Bewertung III*) zu trennen. Diese Bewertung ist im Prinzip eine Messung des Verhältnisses von Aufwand und Nutzen (Effizienzkontrolle) incl. der Beurteilung, inwiefern sich der Aufwand angesichts knapper Ressoucen gelohnt hat. Rechtfertigung und Prüfung von Möglichkeiten zur Optimierung schließen sich an.

Die Konnotation „Bewertung = Wertzuweisung" wird ausdrücklich ausgeschlossen. Wertzuweisung findet im Rahmen der Leitbildentwicklung oder aufgrund ethischer und rechtlicher Normen schon vorher statt. Alle Bewertungsprobleme können mit Hilfe der diskursiven Leitbildentwicklung prinzipiell gelöst werden.

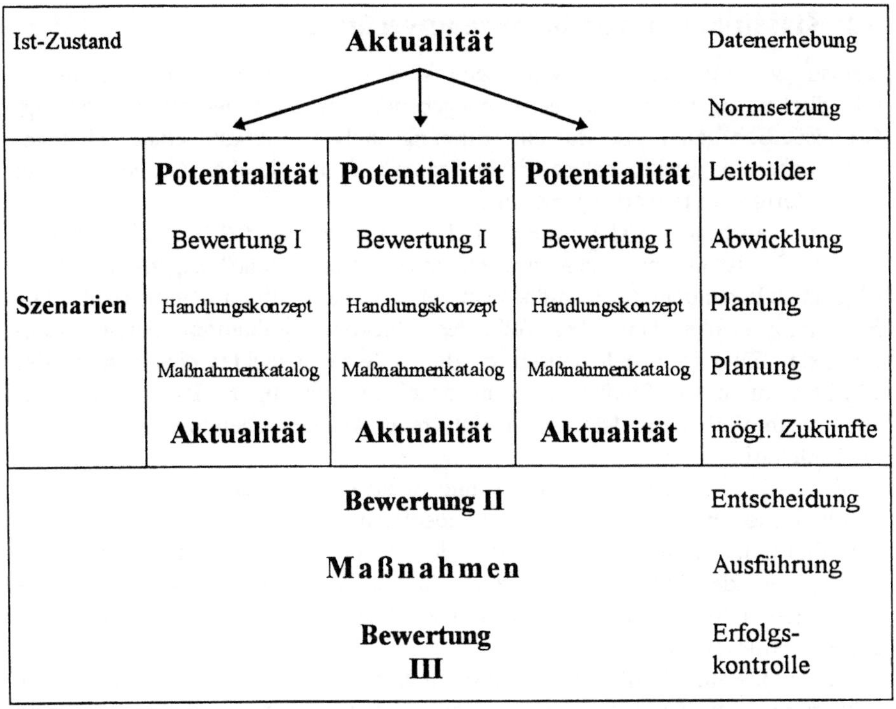

Abbildung 1.2. Zusammenhang zwischen verschiedenen Bewertungsbegriffen im Rahmen der Leitbildmethode mit Szenariotechnik

Bewertungen beziehen sich auf konkrete *(raum-zeitlich definierte) Objekte* oder Typen oder typologische und individuelle Eigenschaften von Objekten. Dies entspricht der Gliederung in der Leitbildsystematik.

Probleme mit der Ermittlung eines Unterschiedes zwischen Soll- und Istzustand treten auf, wenn die Wertgebung nicht in Form einer typologischen oder quantifizierten Vorgabe erfolgt, die eine exakte Abstandsmessung ermöglichen, sondern nur in Form eines *Trends* und einer *Entwicklungsrichtung*. Ein ähnliches Problem tritt auf beim synchronen Vergleich von Objekten mit Verfahren, die „*nach oben offen*" sind, und nur eine relative Reihung ermöglichen. In solchen Fällen sind nur „besser-schlechter-Urteile" möglich, nicht aber „gut-schlecht"-Urteile. Es mag Situationen geben, in denen eine relative Wertung ausreichend ist, z. B. bei der Alternativenprüfung bei Eingriffen (jede Variante macht etwas kaputt, die eine mehr, die andere weniger). Das kann aber sicher nicht genügen bei perspektivischen Planungen. Auch Zielvorstellungen wie „Prozeßschutz" oder „Eigendynamik erhalten" verlangen eine genauere Definition von Meßgrößen und sei es nur in der Form von Mindestanforderungen für die Anwesenheit bestimmter Prozesse.

3.2 Klassifikation von Bewertungsverfahren

Ebenso wie für Leitbildentwicklungen sind für Bewertungsverfahren unterschiedliche Anlässe und Zwecke maßgebend. Das oben gesagte gilt analog. Grundsätzlich gelten aber für eine Eignungsanalyse (Auswahl eines Schutzgebiets) oder eine Risikoanalyse (Eingriffsplanung) die gleichen Grundsätze und Gütekriterien der Bewertungsmechanik.
Bewertungen beziehen sich im Regelfall auf „ganze Objekte" (hier im weitesten Sinne). Oft ist es aber nicht möglich, eine „ganzheitliche" Eigenschaft eines Objekts zu bestimmen (vgl. „hidden variables" in der multivariaten Statistik). Die Bewertung erfolgt dann über Teile des Objektes (Indikatoren, pars-pro-toto-Methode). Dies ist problematisch, da die Teile des Objektes den Zustand des Objektes in unterschiedlicher Form anzeigen können, z. B. wegen semi-autonomen Verhaltens. Ist dies der Fall, treten widersprechende Wertfunktionen der Teile auf.

Oft wird zwischen *synthetischer* und *sektoraler* Bewertung unterschieden. Synthetische Bewertung ist nicht identisch mit der oben angeführten „ganzheitlichen", da sie immer über Teile gewonnen wird. Aufgrund von Semiautonomie- oder Skaleneffekten werden immer Widersprüche zwischen Teilbewertungen auftreten, die nicht einfach zu hierarchisieren sind. Beispiele, die diese Schwierigkeiten aufzeigen sind:

- Die Anlage einer Sohlgleite aus Beton in einem Fließgewässer: Die Maßnahme kann zu einer ökologischen Optimierung durch den Anstau, die Verringerung der Fließgeschwindigkeit und die Anhebung des Grundwasserstandes in der Umgebung führen (großräumige Auswirkungen). Sie kann gleichzeitig zur Vernichtung von Lebensgemeinschaften im unmittelbaren Umfeld der Baumaßnahme führen (kleinräumige Auswirkungen), die unter dem Grundmotiv der Naturnähe oder des Artenschutzes als negativ zu bewerten wäre.
- Der Bau einer Umgehungsstraße: Die flüssige Verkehrsführung führt insgesamt zur Senkung des Schadstoffaustoßes (erwünschter Effekt). Andererseits werden (abgesehen von Folgewirkungen wie der Zerschneidungswirkung o.a.) die Schadstoffe in Bereiche emittiert, die ohne die Straße weitgehend verschont geblieben wären.

Sektorale Bewertung ist nicht deswegen schlecht, weil sie nur Teile bewertet. Wenn nur das Teil interessant ist im Rahmen der Fragestellung oder des zugrunde gelegten Leitbildes, ist es nur konsequent.

3.3 Synthese, Aggregation, Hierarchisierung

Zur Vermeidung der Hierarchisierung werden oft sektorale Bewertungen nebeneinander gestellt und kommentiert. Man erkennt so den Handlungsbedarf recht gut und unmittelbar und kann ggf. knappe Ressourcen in den „schlechtesten" Indikator stecken. Dies klappt aber nur in dem Fall, in dem man die Wahl der Maßnahmen hat. Bei einem Eingriff ist die „Maßnahme" schon gewählt, und die Synthese (und damit die Konkurrenz der Indikatoren) wird erzwungen.

Ein Trick, diese Widersprüche zu verbergen, ist die einfache Addierung konkurrierender Parameter. Weitere *Aggregationsverfahren* sind u.a. ad-hoc-Wichtung und Verrechnung, Einführung von Verbots- oder Schwellenwerten, Mitführen von Maximalwerten statt Mittelwerten in den einzelnen Aggregationsschritten usw. All dies führt zu Problemen, die nur auftreten, wenn keine Vorabwertgebung im Leitbild stattgefunden hat, d.h. keine *externe Funktion* gegeben ist, anhand derer eine optimale Lösung gefunden werden kann. Sehr gutes Analogbeispiel sind Kosten-Nutzen-Analysen. Hier gibt es auch eine externe Nutzenfunktion, auf die das Sachmodell abgebildet wird.

Die Leitbildentwicklung führt meßtechnisch gesehen zur Definition einer einheitlichen Skala, auf der konkurrierende Werte abgebildet werden können. Diese ist im Regelfall bei Naturgütern nicht vorhanden. Eine solche Skala kann das Geld sein, sofern eine Monetarisierung nötig oder gewünscht ist. Es müssen aber nicht unbedingt das Geld oder andere Nutzenfunktionen sein, obwohl dies vielen Menschen verständlich ist. Im Sinne der diskursiven Leitbildentwicklung kann jede gerechtfertigte und akzeptable Skala gewählt werden. Sätze der Art: „Das ist ein schlechtes Kriterium, weil..." sind im Rahmen der diskursiven Leitbildentwicklung sinnlos, da auch ein schlechtes Kriterium gewählt werden kann, solange kein besseres zur Verfügung steht oder darüber keine Einigkeit erzielt werden kann. Nicht-Nutzen-orientierte Skalen können sich auf eudämonische, moralische oder absolute Eigenwerte beziehen.

3.4 Spezielle meßtechnische Probleme

Eigenschaften oder Indikatoren müssen über eine ausreichende *Trennschärfe* verfügen. Beispiel: Ich klassifiziere alle Grünlandparzellen der Wesermarsch als Flutrasen und bewerte sie anhand von § 28b NNatG als besonders schützenswert. Das Verfahren mißachtet alle wesentlichen floristischen Besonderheiten der Grünlandparzellen.

Meßtheoretisch bedeutend ist die Formulierung von Zielen (Leitbildern) und Fakten (Daten) in *der gleichen Sprache*. Man kann nicht Ziele für ein Objekt über Biotoptypen formulieren und dann Daten über Rote-Liste-Arten erheben, es sei denn, man hätte ein mechanistisches Modell über den Zusammenhang des Auftretens bestimmter Biotoptypen und der Zahl der Rote-Liste-Arten pro Flächeneinheit.

Da eine Bewertung ohne *ausreichende Sachinformation* nicht durchgeführt werden kann, ist die Frage zu klären, wann „ausreichende Information" über ein Objekt (Raum oder Typus) vorliegt. Allgemeine Standards kann es kaum geben, diese sind anlaß- und situationsabhängig. Trotzdem sollten sich alle Fachsparten darum bemühen, sich für verschiedene Eventualitäten etwas zu überlegen und dies nicht nur nach dem Gesichtspunkt der Kostenminimierung.

Unterschiedliche Sachmodelle (Abstraktion und Klassifikation der Wirklichkeit) führen zu unterschiedlichen Bewertungen. Das ist aber nicht schlimm. Wenn nur Daten über Vögel eines Raumes vorliegen, kann ich nicht die Enchyträen als Indikatoren benutzen, wie wichtig sie auch immer sein mögen. Vögel lassen sich also ins Leitbild integrieren, Enchyträen aufgrund von (ggf. behebbarer) Ignoranz nicht. Da Bewertungen auf Klassifikationen beruhen und Klassifikationen zweckgebundene Abstraktionen sind, gilt dies auch für Bewertungen. Es gibt also keine guten oder schlechten Bewertungsverfahren, es gibt nur angemessene (aufgrund der Datenlage und Zielformulierung gerechtfertigte) und unangemessene Verfahren.

4 Planungstheoretische Aspekte (Handlungen, Diskursivität und Szenariotechnik usw.)

Leitbildentwicklung, Datenerhebung, Bewertung und die Entwicklung daraus resultierender Handlungskonzepte bilden ein komplexes Geflecht, das teils iterativ, teils auch zirkulär ist. Der fachliche Input (Daten) definiert sowohl das „*Sein*" (Istzustand) wie auch das „*Sein können*" (Prognose und Szenario), das Leitbild selbst das „*Sein sollen*". Das Bewertungsverfahren ermöglicht es, Werte oder Wertunterschiede in Handlung umzusetzen. Dabei darf das Problem der Entscheidungsfindung (Bewertung II, s.o.) planungstheoretisch nicht mit der Bewertung (Bewertung I, s.o.) verwechselt oder vermengt werden. Bewertung I ist Voraussetzung für Entscheidung bzw. ohne die Notwendigkeit der Entscheidung brauchte man keine Bewertung. Zwischen Bewertung und Entscheidung stehen Erheblichkeitsbetrachtung, Pareto-Optimierung, Kosten-Nutzen- und Nutzen-Nutzen-Analyse oder auch andere entscheidungsunterstützende Verfahren.

Um breite Akzeptanz für Entscheidungen zu erreichen und Akzeptabilität zu gewährleisten, kann nach allen Erfahrungen in der naturschutzfachlichen Arbeit auf einen breiten *Diskurs* zwischen den Beteiligten und den Betroffenen nicht verzichtet werden, denn es bestehen in der Praxis eine Vielzahl sehr unterschiedlicher Wertvorstellungen und Motivationen nebeneinander. Neben mehr oder weniger rational begründbaren Motiven und Wertvorstellungen, die zu unterschiedlichen Bewertungen führen, werden häufig auch irrationale (z.T. aus plattem Egoismus gespeiste) Grundeinstellungen wie spezifische Empfindlichkeiten, Ängste, abstruse Ästhetiken usw. zur Grundlage einer subjektiven Meinungsbildung und Einschätzung genommen. Im übrigen ist der unterschiedliche Informationsstand verschiedener Beteiligter und Betroffener ernst zu nehmen, ebenso wie unterschiedliche Fähigkeiten, sich zu artikulieren oder die unterschiedliche Bereitschaft, sich einem rationalen Diskurs zu stellen. Diesen Aspekten ist Rechnung zu tragen, wenn breite Zustimmung und Akzeptabilität erreicht und damit Naturschutz erfolgreich praktiziert werden sollen.

Wichtiges Hilfsmittel zur Durchführung bzw. Förderung des Diskurses ist die Entwicklung von *Szenarien*, die unter bestimmten Bedingungen mögliche Zukünfte beschreiben. Anhand solcher im Regelfall von Experten im einzelnen ausgearbeiteten Szenarien können Maßnahmenkataloge, die aus Ist-Soll-Abgleichen (Bewertung I) resultieren, im einzelnen beurteilt und Entwicklungen unter bestimmten Bedingungen prognostiziert werden. Durch die anschauliche Aufbereitung und die Gegenüberstellung verschiedener, Alternativen aufzeigender und *aus unterschiedlichen Leitmotiven und Leitbildern gespeister Szenarien* können Auswirkungen beurteilt, Bedingungen, unter denen die Ziele tatsächlich zu realisieren sind, gesetzt, Rechtfertigungen diskutiert, planerische und rechliche Vorgaben abgeglichen und damit Entscheidungen vorbereitet werden (Bewertung I). Voraussetzung für echte Diskursivität ist dabei die Gegenüberstellung verschiedener Leitbilder und Szenarien, die im offenen Dialog diskutiert werden können.

5 Offene Probleme

Wichtige Merkmale eines offenen Planungsprozesses sind demnach die Diskursivität auf allen Ebenen (Leitbildentwicklung, Bewertung I und II) und die Szenariotechnik als Hilfsmittel zur Entscheidungsfindung. Forschungs- und Diskussionsbedarf ergeben sich u.E. insbesondere auf drei Feldern.

1. Für den praktischen Planungs- und Entscheidungsprozeß ist das Verhältnis zwischen Leitbildentwicklungs- und Szenariotechnik sowie der Entwicklung von Handlungskonzeptionen noch wenig untersucht. Wichtige Schnittstellen sind die Bewertungsverfahren, deren Setzung im Rahmen eines diskursiven Leitbildentwicklungsprozesses ebenso wie die Rahmenbedingungen für die Auswahl von Szenarien und die Kriterien für eine Entscheidungsfindung integriert werden müssen. Es gilt, diesen Prozeß weitergehend modellhaft zu operationalisieren und Rahmenbedingungen für Bewertungsverfahren zu entwickeln, die nach der Leitbildentwicklung tatsächlich so abwickeln, daß Handlungskonzepte möglichst direkt und differenziert folgen.
2. Es ist zu klären, wie sich die als richtig und notwendig erkannten Elemente der guten naturschutzfachlichen Praxis, insbesondere die Einbeziehung der Diskursivität, rechtlich implementieren lassen, und welche grundsätzlichen Unterschiede in den Anforderungen an Bewertungsverfahren im Rahmen unterschiedlicher naturschutzfachlicher bzw. umweltplanerischer Aufgaben und Verfahren (UVS, Eingriffsregelung, LBP, PEP usw.) zu berücksichtigen sind.
3. Nach wie vor völlig unzureichend bearbeitet ist die Einbettung der Diskursivität in der naturschutzfachlichen Arbeit in eine allgemeine Diskursethik, bzw. die Deduktion diskursiver Elemente für naturschutzfachliche Arbeit aus einer allgemeinen Diskursethik, obwohl hierzu bereits einiges vorliegt (Potthast 1996, Eser & Potthast 1997). Das gleiche gilt für die Herstellung von Verbindungen zur allgemeinen Rechtfertigungstheorie.

Danksagung

Wir danken allen Mitarbeitern des LENAB-Verbundprojektes, insbesondere H. Blumrich, B. Felinks, H. Fromm, B. Hahn, M. Krause, J. Mrzljak, F. Schulz (alle Cottbus), R. Stierand, W. Serbser (Dortmund) sowie T. Potthast, U. Eser

(Tübingen), C. van Haaren (Hannover) und R. Niedringhaus (Oldenburg) für Diskussion und konstruktive Kritik. Das LENAB-Verbundprojekt wird vom BMBF (Fkz 0339648) und der LMBV mbH gefördert.

Literatur

Bastian, O. 1996. Ökologische Leitbilder in der räumlichen Planung - Orientierungshilfen beim Schutz der biotischen Diversität. Arch. Naturschutz u. Landschaftsforschung 34: 207-234.

Deutscher Rat für Landespflege. 1997. Leitbilder für Landschaften in „peripheren Räumen“. Schriftenreihe des Deutschen Rates für Landespflege 67. 137 S. Meckenheim.

Eser, U. & Potthast, T. 1997. Bewertungsproblem und Normbegriff in Ökologie und Naturschutz aus wissenschaftsethischer Perspektive. Z. Ökol. Naturschutz 6: 181-189.

Fuchs-Heinritz, W., Lautmann, R., Rammstedt, O. & Wienold, H. 1994. Lexikon zur Soziologie. 3. Aufl. Westdeutscher Verlag, Opladen.

Gethmann, C.F. & Mittelstrass, J. 1992. Maße für die Umwelt. Gaia 1: 16-25.

Heidt, E., Leberecht, M. & Schulz, R. 1994. Konzeption für die Formulierung und Umsetzung von Leitbildern, Umweltqualitätszielen und Umweltstandards bei der Entwicklung von Vorstellungen für eine umweltgerechte Landnutzung im Biosphärenreservat Schorfheide-Chorin. Laufener Seminarbeiträge 4/94: 141-152.

Jessel, B. 1996. Leitbilder und Wertungsfragen in der Naturschutz- und Umweltplanung. Naturschutz u. Landschaftsplanung 28: 211-216.

Kiemstedt, H. 1991. Leitlinien und Qualitätsziele für Naturschutz und Landschaftspflege. In Henle, K., Kaule, G., eds., Naturschutzforschung für Deutschland, Berichte aus der ökologischen Forschung 4: 338-342.

Marzelli, S. 1994. Zur Relevanz von Leitbildern und Standards für die ökologische Planung. Laufener Seminarbeiträge 4/94: 11-23.

Potthast, T. 1996. Die Methode diskursiver Leitbildentwicklung, die Rolle der Ethik und das „Bewertungsproblem“ aus einer wissenschaftsethischen Sicht. Aktuelle Reihe BTU Cottbus 8/96: 18-29.

Vorwald, J. & Wiegleb, G. 1996. Anforderungen an Leitbilder für die Entwicklung von Bewertungsverfahren im Naturschutz. Aktuelle Reihe BTU Cottbus 8/96: 146-152.

Wiegleb, G. 1996a. Leitbilder des Naturschutzes in Bergbaufolgelandschaften am Beispiel der Niederlausitz. Verh. Ges. Ökol. 25: 309-319.

Wiegleb, G. 1996b. Konzepte der Hierarchietheorie in der Ökologie. In Mathes, K., Breckling, B. & Ekschmitt, K. (Hrsg.): Systemtheorie in der Ökologie. Ecomed, Marburg: 7-24.

Wiegleb, G. 1997a. Leitbildmethode und naturschutzfachliche Bewertung. Z. Ökol. u. Naturschutz 6: 43-62.

Wiegleb, G. 1997b. Beziehungen zwischen naturschutzfachlichen Bewertungsverfahren und Leitbildentwicklung. NNA-Berichte 3/97: 40-47.

2 Begriffe, Vorgehen und Hierarchien bei der Zielentwicklung im Naturschutz

Christina v. Haaren[1]

[1] Institut für Landschaftspflege und Naturschutz, Universität Hannover, Herrenhäuser Str. 2, D-30419 Hannover

Zusammenfassung. Bei der Erarbeitung von Naturschutzzielen treten immer wieder sowohl begriffliche als auch systematische Unklarheiten auf. Eine exponierte aber auch besonders schillernde Rolle spielte in der jüngeren Vergangenheit der Leitbildbegriff. Die Darstellung der Vieldeutigkeit des Leitbildbegriffes in der gegenwärtigen Fachdiskussion führt zu Empfehlungen für die Verwendung des Begriffes. Da sich gezeigt hat, daß der Begriff für Zielsysteme in den verschiedensten Ausprägungen und auf allen Planungsebenen Verwendung findet, wird zumindest für die wissenschaftliche Diskussion davon abgeraten, ihn weiterhin ohne erklärenden Zusatz zu benutzen. Der strategische und öffentlichkeitswirksame Wert des Begriffes sollte jedoch genutzt werden. Naturschutzzielsysteme müssen den Anforderungen an die Transparenz der Bewertung, eine logische Herleitung der Ziele, das Aufzeigen von Brüchen in der Zielableitung und die Rückkopplung zu höheren und nachgeordneten Ebenen gerecht werden. Die Darstellung eines Zielsystems auf den verschiedenen Ebenen der Planungshierarchie zeigt Möglichkeiten des Naturschutzes, seine Ziele überzeugender aus Grundwerten der Gesellschaft abzuleiten und der praktischen Planung einen verläßlichen Überbau von vor Ort nicht disponiblen Zielen zur Verfügung zu stellen. Die Ergebnisse sind jedoch immer wieder mit Informationen von den nachgeordneten, konkreteren Planungsebenen rückzukoppeln. Ausreichende regionale und lokale Gestaltungsspielräume müssen belassen werden. Dazu werden Ziele in Form von „Entwicklungskorridoren" dargestellt. Planungen werden damit flexibel und „lernfähig".

1 Einleitung

Immer wieder tauchen in der Arbeit des Naturschutzes Fragen zur Zielentwicklung auf. Es geht um das Verständnis, die Notwendigkeit und den Einsatz von Leitbildern, die Anforderungen an ein alle Planungsebenen umfassendes Naturschutzzielkonzept und die Etablierung von Zielen über entsprechende Instrumente. Im folgenden soll ein Beitrag zur definitorischen Klärung und zur logischen Ordnung dieses Aufgabenfeldes geleistet werden. Dabei wird davon ausgegangen, daß ein Zielsystem zu entwickeln ist, dessen „Pflicht" die Definition von Rahmen und Eckpunkten der Landschaftsentwicklung ist und das in der „Kür" Entwicklungsziele im gesellschaftlichen Diskurs erarbeitet (vgl. Wiegleb 1997; v. Haaren 1988).

2 Prozesse und Instrumente der Zielentwicklung: Leitbilder, Leitlinien, Umweltqualitätsziele, Umweltqualitätsstandards

2.1 Definitionen und Zielhierarchien

Zu Beginn sollen die in der gegenwärtigen Zieldiskussion verwendeten Begriffe definiert und in Beziehung zueinander gesetzt werden, da sich gerade in diesem Themenbereich in den vergangenen Jahren - nicht zuletzt durch die Entdeckung dieses Themas durch die verschiedensten Fachdisziplinen - eine sehr unterschiedliche Handhabung der Begriffe und auch der damit verbundenen Konzepte eingestellt hat (Tab. 2.1). Bei dieser Systematisierung wird das Wort Leitbild, das am vieldeutigsten in der Diskussion verwendet wird, bewußt vermieden, um Synonyme zu erhalten, die eine Positionierung von unterschiedlichen Leitbildauffassungen im Verhältnis zu anderen erlauben. Der Oberbegriff „Ziel" wird gemeinhin auf allen Hierarchieebenen verwendet, ist dabei aber neutraler als der Leitbildbegriff und ruft nicht so viele unterschiedliche Assoziationen hervor. Er bedarf der Präzisierung, wenn nicht das Ziel generell, sondern spezielle Anwendungsbereiche oder Ebenen bezeichnet werden sollen.
Alle genannten Zieltypen verbinden grundsätzlich wissenschaftliche Informationen (wissenschaftlich gesicherte oder vertretbare Annahmen) mit gesellschaftlicher Werthaltung. Sie können auf den unterschiedlichen Politik- bzw. Planungsebenen vorkommen (s. Abb. 2.1). Für den Einsatz und die Einschätzung von Visionen, Leitlinien, UQZ und UQS ist es wichtig zu wissen, für welche Handlungsebene sie entwickelt wurden.

Tabelle 2.1. Begriffsdefinitionen für Zielkategorien/-typen und Parameter im Naturschutz

Begriff	Definition	Erläuterung/Beispiele
Idee, Vision	Allgemeinste übergeordnete Zielvorstellungen in Form einer abstrakten Idee als Idealvorstellung oder konkreter als „Urbild" idealer Landschaften	Auch Utopie gehört in diese Kategorie, hier ist ausdrücklich vorausgesetzt, daß das Ziel nicht erreichbar sein muß. Beispiele: Idee der nachhaltigen Entwicklung (u.a. Erhaltung der Biodiversität) z.B. Wildnis / Naturlandschaft oder Entwicklung einer am Zustand des 19. Jahrhunderts orientierten Kulturlandschaft

Tabelle 2.1. Fortsetzung

Begriff	Definition	Erläuterung/Beispiele
Leit-prinzipien	Handlungsorientierte Normen, die gesellschaftliche Grundnormen in Verhaltensregeln für die Gestaltung des Mensch-Natur-Verhältnisses übersetzen	Unter dem Gesichtspunkt des Schutzes der Naturgüter gibt es keinen bzw. nicht nur einen einzigen „Idealzustand" der Landschaft. Ausgangspunkt deshalb: Regeln für menschliches Handeln statt anzustrebender Landschaftszustand (v. Haaren 1988) Beispiele: Prinzipien Verantwortung, Risikovermeidung, Partizipation (konkretisiert: hohe Reversibilität der Eingriffsfolgen, hohe Vielfalt an Lebensräumen (v. Haaren 1988). Weitere in Dt. Rat f. Landespflege (DRL 1996)
Leitlinien/ Grund-sätze	Leitlinien konkretisieren übergeordnete Zielebenen und sind i.d.R. ebenfalls als Handlungsprinzipien formuliert (noch nicht räumlich konkretisiert) Sie können also als Teilkategorie der „Leit-prinzipien" oder Leit-prinzipien mit höherem Präzisierungsgrad aufgefaßt werden	Unscharfe Grenze zu übergeordneten Zielebenen. Ideen/ Visionen, Leitprinzipien, Leitlinien nicht räumlich verortet Beispiele: vom DRL (1996) formulierte „Prinzipien", Prinzip der Minimierung von qualitativ oder quantitativ problematischen Stoffeinträgen in den Boden (Fürst et al. 1989: 11)
Umwelt-qualitäts-ziele (UQZ)	Umweltqualitätsziele geben bestimmte, sachlich, räumlich und ggf. zeitlich definierte Qualitäten von Ressourcen, Potentialen oder Funktionen an, die in konkreten Situationen erhalten oder entwickelt werden sollen (Fürst et al. 1989: 9). Sie sind umwelt-, zustands- und wirkungsbezogene Größen (Lutter 1994: 317)	• UQZ beschreiben erwünschten Grad der Ausschöpfung von Umweltfunktionen (UVP-Förderverein 1995). • Sie verbinden wissenschaftliche Informationen mit gesellschaftlicher Werthaltung. • Orientierung an Rezeptoren oder Betroffenen, nicht an Verursachern, an der Umweltvorsorge und nicht an der Gefahrenabwehr (Fürst et al. 1989). • Bezug: a) Umweltausschnitte (z.B. Schutzgüter), weil Gesamtqualität in einem Ziel nicht operational abbildbar ist (a.a.O.), b) konkrete Situationen, deshalb nicht unmittelbar auf andere Fälle übertragbar (Fürst et al. 1989: 9). Beispiel: Ein UQZ auf Bundes- /Landesebene wäre der Schutz und die Sanierung aller verbliebenen Hochmoore sowie die Entwicklung von Flächen mit Regenerationspotential (konkrete kartographische Darstellung z.B. auf Landesebene).

Tabelle 2.1. Fortsetzung

Begriff	**Definition**	**Erläuterung/Beispiele**
Umwelt-qualitäts-standards (UQS)	Umweltqualitätsstandards sind konkrete Bewertungsmaßstäbe zur Bestimmung der Schutzwürdigkeit, Belastung und angestrebten Qualität, indem sie für einen bestimmten Parameter bzw. dessen Indikator(en) Ausprägung, Meßverfahren und Rahmenbedingungen festlegen (nach Fürst et al. 1989: 11)	UQS nur für quantifizierbare oder zumindest nominal skalierbare Teilbereiche eines Zielsystems benennbar. Deshalb ist Umweltqualität nicht ausschließlich über UQS zu definieren. UQS können an der Umweltvorsorge oder der Gefahrenabwehr orientiert sein, sie können aufzeigenden, empfehlenden oder verbindlichen Charakter haben. Sie verbinden ebenfalls wissenschaftliche Information mit gesellschaftlicher Werthaltung. UQZ/S sind durch einen gesellschaftlichen Prozeß in definierten Verfahren zu erarbeiten, jedoch ohne Abwägung mit Nicht-Umweltbelangen (UVP-Förderverein 1995). Dieses ist wichtig, damit z.B. in Zulassungs-Verfahren eine vollständige Abwägungsgrundlage für den Bereich Umwelt zur Verfügung steht (Expertenkonventionen, unter Fachbehörden abgestimmte fachpolitische Umweltqualitätsziele und -standards). Rechtlich bindende UQZ/S sind dagegen i.d.R. mit anderen Belangen abgestimmt, sollten als „abgestimmte UQZ/S" bezeichnet oder mit einem neuen Begriff belegt werden. Beispiele: Gesetzlich geschützte Biotoptypen nach §20 BNatSchG oder Grenzwerte für die stoffliche Trinkwasserbelastung
UQS sind zu unterteilen in Bezug auf • Verbindlichkeit		
Diskussionswerte	Aufzeigende Werte, die sich noch in der Diskussion befinden	Beispiel: Mindestens 15% der Gesamtfläche der BRD sollten vorrangig dem Arten- und Biotopschutz dienen (LANA 1991).
Orientierungswerte	empfehlende Standards, (vorgeschlagen von einer Gruppe von Fachleuten)	z.B.: am Faunenschutz orientierte Ackerrandstreifen sollten eine Mindestbreite von 20 m aufweisen
Richtwerte	einzuhaltende Standards, die durch ein autorisiertes Gremium gesetzt wurden, jedoch keine Rechtsverbindlichkeit besitzen	z.B. Richtwert der EU für Nitrat i.Trinkwasser, Richtwerte der TA-Luft
Grenzwerte	Standards, die in Gesetzen, Verordnungen, Verw.-vorschr. festges. wurden und ein Verschlechterungsverbot markieren	z.B. Grenzwert Trinkwasser-VO: 50mg Nitrat nach EG-RL Trinkwasserschutz EG-RL Grundwasserschutz

Tabelle 2.1. Fortsetzung

Begriff	**Definition**	**Erläuterung/Beispiele**
Leitwerte	Verbindliche Standards (nur auf EU-Ebene), die ein Minimierungsverbot markieren, um der Gefahr des Auffüllens von Grenzwerten entgegenzuwirken	Existieren noch nicht im deutschen, sondern lediglich im angelsächsischen und EU-Recht (guide-value). Leitwerte können als rechtsverbindliche Richtwerte aufgefaßt werden. Eine Überschreitung des Leitwertes in Richtung auf den Grenzwert durch ein neues Vorhaben muß an hohe Auflagen gebunden und sehr kritisch geprüft werden.
• Grad des Risikos, das die Standards markieren		
Schwellenwerte	Markieren einen kritischen Punkt oder Bereich, ab dem rasante Prozesse der Umweltveränderung eintreten	z.B. kritischer Phosphatwert in einem Gewässer, bei dessen Überschreitung man mit einem Umkippen des Gewässers rechnen muß
Normalwerte	Kennzeichnen die normale (z.B. geogene) Vor- bzw. Grundbelastung	z.B. natürliche Schwermetallbelastungen in Sedimenten oder Phosphorwerte oligotropher Gewässer
Verursacherbezogene Standards	Diese Standards quantifizieren als Orientierungs-, Richt- oder Grenzwerte, die von einem Verursacher also z.B. Emittenten ausgehende Belastung. Sie sind quellen-, ursachen- und eingriffsbezogen	Mißbrauch von Umweltqualitätszielen und -standards möglich durch Ausschöpfung der Grenzwerte. Deshalb Ergänzung durch am Verursacher ansetzende Standards (vgl. Lutter 1995:317). Solche verursacherbezogenen Grenzwerte sind besonders wichtig, wenn Verursacher und Betroffener nicht eindeutig zuzuordnen sind, wie im Falle von Emissionen in Luft und Gewässer. Beispiele: Grenzwerte für die landwirtschaftliche Düngung oder für Emissionen in die Luft oder Gewässer,
Umweltqualitätskonzept	Faßt schutzgutbezogen und schutzgutübergreifend UQZ für einen abgegrenzten Raum zusammen, systematisiert sie, stellt Zielsynergismen, -indifferenzen und -konflikte fest, baut ggf. Zielhierarchien auf und stellt den Bezug zu Instrumenten und Maßnahmen her.	Ebenso wie bei den UQZ/S sind auch bei den UQZ-Konzepten in der Realität mit anderen Belangen unabgestimmte und abgestimmte Varianten vorhanden. Die abgestimmte sollte man als solche kennzeichnen oder mit einem anderen Begriff belegen (z.B. „realisierbares Zielkonzept"). So sind z.B. auf lokaler Ebene Zielkonzepte denkbar, die durch Gemeinderatsbeschluß Gültigkeit erlangen.
Zielkonzept	Umfaßt sowohl UQZ/S als auch verursacherbezogene Standards	

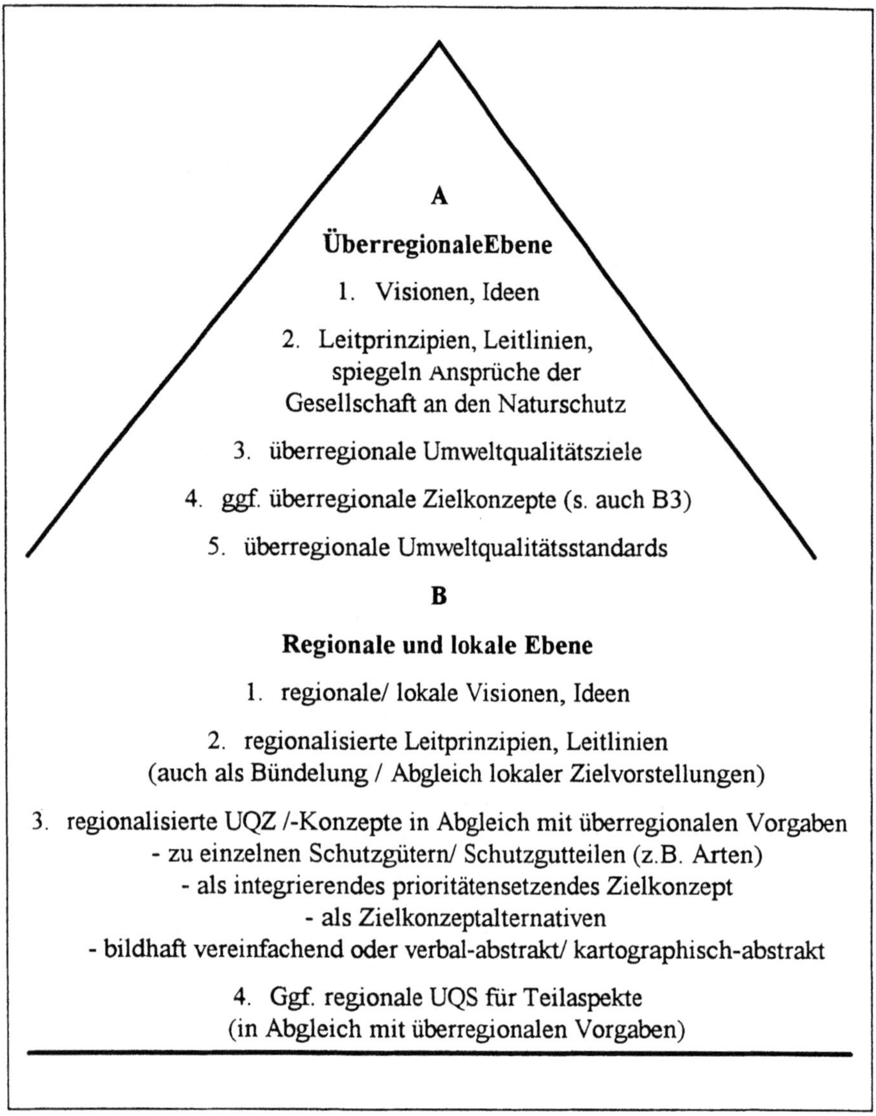

Abbildung 2.1. Hierarchie der naturschutzfachlichen Zielentwicklung

Allen Zielebenen sind i.d.R. Maßnahmen als Handlungsanweisungen zur Realisierung der Ziele zugeordnet. Diese Maßnahmen können bei einer unscharfen Definition des Maßnahmenbegriffes auf der jeweils untergeordneten Hierarchieebene wieder als Ziele auftauchen. Beispiel: Das Ziel „Erhaltung der Biodiversität“ wird unter anderem durch die Maßnahme „Erhaltung der Halbtrockenrasen“ umgesetzt. Dieses kann auf der nächst unteren Ebene wieder als Ziel auftauchen und wird durch die Maßnahme „Entwicklung eines Pflegekonzeptes“, dieses wiederum letztendlich durch die eigentliche Mahd umgesetzt. Die Konsequenz wäre die Verwendung des beschriebenen Begriffsgerüstes und/oder das Durchhalten klarer Begriffshierarchien im Einzelfall.

2.2 Der Leitbildbegriff in der Naturschutzdiskussion

Bevor die zu Beginn gestellte Frage nach der Notwendigkeit von Leitbildern sowie ihren strategischen Wirkungen und Einsatzmöglichkeiten beantwortet werden kann, muß zunächst geklärt werden, was unter „Leitbildern“ verstanden wird.

Der Leitbildbegriff wird im Naturschutz gegenwärtig sehr unterschiedlich verwendet. Dieses gilt sowohl für die Ebene der Zielhierarchie, auf der Leitbilder angesiedelt sind, als auch für die Entwicklung und Ausgestaltung von Leitbildern. Dieser Umstand erschwert die Kommunikation sowohl innerhalb der mit Naturschutz befaßten Fachdisziplinen als auch zwischen Fachleuten und Laien. Ein Überblick über die Geschichte des Leitbildbegriffs von seiner Entwicklung in den Geisteswissenschaften insbesondere der Psychologie zu Beginn des 20. Jahrhunderts bis zur Übernahme und Weiterentwicklung in den Planungswissenschaften findet sich in Wiegleb (1997).

Im folgenden wird das Spektrum der Leitbildauffassungen im Naturschutz an Beispielen dargestellt und diskutiert, um auf dieser Grundlage zu Empfehlungen für die Begriffsverwendung zu kommen. Zur Einordnung der aufgeführten Beispiele für Leitbildauffassungen wird auf die vorgestellten Definitionen und das hierarchische Gerüst unterschiedlicher Zielebenen im Naturschutz (s. Abb. 2.1) sowie weitere Unterscheidungsmerkmale zurückgegriffen (s. Tab. 2.2).

Unterscheidungsmerkmale: Einordnung in Zielhierarchie und Abstimmung mit anderen Raumansprüchen

Eine verbreitete Auffassung von „Leitbild“ gerade in der öffentlichen Diskussion ist die einer generellen Norm, die i.d.R. gleichzusetzen ist mit einer idealen Vision, einer Idee wie dem Leitbild der „dauerhaft umweltgerechten“ oder „nachhaltigen Entwicklung“. Beispiele für diese Auffassung sind die Interpretation des Leitbildbegriffes in der Arbeit von Fürst et al. (1989), des Rates der Sachverständigen für Umweltfragen (SRU 1996) sowie in der Definition des Deutschen Rates für Landespflege, der Leitbilder als „übergeordnete, umweltpolitische Zielsetzung“ versteht, „also als umweltpolitisches Handlungs- oder Leitprinzip“ (DRL 1996). Mit dem letzten Teilsatz verschwimmen auch in dieser Definition die Grenzen zur Ebene der Leitprinzipien oder Leitlinien.

Darüber hinaus versteht der DRL „Leitbilder“ jedoch auch als, je nach Planungsebene, mehr oder weniger konkrete, langfristig gültige Vorstellungen über den erwünschten Zustand von Landschaften, die frei von politischen oder realen Zwängen entwickelt werden und eine Bündelungsfunktion für sektorale Ziele übernehmen. Sie sollten auf allen politischen Entscheidungsebenen in die Planung eingehen. Auf der Bundesebene kann dies in Form eines „Bundeslandschaftsprogrammes“ erfolgen, das raumkonkret bundesrelevante Vorrangflächen für den Naturschutz ausweist. Auf der Ebene des Landschaftsplanes sollen flexible Leitbilder anhand von Datengrundlagen und Beurteilungsverfahren abgeleitet werden. Die Leitbilder haben in diesem Fall den Charakter von unabgestimmten Umweltqualitätszielkonzepten (s. auch Bastian 1996).

Demgegenüber sehen Finck et al. (1993: 603ff) das Leitbild zwar ebenfalls eher auf der Konkretisierungsebene eines Umweltqualitätszielkonzeptes angesiedelt. Sie integrieren jedoch die Abstimmung mit anderen Ansprüchen durchaus in das Leitbild. Das Leitbild beschreibt hier einen Zustand, der für eine bestimmte Region angestrebt wird. Es orientiert sich am naturräumlichen Potential und der besonderen Eigenart des Gebietes, die sich aus den natürlichen Standortverhältnissen und der kulturhistorischen Entwicklung herleitet (ebd. 603). Für die Leitbildfindung ist im ersten Schritt eine Abwägung der sich abzeichnenden Zielkonflikte bezüglich der gewünschten Entwicklung des Landschaftsausschnittes aus naturschutzfachlicher Sicht notwendig. Dies umfaßt auch Vorrangflächen für den Naturschutz. Schließlich fließen bei der Entwicklung des Leitbildes auch die sozio-ökonomischen Zwänge mit ein, die mit den aus naturschutzfachlicher Sicht optimalen Zuständen abgewogen werden (ebd.: 604). Leitbilder werden hier also eher als abgestimmte Zielkonzepte aufgefaßt.

Eine ähnliche Position vertritt Wiegleb (1997). Im Rahmen seiner „Leitbildmethode“ wird die Leitbildfindung als auf mehreren Ebenen angesiedelter Prozeß begriffen, der in die Entwicklung konkreter, raumbezogener Entwicklungsziele mündet, die möglichst im diskursiven Prozeß mit Beteiligten vor Ort erarbeitet werden (vgl. auch Bröring et al. 1996; Vorwald & Wiegleb 1996: 41).

Unter dem Aspekt der Abstimmung mit menschlichen Ansprüchen nimmt Jessel (1994) eine vermittelnde Position ein, indem sie das Leitbild in einen „Idealzustand“ und einen „Referenzzustand“ unterteilt. Das Leitbild als Referenzzustand berücksichtigt realistische Entwicklungsmöglichkeiten und menschliche Nutzungen in begründetem Umfang.

Nicht eindeutig einer Hierarchieebene zuzuordnen, ist die Leitbildauffassung von Heidt et al. (1997: 264). Dort wird Leitbild als „konkretisierte, jedoch nicht flächenscharf festgelegte Beschreibung von Zielzuständen für einen größeren Raumausschnitt“ definiert. Der Begriff bezieht sich nicht auf einzelne Objekttypen (z.B. Ökosystemtypen) oder Nutzungsformen (z.B. Mahdregime von Wiesen), sondern flächendeckend auf einen ganzen Landschaftsausschnitt („landschaftliches Leitbild“). Hier geht es z.B. um Prinzipien oder Leitlinien wie die Reinhaltung von Grund- und Oberflächengewässer. Darauf aufbauend sind in Teilräumen bestimmte Teilziele vorrangig zu erfüllen (Vorrangräume oder Defiziträume; Heidt et al. 1994). Dieses könnte der Ebene und dem Konkretisierungsgrad von UQZ-Konzepten entsprechen. Unter Bezugnahme auf die unterschiedlichen Interessengruppen, die in Landschaften wirksam werden, gibt es unterschiedliche gruppenspezifische (sektorale) Leitbilder, darunter auch das „naturschutzfachliche Leitbild“. Die Synopse dieser sektoralen Leitbilder führt zu einem einheitlichen „Regionalen Leitbild". Die Leitbilder werden durch UQZ schutzgut- oder belastungsbezogen präzisiert. Darüber hinaus beschäftigen sich Heidt et al. (1994) auch mit den kulturellen, sozio-ökonomischen und politischen Rahmenbedingungen, mit dem Ziel einer Integration in die Leitbilder sowie eines Beitrages zur Verbesserung dieser Rahmenbedingungen (vgl. Luz 1994, v. Haaren 1997).

Unterscheidungsmerkmal: Anspruch der naturwissenschaftlichen Ableitung

Im Rahmen der Ökosystemforschung Wattenmeer wurde als Referenzzustand das von menschlichen Einflüssen möglichst wenig veränderte Naturökosystem vorgegeben (vgl. z.B. Stock et al. 1998). Dieser Wahl der ökologischen Referenzsituation „Naturzustand" lag ein Auftrag der Sechsten Trilateralen Wattenmeerkonferenz zugrunde, diesen Referenzzustand durch ökologische Qualitätsziele zu operationalisieren (Lutter 1994: 318). Im Kern geht es darum, daß natürliche Prozesse ungestört ablaufen können, natürliche Stoffkonzentrationen angestrebt werden und die Vielfalt der Landschaftselemente erhalten bleibt (Lutter 1994). Das Leitbild liegt also auf der Ebene Leitlinien/Leitprinzipien. Es ist klar politisch gewählt, seine Operationalisierung z.B. durch UQS und verursacherbezogene Belastungsstandards erfolgt unter starker Beteiligung der Wissenschaft (z.B. Festlegung natürlicher Stoffkonzentrationen). Die eigentliche Festlegung der UQZ und UQS wird jedoch als abhängig von politischen Normen gesehen, also nicht objektiv aus Ergebnissen der Ökosytemforschung ableitbar (Lutter 1994).

Demgegenüber wird von anderen Autoren die Auffassung vertreten, Leitbilder sollten von „gesellschaftspolitischen Vorgaben" unabhängig erarbeitet werden, so in einem Ansatz aus der Gewässerökologie (Kohmann 1997: 829). Sie übernehmen hier die Funktion einer „unabhängige(n) Meßlatte für die Bewertung des Gewässerzustandes, die sich ausschließlich am gegenwärtigen Erkenntnisstand über die natürlichen Funktionen des Ökosystems Fließgewässer entsprechend dem Naturpotential orientiert" (ebd.). Diese Aussage ergibt nur dann einen Sinn, wenn man gesellschaftspolitische Vorgaben als aktuelle Nutzungsansprüche und Rahmenbedingungen wie Finanzierbarkeit, politische Prioritäten o.ä. interpretiert, ohne langfristig gültige gesellschaftliche Grundnormen und -ansprüche, aus denen der Naturschutz seine Legitimation bezieht, miteinzuschließen. Denn die Begriffe „Funktionen des Ökosystems" und „Naturpotentiale" sind ohne Bezug zu diesen Normen nicht mit Inhalten füllbar, da sie nur im Hinblick auf Ziele und Zwecke definierbar sind. Das Umdeuten deskriptiver Ergebnisse der Ökosystemforschung in Normen unter dem Deckmantel der Wissenschaftlichkeit ist hingegen unzulässig (v. Haaren 1988). Die Tauglichkeit eines Leitbildes im Rahmen von Planungen hängt sogar wesentlich davon ab, ob die normativen Implikationen deutlich werden. Nohl (1995: 55) fordert in diesem Zusammenhang sogar, daß erkennbar sein muß, wer und was durch die impliziten Normen gefördert oder unterdrückt wird.

Der SRU (1987), Roweck (1995) und Jessel (1996) weisen dezidiert auf die Probleme des „naturalistischen Fehlschlusses" hin (vgl. auch Moore 1970/1903 in Jessel 1996: 212, s. auch Haber 1994). Leitbilder sind keinesfalls logisch aus den Ergebnissen der Ökosystemforschung ableitbare Größen. Entweder werden bestimmte Referenzzustände durch einen normativen Entscheidungsprozeß als Leitbild ausgewählt (z.B. „heutiger potentiell natürlicher Gewässerzustand" Kohmann 1997: 829) und in der Regel erst danach genauer ökologisch beschrieben (die Wahl der Referenzsituation determiniert die Auswahl der beschreibenden Parameter). Oder das Leitbild setzt sich aus einer Vielzahl von Versatzstükken gesellschaftlicher Wertvorstellungen und Informationen aus der Ökologie zusammen. Auf keinen Fall ist die Auswahl der Referenzsituation „natürlicher Zustand" selbsterklärend und kann eine auf gesellschaftliche Grundnormen zurückführbare Begründung dieser Wahl ersetzen. Ebenfalls muß begründet werden, warum dieses Leitbild in seiner Geschlossenheit alternativlos ist. Jessel (1996: 212) schlägt vor diesem Hintergrund vor, auf Begriffe wie „ökologische Leitbilder" oder „ökologische Bewertungen" zu verzichten und stattdessen von „naturschutzfachlichen" oder „landschaftlichen" Leitbildern zu sprechen.

Man könnte es sogar als Charakteristikum der Disziplin Naturschutz und Landschaftsplanung gegenüber der Ökologie bezeichnen, daß Wissenschaft und Forschung im Naturschutz nie zweckfrei erfolgen. Naturschutz baut eindeutig immer auf einem gesellschaftlichen Auftrag auf (s. auch Buchwald & Engelhardt 1968). Forschung in diesem Zusammenhang will immer bestimmte Fragen klären, die im Verhältnis zwischen Mensch und Natur offen sind. Die Ökologie hingegen forscht auch aus reinem Erkenntnisinteresse - abgesehen von dem grundsätzlichen wissenschaftstheoretischen Einwand, daß sich i.d.R. auch bei „zweckfreier" Forschung wissenschaftliche Theorie und Fakten nur schwer völlig trennen lassen (vgl. Feyerabend 1975: 79, Jessel 1996).

Desungeachtet ist für die Leitbildfindung auf einer raumkronkreten Ebene (im Sinne von Umweltqualitätszielkonzepten) ein erheblicher Input an Rauminformationen notwendig (vgl. z.B. DRL 1996, Bröring et al. 1996). Ebenso ist die Operationalisierung von Leitbildern durch Parameter der Erfassung, Messung und z.T. Bewertung überwiegend eine Aufgabe der Wissenschaft, soweit sie dem Anspruch nachkommen kann, einen Referenzzustand oder Referenzprozesse tatsächlich differenziert zu beschreiben. Bisher ist dieses häufig nur für Teilbereiche möglich. In den übrigen Feldern treten zwangsläufig intuitive Einschätzungen oder normative Elemente in den Vordergrund - ein Vorgehen, das legitim ist, solange es sich nicht hinter scheinbarer Wissenschaftlichkeit versteckt und damit demokratische Gestaltungsprozesse unterbindet.

Unterscheidungsmerkmal: Sektoral oder integrativ bzw. „synthetisch"

Neben den geschilderten Leitbildauffassungen, die Leitbilder überwiegend als integrative Zielbeschreibung für ganze Landschaften oder Landschaftsausschnitte auffassen, gibt es auch sektorale Leitbilder in den verschiedensten Ausprägungen. So existieren Leitbilder für verschiedene Ökosystemtypen (insbesondere für Fließgewässer s. Dahl et al. 1989 und Nds. Landesamt für Ökologie 1996, Kohmann 1997; für die Hochmoorregeneration s. Arbeitskreis Moornutzung und

Landespflege 1990, für Wald s. Plachter 1995 sowie für verschiedene Schutzguttypen). Plachter (1994, verändert in Roweck 1995) und Roweck (1995) entwerfen sektorale Leitbilder, deren Abgrenzung weder nach Ökosystemen noch nach Schutzgütern, Arten o.ä. vollzogen wird. Die konstruierten Leitbilder liegen auf sehr unterschiedlichen Ebenen und repräsentieren eher aktuelle Diskussionsrichtungen im Naturschutz als eine übertragbare Systematik.

Tabelle 2.2. Zuordnung beispielhafter Auffassungen des Leitbildbegriffes zu einer Hierarchie und Typisierung von Naturschutzzielen sowie weiteren Merkmalen

Hierarchie-ebene/Definition	Unabgestimmtes, „naturschutzfachl." LB	Mit anderen Raumansprüchen abgestimmtes LB	Rein naturwissenschaftliche Ableitung	Sektoral (i.d.R ökosystem/schutzgutbezogen)	Integratives/ synthetisches LB
Idee/Vision	Fürst et al. 1989; DRL 1997;	SRU 1996			Fürst et al. 1989; SRU 1996
Leitprinzipien, Leitlinien	DRL 1997, Roweck 1995;	DRL 1997, Roweck 1995;		Roweck 1995	DRL 1997, Bohn et al. 1989
Überregionale UQZ	Kohmann 1997		Kohmann 1997		
Überregionales Zielkonzept	DRL 1997		Kohmann 1997	Dahl et al. 1989	
Regionale/ lokale Ideen /Visionen	DRL 1997; Stock et al. 1998; Kohmann 1997	Wiegleb 1997, Broggi 1995	Kohmann 1997		LRP in Nds.
Regionalisierte Leitlinien	DRL 1997 Heidt et al. 1997; Roweck 1995; Stock et al. 1998; Lutter 1994; Stock et al. 1998	Wiegleb 1997; Broggi 1995 Heidt et al. 1997; Stock et al. 1998		Roweck 1995	
Regionalisierte, lokale UQZ-Konzepte	DRL 1997, Finck et al. 1993; Heidt et al. 1997; Bastian 1996; Stock et al. 1998	Finck et al. 1993, Wiegleb 1997; Stock et al. 1998			

2.3 Empfehlungen für die Verwendung des Leitbildbegriffes

Die Vielfalt der Begriffsverwendungen zeigt, daß ein Leitbildbegriff ohne erklärende Zusätze für die Fachdiskussion wenig tauglich ist. Dennoch ist er als öffentlichkeitswirksamer und populärer Begriff unverzichtbar. Andere Auffassungen, die ihn aufgrund der Gefahr der Assoziation von starren Bildern, die ökosystemaren und gesellschaftlichen Prozessen widersprechen, durch den Begriff Leitprinzipen ersetzen wollten (v. Haaren 1988: 91), haben sich nicht durchgesetzt. Der Leitbildbegriff könnte insofern synonym für Zielkonzepte auf allen Hierarchieebenen (ob als Idee oder räumlich konkret) in der Außendarstellung Verwendung finden. Insbesondere dann kann es angebracht sein mit dem Leitbildbegriff zu operieren, wenn es darum geht komplexe Zielvorstellung vereinfacht - bildhaft - oder als Vision für jeden verständlich darzustellen.

Wichtig dabei ist jedoch, diese Leitbilder in einem Kontext von Zielalternativen einzubinden, um klarzustellen, daß i.d.R. verschiedene Zielerfüllungsgrade oder Entwicklungsrichtungen möglich sind.

Wie oben gezeigt, wird in vielen Fällen mit dem Leitbildbegriff im Naturschutz die Forderung nach Unabgestimmtheit mit anderen Raumansprüchen verbunden (DRL 1996). In der ersten Stufe der naturschutzfachlichen Zielentwicklung ist eine solches Vorgehen zu empfehlen - abgesehen von dem Bezug auf gemeinsame gesellschaftliche Grundnormen, den auch der Naturschutz zu leisten hat. Die zunächst von aktuellen Nutzungsansprüchen unabhängige Bearbeitung ist insofern wünschenswert, als nur so gewährleistet ist, daß für politische Entscheidungen eine vollständige Informations- und Abwägungsgrundlage zur Verfügung steht. Die Darstellung von Leitbildern als extreme Pole eines Spektrums von Entwicklungsmöglichkeiten (z.B. „Wildnis" versus Kulturlandschaft) verdeutlicht bspw. die Spannbreite der fachpolitischen Entscheidungsspielräume. Die systematische Erarbeitung solcher Zielvorstellungen eröffnet dem Naturschutz außerdem die Möglichkeit, unbeeinflußt von tagespolitischen Zwängen, das eigene Zielspektrum und damit auch interne Zielkonflikte sowie Entscheidungsfreiheiten zu erkennen und sich darüber stärker für demokratische Prozesse zu öffnen. Dennoch sollte man den Leitbildbegriff nicht auf diesen Charakter des Unabgestimmten einengen. Seine Stärke liegt ja gerade in der Öffentlichkeitswirksamkeit und seiner Funktion in Beteiligungs- und Kooperationsprozessen. Wenn eine Gemeinde oder eine Region es schafft, eine gemeinsame Vision in Form eines wie immer gearteten „Leitbildes" (als System von Handlungsprinzipien oder als raumkonkretes Umweltqualitätszielkonzept) zu verabschieden, so entfaltet der Begriff des abgestimmten oder demokratisch erarbeiteten „Leitbildes" ohne Zweifel eine größere Sogwirkung und Akzeptanz als die vorgenannten relativ trockenen und abstrakten Fachbegriffe.

Eine wichtige Frage, die in der jüngeren Vergangenheit immer wieder diskutiert wurde, ist die nach der zeitlichen und kausalen Reihenfolge von Leitbild und Bewertungsverfahren, also: werden die Bewertungsmaßstäbe aus dem Leitbild abgeleitet (z.B. Bröring et al. 1996) oder umgekehrt? Vor dem Hintergrund unserer Kenntnis der Mannigfaltigkeit der Leitbildauffassungen liegt es nahe festzustellen, daß dies von der Zielhierarchieebene abhängt, auf der der Leitbildbegriff im jeweiligen Fall eingesetzt wird. Natürlich liegen relativ abstrakte ideen-, bild- oder prinzipienhafte Leitbilder (Ebene der Leitlinien und höher) jedem Bewertungsverfahren zugrunde. Aus ihnen werden unter Einbeziehung wissenschaftlicher Erkenntnisse UQS entwickelt, die dann als Bewertungsmaßstäbe in überregional anwendbare Bewertungsverfahren eingehen. Will man jedoch für konkrete Räume Leitbilder im Sinne von regionalen Leitlinien oder raumkonkreten Zielkonzepten erarbeiten, ist als erster Schritt dazu die Erhebung relevanter Rauminformationen notwendig. Die Relevanz und auch eine erste Bewertung aus überregionaler Sicht wird dabei durch die überregional gültigen Leitlinien (-"bilder") bestimmt, die sich in entsprechenden Erfassungs- und Bewertungsverfahren niederschlagen. Erst danach kann die Region in einen übergeordneten Erfahrungshintergrund eingeordnet werden, und auch regionale Besonderheiten können erkannt sowie nachvollziehbar dargestellt werden. Die regionalen Charakteristika führen zu regionalisierten Leitlinien, daraus abgeleiteten UQZ und zu Verschiebungen von Zielprioritäten. Die angewendeten Erfassungs- und Bewertungsverfahren sind auf dieser Grundlage ggf. zu detaillieren und zu modifizieren; auch können Wertverschiebungen vorgenommen werden. Beispielsweise wird einer Grundwasserneubildungsrate, die aus landesweiter Sicht als gering und unbedeutend eingeschätzt wird, in einer niederschlagsarmen Region mit insgesamt geringem Wasserdargebot eine andere Bewertung aus regionaler oder lokaler Sicht zuteil werden. Der dargestellte grundsätzliche, schematisierte Ablauf sollte in der Realität durch eine Vielzahl von Rückkopplungen zwischen den hierarchischen Ebenen gekennzeichnet sein, so daß auch übergeordnete Ebenen immer wieder durch empirisch gewonnene Informationen korrigiert werden.

Eine Vorgehensweise, die zuerst (ohne genauere Rauminformationen) das Leitbild konstruiert und danach den Ist-Zustand an diesem Sollzustand abprüft bzw. lediglich eine räumliche Optimierung zuvor festliegender Entwicklungsziele vornimmt, hat demgegenüber nur geringe Bewertungsprobleme, ist aber beschränkt auf Ausnahmefälle, in denen eine „Vision" von einem ganz bestimmten, alternativlos anzustrebenden Landschaftszustand am Anfang steht. Solche Fälle sind z.B. Planungen, die an einer Art landschaftlichen „Geburtszustand" ansetzen wie die Rekultivierung von Bergbaufolgelandschaften. Weder derzeitige Nutzungen noch schutzwürdige Substanz sind hier zu berücksichtigen. Ein anderes Beispiel sind Naturlandschaften wie das Wattenmeer, wo menschliche Nutzungen eindeutig überwiegend als Belastungen auftreten und es kaum Alternativen zu dem Leitbild/Referenzzustand eines weitgehend unbeeinflußten Ökosystems gibt. Im planerischen „Normalfall", der eine Zielbestimmung in Kulturlandschaften mit einer Vielzahl schutzwürdiger anthropogener Bestandteile erfordert, ist dieses Vorgehen nicht praktikabel.

Zu den unter diesen Gesichtspunkten ableitbaren Grundsätzen/Anforderungen an Leitbilder s. Bröring et al. (in diesem Band).

3 Entwurf eines Profils für Naturschutzzielkonzepte auf den verschiedenen Hierarchieebenen von der Bundesebene bis zu lokalen Ebene

3.1 Anforderungen, Grundsätze

Naturschutzzielkonzepte auf den verschiedenen Planungsebenen sollen Eckdaten und Rahmen formulieren und darüber hinaus Entwicklungsspielräume zulassen. Die jeweils höhere Planungsebene muß eine ausreichende Orientierung für die darauffolgende zur Verfügung stellen. Umgekehrt muß sie durch eine Vielzahl von Rückkopplungen empirische Ergebnisse der nachgeordneten Ebenen flexibel aufnehmen (vgl. dazu Jessel 1996; v. Haaren 1988). Und natürlich sollen Naturschutzzielkonzepte die Fragen nach dem „wo?", „wieviel?" und „wie?" von Naturschutzforderungen beantworten (vgl. Horlitz 1994). Nur vor dem Hintergrund von u.a. durch Planung bereitgestellten Informationen über Knappheiten, Gefährdungen und Qualitäten können UQZ und UQS formuliert werden. Dabei werden sowohl im Falle des „wo?" als auch bei der Frage „wieviel?" die überregionalen Übereinkünfte den Rahmen für die Entscheidungsfreiheit im Einzelfall setzen. Deshalb müssen diese Rahmen und damit auch das Niveau der vor Ort nicht verhandelbaren Mindestziele in einem demokratisch legitimierten, von lokalen Einzelinteressen unabhängigen Prozeß entstehen. Darüber hinaus sind diese Rahmen jedoch ebenfalls dem Diskussionsprozeß vor Ort auszusetzen und an diesem zu prüfen, denn sie müssen nachvollziehbar sein und der Frage standhalten, ob eine Umsetzung auch gegen den Widerstand der betroffenen Nutzer gerechtfertigt ist.

Bei der Erarbeitung und ggf. Festsetzung von Naturschutzzielkonzepten auf den einzelnen Planungsebenen können unterschiedliche Wege gegangen werden. Sowohl strategische Überlegungen spielen eine Rolle als auch die Umsetzung bestimmter übergeordneter Leitprinzipien wie der demokratischen Legitimierung von Entscheidungen zur Gestaltung von Natur und Landschaft. Beispielsweise geht es darum, die Vor- und Nachteile „gefrorener Konventionen" (Wiegleb 1997) wie vieler Umweltqualitätsstandards (Wiegleb führt als Beispiele Rote Listen und gesetzlich geschützte Biotoptypen auf) gegeneinander abzuwägen. Ein zu dichtes Netz von auf höheren politischen Ebenen vorgegebenen Grenz- und Eckwerten der Entwicklung oder bindender Bewertungsgrundlagen kann Entwicklungs- und Handlungsspielräume im konkreten Fall unzulässig einengen. Auf der anderen Seite können Vorgaben höherer Hierarchieebenen auch nicht zu allgemein oder unverbindlich sein, da sonst die Gefahr besteht, daß sie z.B. aufgrund mangelnder räumlicher Konkretisierung gar nicht beachtet oder aufgrund der Wirksamkeit des St. Florians-Prinzipes „weggewogen" werden. Ziel ist es also, auf den verschiedenen Hierarchieebenen Rahmensetzungen vorzunehmen, die genug Spielraum für regionale und lokale Prozesse bieten und gleichzeitig die „Mindestanforderungen" eines wirksamen Naturschutzes markieren. An diese Rahmen oder Eckpunkte muß die Forderung gestellt werden, daß sie sich logisch aus den Grundwerten und -ansprüchen unserer Gesellschaft (die wiederum in den Leitlinien der Umweltpolitik konkretisiert sein müssen) ableiten lassen und immer wieder diskutiert und aktualisiert werden. Ist eine logische Ableitung nicht eindeutig möglich, sind also Alternativen denkbar, so ist der Eckpunkt untauglich oder muß unter Angabe der Alternativen formuliert werden.

Die Öffnung des Planungsprozesses für „Nicht-Experten“ verlangt in erster Linie seine Transparenz. Die Angabe nachvollziehbarer Rahmen oder Eckpunkte, die „Entwicklungskorridore“ kennzeichnen, ist sehr viel angemessener als die Formulierung starrer Ziel- oder gar eindeutiger Nutzungsvorgaben, da sie mehr Spielraum für die regionale und lokale Ausgestaltung der Ziele lassen.

Wie sollte eine entsprechende Zielentwicklung des Naturschutzes unter diesen Prämissen organisiert sein und wie kann die Realisierung als instrumentelle (insbes. Eingang in Rechtsinstrumente), persuasive (Verankerung in den Köpfen) oder faktische Umsetzung im Rahmen der Zielfindung durch die Landschaftsplanung vorbereitet oder vollzogen werden?

3.2 Überregionale Ebene

Naturschutzfachliche Zielentwicklung

1. Grundlage aller weiteren Zielfindung ist die Formulierung von Ideen/Visionen sowie Leitprinzipien/Leitlinien. Der Zweck solcher Leitlinien ist die Herstellung eines nationalen und internationalen Konsens zu grundlegenden Zielen des Naturschutzes sowie das Aufzeigen besonderer Handlungsbedarfe im Falle von nationalen oder internationalen Gefährdungen von Ökosystemen.

Die dazu notwendige Wissensgrundlage besteht aus Informationen über allgemein akzeptierte naturschutz-ethische Grundnormen, über Bestand, besondere Charakteristika, Knappheiten und Gefährdungen national und international bedeutsamer ökologischer Funktionen und Qualitäten (Biodiversität, abiotische Ressourcen u.a.)

Die Ziele auf dieser Ebene werden in Form von nicht raumkonkreten „Leitlinien“, die bestimmte Prinzipien als Handlungsgrundlage für den Umgang mit der natürlichen Umwelt haben, formuliert.

2. Aufbauend auf den Leitlinien werden Eckpunkte und Rahmengrößen der Entwicklung in Form von UQS und räumlich konkreten Zielen (UQZ) vorgeschlagen. Dabei sind zu unterscheiden: Nationale Mindestziele des Naturschutzes (z.B. raumkonkrete Darstellung der nationalen und internationalen Ziele zum Hochmoorschutz) und darüber hinausgehende Orientierungsziele. Diese Naturschutzziele sind noch nicht mit anderen Belangen abgewogen, da als Grundlage für politische Entscheidungen die ganze Breite der zu berücksichtigenden Ziele und Informationen zur Verfügung stehen muß.

Auf Bundes- und Landesebene sollten Kernziele raumkonkret dargestellt werden. Dies wären für die Bundesebene im Arten- und Biotopschutz z.B. nationalparkwürdige Gebiete sowie gesamtstaatlich repräsentative Räume.

Die Bundesebene müßte in Ergänzung dazu die Möglichkeit erhalten, ein (zunächst) nicht rechtsverbindliches „Bundeslandschaftsprogramm" vorzuschlagen. Dieses Zielkonzept des Naturschutzes dient der Orientierung der nachgeordneten Planungsebenen und enthält neben Grundlageninformationen UQZ wie Vorrangräume für verschiedene national bedeutsame Schutzfunktionen.

Eine Alternative zu einem Bundeslandschaftsprogramm wären Listen/ Darstellungen von national und international relevanten Ökosystemtypen/Ausprägungen der Naturraumpotentiale, die mit bestimmten Handlungsregeln verknüpft werden. Ansätze dazu exisitieren bereits in Form von Roten Listen.

Berücksichtigung rechtlicher, ökonomischer, sozialer und kultureller Bedingungen durch Naturschutz (Strategieentwicklung)

Die Kenntnis der Rahmenbedingungen für die Realisierung von Naturschutzanliegen ist bei der Entwicklung von Naturschutzstrategien unerläßlich und dient der Effektivierung des Naturschutzes (z.B. Berücksichtigung der Konsequenzen unterschiedlicher Agrarszenarien bei der Entwicklung einer politischen Strategie des Naturschutzes). Sie ermöglicht einen gezielten Einsatz begrenzter Ressourcen und eine ursachenorientierte Beeinflussung von Voraussetzungen des menschlichen Einflusses auf die Umwelt.
Wissensgrundlage: Statistische Daten zu Umsetzungsbedingungen sowie Szenarien zur Entwicklung wichtiger politischer Rahmenbedingungen des Naturschutzes und ihrer Auswirkungen.
Strategie: Diese Informationsgrundlage dient u.a. der Orientierung von Naturschutz-Zielprioritäten an der Gunst von Umsetzungsbedingungen. Eine politische Einflußnahme auf andere Ressorts, auf politische Leitlinien ist vor diesem Informationshintergrund leichter möglich - nicht zuletzt, weil Kooperationsfelder aufgezeigt werden können. Auch Standards von Privaten und Institutionen sowie zwischen Konfliktparteien ausgehandelte Standards können angeregt werden.

Dieser Aspekt ist besonders wichtig, da das Vorsorgeprinzip am besten realisierbar ist, indem die politischen Rahmensetzungen ein Entstehen von Belastungen bereits an der Quelle (im Produktionsbereich) unterbinden.

Instrumentelle Umsetzung

Die instrumentelle Umsetzung dient der Festsetzung nicht disponibler Ziele (Rahmen und Eckpunkten der Entwicklung) durch Rechtsinstrumente und/oder flankierende Finanzierungsinstrumente und der Ausgestaltung des damit abgegrenzten Korridors durch unverbindliche Planung, Überzeugung und finanzielle Anreize.

Legitimierte Naturschutzleitlinien als Eckpunkte der Entwicklung existieren gegenwärtig in internationalen, Richtlinien der EU und nationalen Vorgaben (BNatSchG, sonstige Umweltgesetze sowie entsprechende Ländergesetze). Ergänzungen sind notwendig z.B. im Bereich des Klagerechtes von Bürgern und Verbänden gegen umweltunverträgliche Vorhaben.

Anzustreben ist die Ergänzung des UQS-Normengerüstes z.B. im Themenbereich Bodenschutz und die Überprüfung vieler vorhandener Grenzwerte unter Zugrundelegung des Prinzips der Risikovermeidung. Ein weiteres, bisher nicht vom geltenden Recht gedecktes Ziel ist der Beschluß eines Bundeslandschafts- oder Bundesumweltleitprogrammes. Für derartige raumordnerische Festlegungen aus Bundessicht haben sich die Fachministerien der Länder in der LANA bereits 1991 ausgesprochen.

Die rechtsinstrumentelle Ebene muß durch ausreichende finanzielle Mittel zum Ausgleich von über Gebühr betroffenen Flächeneigentümern ergänzt werden. Gegenwärtig stehen zwar EU-Mittel (insbes. LIFE, EU VO 2078/92) und Bundesmittel (für gesamtstaatlich repräsentative Gebiete) zur Verfügung, jedoch sind beide in ihrem Anwendungsmodus beschränkt. Aufgrund des Prinzips der Co-Finanzierung der EU-Mittel durch die Bundesländer bestehen bei diesem Finanzierungsinstrument Defizite besonders in finanzschwachen Ländern mit hohen Anteilen von Gebieten nationaler und internationaler Bedeutung. GR-Mittel stehen nur für einmalige Aufwendungen und nicht für Folgekosten zur Verfügung, d.h. die Bundesmittel können im wesentlichen nur für Planung, Flächenankauf und ggf. Erstinstandsetzung verwendet werden. Ansonsten sind die Länder für die Finanzierung des Naturschutzes zuständig.

3.3 Regionale und kommunale Ebene

Naturschutzfachliche Zielentwicklung

Unter Übertragung von übergeordneten Leitlinien, UQZ und UQS erarbeitet die Landschaftsplanung einen Rahmen für die örtliche und regionale Landschaftsentwicklung. *Informationsgrundlage* hierbei ist die Erfassung und Bewertung des lokalen Naturhaushaltes (Potential und Status quo einschl. Beeinträchtigungen). Neben dem vor Ort nicht verhandelbaren Rahmen der Entwicklung sollten weitere (alternativ zu behandelnde) Entwicklungsziele des Naturschutzes mit unterschiedlichen Prioritätensetzungen dargestellt werden.

Berücksichtigung von rechtlichen, ökonomischen, sozialen und kulturellen Bedingungen durch den Naturschutz (Strategieentwicklung)

Die Entwicklung einer realitätsangepaßten Naturschutzkonzeption erfordert das Kennenlernen und die Integration der Ziele anderer Raumnutzer. Dazu dient die Einbeziehung Ortsansässiger bereits in der Phase der Bestandserfassung zur Einbindung lokalen Wissens, die Entwicklung von Landschaftsleitbildern durch Bürger im Prozeß der Erstellung von Landschaftsplänen, die Ermittlung der Ziele und Zielprioritäten der Raumnutzer und die Ermittlung von Überschneidungen/Synergismen, Indifferenzen und Konflikten mit verschiedenen Naturschutzzielen und der Raumnutzungsansprüche untereinander.

Informationsgrundlage: Fachplanungen/-programme, sonstige Informationen der Fachverwaltungen, statistische Daten, Gespräche, Partizipationsprozesse.

Form/Strategie: Vor diesem Hintergrund kann ein Landschaftsplan/Landschaftsrahmenplan sowie ein naturschutzfachlicher Pflege- und Entwicklungsplan (PEPL) entworfen werden, der die örtlichen Bedingungen optimal berücksichtigt und damit strategisch überarbeitet ist. Dieser Plan ist flexibel und „lernfähig" durch

- die Unterscheidung von „Mindestzielen"/Handlungsgrenzen (indisponible Ziele) und Entwicklungsoptionen (disponible Ziele),
- die Offenlegung von Prognoseunsicherheiten,
- die Angabe zeitlicher und räumlicher Prioritäten unter Angabe der zugrunde liegenden Gründe (z.B. hohe Gefährdung des Schutzgutes oder pragmatische Gründe wie derzeitige Finanzierungsmöglichkeiten),
- die Hervorhebung von Kooperations- und Konfliktbereichen (mit den Raumnutzungen),
- die Markierung von Ansatzpunkten für Rückkopplungen wie die Kennzeichnung von Zielen und Maßnahmen, deren Korrektur/Weiterentwicklung durch Umsetzung und Erfolgskontrollen besonders notwendig ist (ggf. Angabe von Wenn-Dann-Optionen),
- das Aufzeigen von Umsetzungsmöglichkeiten und ggf. Orientierung der Maßnahmen an Umsetzungsoptionen,
- Interaktivität und leichte Fortschreibbarkeit des Landschaftsplanes.

Durch die gemeinsame Zielerarbeitung mit den Nutzern der Landschaft bzw. Interessenrepräsentanten auf lokaler/regionaler Ebene sollte ein hohes Maß an Kommunikation und, wo möglich, Kooperation verwirklicht werden.

Instrumentelle Umsetzung

Die wichtigste Möglichkeit der Legitimierung auf der lokalen und regionalen Ebene ist der Beschluß von Landschaftsplanungen/„Umweltleitplänen" durch die regionalen und lokalen Entscheidungsgremien oder - wie derzeit praktiziert - die Integration des Landschaftsrahmenplanes/Landschaftsplanes in die Regionalplanung und Bauleitplanung.

Der Präzisierungsgrad der Festsetzungen kann von der Beschränkung auf Kernziele über Leitlinien bis zur sehr detaillierten Vorgabe von Zielen und Maßnahmen reichen. Die erste Möglichkeit hat den Vorteil, daß sie sehr flexibel ist und viel Raum für lokale Lösungen im Falle von zukünftigen Nutzungskonflikten bietet. Ihr Nachteil ist die Gefahr der mangelnden Wahrnehmung oder Gewichtung der Naturschutzbelange. Ein parallel dazu existierender Landschaftsplan mit allen notwendigen Entscheidungsgrundlagen ist deshalb bei dieser Variante unerläßlich.

Auch einzelne UQZ oder UQS können durch Gemeinderats- und Kreistagsbeschlüsse eine demokratische Legitimation erlangen. Auf der regionalen und lokalen Ebene sind rechtliche Möglichkeiten durch den Einsatz entsprechender Finanzierungsinstrumente zu ergänzen oder zu substituieren (vgl. auch Tab. 2.3).

Tabelle 2.3. Ziel- und Strategieentwicklung im Naturschutz, Instrumentierung

Naturschutzfachliche Zielentwicklung	**Strategieentwicklung des Naturschutzes**	**Instrumentelle Umsetzung**
	(Berücksichtigung rechtlicher/ökonomischer/sozialer/ kultureller Bedingungen)	(Festsetzung nicht disponibler Ziele durch Rechtsinstrumente und flankierende Finanzierungsinstrumente; sonstige Ziele: Planung, Überzeugung, ökonomischer Anreiz)
Überregionale Ebene (Land, Bund, EU...)		
Ideen, Leitlinien zu grundlegenden Zielen und Handlungsbedarfen von der Landesebene bis zur internationalen Ebene.	Zweck: Orientierung von Naturschutz-Zielprioritäten auch an der Gunst von Umsetzungsbedingungen. Politische Einflußnahme auf andere Ressorts	Internationale Abkommen (Agenda 21, Klimaschutz-Konvention ...) Richtlinien der EU (Flora-Fauna-Habitat-RL, UVP-RL ...) und nationale Vorgaben (BNatSchG, sonstige Umweltgesetze sowie entsprechende Ländergesetze)
UQS (z.B. als Expertenkonventionen) und UQZ (raumkonkrete nationale Mindestziele des Naturschutzes und darüber hinausgehende Orientierungsziele z.B. in einem „Bundeslandschaftsprogramm" sowie in Landschaftsprogrammen der Länder).	Dazu Auswertung von Daten zur Beschreibung naturschutzrelevanter Schlüsselparameter des sozio-ökonomischen Status Quo konkurrierender Raumansprüche. Entwicklung von Szenarien der Veränderung unterschiedlicher Rahmenbedingungen und der damit verbundenen Auswirkungen auf Natur und Landschaft.	Verbindliche EU-Richtlinien und -Konventionen; UQS in Rechtsverordnungen und Verwaltungsvorschriften der Bundes- und Landesebene; Ergänzung des UQS-Normengerüstes wünschenswert; UQZ auf Länderebene in Landesraumordnungsprogrammen. Beschluß eines Bundeslandschaftsprogramms. Ergänzung der rechtsinstrumentellen Ebene durch finanzielle Instrumente auf EU- und Länderebene, Ausweitung finanzieller Instrumente auf Bundesebene wünschenswert
Regionale und kommunale Ebene		
Regionale/lokale Visionen, Leitlinien, „regionale Leitbilder"	Einbindung lokalen Wissens. Entwicklung von Landschaftsleitbildern durch Bürger.	RROP (behördenverbindlich, integriert Belange von Natur und Landschaft aus LRP), Schutzgebietsausweisungen
Entwicklung von lokalen Mindestzielen und disponiblen Zielalternativen (lokale „Leitbildalternativen") auf der Grundlage der Erfassung und Bewertung des lokalen Naturhaushaltes und unter Heranziehung überregionaler UQS/Z	Ermittlung der Ziele und Zielprioritäten der Raumnutzer. Ermittlung von Überschneidungen/Synergismen, Indifferenzen und Konflikten. Flexible und lernfähige Naturschutzpläne (Landschaftsplan und PEPL): „Mindestziele" (indisponible Ziele) und Entwicklungsoptionen (disponible Ziele).	LRP, Landschaftsplan, Pflege- und Entwicklungspläne, Schutzgebietsausweisungen; Agenda 21-Prozesse, Gemeinderats- und Kreistagsbeschlüsse zu UQZ-Konzepten/zur Landschaftsplanung, Integration in Fachplanungen (z.B. Forst-/ Agrarplanung) flankierende oder Rechtsinstrumente substituierende Finanzierungsinstrumente; „Vermarktung" von Naturschutzprodukten und -dienstleistungen

Mittel für die Umsetzung disponibler Ziele sollten Anreizwirkung entfalten und keine zu enge räumliche und inhaltliche Zweckgebundenheit aufweisen. Dann können sie flexibel zur Unterstützung regionaler und lokaler Umsetzungsprojekte eingesetzt werden. Die leeren kommunalen Kassen und dort z.T. vorherrschende ökonomische Interessen legen es nahe, auch lokal bedeutsame Naturschutzprojekte aus überörtlichen Töpfen in Form einer Co-Finanzierung zu unterstützen. Geeignete Organisationsformen sind z.B. Stiftungen, die langfristig und unbürokratisch fördern können.

Literatur

Arbeitskreis Moornutzung - Landespflege 1990. Entwicklung von Hochmoorflächen nach Torfabbau. Informationsdienst Naturschutz Niedersachsen 3/1990: 43 - 56. Hannover.

Bastian, O. 1996. Bestimmung von Landschaftsfunktionen als Beitrag zur Leitbildentwicklung. Aktuelle Reihe BTU Cottbus 8/96: 146-152: 67-78.

Bohn, U., Bürger, K. & Mader, H.J. 1989. Leitlinien des Naturschutzes und der Landschaftspflege. Natur und Landschaft 64: 379-381.

Broggi, M. 1995. Aspekte der Nachhaltigkeit und Rolle regionalisierter Betrachtungsweisen. Laufener Seminarbeiträge 4/95: 101-110.

Bröring, U., Schulz, F., Stierand, R., Vorwald, J. & Wiegleb, G. 1996. Die Leitbildmethode als Planungsmethode - Errungenschaften und Defizite. Aktuelle Reihe BTU Cottbus 8/96: 146-152.

Buchwald, K & Engelhardt, W. (Hrsg.) 1969. Handbuch für Landschaftspflege und Naturschutz, Bd. 4 Planung und Ausführung. BLV München.

Dahl, H-J., Hullen, M., Herr, W., Todeskino, D. & Wiegleb, G. 1989. Beiträge zum Fließgewässerschutz in Niedersachsen. Naturschutz und Landschaftspflege in Niedersachsen 18: 1-284. Hannover.

DRL (Deutscher Rat für Landespflege) 1996. Naturschutzfachliche Landschaftsleitbilder für „periphere Räume". Schr.-R. d. Deutschen Rates für Landespflege 67.

Feyerabend, P. 1975/79. Wider den Methodenzwang - Skizze einer anarchistischen Erkenntnistheorie. Frankfurt.

Finck, P., Hauke, U. & Schröder, E. 1993. Zur Problematik der Formulierung regionaler Landschaftsleitbilder aus naturschutzfachlicher Sicht. Natur und Landschaft 69: 603-607.

Fürst, D., Kiemstedt, H., Gustedt, E., Ratzbor, G. & Scholles, F. 1989. Umweltqualitätsziele für die ökologische Planung. Umweltbundesamt (Hrsg.): Texte. Berlin.

Haaren, C. v. 1988. Beitrag zu einer normativen Grundlage für praktische Zielentscheidungen im Arten und Biotopschutz. Landschaft und Stadt 20 (3): 97-106.

Haaren, C. v. 1991. Leitbilder oder Leitprinzipien. Garten + Landschaft 2/91: 29-34.

Haaren, C. v. & Schwertmann, U. 1996. Den Konsens suchen - Zusammenarbeit zwischen Naturschutz und Landwirtschaft. In: Selle, K. (Hrsg.): Planung und Kommunikation, Bauverl. Wiesbaden/Berlin.

Haaren, C. v. 1997. Planungen und deren Umsetzung - Grundlagen zur Kooperation. In: Agrarsoziale Gesellschaft e.V. (Hrsg.): Ballungsräume und ländliche Räume: Partnerschaft. Schriftenreihe f. ländliche Sozialfragen 126, Göttingen: 33-47.

Haber, W. 1994. Nachhaltige Nutzung: Mehr als ein Schlagwort? RuR 3: 169-173.

Heidt, E., Schulz, R. & Plachter, H. 1997. Konzept und Requisiten der naturschutzfachlichen Zielbestimmung, dargestellt am Beispiel einer Agrarlandschaft Nordostdeutschlands (Uckermark; Brandenburg). Verhandlungen der Gesellschaft für Ökologie 27: 263-27.

Heidt, E., Schulz, R. & Lebrecht. M. 1994. Konzeption für die Formulierung und Umsetzung von Leitbildern, Umweltqualitätszielen und Umweltstandards für eine umweltgerechte Landnutzung im Biosphärenreservat Schorfheide-Chorin (Land Brandenburg). Laufener Seminarbeiträge 4/94: 141-152.

Horlitz, T. 1994. Flächenansprüche des Arten- und Biotopschutzes. Libri botanici 12. IHW-Verlag, Echingen

Jessel, B. 1994. Methodische Einbindung von Leitbildern und naturschutzfachlichen Zielvorstellungen in die gemeindliche Landschaftsplanung.- Laufener Seminarbeiträge 4/94: 53-64.

Jessel, B. 1996. Leitbilder und Wertungsfragen in der Naturschutz- und Umweltplanung - Normen, Werte und Nachvollziehbarkeit von Planungen. Naturschutz und Landschaftsplanung 28 (7): 211-216.

Kohmann, F. 1997. Das Leitbild - eine Begriffsbestimmung. Zbl. Geol. Paläont. Teil I: 827-831.

Lutter, S. 1994. Ökologische Qualitätsziele - eine Hilfe für Wattenmeer und Nordsee?.- In: Lozán I.L. et al. (Hrsg.): Warnsignale aus dem Wattenmeer. Blackwell Wissenschaftsverlag, Berlin.

Luz, F. 1994. Zur Akzeptanz landschaftsplanerischer Projekte.- Europäische Hochschulschriften. P. Lang-Reihe XLII Ökologie, Umwelt und Landespflege 11: Frankfurt/ Main, Berlin.

Niedersächsisches Landesamt für Ökologie (Hrsg.) 1996. Beiträge zum Fließgewässerschutz in Niedersachsen. Informationsdienst Naturschutz Niedersachsen 5/1996: 170-284

Nohl, W. 1995. Die Landschaft von heute im Spiegel menschlicher Bedürfnisse und Werthaltungen. Laufener Seminarbeiträge 4/95: 55-62.

Plachter, H. 1995. Naturschutz und Wald in Mitteleuropa. In: Stiftung Hessischer naturschutz (Hrsg.): Wieviel Urwald braucht das Land. Wiesbaden.

Roweck, H. 1995. Landschaftsentwicklung über Leitbilder. LÖBF-Mitteilungen 4/95: 25-34.

SRU (Sachverständigenrat für Umweltfragen) 1996. Konzepte einer dauerhaft umweltgerechten Nutzung ländlicher Räume. Sondergutachten. Deutscher Bundestag Drucksache 13/4109.

Stock, M., Eskildsen, K., Gätje, C. & Kellermann, A. 1998. Naturschutzfachliche Bewertung in einem Nationalpark - Ein Verfahrensvorschlag im Rahmen des Prozeßschutzes. Veröff. vorgesehen in: Zeitschrift für Ökologie und Naturschutz.

UVP-Förderverein (Hrsg.) 1995. Aufstellung kommunaler Umweltqualitätsziele - Anforderungen und Empfehlungen zu Inhalten und Verfahrensweisen. Dortmunder Vertrieb für Bau- und Planungsliteratur. Dortmund.

Vorwald, J. & Wiegleb, G. 1996. Anforderungen an Leitbilder für die Entwicklung von Bewertungsverfahren im Naturschutz. Aktuelle Reihe BTU Cottbus 8/96: 146-152.

Wiegleb, G. 1997. Leitbildmethode und naturschutzfachliche Bewertung. Zeitschrift für Ökologie und Naturschutz 6: 43-62

3 Stellung der Bewertung im Rahmen der „guten naturschutzfachlichen Praxis“

Gerhard Wiegleb[1]

[1] BTU Cottbus, LS Allgemeine Ökologie, Postfach 10 13 44, D-03013 Cottbus

Zusammenfassung. Das Konzept der guten naturschutzfachlichen Praxis wird eingeführt. Die Wechselwirkungen der essentiellen Elemente (Zielfindung, Rechtfertigung, Datenerhebung, Bewertung, Entscheidung, Maßnahmendurchführung, Erfolgskontrolle) werden näher untersucht. Grundlegend für alle weitere Schritte ist die Zielfindung, zu deren Zweck die diskursive Leitbildentwicklung entwickelt wurde. Die Leitbildentwicklung strukturiert das Bewertungsverfahren im wesentlichen vor, zusätzliche Bewertungskriterien gibt es nicht. Wohl aber gibt es eine Vielzahl meßtechnischer Probleme. Zudem sind die Beziehungen zwischen Zielen und deren ethischen Rechtfertigungen sowie auch zwischen Zielen und deren praktischer Umsetzung oft wenig eindeutig, was den komplexen Bewertungsprozeß stören kann.

Schlüsselwörter. Bewertungsverfahren, Grundmotive, Handlungsoptionen, Leitbildentwicklung, Planungstheorie, Rechtfertigung

1 Gute naturschutzfachliche Praxis

Das Konzept der „guten naturschutzfachlichen Praxis“ wurde von Blumrich et al. (1998) eingeführt. Die im folgenden genannten Arbeitsbereiche bilden die Elemente einer umfassenden Naturschutztheorie, die nötig sind, um eine fruchtbare Naturschutzpraxis anzuregen (vgl. Abb. 3.1):

1. Zielentwicklung: Was will ich erreichen?
2. Rechtfertigung: Warum will ich das?
3. Datenerhebung: Was muß ich (in welcher Exaktheit und Detailliertheit) wissen, um mein Ziel zu erreichen bzw. überhaupt exakt formulieren zu können?
4. Bewertung: Wie weit bin ich vom Ziel entfernt?
5. Entscheidung: Will ich das Ziel tatsächlich erreichen, und wenn ja, um welchen Preis? Was tue ich zuerst, z. B. angesichts knapper Ressourcen?
6. Handlungskonzepte und Maßnahmen: Wie erreiche ich das Ziel am besten? Welche Strategien, Instrumente und Handlungsoptionen stehen mir zur Verfügung, welche setze ich ein?

7. Erfolgskontrolle: Wie und mit welchem Grad der Exaktheit stelle ich fest, ob das Ziel erreicht ist?

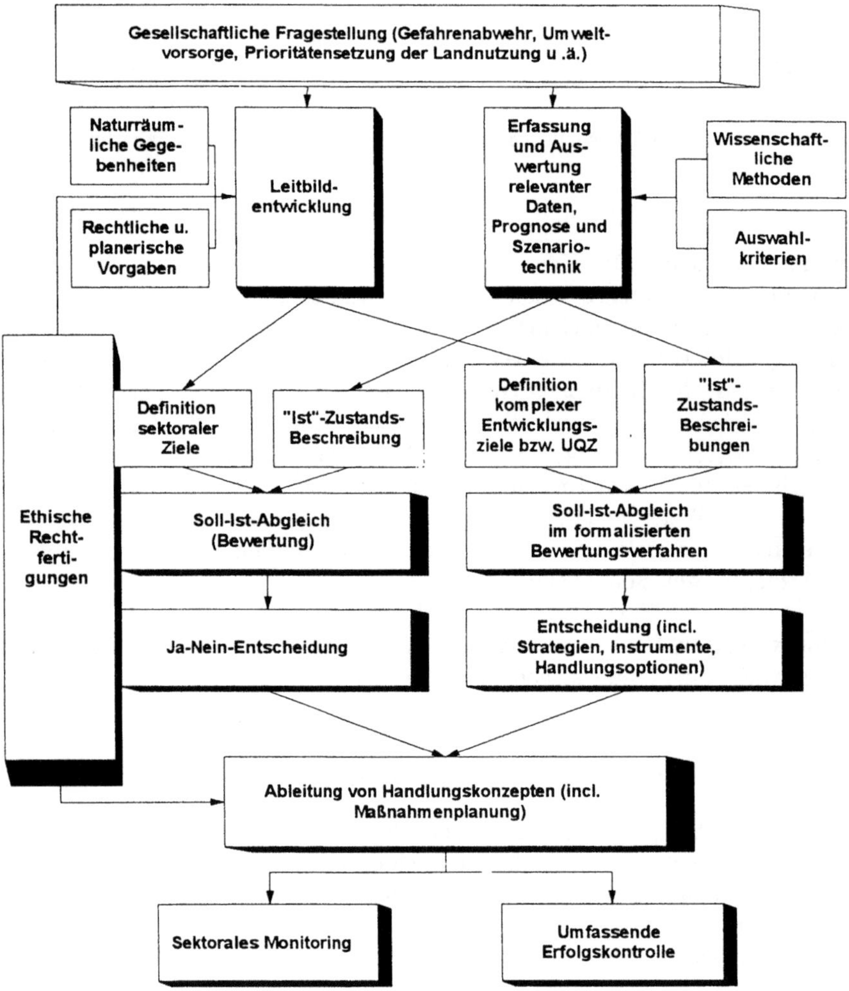

Abbildung 3.1. Vernetzung zwischen den Elementen der „guten naturschutzfachlichen Praxis" (verändert nach Wiegleb 1997b)

Am Anfang naturschutzfachlichen Handelns steht immer eine gesellschaftliche Fragestellung, die unterschiedliche Anlässe haben kann (z. B. Gefahrenabwehr, Umweltvorsorge, Prioritätensetzung der Landnutzung). Dies führt zur Leitbildentwicklung unter Berücksichtigung vorhandener Umweltzielvorstellungen, rechtlicher Vorgaben, naturräumlicher Gegebenheiten sowie ethischer Rechtfertigungen von Naturschutzhandlungen. Unter „Leitbild" verstehe ich im folgenden alle zielorientierten Vorgaben im Natur- und Umweltschutz. Als „diskursiv" bezeichne ich solche Leitbilder, die in einem Rahmen erarbeitet wurden, der über das reine Expertenwissen oder auch konventionelle Beteiligungsverfahren hinausgeht (Wiegleb 1996, Bröring et al., in diesem Band).

2 Zum Leitbildbegriff

Die Durchsetzung von Naturschutzzielen im gesellschaftlichen Diskurs setzt zwingend (vgl. § 2, Abs. 2 BNatSchG) den fachinternen Konsens über die Akzeptabilität dieser Ziele, deren wechselseitige Kompatibilität oder Inkompatibilität sowie auch die Abwägung und Prioritätensetzung bei konkurrierenden Zielen voraus. Nach dem gegenwärtigen Stand der theoretischen Diskussion ist die Leitbildmethode das geeignete Instrument zur Vereinheitlichung von Naturschutztheorie und -praxis (Wiegleb 1997a). Der Leitbildbegriff hat im naturschutzfachlichen Bereich in den letzten 10 Jahren eine vielfältige Entwicklung durchgemacht. Es haben sich verschiedene Ansätze herausgebildet:

1. Logisch-hierarchische Leitbildmodelle:

Hier erfolgt die deduktive Präzisierung von Leitbildern und Leitlinien zu Umweltqualitätszielen (UQZ) und Umweltqualitätsstandards (UQS) in Form einer logischen Hierarchie (Fürst-Kiemstedt-Modell, Kiemstedt 1991). Es handelt sich um ein planungstheoretisches Ideal, das in der Praxis selten angewandt wird (vgl. jedoch Heidt et al. 1994). Historisch verdienstvoll ist der Versuch, verschiedene Domänen wie Planung (wo Leitbilder und Leitlinien bereits erprobt waren) und Umweltschutz (der Qualitätsziele und -standards kannte) zu verbinden. Das Modell beinhaltet nicht notwendigerweise eine räumliche Hierarchie und auch keinen Zeithorizont. Der Gültigkeitsbereich einer Präzisierungsebene ist im Idealfall sogar universell für ein Medium oder einen Typ. Das Modell verlangt eine zunehmende Präzisierung (von der Bildhaftigkeit im Leitbild zur Numerik im UQS) und Verbindlichkeit der Ziele.

2. Nicht-hierarchische Leitbildmodelle:

In diesem Modell steht die Formulierung von Zielen auf verschiedenen Zeithorizonten im Vordergrund des Interesses (in der Fließgewässerökologie, DVWK 1996). Im Regelfall sind diese eingeteilt in

- langfristige (unabgestimmte, naturalistische) Ziele (Ideal-Zustand, Urzustand, potentiell natürlicher Zustand), und
- kurzfristige Ziele (Zielzustand, Sanierungsziel oder Entwicklungsziel mit Angabe der Wahrscheinlichkeit, Zeitdauer und Nebenwirkungen) als teilabgestimmte realistische Ziele zwischen Ist- und Ideal-Zustand.

Der Raumbezug der Ziele ist oft der gleiche (ein Flußabschnitt, ein Gewässersystem). Lang- und kurzfristige Ziele sind nicht notwendigerweise logisch verbunden, da sie teilweise aufgrund unterschiedlicher wertgebender Kriterien gewonnen werden.

3. Räumlich-hierarchisches Leitbildmodell:

In diesem Modell (z. B. im BMBF-Vorhaben LENAB, Wiegleb 1997a) geht man von einer dreigliedrigen räumlichen Hierarchie aus, deren Ebenen ineinander geschachtelt sind.

- Im Rahmen von „raumordnerische Leitbilder" genannten Zielvorstellungen werden die Rahmenbedingungen für größere Gebiete zusammengestellt oder szenarioartig ausgearbeitet.
- Als zentrale Kategorie fungieren „landschaftliche Leitbilder" für Tagebaufelder, Seenketten, Moorkomplexe, Flußeinzugsgebiete oder naturräumliche Einheiten ähnlicher Größenordnung, die sich schwerpunktmäßig mit landschaftsökologischen Aspekten wie Anteil der Nutzungsformen, Aspekte von Wasser- und Stoffhaushalt usw. befassen.
- Nachgeordnete „sektorale Leitbilder" charakterisieren bestimmte Nutzungsansprüche für kleinräumige „Objekte" oder „Flächen", seien es Schläge, Parzellen, Biotopkomplexe, Flußabschnitte, Uferabschnitte o.ä.

Raumbezogene sektorale Leitbilder werden im Regelfall noch durch typusbezogene Leitbilder, insbesondere biotoptypenspezifische (z. B. gewünschte Ausstattung mit Leitarten) sowie art- und populationsspezifische Leitbilder (z. B. MVP-Größe einer gefährdeten Art) untersetzt.

Gleichzeitig mit der Leitbildentwicklung beginnt die gezielte Datenerhebung im Plangebiet, deren Ergebnis über verschiedene Auswertungsschritte tabellarisch, kartograpisch und textlich dargestellt wird. Dies schließt im Regelfall auch die Erstellung von Prognosen und die Entwicklung von Szenarien für mögliche zukünftige Entwicklungen mit ein. Auch der Erfassungsteil ist nicht gänzlich wertfrei, obwohl er auf wissenschaftlich-ökologischen Methoden beruht, denn bereits die Auswahl der Meßgrößen bringt ein subjektives Element hinein.

3 Zum Bewertungsverfahren

Die Ergebnisse beider Bearbeitungsstränge (Zielentwicklung und Datenerfassung) werden im Rahmen eines Soll-Ist-Abgleiches (= Bewertung) verglichen, wobei der Begriff „Ist-Zustand" auch zukünftige (prognostizierte) und vergangene (hypothetische) Zustände mit einschließt. Sowohl der Strang der Zielentwicklung als auch der der Datenerfassung müssen Ergebnisse hervorbringen, die in der „gleichen" Sprache gehalten sind, d. h. gleiche Meßgrößen und gleiche raumzeitliche Bezugsskalen haben. Bei Vorliegen von sektoralen Zielen ergibt sich aus der Feststellung einer Soll-Ist-Abweichung unmittelbar der Handlungsbedarf in Form einer Maßnahme, bei komplexen Zielen ist zwingend ein formales Bewertungsverfahren zur Entscheidungsunterstützung zu entwickeln (Plachter 1994, Heidt & Plachter 1996). An die Bewertung schließt sich eine Entscheidung über Handlungskonzepte und Maßnahmen an. Diese können sehr unterschiedlicher Art sein (Renaturierung, Ausweisung von Vorrangflächen für bestimmte Nutzungen, Ausweisung von Schutzgebieten, Kompensation von Eingriffen, Schutzprogramme für Arten oder Biotope, Vertragsnaturschutz usw.). Den Maßnahmen nachgelagert ist im Idealfall ein sektorales Monitoring oder eine umfassende Erfolgskontrolle.

Tabelle 3.1. Thesen und Antithesen zur Bewertungsproblematik

1. These	**2. Antithese**	**Richtig ist**
Naturschutzfachliche Bewertung ohne Leitbilder (Zielvorstellungen, Qualitätsziele usw.) ist unmöglich.	Naturschutzfachliche Bewertung ist auch ohne Leitbilder möglich.	1
Es gibt keine Bewertungskriterien, es gibt nur wertgebende Parameter im Leitbild.	Es gibt Bewertungskriterien außerhalb des Leitbildes.	1
Abgleich, Synthese und Hierarchisierung konkurrierender Parameter in der synthetischen Bewertung müssen bereits im Leitbild vorgenommen werden.	Abgleich, Synthese und Hierarchisierung konkurrierender Kriterien werden im Bewertungsverfahren vorgenommen.	1
Die Leitbildentwicklung löst nicht das Bewertungsproblem, die technischen Probleme im Bewertungsverfahren sind nicht zu unterschätzen (Skalierung, Objekt vs. Typus).	Die Leitbildentwicklung löst das Bewertungsproblem.	1
Das Verhältnis von Naturschutzplanung (Leitbildentwicklung, Bewertung) zur Umweltethik bzw. sozialwissenschaftlichen Werttheorie ist durch Sprachprobleme getrübt.	Naturschutzwerte sind an andere gesellschaftliche Wertdiskurse angebunden.	1
Das Verhältnis von Naturschutzplanung zur Naturschutzpraxis ist durch noch viel größere Sprachprobleme getrübt. Anmerkung: Planungen scheitern in der Praxis häufig an weiteren Widrigkeiten, die nach oder unabhängig von der Leitbildformulierung auftauchen.	Naturschutzfachplanungen lassen sich 1:1 in die Praxis übertragen, sofern die genannten Widrigkeiten ausgeräumt werden können, z.B. durch „offene" oder „diskursive" Planung.	1

Aus dem Schema Abb. 3.1 lassen sich einige Leitsätze zum Verhältnis von Leitbildmethode und Bewertung in Form von Thesen ableiten (vgl. Tab. 3.1). Die dargestellten Antithesen werden ausdrücklich verworfen. Nach den bisher im Forschungsvorhaben LENAB erarbeiteten Vorstellungen ist eine Bewertung ohne Leitbildentwicklung unmöglich. In diesem Sinne gibt es auch keine „Bewertungskriterien" unabhängig vom Leitbild, es gibt eigentlich nur „wertgebende Kriterien" bei der Leitbildentwicklung. Diese müssen dann im Bewertungsverfahren abgearbeitet und umgesetzt werden. Abgleich, Gewichtung, Synthese oder Hierarchisierung von wertgebenden Kriterien muß bereits im Leitbild vorstrukturiert sein, damit es nach der Bewertung nicht zu konkurrierenden Zielfunktionen bzw. unauflösbaren Widersprüchen zwischen verschiedenen naturschutzfachlichen Werten kommt.

Die Leitbildentwicklung löst also nicht das Bewertungproblem (vgl. Vorwald & Wiegleb 1996), strukturiert es aber wesentlich vor. Das Bewertungsverfahren ist im wesentlichen ein Meßverfahren für vorgegebene Werte. Die technischen Probleme der Abbildung des Sachmodells im Bewertungsverfahren sind nicht zu unterschätzen. Verkompliziert wird das Bewertungsproblem vor allem durch mangelnden Bezug zur Praxis- und zur Rechtfertigungsebene.

4 Zum Verhältnis von Maßnahmen und Zielen

Um dies zu illustrieren, sind in Tab. 3.2 die Grundmotive aufgeführt, die im Rahmen des Forschungsvorhabens LENAB als richtungsweisend für die Leitbildentwicklung herausgearbeitet wurden. Die vier Grundmotive „Naturnähe", „Biodiversität", „Nachhaltigkeit" und „Kulturlandschaft" sind allgemein durch Gesetze, Verordnungen und internationale Verträge anerkannt, werden jedoch oft als Worthülsen in die Diskussion geworfen. Hier sind sie jeweils mit verschiedenen fachlichen Konkretisierungen versehen. Die Zahl der möglichen fachlichen Konkretisierungen wurde durch intensive Diskussionen bereits eingeschränkt.

Es verbleibt eine Vielzahl von zielorientierten Begriffen, die alle für sich als Konkretisierung von § 1 BNatSchG u.a. einschlägigen Rechtsvorschriften aufgefaßt werden können. Im einzelnen wurden hierzu auch Meßvorschriften entwikkelt, dazu wurden biotoptypenbezogene Umsetzungsvorschläge erarbeitet. Es ist klar, daß diese Ziele sich räumlich gegenseitig ausschließen und auch zu einer unterschiedlichen Bewertung von Ist-Zuständen und Landschaftsentwicklungen führen müssen. Im Rahmen des Zieles „Prozeßschutz" ist das lokale Verschwinden einer Art weitgehend irrelevant, im Rahmen des Zieles Artenschutz/Zielartenschutz vermag allein die Möglichkeit des Eintretens eines solchen Ereignisses höchste Aktivität auf der Maßnahmenebene hervorzurufen. Diese möglichen naturschutzinternen Zielkonflikte müssen in jedem Fall klar benannt und ausdiskutiert werden.

Die Tatsache, daß das Vorkommen oder Nicht-Vorkommen bestimmter Arten leichter meßbar ist als das ordnungsgemäße Ablaufen von Prozessen wie Sukzession, Bodenbildung, Geomorphologie oder gar Evolution ist kein grundsätzliches Argument gegen Naturnähekonzepte, die auf Prozeßschutz basieren. In der dargestellten Liste stecken eine Vielzahl ungeklärter Forschungsprobleme, die aber oft leichtfertig übergangen werden.

Tabelle 3.2. Naturschutzgrundmotive und mögliche fachliche Konkretisierungen in der Bergbaufolgelandschaft

Naturnähe
• Prozeßschutz: Gewährleistung natürlicher Entwicklungen und Prozesse (Evolution, Sukzession, Bodenbildung, Geomorphologie)
• Minimierung der Nutzungsintensität: Freiheit von aktuellen anthropogenen Störungen, Belastungen bzw. Eingriffen
• Wildnis: Erhalt der urlandschaftstypischen Elemente der Landschaft bzw. des Landschaftsbildes nach Kippung
Biodiversität
• Artdiversitätsschutz: Lokale Optimierung der Artenzahlen wildlebender Pflanzen und Tiere
• Funktionaler Diversitätsschutz: Maximierung bzw. lokale Optimierung der Konnektivität in Nahrungsketten
• Artenschutz i.e.S.: Schutz von lokalen Populationen, die allgemein als selten bzw gefährdet oder aus anderen Gründen als schützenswert gelten (Zielartenschutz)
• Biotopschutz incl. Biotopverbund: Schutz von bestimmten, naturraumtypischen Lebensräumen, Teillebensräumen und lokalen Artenzusammensetzungen (Leitartenschutz)
Nachhaltigkeit
• Stoffverlustminimierung: Optimierung des Wirkungsgrades der Landschaft in bezug auf Stoffverluste
• Erhalt bzw. Herstellung der Landschaftsfunktionen: Förderung der Ertragspotentiale, insbesondere des Bodens, Verhinderung von Winderosion, Grundwasserschutz, Förderung der Grundwasserneubildung
• Exergy-Speicherung: Herstellung einer selbstorganisierenden Landschaft fern vom thermodynamischen Gleichgewicht
Kulturlandschaft
• Biotopgestaltung, -pflege und -management: Erhalt und Initiierung von Landschaftselementen, die bedeutsam im Hinblick auf gleichzeitige Förderung von Tourismus und Biotopschutz sind, Simulation historischer Nutzungsformen
• Landschaftsgärtnerei und -architektur: Angleichung der Landschaft an die historische Kulturlandschaft vor dem Tagebau
• Land art: Herstellung einer artifiziellen Landschaft unter Einschluß neuartiger kulturhistorischer Elemente

In Tab. 3.3 wurden verschiedene Naturschutzmaßnahmen, die in der Bergbaufolgelandschaft bereits stattfinden und z. T. auch ausdrücklich als solche bezeichnet werden, den oben genannten Grundmotiven versuchsweise zugeordnet. Das Grundmotiv „Kulturlandschaft“ wurde dabei absichtlich ausgeklammert. Es zeigt sich, daß der Bezug nicht immer herstellbar ist. Zwischen der Zielebene und der Handlungsebene liegt offenbar ein weites Feld von Strategien, Instrumenten, Handlungsoptionen u.ä., das noch weitgehend unerforscht ist. Ggf. ist die Abarbeitung mehrerer Entscheidungsebenen erforderlich.

Tabelle 3.3 Naturschutzmaßnahmen in der Bergbaufolgelandschaft und deren Beurteilung aus der Sicht naturschutzfachlicher Leitbilder

Leitbildgrundmotiv Maßnahme	Naturnähe	Biodiversität	Nachhaltigkeit
Einmalige größere Aktionen			
Wiederherstellung eines Endmoränenzuges	o	o	o
Wiederherstellung eines Fließgewässers	++	++	o
Morphologische Anpassung des Kippenrandes	--	o	o
Ausdrücklich technologische Aktionen			
Böschungsgestaltung (Abschrägung)	--	--	o
Ansaat mit Industriesaatmischung	--	-	+
Ansaat mit Trockenrasenarten	+	o	++
Inititalisierungen			
Anlage von Benjeshecken, Totholz- und Lesesteinhaufen	o	++	o
Anlage von Findlingshaufen	o	o	o
Anlage von Kleingewässern	o	++	o
Pflanzung von Hecken und Feldgehölzen	o	-	++
Röhrichtpflanzung	+	o	+
Pflegemaßnahmen			
Offenhaltung von Trockenrasen und Heiden	-	++	-
Bekämpfung von Calamagrostis epigejos	-	--	--

5 Zum Verhältnis von Zielen und deren Rechtfertigung

In Tab. 3.4 wurde zusätzlich versucht, ethische Aspekte, die in der aktuellen umweltethischen Diskussion häufig auftauchen (vgl. Krebs 1996), mit den ausgewählten Naturschutzgrundmotiven in Beziehung zu setzen. Es zeigt sich, daß dies in einigen Fällen möglich ist, in anderen Fällen hingegen nicht ohne weiteres. Deutlich wird in der Tabelle zumindest, daß sich naturschutzfachliche Bewertungsverfahren auch und insbesondere mit der Quantifizierung von Eigenwerten beschäftigen müssen. Der Eigenwert ist dabei zunächst näherungsweise ein Restwert, der nicht in den üblichen Kategorien von Nutzen, Eudämonie und Moral beschrieben werden kann. Für diesen gibt es keine allgemein anerkannte Skala.

Tabelle 3.4. Ethische Rechtfertigung naturschutzfachlichen Handelns in der Bergbaufolgelandschaft

Ethikkategorie	Wertargument	Naturnähe	Biodiversität	Nachhaltigkeit
Nutzen	Befriedigung der Grundbedürfnisse (incl. Umweltvorsorge und Gefahrenabwehr)	o	o	xx
	Rohstoffsicherung für zukünftige Generationen	o	o	xx
	Wissenschaftlicher Wert für Paläolimnologie, Bioindikation u. a. ökologische Teildisziplinen	o	x	o
	Nicht-ökonomischer Nutzen (z. B. landschaftsökologische Funktionen: Mesoklima, Wasser- und Stoffretention)	x	o	xx
	Beitrag zum Klimaschutz	x	o	xx
Eudämonie	Schönheit, Erhabenheit	x	o	o
	Eigenart	x	o	o
	Heimat	o	o	o
	Heiligkeit	o	o	o
	Andere mythische und transzendentale Werte	o	o	o
Moral	Leidende Kreatur	o	o	o
	Zweckmäßigkeit der Natur	o	o	o
	Ganzheit, Unversehrtheit, Gesundheit	o	o	x
	Ökologisches Gleichgewicht, Stabilität, Belastbarkeit	o	o	xx
Eigenwert	Individualität	o	o	o
	Vielfalt	o	xx	o
	Ökologische Prozesse	xx	x	x
	Weitere Eigenwerte	x	x	x

6 Schlußfolgerungen und Fragen

Die in Abb. 3.1 dargestellten Wechselbeziehungen (z.B. zwischen Naturschutzleitbildern und deren ethischer Rechtfertigung sowie zwischen den Leitbildern und ihrer Umsetzung in Handlung) sind oft nur locker definiert. Eine in sich konsistente Naturschutztheorie liegt noch nicht vor. Für mich ergeben sich aus dem Vorgenannten einige Fragen an die Vortragenden mit spezieller Blickrichtung auf das Bewertungsproblem:

- Was folgt aus den vorgetragenen theoretischen Überlegungen für die Operationalisierung der wertgebenden Parameter und die Mechanik des Bewertungsverfahrens?
- Welche explizit als solche bezeichneten wertgebenden Parameter werden verwendet? Wie werden sie eingeführt und begründet?

- Wie sind sie operationalisiert? Wie sind sie skaliert? Sind sie typus- oder objektbezogen? Wie werden sie gewichtet, synthetisiert oder hierarchisiert?
- Besteht direkter oder indirekter Bezug zu einem Leitbild?
- Hatte das Bewertungsverfahren Erfolg? War es für Laien verständlich? Wurden seine Ergebnisse akzeptiert?
- Was ist ein „gutes" Bewertungsverfahren?

Danksagung

Die vorliegenden Überlegungen wurden im Rahmen des Verbundvorhabens LENAB (Fkz BMBF 0339648), gefördert vom BMBF und der LMBV mbh, entwickelt. F. Schulz, U. Bröring, J. Vorwald, B. Felinks, H. Fromm, H. Blumrich, J. Mrzljak und R. Stierand hatten wesentlichen Anteil an der Diskussion.

Literatur

Blumrich, H., Bröring, U., Felinks, B., Fromm, H., Mrzljak, J., Schulz, F., Vorwald, J. & Wiegleb, G. 1998. Die Bedeutung der Leitbildentwicklung im Rahmen einer „guten naturschutzfachlichen Praxis", dargestellt am Beispiel der naturnahen terrestrischen Bereiche der Niederlausitzer Bergbaufolgelandschaften. Studien und Tagungsberichte des LUA Brandenburg, im Druck.

Bröring, U., Schulz, F. & Wiegleb, G. 1995. Niederlausitzer Bergbaufolgelandschaft: Erarbeitung von Leitbildern und Handlungskonzepten für die verantwortliche Gestaltung und nachhaltige Entwicklung ihrer naturnahen Bereiche. Z. Ökol. u. Naturschutz 4: 176-178.

DVWK. 1996. Fluß und Landschaft - Ökologische Entwicklungskonzepte. DVWK-Merkblätter 240/1996. Bonn.

Heidt, E. & Plachter, H. 1996. Themenkreis 3: Wichtige Grundlagen. Bewerten im Naturschutz: Probleme und Wege zu ihrer Lösung. Beitr. Akad. Natur- u. Umweltschutz Bad.-Württ. 23: 193-252.

Heidt, E., Leberecht, M. & Schulz, R. 1994. Konzeption für die Formulierung und Umsetzung von Leitbildern, Umweltqualitätszielen und Umweltstandards bei der Entwicklung von Vorstellungen für eine umweltgerechte Landnutzung im Biosphärenreservat Schorfheide-Chorin. Laufener Seminarbeiträge 4/94: 141-152.

Kiemstedt, H. 1991. Leitlinien und Qualitätsziele für Naturschutz und Landschaftspflege. In: Henle, K. & Kaule, G., Hrsg., Naturschutzforschung für Deutschland, Berichte aus der ökologischen Forschung 4: 338-342.

Krebs, A. 1996. „Ich würde gern aus dem Hause tretend ein paar Bäume sehen". Philosophische Überlegungen zum Eigenwert der Natur. In: Nutzinger, H.G., ed., Naturschutz - Ethik - Ökonomie. Theoretische Begründungen und praktische Konsequenzen, Metropolis, Marburg, p. 31-48.

Vorwald, J. & Wiegleb, G. 1996. Anforderungen an Leitbilder für die Entwicklung von Bewertungsverfahren im Naturschutz. Aktuelle Reihe BTU Cottbus 8/96: 146-152.

Wiegleb, G. 1996. Leitbilder des Naturschutzes in Bergbaufolgelandschaften am Beispiel der Niederlausitz. Verh. Ges. Ökol. 25: 309-319.

Wiegleb, G. 1997a. Leitbildmethode und naturschutzfachliche Bewertung. Z. Ökol. u. Naturschutz 6: 43-62.

Wiegleb, G. 1997b. Beziehungen zwischen naturschutzfachlichen Bewertungsverfahren und Leitbildentwicklung. NNA-Berichte 3/97:40-47.

4 Wissenschaftstheoretische Grundlagen zur Bewertung und ihre Bedeutung für die Naturschutzpraxis

Beate Jessel[1]

[1] Bayerische Akademie für Naturschutz und Landschaftspflege, Postfach 1261, D-83410 Laufen

Zusammenfassung. Die gängige Forderung nach klarer Trennung von „Sach"- und „Wert"ebene besteht auch für naturschutzfachliche Wertungen. Sie muß zwar weitestmöglich versucht werden, wird jedoch vielfach nicht konsequent durchzuhalten sein, da naturschutzfachliche Argumentationen keine isolierten Systeme darstellen, sondern in den Kontext eines Argumentations- und Verständniszusammenhanges eingebettet sind. Zusätzlich zur „Gültigkeit", verstanden als logische Übereinstimmung mit übergeordneten Normen, sollte daher für Werturteile im Naturschutz vermehrt nach Belegen gesucht werden, um für sie „Geltung" im Sinne intersubjektiver Akzeptanz zu begründen. In dem Beitrag werden des weiteren Bestandteile von Wertungsvorgängen analysiert und Konsequenzen für die Bewertungspraxis im Naturschutz erörtert.

Schlüsselwörter. Argumentationszusammenhang, Bewertung, Kontext, Naturschutz, Wertfreiheitspostulat, Werturteile, Wissenschaftstheorie

1 Wissenschaftstheorie als Fundus für geläufige Forderungen

Die Wissenschaftstheorie, die „philosophy of science", versteht sich als philosophische Grundlagendisziplin, die sich mit der theoretischen Klärung der Voraussetzungen und der Strukturen wissenschaftlicher Aussagen und Methoden befaßt. Logische Klarheit erwartet man sich von ihr und verbindet dies in puncto des Bewertungsproblems mit der geläufigen Forderung nach Trennung von Wertaussagen und Sachaussagen. Es wird zu diskutieren sein, ob man es sich so einfach machen kann. Vorauszuschicken ist allerdings, daß die Wissenschaftstheorie alles andere als ein monolitischer Block ist, von dem man sich für Wertungsfragen nun archimedische Punkte erhoffen dürfte, an denen sich Wertungssysteme unumstößlich verankern lassen. Vielmehr ist sie durch eine Vielzahl an Strömungen gekennzeichnet, und es wird im folgenden Beitrag möglich sein, nur einige Aspekte herauszugreifen.

Naturschutz beruht auf gesellschaftlichen Wertentscheidungen, zu deren Bewältigung fachliche Erkenntnisse herangezogen werden. Für die Naturschutzarbeit spielen damit sowohl besagte Sachebene („fachliche Grundlagen") als auch die Wertebene („Wertentscheidungen") eine Rolle. Daran knüpfen sich einige geläufige Forderungen:

1. Die Forderung nach klarer Trennung von Wert- und Sachebene (etwa Schemel 1985), von „Faktensphäre" und „Bewertungssphäre" (Gethmann & Mittelstraß 1992). Sie wurde im 17. Jahrhundert eingeleitet durch die von René Descartes postulierte „cartesianische" Trennung von Geist und Materie, von „res cogitans" und „res extensa", die ja auch das Verständnis der Wissenschaften revolutioniert hat. Als notwendige Trennung von Sein und Sollen hat diesen Anspruch dann zum ersten Mal im 18. Jahrhundert der englische Empiriker David Hume (1973/1739) formuliert. Erst zu Anfang unseres Jahrhunderts wurde aber daraus von George Edward Moore (1970/1903), einem Vertreter des Realismus, der vielzitierte „naturalistische Fehlschluß" geprägt, ein deduktiver Schluß, dessen Prämissen ausschließlich aus Sachaussagen bestehen, dessen Konklusion aber normativen Charakter hat und der deshalb logisch nicht zulässig ist.

2. Die Forderung, das sogenannte „Wertfreiheitspostulat" der Wissenschaften, das auf den Soziologen Max Weber (1988) zurückgeht und für die empirischen Wissenschaften einen Standpunkt strenger Wertungsfreiheit vertritt, auch für die Ökologie als einer der wissenschaftlichen Grundlagen für den Naturschutz einzuhalten.

3. Die Forderung, daß Werte logisch gesehen nur begründet werden können, indem man sie aus übergeordneten, ihrerseits bereits werthaltigen Prämissen ableitet (deduziert), daß sie aber nicht aus Tatsachen allein logisch hergeleitet werden können. Bereits hier verbleibt jedoch die Frage der Begründung der angenommenen Letztnormen, der terminalen Werte (Axiome): Da bei der Deduktion von Werturteilen kein endloses Zurückschreiten, kein infiniter Regreß, möglich ist, bleibt nur der Abbruch des Verfahrens an einem bestimmten, selbstgewählten Punkt (vgl. etwa Vollmer 1987), so daß die Grundannahmen sich letztlich als gesetzt erweisen und als unbewiesen wahre Voraussetzungen für darauf aufbauende Wertungssysteme angenommen werden müssen. Unterschiedliche Grundvoraussetzungen, unterschiedliche Axiome, können so zu unterschiedlichen, auch sich widersprechenden darauf aufbauenden Wertungssystemen führen. Im Naturschutz sind etwa Wertungssysteme, die sich auf maximale „Naturnähe" zum einen, auf maximale, durch menschliche Eingriffe oft erst entstandene „Vielfalt" auf Organismenebene oder auf Ebene der Lebensgemeinschaften zum anderen als oberste terminale Werte beziehen, Beispiele für solche u.U. konkurrierenden Systeme.

2 Das Verhältnis von Sachebene und Wertebene, oder: Inwieweit sind naturalistische Fehlschlüsse in der Praxis tatsächlich vermeidbar?

Soweit zum Anspruch, der ja nicht zuletzt auch die westliche Kultur und die in ihr vorherrschende zweiwertige, „binäre" Logik prägt, die auf sich wechselseitig ausschließenden Ja-Nein-Kategorien beruht, auf welche sich auch eine Kategorisierung in die Standpunkte „objektiv" und „subjektiv" zurückführen läßt. Bei näherer Betrachtung ist jedoch interessant, daß das Postulat der Trennung von Sein und Sollen stets auch von konträren Auffassungen begleitet war und ist. Gerade in den letzten Jahren werden, verbunden mit dem Herbeisehnen eines viel beschworenen „Paradigmenwechsels" (Kuhn 1988), vermehrt Abschwächungen einer strikten Dichotomie von Sein und Sollen diskutiert. Im Rahmen dieses Aufsatzes können nur einige Stichworte angesprochen werden, um diese Auffassung zu belegen (ausführlicher vgl. Jessel 1998):

Zeitgleich mit Max Weber um die Jahrhundertwende vertrat etwa Max Scheler (1971/1916) einen sogenannten „Wert-Intuitionalismus" oder „Wert-Absolutismus", der von intuitiv erschaubaren, vorgegebenen Werten ausging, die sich zu einer absoluten Rangordnung fügten. Eine Auffassung, die über die Jahrhunderte hinweg immer wieder vertreten war und ist, stellt der sogenannte Panpsychismus dar, dem sich so exponierte Vertreter wie Franz von Assisi, Jakob Böhme, Albert Schweitzer, Adolf und Klaus Meyer-Abich sowie Teilhard de Chardin zurechnen lassen, und der davon ausgeht, daß Geist nicht nur dem Menschen innewohnt, sondern die innere Struktur aller Dinge, auch der anorganischen Materie, prägt. Da ist weiterhin Hans Jonas (1984), der mit dem Prinzip der Verantwortung gegenüber kommenden Generationen einen ethischen Imperativ geprägt hat, der nicht zuletzt deshalb die öffentliche Diskussion so bestimmt, weil er vielen Menschen intuitiv einleuchtet. Jonas leitet diesen Imperativ aus einer teleologischen Auffassung her, die besagt, daß durch das Streben, sich zu erhalten und zu reproduzieren bereits einfachsten Organismen wie auch der Natur überhaupt Zwecke und damit Werte innewohnten. Weil Jonas über diese Argumentationskette die Forderung nach Erhalt des Lebens direkt zu begründen sucht, wird ihm gleichfalls fehlerhafte Schlußziehung vorgehalten (Honnefelder 1993). Der Aufzählung hinzufügen kann man - aus ganz anderer Perspektive, die aber gleichfalls zu dem Schluß kommt, daß ein simpler Dualismus von Sein und Sollen fragwürdig ist - die Systemtheorie Niklas Luhmanns (1988, 1994), auch international eine der derzeit meistdiskutierten Gesellschaftstheorien, der zufolge aufgrund des Selbstbezugs gesellschaftlicher Systeme die strenge Unterscheidung in ein Subjekt und ein Objekt der Erkenntnis aufgehoben wird. Schließlich hat in der Physik die Quantentheorie gezeigt, daß Welle und Partikel als komplementäre Zustände derselben Wirklichkeit zu betrachten sind, wobei die Art, wie sich die Natur darstellt, vom jeweiligen Standpunkt und der Methode abhängt und mithin keine scharfe Trennung zwischen der beobachteten Welt und dem beobachtenden Ich mehr möglich ist (Heisenberg 1990).

Diese in sehr unterschiedlichen Bereichen vorzufindenden Standpunkte führen zum Nachdenken, wenn nicht gar zu der Folgerung, daß Beschreibungen und Wertungen zwar grundverschiedene logische Kategorien bilden - alle Versuche, aus einer Menge von Seinssätzen einen Sollsatz logisch zu begründen, sind bislang gescheitert -, daß deren Trennung in der Praxis der Lebenswelt, so auch in naturschutzfachlichen Argumentationen, sich jedoch sehr schwierig gestaltet und letztlich nur künstlich vollzogen werden kann. Weil aber alle noch so scharfsinnigen Versuche, das Sollen mit dem Sein logisch zu verknüpfen, bislang gescheitert sind, und auch keine andere Alternative, etwa in Form einer obersten Autorität in Sicht ist, die befugt wäre, für uns alle verbindliche Werturteile zu fällen und daraus Handlungsimperative abzuleiten, muß nach Auffassung der Verfasserin dieses Axiom zumindest als ideale Leitvorstellung akzeptiert werden, um das Zustandekommen von Werturteilen so weit als möglich offenzulegen und kritisierbar zu halten. Dabei gilt es sich jedoch bewußt zu sein, daß die Forderung nach strikter Trennung und Unableitbarkeit des Sollens aus dem Sein ein Axiom, eine terminale Grundvoraussetzung unserer logischen Systeme darstellt, die ihrerseits eine metatheoretische Entscheidung beinhaltet.

Die konsequente Trennung von deskriptiv und normativ ist auch deswegen mit Problemen verknüpft, weil wir uns vieler normativer Annahmen, die in unsere Aussagen und Handlungsempfehlungen einfließen, gar nicht bewußt sind, etwa weil es sich um innerhalb eines bestimmten Personen- oder Kulturkreises schon gar nicht mehr hinterfragte „Selbstverständlichkeiten“ handelt. Ein Beispiel für eine solche Selbstverständlichkeit, mit der gern argumentiert wird, lautet etwa: „Das Verkehrsaufkommen steigt um 7% jährlich, also müssen wir neue Straßen bauen“. Solchen Argumentationen liegt eine zusätzliche Prämisse zugrunde, die lautet: „Man muß sich nach der Mehrheit der Autofahrer richten.“ Für den, der nun beifällig nickt und die Verkehrsplaner als entlarvt erachtet, läßt sich dieses Beispiel ohne weiteres umpolen:

Beispiel 1
„Der Bestand an Brutvogelarten hat am Neudorfer Speichersee in den letzten 3 Jahren von 137 auf 114, also um etwa 15% abgenommen, weshalb das Gebiet vorrangig als Naturschutzgebiet zu sichern ist.“

Auch einer solchen, im Naturschutz geläufigen Argumentation liegt oft eine nicht näher hinterfragte Prämisse zugrunde, die lautet: „Alle Arten müssen in dem betreffenden Gebiet gleichermaßen erhalten werden.“ Man mag dieser oder auch der anderen, für das erste Beispiel genannten Prämisse zustimmen oder nicht; sie müssen in der Diskussion aber zumindest offengelegt werden.

In der Begründung wie in der Kritik naturschutzfachlicher Aussagen sollte man sich stets darüber bewußt sein, daß eigentlich eine wechselseitige Bezogenheit von Sein und Sollen besteht. Darauf ist gerade für naturschutzfachliche wie planerische Wertungsvorgänge hinzuweisen, da diese keine isolierten logischen Systeme darstellen. Sie bauen sich vielmehr aus Argumentationszusammenhängen, aus Verständniszusammenhängen auf, in denen Sachebene und Wertebene sich eng und wechselseitig beeinflussen. Daß wertende Aussagen in semantischen Zusammenhängen als sogenannte „Aussagenkörper" zu diskutieren sind, macht auch der „Korporatismus" Morton G. Whites (1987) deutlich. Sowohl Sach- als auch Wertaussagen dürfen demnach nicht losgelöst von ihrem Bedeutungsumfeld betrachtet werden. Durch dessen Einfluß kann es nämlich vorkommen, daß deskriptive und normative Aussagen in gewissen Zusammenhängen „gelten", während sie in anderen zu revidieren sind. So kann etwa die Aussage eines Soldaten, der gegenüber anderen angegeben hat, seine Einheit sei nach Norden marschiert und der dabei bewußt eine unrichtige Angabe gemacht hat,

- unter der Prämisse, daß man nicht lügen soll, als verwerflich eingestuft werden.
- in Kenntnis, daß durch diese dem Gegner gegenüber gemachte Angabe das Leben seiner Mannschaftskameraden gerettet worden ist, moralisch befürwortet werden (White 1987).

Solch plakative Beispiele mögen zunächst weit hergeholt erscheinen, jedoch lohnt es sich, wie folgendes Beispiel zeigt, auch Begründungen für naturschutzfachliche Wertungen näher zu hinterfragen und dahinterstehende Zusammenhänge und verborgene Prämissen aufzudecken.

Beispiel 2
„Euphorbia villosa hat als seltene Art prioritäres Ziel von Naturschutzmaßnahmen zu sein".

Die Zottige Wolfsmilch tritt in Bayern tatsächlich nur noch an einem einzigen Standort bei Passau auf und wird in der Roten Liste in der Gefährdungskategorie 1 - vom Aussterben bedroht, geführt. Über die Grenze hinweg im nahen Ober- und Niederösterreich sind die Vorkommen jedoch noch häufig, so daß eine Betrachtung in einem anderen Kontext, etwa bezogen auf die europaweite Verbreitung, zu einer anderen Aussage führen kann. Hier wird im übrigen ein Problem deutlich, das sich bei vielen Rote-Liste-Arten stellen kann, wenn ihr Listen-Status als Grundlage für naturschutzfachliche Wertungen herangezogen wird.

3 Wie „wertfrei" kann Wissenschaft sein?

Aus dem bislang Gesagten heraus läßt sich auch folgern, daß es eine Illusion ist, wie es oft und simplifizierend erfolgt, von vollständiger „Wertfreiheit" von Wissenschaft zu sprechen bzw. diese pauschal zu fordern. Jede Wissenschaft, auch die Ökologie, ist von einer Vielzahl an Wertbezügen gekennzeichnet. Diese äußern sich etwa

- in der Verpflichtung gegenüber verschiedenen wissenschaftsimmanenten Werten - Genauigkeit, Nachvollziehbarkeit, intersubjektive Verständlichkeit der Ergebnisse. Eine wertbehaftete Entscheidung stellt auch bereits dar, sich dem Gewinnen von Erkenntnis, d.h. von intersubjektiv nachprüfbarem und kommunizierbarem Wissen zu widmen.

- im „forschungspsychologischen Kontext", zu dem etwa die Entscheidung der Wissenschaftlergemeinschaft, der scientific community, gehört, Forschungsergebnisse anzuerkennen oder abzulehnen.
- in der gleichfalls wertbehafteten Auswahl der Untersuchungsgegenstände, etwa in der Entscheidung eines wissenschaftlich arbeitenden Ökologen, sich der Lösung einer ganz bestimmten anwendungsbezogenen Fragestellung zu widmen oder Grundlagenforschung zu betreiben.

Von solchen wissenschafts*internen* Wertentscheidungen muß jedoch möglichst klar das Setzen von *externen*, über wissenschaftliche Aussagenzusammenhänge hinausreichenden Normen, also auch von nach außen hin wirksamen Handlungsentscheidungen unterschieden werden. Dies ist etwa der Fall, wenn sich ein Wissenschaftler aufgrund seiner ökologischen Erkenntnisse über Sukzessionsvorgänge auf feuchtem Grünland für die Durchführung bestimmter Pflegemaßnahmen einsetzt; - genau hier verläuft die Grenze zwischen Ökologie und Naturschutz. Begriffe wie „ökologische Bewertung", auch „ökologische Leitbilder" suggerieren dabei eine Gleichsetzung von Erkenntnissen der Ökologie mit externen Handlungsanweisungen, die im Sinne einer gesellschaftlichen Wertsetzung Anliegen des Naturschutzes sind. In bezug auf das nächste Beispiel einer naturschutzfachlichen Wertaussage

Beispiel 3
„Hochmoore sind als letzte Reste naturnaher Ausprägungen in der Kulturlandschaft von hohem ökologischen Wert"

sollte daher besser von „naturschutzfachlichem Wert" gesprochen werden: Aus Sicht einer primär deskriptiven, ordnenden, erklärenden Ökologie hat ein Hochmoor denselben Stellenwert wie etwa ein Abwasserkanal, denn auch diesen kann man unter bestimmten Gesichtspunkten durchaus als funktionierendes Ökosystem betrachten.

4 Gültigkeit und Geltung von Werturteilen

Daran knüpft die Frage, wie nun aber solche Werturteile, solche externen Wertsetzungen, möglichst schlüssig begründet werden können.

Werturteilen kann man keine empirischen Wahrheitsgehalte zuschreiben. Sie erweisen sich wie schon gesagt vielmehr als gültig oder ungültig hinsichtlich ihrer Herleitung aus allgemeinen Werturteilen bzw. hinsichtlich ihrer Übereinstimmung mit allgemeinen, ihrerseits nicht mehr weiter herleitbaren Wertgrundsätzen (Kraft 1951; Weingartner 1971). Für letztere Wertgrundsätze läßt sich aber keine *logische* Notwendigkeit bestimmen, der zufolge sie unweigerlich von jedem anerkannt werden müßten; sie können allerdings in sozialen Kontexten über individuelle Haltungen hinaus von verschiedenen Personen akzeptiert werden oder auch nicht. Bei Werturteilen ist also vom *Gültigkeits*begriff, der eine normlogische Beziehung ausdrückt, der *Geltungs*begriff zu unterscheiden, bei dem es um die soziale Tatsache einer überindividuellen Anerkennung einer Norm geht (vgl. etwa Kraft 1951; Pieper 1989).

So begründen sich die geforderten und vielzitierten Zielhierarchien im Naturschutz, bei denen aus übergeordneten Leitbildern im sachlichen und räumlichen Bezug zunehmend konkrete Umweltqualitätsziele und -standards entwickelt werden, darin, daß Werturteile logisch schlüssig nur durch Herleitung, durch Deduktion, aus übergeordneten Werturteilen begründet werden können. Es wäre nun aber eine völlige Illusion zu glauben, aus einem Leitbild, wie etwa der Aussage „Im Naturraum 'Donauniederung' ist auf den Erhalt bzw. die Etablierung eines gebietstypischen Spektrums an Pflanzen- und Tierarten hinzuwirken“ ergäben sich quasi selbstlaufend auch Umweltqualitätsziele und -standards im Sinne konkreter Handlungsmaximen. Aufgrund von Kontext und Argumentationszusammenhang werden vielmehr bei naturschutzfachlichen Werturteilen so viele zusätzliche Randbedingungen und Zusatzannahmen hineinspielen, daß vermehrt nach Belegen gesucht werden muß, um deren überindividuelle Geltung zu bestimmen.

„Geltung“ von Werturteilen enthält dabei keine Übereinstimmung mit einer vorgegebenen Wertordnung, sondern stellt sich als dynamischer, wandelbarer Prozeß dar. So kann unter „Laien“ und unter „Experten“ die Geltung von Werturteilen zu einem Thema unterschiedlich gelagert sein (Güsewell & Dürrenberger 1997; Weichhart 1986). Dabei ist es nicht zuletzt Aufgabe der Ethik, die Geltungsansprüche sozialer Normen zu überprüfen. „Gelten“ von Normen bedeutet dabei, überindividuelle Verbindlichkeit zu entfalten, befolgt zu werden und das Verhalten zu bestimmen (Kraft 1951). Hinter „Geltung“ verbirgt sich nicht zuletzt auch die Forderung nach „Akzeptanz“ von Naturschutzzielen - fast schon eine Platitüde in der derzeitigen Naturschutzdiskussion, die sich aber auf diese Weise noch ein wenig theoretisch verbrämen läßt.

Es gibt verschiedene Versuche, die Geltung von Werturteilen zu begründen; keiner davon führt allerdings zu einem absoluten, logisch begründbaren letzten Geltungskriterium. Zu erwähnen ist hier etwa die aktuelle Tendenz in der Ethik, die den oft beschworenen Gegensatz zwischen „anthropozentrischer“ und „biozentrischer“ zugunsten einer sogenannten „anthroporelationalen“ Ethik (Ott 1996) aufzuheben trachtet, die getragen ist von der Erkenntnis, daß intersubjektiv akzeptable Normen nicht ohne Bezug zu den jeweiligen Adressaten und ihren Bedürfnissen formuliert werden dürfen. Einen Versuch, Werturteilen Geltung zu verschaffen, stellt auch die von Jürgen Habermas (1984) entworfene Diskursethik dar, wonach nur Normen Geltung beanspruchen dürfen, die die Zustimmung prinzipiell *aller* Betroffenen als Teilnehmer eines herrschaftsfreien Diskurses finden. In dieser umfassenden Form stellt dieses Anliegen sicher eine Idealvorstellung dar, die in realiter kaum realisierbar sein wird, die man aber in Beteiligungsprozessen als Leitvorstellung durchaus beherzigen sollte, um sie nicht, wie oft der Fall, als Alibi zu mißbrauchen. Auch Tagungen der Berufsverbände oder Workshops, wie derjenige, auf dem dieser Band fußt, dienen letztlich dazu, in der Fachdiskussion derzeit geltende Normen herauszufinden und zu diskutieren.

Die eigentlich spannende Frage zum Thema „Geltung" lautet nun allerdings, wie bei derartigen Diskussions- und Beteiligungsprozessen über die jeweils „herrschende Meinung" hinaus ein Normen- und Wertewandel eingeleitet und neue, als geltend erachtete Normen etabliert werden können, weiterhin wem die Kompetenz zukommt, einen solchen Wandel in Gang zu setzen. Gerade Umwelt- und Naturschützern fällt es oft schwer, etwa bei der Erarbeitung eines Landschaftsplanes in einer Gemeinde oder bei der Erstellung einer Umweltverträglichkeitsstudie vorgefundene Werthaltungen, seien es nun soziale (das bestehende Meinungsbild im Gemeinderat und bei den Bürgern) oder rechtliche (etwa bestehende Immissionsgrenzwerte) zu akzeptieren. Andererseits gilt es aber sich bewußt zu sein, daß ein noch so fundiertes Gutachten, ein Landschaftsplan, eine Umweltverträglichkeitsstudie oder andere in der Naturschutzdiskussion vorgebrachte Argumente wirkungslos bleiben werden, wenn sie nicht in einem Rahmen gesellschaftlich akzeptierter Wertgrundsätze eingebettet sind. Hier kann sich eine interessante Gratwanderung ergeben, indem zwar herrschende Wertgrundsätze beachtet, zugleich aber über die Darlegung und in sich plausible argumentative Begründung eigener Werthaltungen mit der Zeit über den Querschnitt verschiedener Gutachten und Argumente hinweg Verschiebungen der herrschenden Meinung eintreten. Möglich ist dies vom Prinzip her nicht zuletzt etwa auch aufgrund von Ergebnissen eines Tagungsbands wie des vorliegenden, wenn sich in ihm gewisse Strömungen herauskristallisieren, diese von Dritten aufgegriffen und weiter zitiert werden und sich so Meinungsprofile herausbilden, die die herrschende Meinung zumindest innerhalb der Fachdiskussion beeinflussen.

5 Bestandteile von Wertungsvorgängen und Folgerungen

Bei der Betrachtung, wie Werturteile zustande kommen, lohnt es sich schließlich, sich die Bestandteile von Wertungsvorgängen systematisch zu vergegenwärtigen, d.h. sie analytisch zu unterscheiden. Es gibt nämlich keine *Werte* an sich, die gleichsam per se vorgegeben im Raume schweben, sondern Werte sind zunächst allgemeine begriffliche Gehalte wie „gut", „schön" oder „wertvoll", die keine Dinge bezeichnen, sondern Qualitäten oder Eigenschaften ausdrücken (Kraft 1951; Reiniger & Navratil 1985). Sie setzen ein *wahrnehmendes Subjekt* voraus, das sie einem „Objekt", einem *Wertträger* materieller oder ideeller Art zuschreibt (Kraft 1951) - auch Ideen kann man gut oder schlecht finden. Wertzuweisungen enthalten damit immer zwei Komponenten: eine sachliche, der der Wertträger in seiner konkreten Ausprägung zugrunde liegt, und eine auszeichnende, die in der Zuweisung eines Wertes besteht. Im Naturschutz existieren viele Begriffe wie etwa „selten", „naturnah", „vielfältig" oder „eigenartig", denen oft unmittelbar Werte gleichsam im platonischen Sinn zugeschrieben werden, denen jedoch ohne Angabe ihrer Wertträger, ihrer sachlichen Bezugsbasis also, keine Aussagekraft zukommt. Die Beziehung zwischen Werten, Wertträgern und wertzuweisendem

Subjekt liegt als Grundrelation jedem Wertungsvorgang zugrunde (vgl. Abb. 4.1; vgl. auch Jessel 1998).

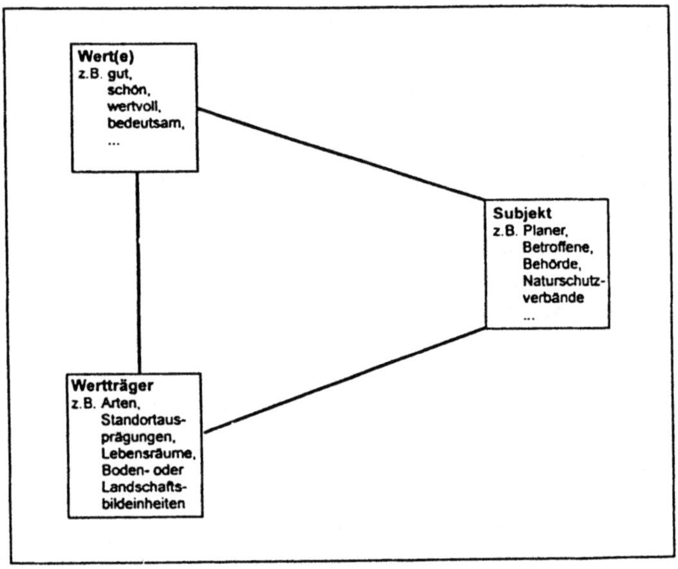

Abbildung 4.1. Grundrelation von Wertungsvorgängen (nach Kraft 1951)

Um die Werte, die einzelnen Ausprägungen eines Wertträgers zugeschrieben werden, in eine Rangfolge zu bringen, muß ein *Wertmaßstab* eingeführt werden. Dieser ist verschieden wählbar, den Werten nicht immanent und stellt seinerseits eine Setzung dar. Durch die Zusammenführung von den Werten zugeordneten Maßstäben mit den *sachlichen Ausprägungen* eines Wertträgers werden dann *Werturteile* gebildet, die eine bewußte Haltung des bewertenden Subjektes gegenüber dem bewerteten Sachverhalt ausdrücken. Schießlich erfolgt die Auswahl der Wertträger unter *modellhafter Abstraktion* der wahrgenommenen Umwelt; ihr wie auch der Wahl der Werte liegen *Bewertungsziele bzw. -zwecke* zugrunde, die das bewertende Subjekt bestimmt. Diese Bestandteile sind eigentlich bei jedem Wertungsvorgang offenzulegen und zu benennen. Anhand dieser analytischen Differenzierung, die Abb. 4.2 an einem Beispiel wiedergibt, läßt sich u.a. folgendes verdeutlichen:

1. Der Festlegung des letztlich selber normativ vermittelten Bewertungszwecks - im Sinne des Workshops und des Tagungsbandes läßt sich auch sagen: des Leitbildes einer Bewertung - kommt bei naturschutzfachlichen Bewertungsvorgängen eine zentrale Rolle zu. So können Vorsorge bzw. Vermeidung zum einen, Gefahrenabwehr zum anderen, unterschiedliche Bewertungszwecke darstellen: Vorsorge bedeutet, Vorkehrungen zu treffen, damit sich Gefährdungen möglichst

gar nicht erst einstellen, Gefahrenabwehr hingegen dient der Minderung bereits eingetretener Auswirkungen; beides kann zur Wahl unterschiedlicher Wertmaßstäbe führen. Weitere typische Bewertungszwecke sind die Bewertung eines Landschaftsraumes etwa im Hinblick auf seine Belastbarkeit oder Empfindlichkeit gegenüber verschiedenen Einflußfaktoren oder im Hinblick auf seine Erhaltenswürdigkeit, mit der sich die Ermittlung von „Gefährdungsprofilen“ und „Schutzwürdigkeitsprofilen“ verbindet.

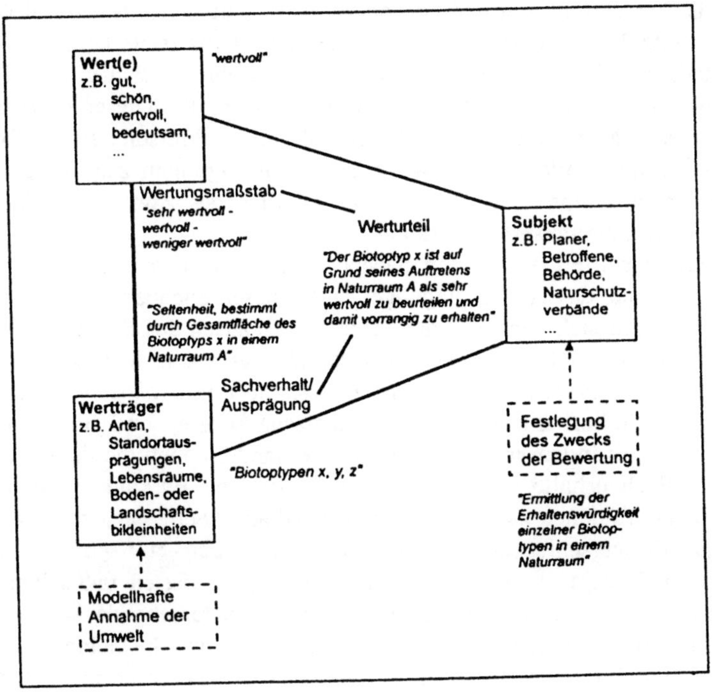

Abbildung 4.2. Bestandteile von Wertungsvorgängen - Veranschaulichung eines Beispiels

Der Zweck, das „Leitbild“, erweist sich jedenfalls als Schöpfer von Werten (Gassner 1993). Diese Zweckbestimmtheit führt dazu, daß ein aus Werten, Wertträgern und Wertungsmaßstäben gebildetes Bewertungssystem, das für einen bestimmten Zweck konstruiert wurde, nicht ohne weiteres für einen anderen eingesetzt werden kann. Will man ein Bewertungssystem sozusagen auf analoge Zwecke übertragen, muß intensiv geprüft werden, ob diese auch wirklich identisch sind.

2. Oft wird nur unzureichend zwischen dem Zweck einer Bewertung und den Wertträgern unterschieden, was zu zirkulären Bewertungen führen kann. Beispielsweise werden Rote-Liste-Arten oft als Wertträger betrachtet, um die Erhal-

tenswürdigkeit oder Gefährdung eines Gebietes (das ist in diesem Fall der Bewertungszweck) einzustufen. Dazu werden Kategorisierungen vorgenommen, die auf der Anzahl aktuell und potentiell auftretender Rote-Liste-Arten sowie deren Listenstatus beruhen und auf dieser Grundlage Werturteile wie das folgende gefällt:

Beispiel 4
„Das Gebiet des Tennenloher Forstes ist aufgrund des Nachweises von drei Laufkäferarten der Roten Liste 1 als hoch gefährdet einzustufen."

Die als Sachverhalt zugrundegelegte Aussage „Diese Art ist eine Rote-Liste-Art der Stufe 1 - vom Aussterben bedroht" beruht ihrerseits bereits auf einem Werturteil, das sich aus der Zuweisung einer Gefährdungskategorie (als Wertmaßstab) zum Auftreten einer Art (als Sachverhalt) ergibt. Dieser Zuweisung der Gefährungsgrade im Rahmen der Roten Listen liegt ihrerseits einem Expertenkonsens zugrunde. Werden nun Wertträgern Ausprägungen zugrundegelegt, die ihrerseits bereits eine Wertzuweisung hinsichtlich des Zwecks der Bewertung enthalten, wird die Bewertung zirkulär.

3. Jedes Werturteil weist einen Sachbezug in Form eines zugrundeliegenden Wertträgers und dessen Ausprägungen auf. Dieser Sachbezug läßt seinerseits erkennen: Wenn sich auch Sollsätze zwar nicht logisch aus Seinssätzen ableiten lassen, so ist doch faktisch jedes Werturteil auf bestimmte Seinstatsachen bezogen. Es besteht daher zwar keine *logische*, wohl aber eine *faktische* Abhängigkeit von Sein und Sollen, die sich nicht über logische Regeln, sondern nur empirisch fassen läßt (etwa indem nicht nur Werturteile, sondern auch die ihnen zugrundeliegenden Sachverhalte empirisch untersucht werden). Es kann in Naturschutzdiskussionen, in denen man oft von unterschiedlicher Seite her - etwa seitens der Verbände, der verschiedenen Fachbehörden, der Bürger - mit sehr unterschiedlichen Werthaltungen konfrontiert wird, wichtig sein, diesen faktischen Gehalt, der Werturteilen zugrunde liegt, aufzudecken und entsprechende Abhängigkeiten zu ermitteln. Dies nicht zuletzt vor dem Hintergrund, daß die Gefahr besteht, daß Sachaussagen durch Kombination mit Werturteilen - auf deren mangelnde rationale Überprüfbarkeit man sich beruft, da es sich ja um Setzungen handele - abgeschirmt und der Kritik entzogen werden. Auch dies läßt sich an einem Beispiel veranschaulichen:

Beispiel 5
„Die im Naturraum des Donau-Isar-Hügellandes vorkommenden Halbtrockenrasen sind als seltene Lebensräume wertvoll und müssen erhalten werden."

In dieser Aussage ist nicht nur das Werturteil kritisierbar (der diesem Lebensraum zugewiesene Wert und seine als Norm darauf aufbauend anzustrebende Erhaltenswürdigkeit), sondern auch die zugrundeliegende Sachaussage (etwa die Höhe des Flächenumfanges, in dem Halbtrockenrasen im betreffenden Naturraum auftreten, die räumliche Verteilung ihrer Flächen etc., die Sachaussage also, die die Grundlage dafür bildet, daß sie als selten und damit wertvoll bezeichnet werden).

6 Schlußbemerkung

Ob die erörterte Auffassung, wonach sich die konsequente Trennung von Sein und Sollen doch nicht immer so einfach gestaltet, wie dies plakativ gefordert wird, nun zur Lösung des „Bewertungsproblems" innerhalb der „Leitbildmethode" beiträgt, sei dahingestellt. Als Quintessenz der vorangegangenen Ausführungen mag jedenfalls ein Zitat Max Webers stehen, hinter dessen Wertfreiheitspostulat für die Wissenschaften sich die einen recht gerne zu verschanzen pflegen; - andere dagegen behaupten, dieses Postulat sei in der heutigen wissenschaftstheoretischen Diskussion eigentlich nicht mehr aktuell und mittlerweile überholt. Vielleicht haben beide Seiten diesen Autor nicht ganz richtig gelesen und machen es sich ein wenig zu einfach, denn es lohnt, sich folgende Aussage vor Augen zu halten:

„Nicht diskutieren möchte ich ferner, ob die Scheidung von empirischer Forschung und praktischer Wertung schwierig ist. Sie ist es." (Max Weber, Gesammelte Aufsätze zur Wissenschaftstheorie, Ausgabe von 1988, S. 427)

Daraus im Hinblick auf notwendigerweise zu treffende Wertungen deren Beliebigkeit abzuleiten, wäre nun allerdings weit gefehlt. Die Konsequenz für naturschutzfachliche Wertungen, aber nicht nur für diese, liegt vielmehr in erhöhten Anforderungen an deren Tranzparenz und Nachvollziehbarkeit: Wir müssen in beständiger Wachsamkeit unsere eigenen Vorgehensweisen, unsere Werturteile laufend kritisch durchleuchten und hinterfragen - im Hinblick auf ihre logische Gültigkeit, ob und wieweit sie Geltung beanspruchen dürfen und ob sich nicht verdeckte Prämissen eingeschlichen haben.

Literatur

Gassner, E. 1993. Methoden und Maßstäbe für die planerische Abwägung. Theorie und Praxis abgeleiteter Bewertungsnormen. Bundesanzeiger, Köln.

Gethmann, C.F. & Mittelstraß, J. 1992. Maße für die Umwelt. Gaia 1: 16-25.

Güsewell, S. & Dürrenberger, D. 1996. Komplementarität von Laiensicht und Expertensicht in der Landschaftsbewertung. Gaia 5: 23-35.

Habermas, J. 1983. Modellbewußtsein und kommunikatives Handeln. Suhrkamp, Frankfurt/M.

Heisenberg, W. 1990 (Original erschienen 1959). Physik und Philosophie. Ullstein, Neuaufl., Frankfurt/Berlin.

Honnefelder, L. 1993. Welche Natur sollen wir schützen? Gaia 2, H. 5: 253-264.

Hume, D. 1973 (Original erschienen 1739-40). Ein Traktat über die menschliche Natur (A Treatise of Human Nature). Felix Meiner, Hamburg.

Jessel, B. 1998. Landschaften als Gegenstand von Planung. Theoretische Grundlagen ökologisch orientierten Planens. Beiträge zur Umweltgestaltung, Bd. A139 (zugl.: München, Technische Universität, Diss. 1997).

Jonas, H. 1984. Das Prinzip Verantwortung. Versuch einer Ethik für die technologische Zivilisation. Suhrkamp, Frankfurt/M.

Kraft, V. 1951. Die Grundlagen einer wissenschaftlichen Wertlehre. 2., neubearb. Aufl., Springer, Wien.

Kuhn, T.S. 1988. Die Struktur wissenschaftlicher Revolutionen. 2., rev. Aufl., Suhrkamp, Frankfurt/M.

Luhmann, N. 1988. Ökologische Kommunikation. Kann die moderne Gesellschaft sich auf ökologische Gefährdungen einstellen? 2. Aufl., Westdeutscher Verlag, Opladen.

Luhmann, N. 1994. Die Wissenschaft der Gesellschaft. 2. Aufl., Suhrkamp, Frankfurt/M.

Moore, G.E. 1970 (Original erschienen 1903). Principia ethica. Reclam, Stuttgart.

Ott, K. 1996. Rechte der Natur? Wie läßt sich menschliches Verhalten gegenüber der Natur ethisch und rechtlich rechtfertigen? Vortrag im Rahmen der Tagung „Natur im Recht“ der Bayerischen Akademie für Naturschutz und Landschaftspflege (ANL) am 21.11.1996, unveröff.

Pieper, A. 1989. Handlung, Freiheit und Entscheidung. Zur Dialektik der praktischen Urteilskraft. In: Stachowiak, H., Hrsg.: Pragmatik. Handbuch pragmatischen Denkens, Bd. 3 - Allgemeine philosophische Pragmatik. Felix Meiner, Hamburg: 86-108.

Reiniger, R. & Navratil, K. 1985. Einführung in das philosophische Denken. Franz Deuticke, Wien.

Scheler, M. 1971. Werte als Gegebenheiten. In: Albert, H. & Topitsch, E., Hrsg.: Werturteilsstreit. Wege der Forschung 175, Wissenschaftl. Buchgesellschaft, Darmstadt.

Schemel, H.J. 1985. Die Umweltverträglichkeitsprüfung (UVP) bei Großprojekten. Grundlagen und Methoden sowie deren Anwendung am Beispiel der Fernstraßenplanung. Beiträge zur Umweltgestaltung, Bd. A 97, Erich Schmidt, Berlin.

Vollmer, G. 1988. Evolutionäre Erkenntnistheorie. 4. durchges. Aufl., Hirzel, Stuttgart.

Weber, M. 1988. Gesammelte Aufsätze zur Wissenschaftslehre. 7. Aufl., Mohr, Tübingen.

Weingartner, P. 1971. Wissenschaftstheorie I. Einführung in die Hauptprobleme. Frommann-Holzbog, Stuttgart.

White, M.G. 1987. Was ist und was getan werden sollte. Ein Essay über Ethik und Erkenntnistheorie. Karl Alber, München.

5 Welche Aufgabe haben zweck-mittel-rationale Bewertungsstrategien in einem diskursiven Forschungsprozeß?

Rainer Stierand[1]

[1] Projektgruppe Ökosoziologie am ZEDO, Universität Dortmund, Institut für Raumplanung, D-44227 Dortmund

Zusammenfassung. Wissenschaftler stellen nicht nur wertneutrale Ergebnisse und Kausalwissen bereit, sondern beeinflussen, häufig unfreiwillig und unbewußt, die Wirklichkeit, die sie erforschen. Besonders deutlich die Sozialwissenschaftler, aber auch die Naturwissenschaftler, tragen mit ihren Forschungsergebnissen Verantwortung für das „Wohl und Wehe" anderer Menschen. Zweckrationale Bewertungsinstrumente sollen zur Nachvollziehbarkeit und Legitimation der Gestaltungsvorschläge beitragen, die unter der Mitwirkung der Wissenschaft zustande kommen. Als Anforderung an eine Bewertungsstrategie resultiert daraus, daß als formales Gerüst eine zweckrationale Bewertungsmethode benötigt wird, um mit ihrer Hilfe Kommunikationsprozesse zwischen „Urteilspersonen" mit divergierenden Kenntnissen und Wertvorstellungen strukturieren können.

Schlüsselwörter. Bewertungsprozeß, Interdisziplinarität, Planungswissenschaften, Szenarien, Verantwortung des Wissenschaftlers, Verhältnis Sozialwissenschaften - Geisteswissenschaften, Wertsynthese

1 Zur Notwendigkeit eines diskursiven Forschungsprozesses

Der Begriff „Verantwortung" bezieht sich als moralische Kategorie anscheinend zunächst auf unser persönliches Handeln, im Privaten und in der Öffentlichkeit, er erscheint auch noch am Platze, wenn man das Verhalten von Politikern und Verwaltungsmitarbeitern beschreibt. Wissenschaftler stellen nach einer verbreiteten Selbstdefinition allerdings nur wertneutrale Beschreibungen von Wirklichkeit und Kausalwissen zur Verfügung. Dann liegt die Verantwortung bei denen, die wissenschaftliche Ergebnisse umsetzen. Der Wissenschaftler hat in diesem Verständnis allenfalls eine Mitverantwortung für sachgemäße Feststellungen (Luhmann 1987, S. 110 f).

In den Natur- und Sozialwissenschaften hat die Kategorie Verantwortung deshalb eine eher geringe Bedeutung; vielleicht die größte Bedeutung noch in den Wissenschaftszweigen, die direkt mit der Umsetzung von Ergebnissen und den Fragen der praktischen Gestaltung zu tun haben, z. B. in den Planungswisssenschaften. Letztlich trägt man Verantwortung jedoch überall dort, wo vom eigenen Handeln das Wohl und Wehe anderer Menschen, einschließlich des eigenen, betroffen ist (Lenk 1997, S. 40) und damit auch in der wissenschaftlichen Forschung. Darauf will ich im folgenden hinweisen und danach deutlich machen, daß ein zweckrationales Bewertungsinstrumentarium als Versuch verstanden werden kann, die Mitwirkung von Wissenschaftlern am Entwurf von Gestaltungskonzepten transparent, also nachvollziehbar zu machen und sie damit gleichzeitig in bestimmter Hinsicht zu legitimieren.

Einem Gesellschaftswissenschaftler wird häufig sehr deutlich vor Augen geführt, daß sich für ihn bei jeder empirischen Erhebung, bei jeder Ergebnisdarstellung und jedem wissenschaftlichen Erklärungsversuch, erst recht bei jeder Politikberatung, und zwar auch dann, wenn er versucht, lediglich objektiv zu analysieren und bedingte Wenn-Dann-Aussagen zu machen, ein Verantwortungsproblem ergibt. Das hängt bei den Sozialwissenschaftlern mit der Reflexivität ihres Objektbereiches zusammen: sie sind häufig hinterrücks als Bürger schon in Fragestellungen involviert, bevor sie überhaupt die Chance haben, sie mit wissenschaftlichen Methoden zu analysieren. Auch während ihrer wissenschaftlichen Analyse bleiben sie dann, häufig unfreiwillig oder unbewußt, durch vorwissenschaftliches Engagement mit ihrem Untersuchungsthema verbunden.

So besteht die Informationsbasis in den Sozialwissenschaften nie allein aus rein verhaltenswissenschaftlich erhobenen Daten, sondern auch aus Interpretationskonstrukten und Deutungen auf dem Hintergrund von kulturellen Normen (in einem Begriff Max Webers: auf dem Hintergrund des „nomologischen Wissens", das die Sozialwissenschaftler mit den untersuchten Personen und Gruppen gemeinsam haben). Dies führt u.a. dazu, daß sozialwissenschaftliche Analyseergebnisse, die im Untersuchungsfeld bekannt werden, einfach dadurch, daß die individuellen gesellschaftlichen Akteure sie spontan als Orientierung in ihr Handeln einbeziehen, „sich selbst erfüllen" können. Für den Wissenschaftler ist auch das so induzierte Verhalten dann wiederum ein mit wissenschaftlichen Methoden zu messender sozialer Tatbestand. „Wenn Menschen Situationen als real definieren, sind diese real in ihren Konsequenzen" sagt das Thomas-Theorem, das als eine gut bewährte soziologische Hypothese gilt.

Festzustellen ist also, jedenfalls für die Sozialwissenschaften: Forschungen tragen durch die in ihrer Untersuchungsmethodik und ihren Ergebnissen zum Ausdruck kommende Wirklichkeitsauffassung und die mit ihnen verbundenen Interpretationsleistungen zu bestimmten Bewertungen „draußen", also außerhalb der Forschungsbüros und der „scientific community", bei. Sie beeinflussen schon durch ihre Beschreibungen und Erklärungen die Gestaltungsprozesse in der sozialen Realität, tragen also immer eine Mitverantwortung.

Um ihre Verantwortung zu erleichtern, versuchen Sozialwissenschaftler häufig, sich bei den Personen und Gruppen im Untersuchungsfeld, nachdem erste Ergebnisse vorliegen, zu vergewissern, ob sich ihre wissenschaftliche Wirklichkeitswahrnehmung in der Selbstwahrnehmung der Untersuchten wiederfindet, und „eichen“ ihre Daten noch einmal durch einen Test im Untersuchungsfeld. Manche Sozialwissenschaftler verstehen ihre Tätigkeit, wohl auch aus diesem Verantwortungsdruck heraus, sogar am liebsten nur als „Mitwirken an der Selbstbeobachtung und Selbstbeschreibung der Gesellschaft“ (Luhmann 1987, S. 110 f).

Naturwissenschaftler scheinen es da leichter zu haben; sie beschreiben und erklären Prozesse, in die sie nicht selbst schon so verwickelt sind, wie die Sozialwissenschaftler, können also scheinbar wirkliche „Sachanalysen“ machen. Bei näherem Hinsehen stellt sich allerdings heraus, daß auch ihre Untersuchungen sozioökonomisch bedingt und ihre Ergebnisse unmittelbar für den Alltag von Menschen von Bedeutung sind. Es ist z.B. gerade in den Naturwissenschaften ausschlaggebend für mögliche Ergebnisse, welcher Wirklichkeitsausschnitt mit welchem finanziellen Aufwand untersucht werden kann und vor welchem gesellschaftlichen Anwendungsinteresse die Ergebnisse interpretiert werden. Von Verantwortung des Wissenschaftlers muß also auch hier die Rede sein.

Sozialwissenschaftler und Naturwissenschaftler können sich also offenbar gerade bei dem Versuch, Wissenschaft verantwortlich zu betreiben, gut ergänzen. Vom Zusammenwirken von Naturwissenschaften und Sozialwissenschaften wäre, wenn es diskursiv gestaltet ist, d.h. also z.B. nicht von der einen oder anderen Seite dominiert wird, zu erwarten, daß

- sozioökonomische Bedingungen und Konsequenzen von wissenschaftlichen Untersuchungen, sowie sozioökonomische Prämissen und gesellschaftliche Auswirkungen von resultierenden Handlungsvorschlägen besser berücksichtigt werden können (als spezifischer Beitrag der Sozialwissenschaftler),
- natürliche Voraussetzungen und Entwicklungen besser beachtet und erforscht, sowie Sach- bzw. Naturgesetzmäßigkeiten in den Gestaltungsprozessen besser berücksichtigt werden können (spezifischer Beitrag der Naturwissenschaftler).

Aus den besonderen Erkenntnismöglichkeiten beider könnte nach interdisziplinären Lernprozessen eine wechselseitige Optimierung der wissenschaftlichen Untersuchungskonzepte, Untersuchungsergebnisse und ihrer Beiträge zu Gestaltungskonzepten erreicht werden.

These: Die Verantwortlichkeit für die wissenschaftlichen Ergebnisse verbindet naturwissenschaftliche und sozialwissenschaftliche Vorgehensweisen und weist auf die Notwendigkeit ihrer Zusammenarbeit hin.

2 Zur Gestaltung des Bewertungsverfahrens; Anforderungen an die Bewertungsmethode

Die postulierte Zusammenarbeit zwischen Natur- und Sozialwissenschaftlern und die skizzierte Notwendigkeit der Fundierung der Verantwortung der Sozialwissenschaftler gegenüber ihren Untersuchungsklienten durch Rückbezug auf deren Wertvorstellungen und Bedürfnisinterpretationen wird spätestens dann zu einer kritischen Frage, wenn alternative Handlungskonzepte vorgelegt müssen und über sie entschieden werden muß.

Aus den Handlungs- und Entscheidungstheorien haben die Planungswissenschaften begriffliche und methodische Werkzeuge, insbesondere auch sog. Bewertungsinstrumente abgeleitet, um die genannte kritische Phase in der interdisziplinären Zusammenarbeit und in der Klientelorientierung leichter zu bewältigen. Hier kann nur an einem zentralen Begriff aus dem planungstheoretischen Zusammenhang die Funktion und ein wichtiges Mißverständnis bei der Anwendung von Bewertungsinstrumenten diskutiert werden.

Der nach meiner Meinung wichtigste Anspruch der Bewertungsmethodik ist es, eine sog. „Wertsynthese" zu leisten. Die Frage dabei lautet, wie unterschiedliche Präferenzordnungen der beteiligten Akteure (Wissenschaftler, Experten, Bewohner) verglichen werden und u.U. „amalgiert" werden können?

Im Folgenden gehe ich der Kürze halber von dem Fall aus, daß (wie augenblicklich im LENAB-Verbundvorhaben, vgl. Stierand et al. 1997) schon unterschiedliche alternative Handlungskonzepte in Form von „Szenarien" gefunden sind. Sie spiegeln das wider, was sich an unterschiedlichen Gestaltungsleitbildern im wissenschaftlichen und öffentlichen Raum, insbesondere in den Untersuchungsregionen findet. Schon diese Handlungsalternativen in Form von Szenarien sind also nicht Konstrukte von Wissenschaftlern, sondern das Ergebnis einer „Leitbildfindung" durch diskursive Prozesse basiert auf Untersuchungsergebnissen.

Der im nächsten Schritt folgende systematische Vergleich und die Auswahl der besten Alternative wird nun in der Bewertungsmethodik häufig als mathematisch-formales Bewertungs- und Wertsyntheseproblem diskutiert. Auf der Grundlage der oben diskutierten Verantwortungsproblematik wird allerdings deutlich, daß eine Bewertungsmethode im Kern etwas anderes leistet. Sie stellt nämlich ein formales Gerüst für einen Kommunikationsprozeß zur Verfügung, gibt einen formalen Rahmen für eine Verhandlungssituation vor und fordert die soziale Konsensbildung heraus. Dadurch fördert sie eine Einigung der „Entscheidungsträger" zumindest über die Bewertungskriterien und die Regeln bei ihrer Anwendung.

In Entscheidungssituationen ist von individuell unterschiedlichen und darüber hinaus von unterschiedlichen gruppenspezifischen Präferenzen auszugehen, z.B. werden in einer „Entscheidungsrunde", an der Wissenschaftler beteiligt sind, unterschiedliche Lehrmeinungen vertreten sein, in einer Runde von Politikern verschiedene soziale und ökonomische Interessenpositionen. Um zu einer gemeinsamen Entscheidung zu kommen, darf natürlich keine Nivellierung der divergierenden Präferenzen, etwa durch eine statistische Mittelung von Einzelbewertungen vorgenommen werden. Nicht in erster Linie aus logischen Gründen, sondern insbesondere aus Gründen der notwendigen Tragfähigkeit eines gemeinsamen Lösungsvorschlages muß ein Gedankenaustausch über die Urteilsmotive der verschiedenen „Entscheider" herbeigeführt werden und ein Argumentationsprozeß in Gang kommen. Dieser führt häufig zu gemeinsam akzeptierten „Entscheidungsregeln", meist zu einer gemeinsam akzeptierten Auswahl von Handlungsalternativen und u.U. auch zur konsentierten Auswahl einer Handlungsalternative. Dieser Bewertungsprozeß kann sich in Stufen abspielen und auf jeder Stufe in einer dem jeweiligen Entscheiderkreis angepaßten Form stattfinden. Die letzte Entscheidungsrunde ist ohnehin, allerdings unter Zurverfügungstellung der Argumente und „Vorentscheidungen" aus den vorhergegangenen Runden mit Wissenschaftlern, Verwaltungsangehörigen und Bürgern, zu Recht den Parlamentariern als gewählten Repräsentanten vorbehalten.

Fallen im Bewertungsprozeß die Urteilsergebnisse zu wenig differenziert aus und kommt eine Einigung zu schnell zustande, so wird dies im Sinne der hier skizzierten Bewertungslogik nicht unbedingt als Hinweis auf einen „entscheidungsreifen Sachverhalt" angesehen werden können; es wird zunächst nachzufragen sein, ob z.B. die Unterschiede zwischen den verschiedenen möglichen Handlungsalternativen nicht genügend herausgearbeitet oder die Bewertungskriterien zu pauschal formuliert waren. Es könnte in diesem Falle also u.U. mißlungen sein, die gegebenen unterschiedlichen Gestaltungsmöglichkeiten und die in der sozialen Realität gegebenen verschiedenen Wertkriterien in den Alternativen und im Bewertungsinstrumentarium abzubilden. In diesem Falle sollte vor einer weiteren Bewertung das Bewertungsinstrument einer Überprüfung unterzogen werden. (Dagegen weist ein sehr inkonsistentes Urteilsverhalten einzelner Entscheider u.U. auf Inkompetenz oder Interesselosigkeit der Beteiligten hin und sollte zum Anlaß genommen werden, für die Bewertungsrunden möglichst interessierte Entscheider zu finden).

In Bewertungsprozessen wird die Entscheidungssituation, meist unausgesprochen, nach dem Idealbild einer offenen, herrschaftsfreien Diskussion zwischen aufgeklärten Interessenten konstruiert. Das Anliegen im Bewertungsverfahren ist entsprechend nicht: Wie berechne ich auf intelligente Art aus unterschiedlichen Einzelurteilen ein Gesamturteil? Sondern vielmehr: wie können die sachliche Urteilsfähigkeit, die unterschiedlichen Informationen und verschiedenen Sichtweisen der Beteiligten für möglichst intelligente und akzeptierte Problemlösungen nutzbar gemacht werden?

Wann kann ein Bewertungsverfahren als erfolgreich beurteilt werden? Offensichtlich ist danach zu urteilen, ob die Problemlösung sachlich verbessert wurde. Aber auch danach, ob die Beteiligten das Verfahren als erfolgreich einschätzen. Denn von dieser Einschätzung wird die dauerhafte Umsetzung einer erzielten sachlichen Lösung ausschlaggebend mit beeinflußt werden. (Sind nach dem Eindruck der Beteiligten alle Positionen vertreten gewesen, sind Gestaltungsalterna-

tiven „vergessen“ worden usw.?) Es kommt also auch auf die Akzeptanz des Verfahrens als Erfolgsmaßstab an. Allerdings sollte dem kulturellen Vorurteil zugunsten der einhelligen und harmonischen Kompromißlösungen bei der Moderation des Bewertungsprozesses nicht Vorschub geleistet werden. Nach meiner Auffassung wären deshalb die Hauptkriterien für den Erfolg von Bewertungsprozessen, ob mit ihrer Hilfe (durch die Einbeziehung unterschiedlicher Lösungsmöglichkeiten und Sichtweisen) die Wahrscheinlichkeit von Gestaltungsfehlern aufgrund von Informationsmangel, außeracht gelassenen Zielen, unbedachten Folgen usw. verringert wird und gleichzeitig sie soziale Tragfähigkeit im Sinne einer Identifikation der Beteiligten mit den gefundenen Lösungen und einer entsprechenden Mitwirkungsbereitschaft bei ihrer Umsetzung gefördert wird. (Entsprechend wichtig ist die Protokollierung der Argumente in den Bewertungsrunden. Sie können zur qualitativen Anreicherung der Handlungskonzepte bei ihrer weiteren Ausarbeitung und Umsetzung beitragen).
These: Die Wertsynthese als Zusammenfassung individueller Präferenzen im Bewertungsprozeß wird häufig als mathematisch-formales Problem mißverstanden; sie ist in soziologischer Perspektive aber ein sozialer Wahlprozeß, d.h. ein Versuch der Bestimmung und Abgrenzung von Handlungsalternativen (Leitbildern, Szenarien) und ein Konsensbildungsprozeß über Bewertungsanliegen.

3 Vorschlag einer Bewertungsmethodik

Die am Modell zweckrationaler Entscheidungen orientierte Bewertungsmethodik im LENAB-Projekt, die hier noch kurz näher diskutiert werden soll, hat nach dem vorher Gesagten lediglich Werkzeugcharakter. Sie muß die Bewertungsverfahren hinsichtlich ihrer sachlich-klärenden, und auch kommunikativen und demokratisch-legitimierenden Funktionen unterstützen.

Wir haben vor, trotz technischer Probleme mit dem entsprechenden Computerprogramm und zeitlicher Probleme gegen Ende der Projektlaufzeit, ein Bewertungsmodell zu verwenden, das den Namen EXCEPT trägt und im wesentlichen an der Technischen Universität Hamburg-Harburg entwickelt wurde. Es kann, ähnlich wie die „Nutzwertanalyse der zweiten Generation“ (Bechmann 1978) und in deren Begrifflichkeit dadurch charakterisiert werden, daß sie zwei Anliegen unterscheidet:

1. Das Anliegen der quantitativen oder qualitativen Beschreibung und Darstellung, der Sachanalyse, eines Objektbereiches. Resultat sind Meßergebnisse oder qualitative Prädikate, die das Objekt begrifflich repräsentieren.

2. Das Bewertungsanliegen: die im allgemeinen nicht auf ein Ziel- bzw. Wertsystem bezogenen Meßergebnisse werden dadurch in Güteprädikate überführt.

Meßergebnisse werden also aus der Sicht eines Ziel- oder Wertsystems auf inhaltliche Anliegen, nämlich unsere Leitbilder bezogen. Diese Prozedur dient in formaler Hinsicht gleichzeitig dazu, die Gleichnamigkeit der unterschiedlichen Dimensionen der Meßergebnisse herzustellen (Bechmann 1978, S. 63f.). Alle

Meßergebnisse werden dabei also in formal dimensionslose Ausdrücke („Wertstufen") und in einem weiteren Schritt in Güteprädikate transformiert. Es handelt sich dabei letztlich um einen Prozeß der Interpretation von den Grundmotiven des Naturschutzes und von anthropogenen Bedürfnisstrukturen und Wertvorstellungen her. Es können sehr unterschiedliche Transformationsregeln angewandt werden, je nachdem in welcher Form die Meßergebnisse vorliegen (nominale, ordinale oder kardinale Skalen) und je nachdem, wie die Wertstufen der Zielerträge formuliert sind (es können Zahlen aber auch rein qualitative Prädikate sein). Häufig werden genauso viele Klassen von Zielerträgen gebildet, wie verschiedene Zielerfüllungsgrade angegeben werden. In unserer EXCEPT-Version verwenden wir eine Transformationsstrategie, die direkt von einer Matrix der Zielerträge ausgeht. Sie legt die jeweils für ein Kriterium gemessenen Zielerträge aller zu vergleichenden Alternativen zugrunde. Die Zielerträge werden durch direkte Skalierung in die Zielerfüllungsgrade überführt.

Es ist wichtig, und damit komme ich auf das vorher Gesagte zurück, daß bei der Skalierung nicht Meßinstrumente, sondern „Urteilspersonen" für die Einstufung der Zielerträge auf dem gewünschten Niveau verantwortlich sind. Die Bewertungsmethodik sieht wie eine mechanisch arbeitende Apparatur nur aus; in Wirklichkeit ist sie der Versuch, eine komplexe kommunikative Darstellungs- und Bewertungsprozedur durch die Ausrichtung an einem formalen Bewertungsschema transparent zu halten und nachvollziehbar zu gestalten.

Inhaltlich gesehen kommt es dabei im wesentlichen auf die Kompetenz und das Urteilsvermögen der in der Bewertungsrunde beteiligten Personen an. Über sie erfolgt die Orientierung auf das Zielsystem und zwar nach unserem Vorschlag explizit in einem wechselseitigen Prozeß der Urteilsfindung zwischen den in der Bewertungsrunde beteiligten „Urteilspersonen". Das Idealbild einer offenen, informierten und herrschaftsfreien Diskussion wird dabei allerdings immer nur teilweise eingelöst werden.

Weil diese Methode für den Auswahlprozeß die interdisziplinäre Informationsbasis integriert und ein objektivierendes Beurteilungsgerüst zur Verfügung stellt, ohne der Tatsachenlogik zu verfallen, und weil die Methode die subjektiv-dezisionistischen Momente und den Interessenbezug im Entscheidungsprozeß nicht verleugnet, sondern bewußt einbaut, ist sie nach meiner Meinung gerade für die Bewertungsprozesse in unserem Forschungsteam, das sich aus Natur- und Sozialwissenschaftlern zusammensetzt, und darüberhinaus auch als Kommunikationshilfe im Untersuchungsfeld und gegenüber der Anwendungspraxis sehr gut geeignet.

These: Eine formale und zweckrationale Bewertungsmethodik dient der logisch befriedigenden Begründung, einer „vernünftigen" Kommunikation und transparenten Darstellung durch systematischen Vergleich von Gestaltungsalternativen, Modell- und Skalenbildung. Sie stellt insofern ein wichtiges Hilfsmittel in komplexen Auswahlprozessen dar, an denen die Wissenschaft verantwortlich und kontrollierbar mitwirken möchte.

Danksagung

Ich danke allen Mitarbeitern am LENAB-Verbundprojekt für die gute Zusammenarbeit. Das Projekt wird vom BMBF (FKZ 0339648) und der LMBV gefördert.

Literatur

Bechmann, A. 1978. Nutzwertanalyse, Bewertungstheorie und Planung. Bern, Stuttgart.

EXCEPT 1993. Handbuch. Hamburg: TUHH.

Lenk, H. & Maring, M. 1997. Ethikkodizes und Verantwortung in der Soziologie und in den Sozialwissenschaften. Soziologie 1: 39-46.

Luhmann, N. 1987. Die gesellschaftliche Verantwortung der Soziologie. In: Ridder, H. & Sahner, H. (Hrsg.): Wissenschaft und gesellschaftliche Verantwortung. Berlin: 109-121.

Stierand, R., Serbser, W. & Song, Y. 1997. Zwischenbericht 1996 des Teilprojektes 8 „Sozioökonomische Bedingungen und Ziele der naturnahen Gestaltung der Bergbaufolgelandschaften" im LENAB-Verbundvorhaben: Niederlausitzer Bergbaufolgelandschaften: Erarbeitung von Leitbildern und Handlungskonzepten für die verantwortliche Gestaltung und nachhaltige Entwicklung ihrer naturnahen Bereiche. Polykopie. Cottbus.

6 Kulturlandschaft als Leitbild: Vorklärungen von Bewertungsmaßstäben für einen Naturschutz auf 100% der Fläche

Reinhard Falter[1]

[1] Institut für naturphilosophische Praxis, Willibaldstr. 12g, D-80687 München

Zusammenfassung. Kulturlandschaft ist Landschaft, in der der Mensch bestimmte Orte nicht nur bezeichnet, sondern auch überformt hat. Diese Überformung geschah nicht aus bewußter Planung sondern einer vorbewußten Resonanz. Wir können diese heute nicht bewußt einholen. Deshalb ist Kulturlandschaft für uns ebenso wenig reproduzierbar wie Naturlandschaft. Daher begründet sich das Schutz-Postulat aus der Irreversibilität möglicher Zerstörung. Dies wird von „Musealisierung" unterschieden.

Schlüsselwörter. Heimatschutz, Kulturlandschaft, Leitbild, Naturschutz, Umweltpsychologie

1 Kulturlandschaft - nur ein Totschläger?

Der Verweis auf „Kulturlandschaft" ist heute vor allem ein Totschlagargument gegen Naturschutzbestrebungen. Wo immer Naturschützer mit dem Leitbild größtmöglicher Naturnähe argumentieren, wird ihnen entgegengehalten „Wir leben doch nicht mehr im Urwald!". Es ist bezeichnend, daß dabei Kulturlandschaft ständig gegen die ohnehin kaum noch vorhandene Wildnis abgegrenzt wird, statt gegen die wuchernde gesichtslose Suburbanität.

Doch fragt sich: muß Kulturlandschaft ein Argument gegen Naturschutz bleiben? Könnte es nicht auch gelingen, den Schutz der Kulturlandschaft zu integrieren? Ohne eine solche Integration ist „Naturschutz auf 100 % der Fläche" ja sogar ein scheinbar so banales Anliegen wie Schutz des Feldhamsters unmöglich. Der Verfasser dürfte durch seine sonstigen Publikationen gegen die Nachrede gefeit sein, er vertrete insgesamt ein kulturalistisches Naturschutzkonzept (Falter 1995a).

2 Die Bedeutung der Beschäftigung mit Kulturlandschaft

2.1 Integration der Geschichte des Naturschutz

Eine solche Integration wäre zugleich eine Integration der Geschichte des Naturschutz, denn dieser war zunächst primär auf den Schutz der Kultur oder der Landschaft als Lebens- und Wahrnehmungsraum des Menschen ausgerichtet. Noch 1970 konnte G.H. Schwabe sagen, das Hauptanliegen des Naturschutz sei der Schutz des homo sapiens vor dem homo faber oder der Kultur vor der Zivilisation (Falter 1996a).

Ausgangspunkt des Heimat- und Naturschutzes um 1900 war die Dreigliederung der Landschaft in Stadt, Kulturland und Wildnis. Naturschutz entstand historisch erst, als nicht nur die Wildnis immer mehr verschwand sondern auch der mittlere Pol betroffen wurde und die städtische Kultur offensichtlich in Zivilisation umschlug. Ohne daß dies schon theoretisch auf den Punkt gebracht worden wäre, wurde von den sensibleren Zeitgenossen bereits vor 100 Jahren empfunden, daß die Verschiebung in der Landschaft eine Verschiebung von Kultur auf Zivilisation spiegelte. Naturschutz war in seinem Ursprung ein Protest gegen den Transzendenzverlust der Moderne.

Die menschliche Geschichte stellt insgesamt eine Schwerpunktverschiebung zwischen den drei Bereichen Technik, Kunst und Religion (Jonas 1992) dar. Dominierte in traditionellen Kulturen die Transzendenz, so ist heute Religion zur Privatsache und Kunst zur Geschmacksfrage geworden, als Realität dagegen gelten allein Interessen und wirtschaftliche Faktoren. Damit wird aber gerade das, was den Menschen ausmacht, marginalisiert.

Von den drei Bedeutungen des lateinischen Wortes cultus, von dem unser Wort Kultur aber auch Kultus kommt, und die gewöhnlich als „Bebauen, Pflegen und Ehren“ übersetzt wurden, verschwand zunächst die Ehrfurcht vor dem in der Natur waltenden Göttlichen und dann auch die Pflege jenseits kurzfristigen Nutzens.

Im Naturschutz selbst setzte sich das szientistische Naturverständnis erst in den 70iger Jahren unseres Jahrhunderts durch, weil es nur mit statistisch untermauerten Katastrophenszenarios möglich schien, Umweltprobleme zu allgemein diskutierten Themen zu machen. Schutzgegenstände waren nun aber nicht mehr Bäume, Flüsse und Störche, sondern Sauerstoffproduzenten, Fließgewässerökosysteme und Artenvielfalt. Demgegenüber ist eine differenzierte Beschreibung nicht reduktionistisch beschreibbarer Zusammenhänge wie etwa der Prägung des Menschen durch seine Umwelt kaum entwickelt worden. Zwar erinnerten immer wieder Autoren an die Erlebbarkeit solcher Beeinflussung, kaum je aber wurden Wirkungszusammenhänge konkretisiert (Falter 1997).

Tatsächlich verändert mit der Umwelt der Mensch aber auch die Seelenlandschaft der Nachgeborenen. In der Psyche bilden sich jene Strebungen und Komplexe verstärkt aus, die im Draußen eine Darstellung erfahren. Das Kind lernt ja durch Nachahmung, die sich nicht nur auf seine menschliche Umwelt bezieht. Bekannt ist der sog. Carpenter-Effekt: Auch das von der Anlage her stille und eingezogene Kind taut in tempramentvoller Umwelt auf. Umgekehrt erlahmt ein lebhaftes Temperament auf die Dauer, wenn es ohne Widerhall bleibt. Heftigkeit stößt an einer gelassenen Umgebung sich „die Hörner ab". Der relative Phantasiereichtum von Berglandbewohnern erklärt sich aus solcher Resonanz, weil die Ebene nicht als Spiegelungshintergrund für lebhafte Gemütsbewegung wohl aber für vage Sehnsucht und Schwermut geeignet ist (Hellpach 1942: 66).

Alle Landschaftswahrnehmung ist immer zugleich symbolisch und charakterprägend. Ein schönes Beispiel ist die völlig unterschiedliche Wirkungsweise eines Naturwaldes und eines Forstes: Der erste vermittelt ein Grundverhältnis von Werdendem und Gewesenem, der letztere höchstens von Genormtem und Individuellem, nicht grade Gewachsenem, das sofort auffällt (Frobenius 1953: 94f.).

2.2 Die Füllung des Begriffs „Eigenart"

Kulturlandschaft ist für den heutigen Menschen genauso etwas Vorgefundenes wie „unberührte Natur", wo es sie noch gibt. Der Wechsel vom Paradigma Naturnähe zum Paradigma Kulturlandschaft hat also nichts zu tun mit der Auslieferung der Umweltgestaltung an den Mehrheitsgeschmack unter der Frage: „Welche Umwelt hätten wir denn gern?"

Der Vorgegebenheit entspricht der Begriff der Eigenart, den das deutsche Naturschutzgesetz, das aus einer Zeit vor der Vernaturwissenschaftlichung stammt, als drittes Schutzgut neben Vielfalt und Schönheit nennt. Eigenart ist schon vom Begriff her etwas, was den Dingen innewohnt, aber nur durch den Menschen entbunden werden kann. Denn der Begriff meint etwas, was zwar nur im Menschen zum Bewußtsein kommt, aber gerade nicht von ihm konstruiert, sondern Eigenstes des Begegnenden ist. Vielfalt läßt sich biologisch als Artendiversität, Schönheit sozialwissenschaftlich als Mehrheitsgeschmack interpretieren. Beide Interpretationen sind nicht möglich gegenüber dem Begriff der Eigenart. In ihm wird deutlich, daß es einen geisteswissenschaftlichen Zugriff braucht, der nicht durch den sozialwissenschaftlichen zu ersetzen ist. Nicht was im Durchschnitt die Menschen wollen, sondern was einer Landschaft gemäß ist, ist gefragt.

Der Angriff hiergegen lautet häufig, dies sei undemokratisch, man müsse sich an den heute artikulierten Bedürfnissen orientieren. Für die Konstruktivisten und aufklärungstreuen Emanzipationsanbeter ist Natur immer verdächtig gewesen, ein Bestandtteil konservativer Ideologiebildung zu sein, nämlich Exponent des Unverfügbaren (Falter 1994).

Der Ansatz „Eigenart" setzt den Menschen zentral, weil er allein Eigenart formulieren kann, aber nicht im üblichen Sinn, dessen stillschweigende Voraussetzung die Definition des Menschen als Bedürfniswesen ist. Wir können von methodischer statt materialer Anthropozentrik sprechen. Es bleibt dabei jedem Betrachter überlassen, ob er diese methodische Anthropozentrik selbst wieder ontologisch begründen will mit einer Organstellung des Menschen im Bezug auf die Erde.

In der Verwechslung zwischen methodischem und materialem Anthropozentrismus wurzelt die Tendenz, die durch den naturwissenschaftlichen Reduktionismus entstehende Lücke durch sozialwissenschaftliche Empirie statt durch Wesenswissenschaft aufzufüllen. Damit wird

1. Natur negiert und
2. Menschsein auf seine heutige Vereinseitigung (Jonas 1992) reduziert.

Weil der Zusammenhang zwischen Fakt und Wert logisch nicht herzustellen ist, soll er empirisch sein. Werte sollen sozialwissenschaftliche Fakten sein als Meinungen empirischer Personen. Damit wird die Sozialwissenschaft an die Stelle gesetzt, an die die geisteswissenschaftliche Erfassung von Wesenszusammenhängen gehört, und so das „Bacon-Projekt“ (Böhme), das Wesensfragen zugunsten von Verfügbarkeitsinteresse außer Acht läßt, vollendet.

3 Vergessene Dimensionen landschaftlichen Erlebens

3.1 Landschaft und die humane Perspektive

Nur der Mensch hat Welt (im Unterschied zur in ihm selbst zentrierten Umwelt des Tieres), denn allein der Mensch ist in einer Begegnung zu der Überlegung fähig, daß nicht nur er das Gegenüber sieht, sondern auch von ihm gesehen wird, und daß dessen Perspektive nicht weniger wirklich ist als die eigene. „Das Tier wahrnimmt innerhalb seines artspezifischen Gesichtskreises eigenbeweglich Lebendiges und übrigens von allen Bildern ausschließlich die dem eigenen Wesen entweder förderlichen oder gefährlichen. Demgegenüber gilt erst für den urprünglichen Menschen: er wahrnimmt grundsätzlich alles, wofür er Empfangsorgane besitzt und findet in sämtlichen Bildern, also nicht nur den fördernden und gefährlichen, sondern sogar in den indifferent sich äußernden und gleichsam zu ihm sprechenden Wesen“ (Klages 1950: 64f.). Nur der Mensch nimmt Leben als Leben wahr und d.h. intensionales als Aussein-auf, als Tendieren nach etwas, als Getrieben werden von Zielen oder Bedürfnissen. Aussein-auf erschließen wir durch Analogie zu uns, was beim Fluß vielleicht zunächst schwerer fällt als beim Eichhörnchen. Ein prinzipieller Unterschied besteht aber nicht.

Mit der Wahrnehmung des Begegnenden als Eigenwesen verbunden ist ein Aufforderungscharakter, den alles in seinem Wesen Wahrgenommene hat. Ihn nicht zu sehen bedeutet nicht „Objektivität“ sondern sich als seelischen Krüppel auszuweisen. Als Beispiel für den Aufforderungscharakter des Begegnenden nennt Hans Jonas (1984), das am offene Fenster sitzende Baby. Aber auch die Wesen der Natur haben Aufforderungscharakter für uns. Ich nenne den auf dem Rücken liegenden Käfer, eine Quelle, deren Abfluß verstopft ist, aber auch der Versuch eines Säureattentats auf Michelangelos Pietà. Wer diesen Aufforderungscharakter nicht erlebt, der zeigt dadurch, daß er kein Verhältnis zu dem betreffenden Wesen und seinem immanenten Telos hat. Aufforderungscharaktere oder Handlungsanmutungen können durchaus miteinander konkurrieren. Ein Baum kann zum Klettern oder zum Fällen einladen, das Korn zum Verzehr oder zum Säen. Denn nicht nur Einzelwesen haben Aufforderungscharakter sondern auch Wesenszusammenhänge. Die Auszeichnung des Menschen unter den biologischen Einzelwesen besteht aber nur darin, daß er sein Teilsein realisiert, das er der Sache nach mit allen Einzellebewesen teilt. Wenn es auch der Hase nicht weiß, so ist sein Gefressenwerden vom Fuchs doch ein Stück Realtranszendenz zwischen den Arten, ebenso wie das Lebensraum schaffen der „viehernährenden Flüsse" ein Stück Realtranszendenz ist. In Lebensgemeinschaften verschiedener Arten ist der Spielraum von Verbindungen (vom Fressen und Gefressenwerden bis zur „gegenseitigen Hilfe") sehr groß.

Wenn man vom Menschen sagt, daß seine ökologische Nische nicht eine unter biologischen Lebewesen allein sei, oder in älterer Ausdrucksweise, daß er Bürger zweier Welten sei, so muß dazu gesagt werden, daß auch der Naturzusammenhang nicht nur ein kausaler ist; sonst schleicht sich sehr schnell wieder der alte Irrtum von der Naturenthobenheit des Menschen ein. Völlig berechtigt ist andererseits die Skepsis gegenüber der Humanökologie, die den Menschen als Art unter Arten in einer biologischen Nische begreift. Nicht eine Reduzierung des Menschen sondern eine Anerkennung der Mehrdimensionalität von Natur hilft uns weiter.

Mit der Naturentfremdung verbunden ist der zunehmende Verfall der spezifisch menschlichen Wahrnehmung. Die heutigen spezialisierten Berufe, die kaum noch ein Wahrnehmen des begegnenden Wesenhaften in der Natur sondern nur noch seiner Verwertbarkeit beinhalten, entmenschlichen den Menschen.

Ein Bauspekulant, ein Holzfäller und ein Landschaftsmaler sehen in einem Wäldchen je etwas anderes. Nur der letzte sieht das Wesenhafte, das der Wald auch von sich aus ist (Klages 1950).

Nur in Freizeitformen aktualisieren wir heute ein Stück des gesamtmenschlichen Bezuges. Die klassischen Freizeitformen am Wasser z.B. bringen jeweils einen wesenhaften Aspekt des Elements besonders zur Wirkung: Ist es beim Bootfahren Richtungs- und Bewegungserlebnis (hermetische Qualität), beim Baden das Eintaucherlebnis (aphrodisische Qualität), so beim Fischen das Erlebnis des Herausziehens von Produkten aus dem Strom der Verfestigung des Wassers in fließgeformten Gestalten (demetrische Qualität; Falter 1995). Die Benennung von Landschaftscharakteren mit den Namen der griechischen Götter hat sich bewährt (Falter 1996, 1998).

Auch landschaftliches Wahrnehmen selbst ist ein Humanum. Es hängt eng zusammen mit der Wahrnehmung von Eigenart. „Für die Kuh ist so gut wie gar nicht vorhanden der Karpfen, für den Karpfen nicht der Balken im Wasser, für den Storch nicht der Hase, für den Hasen nicht die Biene, für die Biene nicht die Ameise, für die Ameise nicht der Quarz und für sie alle sind überhaupt nicht da die Bilder der Wolken, Firnen und Sterne, für den Menschen aber ist das alles da, gleichgültig, ob es ihn etwas „angeht" oder nicht (Klages 1972: 371). Auch landschaftliches Wahrnehmen in seinen verschiedenen Formen (der antiken, der chinesischen und der neuzeitlich perspektivischen) ist insofern Ausdruck von Wahrnehmung begegnender Wesen in ihrem Eigensein, nämlich Ausdruck der

Mitwahrnehmung von Eingebettetsein in die Welt und der eigenen Organstellung in ihr. Das landschaftliche Erleben ist also nicht nur ein Auffangbecken für das durch die Zerschlagung der klassischen metaphysischen Weltbilder in der Moderne heimatlos gewordene Geborgenheitsstreben, sondern adäquate Ausdrucksform des eigentlich menschlichen Erlebens und Gegengewicht zur Vergegenständlichung.

3.2 Formen menschlicher Aneignung

Der Mensch eignet sich Landschaft an, indem er ihre Ortsqualitäten, den auf ihn wirkenden Genius Loci, benennt, und indem er sie überformt. Kulturlandschaft ist Landschaft, in der der Mensch bestimmte Orte nicht nur benannt sondern auch überformt hat. Er hat dies natürlich auch früher nicht nicht in romantischer Wesenskontemplation getan, sich an einen Ort gesetzt und meditiert, ob dies ein guter Ort für Haus oder Garten, Kirche oder Feld wäre, aber er hat auch nicht einfach überplant. Beides sind abgekoppele Extreme der menschlichen Fähigkeiten von atmosphärischer Wahrnehmung und Vergegenständlichung. In der traditionellen Gesellschaft sind beide verbunden. Der Mensch analysiert nicht den Kalkgehalt des Bodens, die Jahresniederschlagsmenge etc. aber er nimmt atmosphärisch wahr, um zu wissen wofür dies ein Ort ist, und gerade bei der Anlage heiliger, d.h. nicht kosumtiver Nutzung läßt er sich von Tieren leiten, wo ein Tier sich niederlegt, wird der Platz gewählt (Brönnle 1994: 112).

Aus eben dieser atmosphärischen Wahrnehmung heraus nun gestaltet der Mensch in traditionalen Kulturen auch, z.T. betont er den Charakter eines Platzes, z.T. gleicht er aus. Auch diese Tätigkeit ist weder rein ästhetisch noch rein funktional. Weder das Landschaftsbild noch der Artenreichtum - im Hinblick etwa auf Schädlingsvertilgung und Blütenbestäubung - aber auch nicht der reine Windschutz sind bei der Anlage einer Umhegung eines Obstbestands leitbildgebend, sondern eine Wahrnehmung, in der Wind noch wesenhaft als Lebensodem empfunden wird. Ebenso werden in solcher vorbegrifflichen Naturverbundenheit die Insekten und Vögel eher als Beseelung, als von der Hecke ausstrahlende Kräfte empfunden, denn als Einzelwesen.

Die kulturelle Überformung einer Landschaft macht auch dem heutigen Betrachter den Zugang zu Naturqualitäten leichter, sie stellt quasi Wegweiser auf: Dies ist ein Fluß zur Schiffahrt, dies ist ein Berg zur Verteidigung, diese geschützte Mulde ein kleines „Paradies“ für Obstbau. Sie schränkt die Offenheit von Natur und ihre Ambivalenz ein. Dabei mag für den ursprünglich Zurichtenden der Zweckgedanke im Mittelpunkt gestanden haben, für den zeitgenössischen und erst recht für den späteren Betrachter aber haben auch diese Verrichtungen wieder symbolische und transzendierende Bedeutung, die Schiffahrt steht für die Lebensreise, die Burg für Selbstbewußtsein und Individualität. Diese Überschreitung der lebenspraktisch zweckhaften auf eine symbolisch allgemeinmenschliche Bedeutung hin fällt leichter, wenn die menschlichen Eingriffe Patina angesetzt haben, sie eignet aber der Eingriffsweise traditionaler Kulturen überhaupt.

Für den Natur- und Heimatschutz um 1900 galt als selbstverständlich, daß menschliche Kulturtätigkeit nicht nur die ästhetische Vielfalt vermehre, sondern daß gerade auch technische Bauten, wenn sie richtig gestaltet sind, Eigenart der Natur zum Vorschein bringen, so sei mancher traditionelle Steinbruch tatsächlich ein „Aufschluß" (Schulze-Naumburg 1916: 72), eine Mühle bringt die treibende Kraft des Wassers zum Ausdruck, Fischerei zieht buchstäblich die verborgenen Inkarnationen der Fließbewegungen ans Licht, und Boote machen den Strom erst als Lebens und Verkehrsader (Schulze-Naumburg 1916: 113) sichtbar.

Nicht jede menschliche Umprägung ist mit Gewaltsamkeit gleichzusetzen. So wurden im Mittelalter Berge durch Kirchenbauten als himmelweisende akzentuiert, die von sich aus chtonischen Charakter hatten, d.h. das Innere der Erde zeigten (Falter 1997a). Aber es handelt sich auch dabei um einen Dialog mit den vorgefundenen Qualitäten, nicht um ihre Ignorierung. Letzteres wurde vielfach erst durch die technischen Mittel der Moderne möglich. Heidegger (1950) hat dies am Unterschied von Mühle und Kraftwerk deutlich gemacht. Erstere sei an den Fluß gebaut und nutze seine Kraft, ja mache dabei gerade sein treibendes Wesen anschaulich, letztere dagegen habe den Fluß in sich hinein verbaut und vernichte sein Wesen. Ebenso kann ein Berg akzentuiert werden (durch eine Burg) oder vernichtet (Maßstabsverlust etwa durch einen Sendemast oder Windkraftanlage), eine Straße kann den Durchgängigkeitscharakter einer Landschaft akzentuieren oder zerschneiden (etwa die Brücken von ICE-Trassen).

Gibt es angebbare Kriterien, welcher Eingriff Akzentuierung oder gar Steigerung des von Natur her Angelegten, und was Vergewaltigung ist? Wird hier nicht der Projektion Tür und Tor geöffnet? Es mag ja sein, könnte man einwenden, daß eine Burg einen Hügel akzentuiert, aber ist das nicht kulturabhängig? Könnte es nicht sein, daß wenn der historische Prozess weitergeht ein heute nur wenigen verbohrten „Antifaschisten" vorbehaltenes Empfinden allgemein wird, das Burgen als Zeichen der Ausbeutung mißversteht? Und selbst wenn auch ein Chinese Burgen am Rhein romantisch findet, läßt sich etwa sagen, was der Hügel davon hat?

Letztere Frage führt freilich vom Verstehen des Phänomens Kulturlandschaft und Eigenart weg wieder zur Frage von Eigenrechten der Natur, und damit meines Erachtens in eine Sackgasse. Wir sind heute mit Recht vorsichtig mit idealistischer Metaphysik geworden, die glaubte, im gelungenen Menschenwerk die Weiterführung des von Natur Gewollten sehen zu dürfen. Jeder Künstler hat immer behauptet, daß der Felsblock gerade das werden wollte, was er aus ihm herausgehauen hatte, daß er genau das, das in ihm angelegt, gefunden habe. Selbst Meyer-Abich zeigt mit der Behauptung, ein Kraftwerk könne einem Fluß befreundet sein (1997: 405), wie sehr die Vorurteile des Atomkraftgegners, der Wasserkraft als Alternative sehen will, die Brille färben, während er da, wo er nicht so sehr Partei ist, viel sensibler ist (ebd.: 424).

Erstes vorläufiges Kriterium ist immer: Wird etwas gezeigt oder versteckt? Die Allee „zeigt" einen Weg, der Lärmschutzwall versteckt eine Straße. Dies gilt ebenso gegenüber natürlichen Prozessen wie den zur Vergangenheit gewordenen menschlichen. Während man heute unter landschaftlicher Eingliederung von Autobahnen das möglichst weitgehende Verschwinden für den Blick von außen versteht, waren noch die Autobahnplanungen eines Alwin Seifert darauf ausgerichtet, daß die Trassenführung dem Kraftwagenfahrer die Eigenart der Landschaft zum Erlebnis werden lassen sollte. Ob dies gelungen ist, ob bauliche Veränderungen dieser Größenordnung sich überhaupt „einfügen“ lassen, darüber kann man streiten. Schon Schulze-Naumburg (1916: 90) setzt dem Aufschluß, der die verborgene Felsgrundlage einer Landschaft sichtbar macht, als negatives Beipiel den Abtrag von von der Natur geschaffenen Felsformationen heran. Eine gute Quellfassung betont den Charakter, ein Wasserwerk verdeckt es. „Im Allgemeinen kann man wohl sagen, daß die klare, gleichsam ins Symbolische gesteigerte Erscheinungsform der primitiven technischen Anlagen immer mehr aufhört und mit der Kompliziertheit derselben auch ihre Unsichtbarkeit zunimmt (...) wo die Alten Wasser frei für alle sprudeln ließen, ist heute der Metallhahn montiert“ (Schulze-Naumburg 1916: 194).

Landschaft ist ein Zusammenhang nicht von Dingen sondern von Atmosphären oder Qualitäten. Diese sind nur sehr schwer in die Sprache der Kausalität zu übersetzen. Schon jede individuelle Pflanzengestalt ist von ihrer gesamten Umwelt geprägt, man kann zwar die Lichtverhältnisse oder die Feuchtigkeitsverhältnisse und ihre Auswirkungen auf den Wuchs untersuchen. In der Landschaft besteht aber immer schon eine bestimmte Korrelation beider. Sog. Primitive oder überhaupt naturverbundene Menschen haben zumindest im Bezug auf ihre heimatlichen Verhältnisse, mit denen sie über Resonanzen verbunden sind, einen ausgeprägten „Blick“ oder „Riecher“ für solche Qualitätsverhältnisse, ohne daß sie sich über deren Kausalität Rechenschaft geben könnten und müßten. Ich nenne das, was hierin als Wirklichkeit wahrgenommen wird, im Anschluß an Klages die „Wirklichkeit der Bilder“ - im Gegensatz zur Realität der Dinge.

Mit Bild ist hier eine meist unterbewußt bleibende Erlebnisganzheit gemeint, deren Aufbau zu spezifischen Ganzheiten unterbewußt von gewissen Erwartungen und Dispositionen gelenkt wird, die als Archetypen bezeichnet werden können. Stimmt die außen vorgefundene Wirklichkeit nicht mit den psychisch präformierten Bildern überein, erlebt der Mensch eine Diskrepanz, die Bilder der Außenlandschaft gehen nicht ohne weiteres in solche der Seelenlandschaft über, sondern bedürfen einer „Verarbeitung“ (Scheurer 1985), sie lassen stutzen. Dies mindert nicht nur den Erholungswert einer Landschaft, sondert fordert ein analytisches Verhalten zum Wahrgenommenen heraus, das im Gegensatz zum symbiotischen Verhalten in unserer Zivilisation ohnehin überentwickelt ist.

Der heute dominierende wissenschaftlich gebildete Mensch hat die Sichtigkeit oder den Riecher für die Wirklichkeit der Bilder (siehe oben das Beispiel der Hecke) weitgehend eingebüßt. Er ist - zumindest bisher - nicht in der Lage, durch die dafür eingetauschten analytischen Möglichkeiten das Gemeinte einzuholen. Der Weg zurück steht kulturell und politisch nicht offen.

Man kann deshalb heute nicht die Bilder selbst, sondern nur Symptome wissenschaftlich erfassen und mit Anspruch auf Allgemeingeltung schützen. Hilfreich ist hier z.B. der Hinweis von Jochen Bockemühl (1989: 193), daß sich aus den Verhaltensweisen von Tieren ein seelischer Bezug auf ihre Umwelt ablesen läßt. „Jedes Tier braucht eine ihm gemäße Wahrnehmungsvielfalt in spezifischen Bildern“ als eine Überlebens- oder zumindest Gesundheitsbedingung. Für den Menschen wiederum läßt das Vorhandensein bestimmter Tiere auf Qualitäten der Landschaft schließen, die sich in ihnen quasi verkörpern. Artenschutz ist, insofern er - um erfolgreich zu sein - diese Lebensbedingungen als Habitatansprüche, auch wo er sie nicht kausal herleiten kann, berücksichtigen muß, automatisch bereits Urbildschutz, selbst da, wo die entsprechenden Arten kaum je dem sich in der Landschaft aufhaltenden Menschen direkt zu Gesicht kommen.

Diese kulturelle Dimension ist dem klassischen Naturschutz selten bewußt, obwohl sie gegen den Vorwurf einer anthropofugalen oder schlicht menschenfeindlichen Perspektive gute Argumente gäbe.

4 Landschaft und Geschichtlichkeit

4.1 Geschichtlichkeit

Die europäische Landschaftsauffassung, insbesondere das, was als klassische Landschaft gilt, ist geprägt von dem Bezug auf eine Vergangenheit, die in Form von Ruinen gegenwärtig ist. Aber auch ganz allgemein erinnert Kulturlandschaft immer zugleich an Entwicklung wie die Endlichkeit alles Menschlichen. Eine besondere Bedeutung kommt dabei der Ruine zu (Simmel 1993). Ruinenlandschaften - und mit ihnen das Thema der Vergänglichkeit menschlicher Werke - gehören denn auch zu den zentralen Themen der europäischen Landschaftsmalerei. Das, was hier die Überhand gewinnt, ist das zyklische Leben der Natur. Einen völlig anderen Eindruck und eine völlig andere Botschaft vermittelt die heute überall wahrnehmbare Vernichtung älteren Menschenwerks zugunsten von modernerem, meist größerem aber auf geringere Dauer berechnetem.

Zur Wahrnehmung der Ruine gehört die Struktur der Renaissance, denn erst in einem neuen Aufraffen aus den Subsistenzbedingungen der Zwischenzeit, erscheint die Ruine als Relikt einer Hochkultur.

Geschichtlichkeitserleben ist selbst bereits eine Grundqualität, die geschützt werden muß, weil sie wichtig ist für die Weltbildorientierung des Menschen. Wichtig für seelische Gesundheit ist zudem das Erleben elementarer Naturprozesse, des Stirb und Werde, etwa im Lauf der Jahreszeiten. Es ist wohl eine wichtige Bedingung für die heute nicht mehr selbstverständliche Fähigkeit, sich mit der eigenen Sterblichkeit abzufinden. Der Verlust dieser Fähigkeit selbst treibt die Naturzerstörung im Namen „humanitärer“ Gründe (Lebensverlängerung des Einzelnen) immer weiter voran.

Die Bedeutung der Kulturlandschaft geht darüber noch hinaus. In der Kulturlandschaft, in der die Geschichte - und mit ihr die Dimensionen des Menschseins - anwesend ist, fühlt der Mensch sich geborgen. Sie gibt ihm Maßstäbe für relative „Unsterblichkeit“, für Größe und Kleinheit nicht im äußerlichen meßbaren sondern im inneren Sinn.

Auch der Urwald kann einem als Gleichnis der Gesellschaft erscheinen, doch liegt dann dem heutigen Betrachter ein naturalistisches Mißverständnis nahe, etwa in Richtung des Sozialdarwinismus - wobei zu betonen ist, daß natürlich der Darwinismus seinerseits eine Projektion frühkapitalistischer Sozialverhältnisse in die Natur ist. Die unüberformte Natur bietet dem naturentfremdeten Menschen zu wenig Widerstand gegen Willkür von Projektionen. Das spezifisch Menschliche, der Moment des Innehaltens, der zur Zeitenthobenheit führt, kommt in ihr nicht als schon vorhanden vor, er muß gerade erst vom betrachtenden Menschen an sie herangebracht werden. In der Ruine dagegen liegt etwas anderes als im umgestürzten Baumriesen, in ihr waltet zunächst der menschliche Wille, er wird angeschaut als gebrochen, aber insofern er sich harmonisch einfügt in die überwuchernde Natur auch als resorbierbar und dieser letztlich verwandt, ja ein Teil von ihr. Sind die resorbierenden Kräfte der Natur entsprechend stark, kann auch Stahlbeton als Ruinenstoff wirken, so etwa in den deutschen Bunkeranlagen an der dänischen Nordseeküste, die vom meer- und windbewegten Sand verschoben werden.

4.2 Alternativen zur Musealisierung

Dem Bekenntnis zur allesverschlingenden Dynamik der Moderne, das uns Naturschützern gern schon als Gesprächsvoraussetzung abverlangt wird, kann entgegengehalten werden, daß heute die Erfahrung von Geschichtlichkeit nicht durch Stillstand, sondern durch die Beschleunigung der Geschichte bedroht ist. Was sich in vorgeschichtlichen Kulturen an Veränderung der menschlichen Lebensweise in Jahrtausenden tat, ändert sich in Antike und Mittelalter in Jahrhunderten, in der Neuzeit in Jahrzehnten, im frühen 20. Jahrhundert in Jahrfünften, heute aber schon in Jahren. Dies gilt nicht nur für Computerersatzteile. Zum alten Eisen gehören heute auch schon Arbeitssuchende über Vierzig!

Der Niederschlag der Beschleunigung in der Landschaft bedeutet eine Entgeschichtlichung der Kulturlandschaft, die sich dadurch zur Zivilisationsbrache verwandelt (Sieferle 1997). Denn statt weiterhin Tableau und Spiegel des Stroms der Kulturentwicklung zu sein, ist die Landschaft (von einigen denkmalgeschützen Relikten abgesehen) bestenfalls noch Spiegel der Entwicklung eines halben Jahrhunderts und damit Spiegel einer bestimmten Phase der Degeneration des homo faber zum homo consumens. Die Spuren des homo sapiens sind längst marginalisiert. Diese Verwandlung bedeutet für die Psyche, daß der Strom der Geschichte nicht mehr erfahrbar ist. Das kann man auch eine „Amerikanisierung“ der Landschaft nennen, denn der Amerikanismus ist zutiefst geprägt davon, daß in der Landschaft keine Geschichte gefunden wird, die als eigene angenommen werden kann. Geschichtslosigkeit aber führt immer zu einer Überschätzung der Bedeutung der eigenen Lebensspanne gegenüber der Lebensspanne der Menschheit und damit mittelbar zur Unachtsamkeit gegenüber den Leistungen vergangener und den Möglichkeiten zukünftiger Generationen. - Es ist bezeichnend, daß sich der grassierende Geschichtlichkeitsverlust als Historisierung ausgibt. Damit treibt sie den Teufelskreis von Entfremdung und Zerstörung weiter voran.

Musealisierung schützt nur herausgerissene Teile und bezieht die Dinge auf uns als ihre Konsumenten und vernichtet dadurch gerade ihren menschheitsbiographischen Zusammenhang. Es wird gerade vollkommen verzweckt, indem es der Neugier anheimgegeben wird, hat keinen „Überschuß an Eigensein" mehr, ist nur noch Erlebnisgegenstand für den voyeurhaften Blick. Heute ist die Tendenz, auch Natur zu musealisieren, weit über ausgestopfte oder im Zoo aus ihrer Umwelt gerissene Exemplare verschwundener Arten hinaus entwickelt. Auch hier gilt, daß das, was im Film oder im Erlebnispark, zum Erlebnis zugerichtet wird, nicht mehr „Natur" ist. Diese Art von Erleben, das Gegenteil von Begegnung leistet sogar der Ideologie Vorschub, Natur gebe es gar nicht mehr.

Kultur bezieht sich immer auf etwas nicht vollständig Angeeignetes. Der Prozeß hat Dauercharakter. Das Begegnende ist zumindest relativ zur Länge des Menschenlebens das Größere oder „unsterblich". Darin wurzelt der Begriff der Tradition. Nicht der einzelne Mensch, auch nicht die Generationsgenossenschaft sondern der Generationenzusammenhang ist das Gegenüber der Landschaft und überhaupt der als Wesen begegnenden Natur.

Das heißt aber umgekehrt: Um der „Natur" adäquat begegnen zu können, muß sich der Mensch als Partner eines Generationenvertrags verstehen. Hierbei geht es nicht nur um die Vorsorge für kommende, sondern um die Pietät gegenüber gewesenen Generationen. Lebe so, daß du die Arbeit der Vorfahren ehrst, dir bewußt bist, daß alles Erreichte auf ihren Schultern ruht, und daß auch zukünftige Generationen diesen Strom aus der Vergangenheit noch erfahren.

Konkret bedeutet nicht-musealisierender Schutz Beziehung auf Allgemeinmenschliches, das sich im kulturellen Wandel durchhält, und dessen Wegfall ein Abrutschen in die Unkultur (Meyer-Abich 1997) bedeutet. Meyer Abich hat als Kriterium für den Unterschied von Kultur und Unkultur genannt, die erstere Frage „Was bin ich schuldig?" die letztere, „Was ist hier zu holen?"

Kulturellem Wandel unterliegt das Menschliche, soweit es Vergegenständlichung ist, und sich aus (menschengemachten) Zielen und Zwecken ergibt. Das klassische Beispiel des Überzeitlichen, Zeitenthobenen ist die Kunst, bzw. Kunst ist ein Werk gerade insoweit, als es Teil hat an der Zeitenthobenheit. Es geht also darum, zu begreifen, wie Zeitenthobenheit zustande kommt. Dies fällt zunächst bei Kunstwerken leichter. Warum rührt uns eine gotische Madonna noch immer an, warum ist Ovid für uns immer noch lesbar, während viel jüngere Texte (gar wissenschaftliche oder politische) längst nur noch historisch, d.h. als Dokumente der Beschränktheit ihrer Zeit bedeutsam sind - für Naturwissenschaftler gilt immer noch vielfach die Grundregel keine Publikation zu zitieren, die älter als fünf Jahre ist.

Freilich jedes Werk hat auch Zeitgebundenes an sich und insofern setzt es historische Kenntnis voraus, um seinen Kern freizulegen.

Es gibt nichts absolut Überzeitliches angesichts der Endlichkeit der Menschheit, aber es gibt Unterschiede der Zeitbezogenheit. Gerade das am meisten Zweckfreie überdauert, nicht die Fabriken, sondern die Gräber und Tempel.

Jeder Verzicht auf Bewahrung dessen, was künstlerischen und Ausdruckswert hat, bedeutet Schwächung des Anreizes für künftige Generationen, Selbstverwirklichung nicht nur im Nützlichen zu suchen. Es geht bei einer generationenübergreifenden Ethik nicht nur darum, ihnen Rohstoffe übrig zu lassen sondern auch Landschaft „als Stoff, an dem ich meine Seele übe" (Humboldt).

Das Museum richtet sich an ein geistiges aber unproduktives Aneignungsinteresse, Überblick über die Zeit zu gewinnen und dann scheinbar darüber zu stehen. Die Anordnung der Objekte wird aus dem heutigen Blick vorgenommen, meist kommt dabei eine Fortschrittskonzeption heraus, die Geschichte zur Vorgeschichte des Bestehenden degradiert. Tradition dagegen vermittelt ein Eintauchen, ein Drinnenstehen und gerade nicht Enthobensein. Freilich gehört zur echten Tradition auch die Uminterpretation und Fortsetzung, meist freilich gerade ohne Bewußtsein für die stattgehabte Änderung sondern im besten Glauben nur Aktualisierung zu leisten. Der landschaftliche Bezug der Relikte der Vergangenheit läßt nur die Alternative zwischen ihrer Beseitigung und einem Sich-Einrichten zwischen ihnen als Vorgegebenem. Freilich machen heutige technische Möglichkeiten auch faule Kompromisse möglich, wie die respektlose Verbannung der römischen Ruinen Budapests unter eine Schnellstraßenbrücke.

Nicht in die Musealisierungsfalle tappen und dennoch Kulturlandschaft bewahren heißt, zu Lebensformen finden, die Spuren übrig lassen. Der Student, der sich einen Sommer auf die Alm zurückzieht, belebt nicht ein Freilichtmuseum, er übernimmt Verantwortung, läßt sich auf einen Raum ein und macht dabei Erfahrungen, die ihn mit früheren Generationen verbinden. Er lernt dabei keine Daten über Geschichte, aber er lernt in einer Tradition zu stehen. Jagd und Fischerei als Freizeitformen knüpfen an die Lebensweise des Jägers und Sammlers an, die ja auch in der Antike bereits als arkadisch verklärt wurde, im Gegensatz zum Akkerbau, der als Sklaventätigkeit galt.

4.3 Kulturschutzgebiete?

Die gestaltende Individualisierung von Orten hat als Bedingung (neben dem Verzicht auf die Herstellung alles Machbaren) eine Bewußtseinsart, die sich im Gestalten ebenso von der Zweckrationalen abhebt wie in der Wahrnehmung die atmosphärische von der dinglichen.

Damit sie zur Wirkung kommen kann, bedarf es gesellschaftlicher Bedingungen. Diese lassen sich heute nur als Herausnahme aus den universell lastenden Kapitalverwertungsbedingungen schaffen. Sozialwissenschaftlich gesehen ist „Naturschutzgebiet" nur eine von unendlich vielen möglichen Formen, in der ein Gebiet der Betreuung und Verantwortung von hauptamtlich dafür zuständigen Menschen übergeben wird. Dabei könnte auf Versuchsflächen, die ich hier einmal Kulturschutzgebiet nenne, das Leitbild Naturnähe durch das Leitbild ganzheitliche menschliche Erfahrung ersetzt werden. Solche Erfahrung ist selbstverständlich nicht nur konsumptiv - das unterscheidet vom Museum und Erlebnispark. Zu einer ganzheitlichen Erfahrung gehört der Aspekt des Sicheinlassens und Verantwortung übernehmens. Es müßte einer Menschengruppe nur mit einem Leitbild als freilassender Aufgabe ein Raum zur Verantwortung übergeben werden, in dem nicht nur vorhandene Substanz zu bewahren, sondern neue zu bilden wäre. Aus dem radikalen Konzept der Chrono-Parks (Meinen) wäre evtl. der Gedanke zu übernehmen, daß das Wohnen in einem Kulturschutzgebiet ein gewisses Ausgenommensein vom flächendeckenden Recht bedeuten müßte, das durch die Pflicht des Sicheinlassens auf die Region ersetzt wird. Dies juristisch zu formulieren (Steuervergünstigung in Grenzlandregionen als Modell), wäre eine lohnende Aufgabe.

5 Was ist damit für Bewertung anzufangen ?

Es dürfte deutlich geworden sein, daß zur Erfassung von Kulturlandschaft ganz andere Parameter herangezogen werden müssen als Artenzahlen, ästhetische Geschmackspräferenzen oder Zahlungsbereitschaften. Wir nennen sie im Unterschied zu sozialen und Biodiversitäts-Werten anthropologische Werte. Wir müssen - wie sonst auch im Artenschutz - wissen, was der homo sapiens ist und was er an Habitatansprüchen hat: wir fragen nach den seelischen Lebensbedingungen der Art „homo sapiens".

Man kann unterschiedlicher Meinung sein, ob es angesichts der in den letzten Jahren entstandenen Vereinseitigung heute besser ist, anthropologische Werte direkt in naturschutzfachliche Bewertungen einzubringen oder ihnen separat entgegenzustellen, weil diese doch damit überfordert wären. Pragmatisch gedacht gibt es derzeit keine Alternative dazu, die hier eingeführten Dimensionen als Erweiterung bestehender naturschutzfachlicher Bewertungen einzuführen (Güsewell & Falter 1997). Da aber eine wirkliche Kompatibilität nicht gegeben ist, müssen die Daten und Wertbestimmungen völlig unabhängig von ökologischen Parametern erhoben werden und sekundär über ein Verfahren verrechnet werden, das Wertsetzungen „politisch" über Punkte bestimmt.

Längerfristig erscheint es günstiger, neben der naturschutzfachlichen Bewertung - und, wenn es sein muß, einer Sozialverträglichkeitsbewertung - eine Kulturverträglichkeitsuntersuchung zu setzen. Diese ist aber von Sozialverträglichkeitsprüfung oder Bürgerbeteiligung scharf abzusetzen. Der heute lebende Durchschnittsmensch darf nicht zum Maßstab gemacht werden,

1. weil er, ohne sich dessen bewußt zu sein, eine entsetzliche Vereinseitigung der Möglichkeiten des homo sapiens darstellt,

2. weil er sich der Rückwirkungen der Umwelt, in der er lebt, auf seine Psyche nicht bewußt ist, ja dazu neigt, in seinem Autonomiewahn diese Wirkungen systematisch zu ignorieren. Es geht ja gerade um seine Rückbildung zum homo sapiens an Hand der Natur.

Gefährlich ist auch die Tendenz zur Monetarisierung von Naturgütern. Meyerhoff & Petschow (1995) haben herausgearbeitet, daß damit nicht nur nicht monetarisierbare Werte noch mehr ausgeklammert werden, sondern vor allem die Frage nach grundsätzlicher Unzulässigkeit von Zerstörungen nicht mehr vorkommt. Alles, was monetarisierbar ist, erscheint prinzipiell ersetzbar. Mit dem Versuch einer quantitativen Wertbestimmung geht eine viel grundsätzlichere Entwertung einher. Der Modernismus in all seinen Formen (Bezahlung, Abstimmung) kennt nur relative Werte. Wenn wir die Krise des Naturverhältnisses in ihren Dimensionen ernst nehmen wollen, geht es aber gerade um die Bedeutung absoluter Grenzen. Die grundlegende Frage ist, wie aus dem modernen Bewußtsein heraus, die Fähigkeit zu autoritativer Setzung neu entstehen kann. Es geht darum, daß diese Gesellschaft sich Institutionen schafft, in denen das Verdrängte wieder zur Geltung kommen kann. Dazu diente der Vorschlag eines ökologischen Rates bzw. einer zweiten parlamentarischen Kammer (Falter 1997b).

Literatur

Bockemühl, J. 1989. Lebensbedingungen der Natur und des Menschen. In: Natur und Umweltschutzrecht. Heidelberg: 183-206.

Böhme, G. 1993. Am Ende des Baconschen Zeitalters. Studien zur Wissenschaftsentwicklung, Frankfurt.

Brönnle, S. 1994. Landschaften der Seele. Stuttgart.

Falter, R. 1994. Rettet die Natur vor den Umweltschützern. Garten und Landschaft 7/94: 4-6.

Falter, R. 1995. Der Fluß - Lebensraum und Lebewesen. FWU Magazin 3/1995: 9-19.

Falter, R. 1995a. Der Natur freien Lauf lassen, das Paragigma Flußlandschaft. Laufener Seminarbeiträge 4/95: 37-54.

Falter, R. 1996. Was sind Götter der Erfahrungsreligion. Ökologie 2/1996: 15-20.

Falter, R. 1996a. Dimensionen des Menschseins als Dimensionen des Naturschutz Elemente der Naturwissenschaft 65: 30-54.

Falter, R. 1997. Beheimatung und Erholung. Zwei Grundphänomene der Landschaftspsychologie. forum 3/97: 25-37.

Falter, R. 1997a. Goethe und Klages. forum 6/97: 32-46.

Falter, R. 1997b. Der Mensch als Anwalt der Natur. forum 1/97: 21-30.

Falter, R. 1998. Die religiöse Dimension von Natur. forum 1/98: 34-44.

Frobenius, L. 1953. Paideuma. Stuttgart.

Güsewell, S. & Falter, R. 1997. Naturschutzfachliche Bewertung. Ein erweiterter Ansatz unter Berücksichtigung von ästhetischen, symbolischen und mythischen Aspekten. Naturschutz und Landschaftsplanung 29: 44-49.

Heidegger, M. 1950. Die Technik und die Kehre. Pfullingen.

Hellpach, W. 1942. Deutsche Physiognomik. Berlin.

Jonas, H. 1984. Das Prinzip Verantwortung. Frankfurt.

Jonas, H. 1992. Philosophische Untersuchungen und metaphysische Vermutungen. Frankfurt.

Klages, L. 1972. Der Geist als Widersacher der Seele. Bonn.

Klages, L. 1950. Grundlegung der Wissenschaft vom Ausdruck. Bonn.

Meyer-Abich, K.M. 1997. Praktische Naturphilosophie. München.

Meyerhoff, I. & Petschow, U. 1995. Natur und Umwelt in der Kosten-Nutzen-Analyse der Bundesverkehrswegeplanung. Zeitschrift für angewandte Umweltforschung 8: 544-556.

Rombach, H. 1983. Welt und Gegenwelt. Basel.

Hunziker, P. & Rüede, A. 1994. Resonanzen als Ausdruck für Qualitäten von Lebensräumen, eine Methode. Gaia 3: 337 - 345.

Scheurer, T. 1985 Landschaftsbewertung - eine Bewertung der Seele? In: Festschrift für G. Grosjean, Bern: 385-396.

Schulze-Naumburg, P. 1916. Kulturarbeiten Bd. 8. Die Gestaltung der Landschaft durch den Menschen. 2. Teil, München.

Schulz-Meinen, H. 1996. Naturschutz und Zivilisation - eine prinzipielle Unvereinbarkeit. Neue Zürcher Zeitung Nr. 114 18/19. Mai 1996: 41.

Sieferle, R. 1997. Rückblick auf die Natur. München.

Simmel, G. 1993. Aufsätze und Abhandlungen 1901-1908. Bd II. Frankfurt.

7 Leitbilder und Bewertung für Fließ- und Standgewässer in der technogenen Niederlausitzer Bergbaufolgelandschaft

Michael Mutz[1] & Brigitte Nixdorf[1]

[1] Brandenburgische Technische Universität Cottbus, Lehrstuhl Gewässerschutz, Forschungsstelle Bad Saarow, Seestr. 45, D-15526 Bad Saarow

Zusammenfassung. In der Bergbaufolgelandschaft (BFL) der Niederlausitz entstehen ausgedehnte neue Gewässersysteme. Diese künstlichen Gewässer unterscheiden sich aufgrund unveränderlicher Besonderheiten der technogenen Landschaft in wesentlichen Punkten von denen natürlicher Gewässer. Die Gegenüberstellung der in der BRD etablierten Bewertungsprinzipien für Stand- und Fließgewässer mit den besonderen Voraussetzungen für Gewässer in der BFL macht deutlich, daß die etablierte Gewässerbewertung hier nicht oder nur sehr eingeschränkt übernommen werden kann. Die für die Bergbaufolgelandschaft vorgeschlagene pragmatische Bewertung basiert auf der Leitbildmethode. Leitbilder sind hier Prognosen der künftigen Entwicklung und bilden über eine Szenariotechnik die Unschärfen und Unsicherheiten dieser Entwicklungsprognosen ab. Die Leitbildszenarios machen Zielkonflikte z.B. zwischen den Anforderungen geplanter Nutzungen und dem ökologisch wahrscheinlichen Gewässerzustand deutlich. Da sie auch die Ausprägung von Naturhaushalts- und Nutzungsfunktionen mit prognostizieren, ermöglichen sie eine Abstimmung zwischen allen anthropozentrisch bedeutsamen Funktionen, inklusive der für den Naturschutz relevanten Funktionen. Diese interdisziplinäre Abstimmung führt letztlich zu einer akzeptierten abgestimmten Gesamtbewertung und damit zum festgelegten Leitbild.

Schlüsselwörter. Klassifizierung, Künstliche Landschaft, Leitbildmethode, Naturnähe, Szenariotechnik

1 Einleitung

Der extrem technogene Charakter der Bergbaufolgelandschaft Ostdeutschlands bedingt spezifische und weitgehend unnatürliche Rahmenbedingungen, unter denen sich die dort künftig entstehenden Gewässersysteme entwickeln werden (Mutz 1998a, Nixdorf & Kühne 1998). Aufgrund dieser Besonderheit können die bestehenden und in der Bundesrepublik etablierten Instrumentarien zur Erfassung und Bewertung von Gewässern in dieser Landschaft nicht oder nur eingeschränkt verwendet werden.

Der vorliegende Artikel gibt zunächst einen kurzen Abriß über das Prinzip der bestehenden Methoden zur Gewässerbewertung und zeigt auf, warum diese in der Bergbaufolgelandschaft nicht angewendet werden können. Es werden für Stand- und Fließgewässer entwickelte pragmatische Bewertungsansätze vorgestellt, mit denen die akute Entwicklungsplanung der künftigen Gewässersysteme der BFL unterstützt werden soll. Diese Ansätze sollen den aktuellen Kenntnisstand über die Ökologie der Gewässer in den interdisziplinären Diskussionsprozeß um die Zielrichtung der künftigen Gewässerentwicklung einbringen. Sie berücksichtigen durch die Verwendung einer Szenariotechnik die Unsicherheiten über die künftige ökologische Entwicklung und ermöglichen eine transparente nachvollziehbare Bewertung der Gewässer.

2 Gewässerbewertung in der BRD

Für die Bewertung von Gewässern stehen eine Reihe von etablierten Methoden zur Verfügung, die im wasserwirtschaftlichen Vollzug der Bundesrepublik erfolgreich eingesetzt werden. Die Bewertungsmethoden für Fließgewässer sind dabei weiter entwickelt und abgestimmt als die für Standgewässer. Im wesentlichen werden die chemische Beschaffenheit des Wassers und der Sedimente, die physikalische Beschaffenheit der Gerinne bzw. die morphometrische Beschaffenheit der Gewässerbecken und die funktionellen und strukturellen Ausprägungen der Biozönosen berücksichtigt. Diese sektoralen Bewertungsmethoden ergänzen sich und liefern in ihrer Gesamtheit eine verhältnismäßig umfassende Beschreibung und Bewertung der Gewässer. Da die sektoralen Bewertungen in keinem eindeutigen kausalen Verhältnis zueinander stehen, ist eine synthetische Bewertung nicht sinnvoll.

Die Verfahren sind überwiegend zweistufig aufgebaut. Als erster Schritt erfolgt eine wertneutrale Beurteilung durch standardisierte Erfassungen des Istzustandes anhand von Indikatorsystemen. Diese Indikatorsysteme sind bereits auf eine Nutzung oder eine Belastung der Gewässer ausgerichtet. Beispiele für solche Indikatoren sind die Organismen des Makrozoobenthos (Erfassung der Saprobie), planktische Algen (Erfassung der Trophie) oder physikalische Ausprägungen von Fließgerinnen oder Beckenmorphologie (Strukturerhebung). Als zweiter Schritt erfolgt die Bewertung des bei der Beurteilung ermittelten Zustandes, bei der vor allem bei den neueren Verfahren die regionaltypische Ausprägung der Indikatorsysteme berücksichtigt wird. Dazu werden die zu bewertenden Gewässer anhand von Schlüsselparametern in Kategorien mit vergleichbarer Parameterausprägung eingeteilt, z.B. in flache oder tiefe Standgewässer, Bergbäche in Kerbtälern oder Flachlandbäche in Muldentälern. Für diese Kategorien werden spezifische Bewertungsmaßstäbe angelegt. Bei Standgewässern und dem Bewertungsparameter Trophie ist dies beispielsweise die potentiell natürliche Trophieklasse, die sich aus der Belastung aus dem Einzugsgebiet und der Beckenstruktur sowie der Art der Durchströmung ableiten läßt. Es ist also die Bewertung der Parameterausprägungen, in der sich die kategoriespezifischen Bewertungsmaßstäbe unterscheiden.

Voraussetzung für eine solche typenspezifische Bewertung ist erstens eine bestehende Klassifikation oder Kategorisierung der Gewässer und zweitens das Vorhandensein von regionaltypischen Leitbildern gewissermaßen als Eichpunkt für den Bewertungsmaßstab.

Für die *Klassifikation* von Standgewässern stehen die folgenden Instrumentarien zur Verfügung:

1. Fachbereichsstandard TGL 27885/01 „Nutzung und Schutz der Gewässer - stehende Binnengewässer - Klassifizierung" (April 1982),
2. Gewässerbewertung - Stehende Gewässer. Richtlinie für die Bewertung nach trophischen Kriterien. LAWA-Arbeitskreis „Gewässerbewertung - stehende Gewässer" (1998),
3. DVWK-Merkblätter 213/1988: „Sanierung und Restaurierung von Seen".

Diese Regelwerke sind gar nicht (2, 3) bzw. sehr eingeschränkt (1) auf saure Standgewässer anwendbar. Die LAWA-Bearbeiter weisen ausdrücklich auf dieses Defizit hin. Als erster Schritt in Richtung „Bewertung von Bergbauseen" wurde 1994 eine „Methodik zur limnologischen Untersuchung und Bewertung von Bergbauseen" (Schultze et al. 1994) erstellt. Der Schwerpunkt dieser Ausarbeitung liegt jedoch auf dem Gebiet der Untersuchung und experimentellen Methodenentwicklung. Die Fragen der Bewertung werden nutzungsorientiert und in Anlehnung an eutrophierte Gewässer behandelt.

Bei Fließgewässern basiert die Kategorisierung auf dominierenden Parametern wie Talform, Abflußregime, Sedimentcharakteristik, Temperaturregime etc. Auch für die Fließgewässer gilt, daß die in der BFL wirksamen besonderen Rahmenbedingungen (s.u.) bei gängigen Klassifikationsverfahren nicht berücksichtigt werden.

Sowohl für Stand- als auch für Fließgewässer steht die erforderliche Kategorisierung der Gewässer der BFL noch aus.

Die zur Eichung der Bewertung erforderlichen *Leitbilder* sind parametrisierte Beschreibungen von Idealgewässern, die dem heute potentiell natürlichen Gewässerzustand in seiner naturraumtypischen Ausprägung entsprechen. *Naturnähe* wird als der Hauptwert verstanden. Sie ist zumeist implizit definiert als ein Zustand ohne oder mit nur geringem menschlichem Einfluß. Da solch ungestörte Gewässer in der heutigen Kulturlandschaft nur in den seltensten Fällen existieren, müssen Leitbilder mit wissenschaftlichen Methoden erarbeitet werden. Ein wesentlicher Schritt dieser Leitbildbeschreibung ist die Analyse von historischen und aktuellen, zumindest in Teilen noch ungestörten Gewässern, den sogenannten Referenzgewässern. Aus den Resultaten dieser Analysen wird dann in einem Generalisierungsprozeß das Leitbild konstruiert. Von diesem Idealzustand (= Leitbild) werden dann zumeist sieben Hemerobiestufen gebildet, mit welchen die bestehenden Gewässer bewertet werden können.

Bei dem Versuch einer Übertragung dieser verhältnismäßig etablierten Methoden der Gewässerbewertung auf die Gewässer der Bergbaufolgelandschaft treten eine Reihe von Schwierigkeiten auf, welche für die BFL ein modifiziertes Vorgehen erforderlich machen. Verursacht werden diese Schwierigkeiten durch die sehr speziellen Rahmenbedingungen für Gewässer der BFL, aber auch durch Unsicherheiten und/oder Unschärfen über Wege und Resultate der künftigen *Naturentwicklung in der technogenen Landschaft*.

3 Rahmenbedingungen der Gewässerentwicklung in der BFL

Die künftigen Entwicklungsmöglichkeiten von Gewässern in der BFL werden im wesentlichen durch folgende Bedingungen bestimmt:

I. Die Geländeoberfläche und oberflächennahen Schichten bestehen aus locker verkippten tertiären Sanden mit einem hohen Anteil an Pyrit und Markasit. Daraus resultiert eine extrem hohe Acidität des Kippengrundwassers, die zu Wässern mit pH-Werten unter 3 und KB 4,3 bis 40 mmol/l führt (Ender & Leßmann 1997, Leßmann & Nixdorf 1998).

II. Die Hydrologie der Gewässer ist geprägt durch die hohen hydraulischen Leitfähigkeiten der Kippenbereiche und die Steuerung der Grundwasserverhältnisse über die Wasserspiegel der Tagebauseen. Das bedeutet Infiltration von Grundwasser in die Standgewässer und diffuse In- und Exfiltration in die Fließgewässer je nach lokalem Grundwasserflurabstand. Die Oberläufe einiger Fließgewässer werden nur periodisch Wasser führen und z.B. bei Regen auf gefrorenem Boden extreme Hochwasserspitzen haben, während die Abflußschwankungen der mit den Standgewässern gekoppelten Fließstrecken stark gedämpft sein werden. Die Prognosen über die künftigen Abflußverhältnisse sind mit Unsicherheiten behaftet.

III. Bedingt durch die Abbautechnologie haben manche der Bergbaurestlöcher, die künftig zu den Standgewässern der Region werden, eine Beckenmorphometrie, die in der Natur so nicht existiert. Das technogene Gelände hat eine stark unstetige Topographie. In den durch die Sanierung rekultivierten Bereichen wechseln sich große ebene und gleichmäßig geneigte Flächen mit Geländekanten ab und in den naturnahen Bereichen ohne nachbergbauliche Geländeformung ist die Topographie auf kleinem Raum extrem reliefreich. In den rekultivierten Bereichen finden sich deshalb teilweise Talformen mit unnatürlichen Gefällen, z.B.

eine „Niederung“ mit über 1%. In den nicht rekultivierten Bereichen ergeben sich sehr kleinräumige Wechsel von Kerb- und Muldentälern sowie Niederungen (Ruch & Mutz 1997). Die Ausgestaltung der Gewässersysteme mit einer engen Abfolge von kleinen Fließgewässern, kleinen durchflossenen Tümpeln und sehr großen tiefen Seen ist ebenfalls nur in der technogenen Landschaft zu finden.

Eine ganze Reihe von Untersuchungen an Gewässern der BFL ergibt, daß die Ökologie, die sich unter diesen unnatürlichen strukturellen und chemischen Rahmenbedingungen einstellt, wesentlich von der in anderen natürlichen oder naturnahen Gewässern abweicht (Nixdorf & Kühne 1998). Die Beurteilungs- und Bewertungssysteme müssen auf diese spezifische Naturentwicklung und die besonderen Belastungen der Gewässer der BFL ausgerichtet sein. Am Beispiel der Tagebauseen soll dies im folgenden dargestellt werden:

Da die Eutrophierung weltweit das Hauptproblem der Standgewässer ist, beruhen die genannten Bewertungsverfahren auf einer mehr oder weniger detaillierten Erfassung des trophischen Istzustandes. Die sauren Bergbaugewässer sind aber nur in Ausnahmefällen trophisch geschädigt. Ihr Problem ist die säurebedingte z.T. völlig andere Ausprägung von traditionellen Güteparametern. Sie zeigen in ihren Besiedlungs- und Aktivitätsmustern gravierende Abweichungen von typischen eutrophierten oder auch mesotrophen Seen. Extrem saure Bedingungen führen zu einer Armut von *Kohlenstoff* und Phosphor. Eine Bioregulation über die Menge des verfügbaren Kohlenstoffes kommt außerhalb der BFL in unseren Breiten nicht vor. Legt man in Anlehnung an o.g. Verfahren die Intensität der Primärproduktion als das Kriterium der Stoffwechselintensität in Seen zugrunde, ergeben sich aufgrund der hydrogeologischen und geochemischen Spezifik Grenzen in der Anwendung o.g. Richtlinien. Das zeigt sich in der folgenden Aufstellung zur Istzustandsanalyse bezüglich güteprägender Parameter im *Einzugsgebiet* (morphometrische und hydrographische Faktoren):

Grundwasser: Tagebauseen werden hydrologisch und biogeochemisch in hohem Maße vom Grundwasser beeinflußt. Dabei werden beim Eintritt des Grundwassers in den See stoffwechselrelevante Verbindungen (Kohlenstoff, Phosphor, Eisen u.a. Schwermetalle) im Sediment gebunden. Sedimente wachsen von „oben und von unten“ und bilden chemische und biologische Kolmationen, deren Einfluß auf die Aufenthaltszeit des Wassers und die chemische Fraktionierung von Wasserinhaltsstoffen nicht erforscht ist. Diese Prozesse müssen in Prognosen zur Wasserbilanz und Güteentwicklung berücksichtigt werden. Damit ergeben sich andere, stoffspezifische Berechnungsverfahren der Flächenbelastung als bei Seen mit vorwiegendem Oberflächenzufluß.

Beckenmorphologie: Neben sehr einfach gestalteten Gewässerbecken (Greifenhain, Koschen, Spreetal-Nordost usw.) treten aufgrund der Abbautechnologie morphometrisch äußerst komplizierte Strukturen auf, die eine neue Form der Bearbeitung bedingen (Lohsa II, Dreiweibern, Bärwalde). Derartige Seen existieren in der Natur nicht. Es muß geklärt werden, wie der unregelmäßige Wechsel großer Flachwasserbereiche (Absetzerkippen) mit tiefen Rinnen (Randschläuche, die meromiktisch sein können) die Stoffumsätze im gesamten See bestimmen.

Bei der Istzustandsanalyse gütebestimmender Prozesse im See ergeben sich ebenfalls zahlreiche Abweichungen in ihrer Ausprägung:

C-Limitation der Primärproduktion: Dieser Sachverhalt ist ein entscheidendes Regulativ für die Verteilung der Algen im See. Im Zusammenhang mit den chemisch bedingten Ausfällungen von Phosphor überlagern sich hier zwei Limitationsmechanismen. Damit können die Ansätze zur Erklärung bzw. Entstehung von Trophieklassen aus der Kausalkette TP-Chl a nicht angewendet werden (TP = Gesamtphosphor, beeinflußt nach Vollenweider bzw. OECD-Kriterien direkt die Algenentwicklung, die als Chl a = Chlorophyll a gemessen wird). In welchem Maße die Kohlenstoffverfügbarkeit die Primärproduktion beeinflußt, ist nicht bekannt.

Sauerstoffverhältnisse zur Charakterisierung der Bioproduktion können aufgrund der komplexen Überlagerungen mit dem Fe-Chemismus nicht herangezogen werden.

Räumliche Dynamik: Die für Seen untypischen Verteilungsmuster der Algen mit Tiefenmaxima der Chlorophyllentwicklung im Hypolimnion oder über bzw. am Grund bedingen auch eine völlig andere Untersuchungs- und Probenahmetechnik. Im Gegensatz zu natürlichen Seen ist das Epilimnion nicht der Reaktionsraum des Gewässers. Wo und wann die Parameter der Bioaktivität ermittelt werden können, muß noch untersucht werden.

Zeitliche Dynamik: Die biogenen Stoffumsetzungen in Tagebauseen zeigen keine saisonale Dynamik wie unsere natürlichen Seen (z.B. Frühjahrs- und Sommermaxima der Algenentwicklung). Algenmaxima im Winter sind nicht selten. Ein optimaler Beprobungsrhythmus muß noch gefunden werden.

Sedimentcharakteristik und Eutrophierungsgefährdung: Fremdgeflutete Seen erhalten über die oberirdischen Zuflüsse z.T. beträchtliche Mengen an Nährstoffen (Gräbendorf, Dreiweibern), die flutungsspezifisch im Sediment festgelegt werden. Horizontale Gradienten von Phosphor im Sediment sind bereits in ersten Messungen nachgewiesen worden. Ob und in welchem Ausmaß interne Rücklösungen von Nähr- und Schadstoffen die spätere Beschaffenheit der Seen beeinflussen, muß noch untersucht werden.

Am Beispiel der Standgewässer sollen in der Tab. 7.1 die wesentlichen Defizite in der Bewertung der Tagebauseen im Vergleich zu den eutrophierten natürlichen Seen aufgezeigt werden.

Bedingt durch die sozioökonomischen Verhältnisse ergibt sich ein Zeitdruck bei der Sanierung der BFL. Diese derzeit laufende Sanierung nimmt in vielen Punkten eine Weichenstellung für die künftige Entwicklung des Gebietes vor. Zu den genannten fachlichen Schwierigkeiten der Gewässerbewertung kommt daher noch ein nicht unerheblicher Zeitdruck, der ein pragmatisches Vorgehen erfordert. Um dem gerecht zu werden und den gegenwärtigen Planungsprozeß zu unterstützen, wurden Leitbildszenarien und für einzelne Planungsobjekte konkrete Objektszenarien, d.h. konkrete parametrisierte Entwicklungsalternativen erarbeitet.

Tabelle 7.1. Vergleich der auf Wasserqualitätsparameter aufbauenden Gewässergüteklassifizierungen von natürlichen Standgewässern und Tagebauseen (stark modifiziert nach LAWA 1996)

	Natürliche Standgewässer	Tagebauseen (pH< 4,5...5)
Relevante Prozesse	Trophie	Acidität (KB-Werte, pH)
Zu bewertende allochthone Belastung	anorganische Pflanzennährstoffe	Protonen, Sulfat, Eisen, Calcium, Schwermetalle u.a. Schadstoffe
Auswirkungen der Belastung	gesteigerte Primärproduktion, O_2-Übersättigung, pH-Wert-Anstieg, erhöhtes Angebot organ. Substanzen, Trübung, verstärkte O_2-Zehrung im Hypolimnion	verringerte Primärproduktion, mehr chemosynthetische Bakterien als Algen, O_2-Untersättigung, Bildung autochthoner org. Substanz gering, Trübung (Fe), verstärkte Organismenbesiedlung im Hypolimnion!
Rückkopplungen in Hinblick auf die zu bewertende Belastung	stark, negativ durch „interne Düngung" (zeit-, aber nicht raumversetzt)	gering, positiv durch chemische Bindung von Phosphor, aber: Nitrifikation! (zeit- und raumversetzt)
Primär betroffene Biota	Pflanzen	höhere tierische Organismen (Fische)
„Leistungsträger" der durch die Belastung ausgelösten Prozesse	Primärproduzenten, insbesondere Phytoplankton	Bakterien (autotrophe Primärproduzenten wie S- und Fe-Oxidierer), Phytoplankton
Bewertungsansatz	Vergleich von Istzustand und Leitbild	Vergleich von Istzustand und Leitbild oder Sollzustand
Verfahrensablauf		
1. Untersuchung	Feststellung des Istzustandes anhand der Belastungsauslöser und -auswirkung (chemisch und physikalisch meßbare Parameter)	Feststellung des Istzustandes mittels der „Methodik zur Untersuchung und Bewertung...), Bund-Länder-AG 1994, Ständige Entwicklung notwendig!
2. Klassifikation des Istzustandes	wertfrei beschreibend (Trophiesystem)	*existiert derzeit nicht oder nur in Ansätzen*
3. Klassifikation des Sollzustandes	individuell definiert	*existiert derzeit nicht (oder nur in Ansätzen)*
4. Bewertung	erfolgt nach Klassifikation durch Vergleich von Istzustand und Leitbild	*existiert derzeit nicht oder nur in Ansätzen*
Leitbild	potentiell nat. Zustand	*(leicht) saurer, mesotropher See ?*
Sanierungsziele	Leitbild	bislang: landesplanerische Anforderungen

4 Leitbildszenarien für die Gewässer der BFL

Die Bewertung der Gewässer der BFL basiert auf der etablierten Technik der Leitbildmethode (Wiegleb 1997). Als allgemeines übergeordnetes Leitbild ist auch für die BFL *Naturnähe* in den gesetzlichen Vorgaben und abgestimmten Sanierungsplänen festgeschrieben. Im Rahmen des BMBF-Verbundprojektes LENAB (Leitbilder für naturnahe Bereiche der Bergbaufolgelandschaft) werden unter dieser Vorgabe Vorschläge für spezifische, d.h. konkretisierte Leitbilder für Gewässer der BFL erarbeitet, die künftig deren Bewertung ermöglichen sollen. Es gilt zu definieren, was das allgemein favorisierte Ideal „*Naturnähe*" für Gewässer in der Lausitz bedeutet. Eine wesentliche Funktion dieser Leitbilder ist es zunächst, ein Bild künftig möglicher Entwicklungen zu zeichnen und interne Zielkonflikte oder auch Konflikte zwischen Nutzung und ökologischem Potential der Gewässer aufzuzeigen. Dadurch werden neue Denkansätze provoziert und intuitive Bewertungen verdeutlicht. Die vorbergbaulich natürlichen Zustände, d.h. das vom Menschen weitgehend ungestörte System, kann man als Leitbilder ausschließen, weil es unter natürlichen Bedingungen z.B. keine Seenplatte in der Lausitz gegeben hätte.

Die Leitbilder für Gewässer der BFL unterscheiden sich in zweierlei Hinsicht von den sonst üblichen:

1. Sie basieren auf *Prognosen* eines noch nicht bestehenden Zustandes.
2. Sie müssen über den Rahmen des in der Ökologie üblichen hinaus *Unschärfen* und *Unsicherheiten* abbilden.

Die Basis für diese Leitbild-Prognosen sind die Resultate aktueller Untersuchungen über den ökologischen Zustand von in der BFL bereits bestehenden Gewässern. Diese sind keineswegs ausreichend, um genaue und sichere Vorhersagen über deren weitere Entwicklung oder gar die Entwicklung noch nicht bestehender Gewässer zu machen. Aufgrund dieser Kenntnisdefizite beinhalten die prognostizierten Leitbilder eine Reihe intuitiver Annahmen. Hinzu kommen die o.g. beachtlichen Spannen in den Angaben für wesentliche Hauptfaktoren der Gewässerentwicklung, wie z.B. dem künftigen Abfluß von Fließgewässern. Um diesen Unschärfen und Unsicherheiten Rechnung zu tragen, werden mit Hilfe einer Szenariotechnik mehrere alternativ möglich erscheinende Leitbilder erarbeitet und einander zur vergleichenden Betrachtung und Bewertung gegenübergestellt.

Für *Standgewässer* wird aus der Sicht der Limnologen die Beantwortung der Frage nach einem Leitbild zunächst aus der Beschreibung des Entwicklungspotentials der Seen abgeleitet, das sich nach der Flutung (die ja Eingriff genug ist!) *ohne* nachhaltige Eingriffe herausbilden würde.

Um die vor allem für die Tagebauseen geplante Nutzung (Naturschutz, stille Erholung, Angeln, Baden, Surfen, Tauchen, Motorsport, Nutzwasser, Speicher usw.) realistisch beurteilen zu können, ist die Entwicklung von Leitbildern für die Seen unerläßlich und provoziert neue Denkansätze: So kann „sauer" a priori nicht gut oder schlecht sein, sondern nur in Bezug auf Referenzzustände oder Nutzungsvorgaben. Man muß also definieren, was z.B. das allgemein favorisierte

Ideal „*Naturnähe*" für Seen in der Lausitz bedeutet, das im wasserwirtschftlichen Rahmenkonzept und der Landschaftsplanung als wesentliche Forderung genannt ist. Entsprechend der geologischen und hydrologischen Beschaffenheit der Lausitz, könnte dies *der leicht saure bis saure, mesotrophe See* sein. Dabei ist zu berücksichtigen, daß *potentiell natürliche Zustände* als Betrachtung eines vom Menschen weitgehend ungestörten Systems hierbei ausgeschlossen werden müßten, weil es unter natürlichen Bedingungen z.B. keine Seenplatte in der Lausitz gegeben hätte.

Es gibt also vielfältige Anlässe, über den ökologischen Reiz, die wissenschaftliche Brisanz und eine breitere Akzeptanz saurer Gewässer nachzudenken. Folgende Grundmotive oder Hauptwerte könnten dabei eine Rolle spielen: Naturnähe, freie Sukzession, Diversität, morphologische Vielfalt (Habitatdiversität: komplexe Uferstruktur und Verzahnung Land-Wasser), Biotopvernetzung, Schutz standorttypischer Lebensgemeinschaften, Neutralität (Intensivierung der C-Umsätze). Hier ist also schon ein Kompromiß in der Weise erfolgt, daß Eingriffe ins System im Sinne einer Neutralisierung als ökologisch akzeptabel betrachtet werden. Damit werden nutzungsbezogene, d.h. anthropozentrische Ansätze favorisiert, die z.B. den Naturschutz als eine Nutzungsvariante zulassen (BTUC 1997, Nixdorf 1998). In diesem Zusammenhang ist folgende Tatsache von Interesse: Obwohl der Istzustand der künftigen Seen derzeit noch Gegenstand aktueller Forschung ist, existieren zahlreiche Studien und Ansätze, diese Seen zu restaurieren oder zu sanieren (Luckner & Eichhorn 1996, Klapper & Schultze 1997, Mutz 1998b, Nixdorf & Koch 1996, Nixdorf & Leßmann 1996, Nixdorf et al. 1997 a,b). Dieser Umstand reflektiert zum einen den großen Handlungsbedarf in dieser Region, zum anderen zeigt er jedoch sehr deutlich die Diskrepanz zwischen dem aktuellen Stand der Forschung, der Interpretation und Bewertung der Forschungsergebnisse und den daraus abzuleitenden Handlungsmaßnahmen.

Die Leitbilder für *Fließgewässer* umfassen die wesentlichen Parameter der Gewässermorphologie, geben aber auch Prognosen zur Biologie. Dabei sind zunächst die Parameter Hydrologie, Talform, Gefälle und Wasserchemie Vorgaben für die zu entwickelnden Leitbilder und Objektszenarien. Dies ist darin begründet, daß die Gestaltung der Fließgerinne gegenwärtig ein Hauptaugenmerk der Fließgewässerplanung und -bewertung ist und die genannten Faktoren in der BFL die wichtigsten gerinneprägenden Größen sein werden. Die Leitbilder sind unterlegt durch die zugehörigen Ausprägungen von Naturhaushalts- und Nutzungsfunktionen. In der Tab. 7.2 ist beispielhaft ein Leitbild mit einigen Stichworten skizziert. Zum Leitbild gehören Prognosen der Funktionsausprägung mit einer intuitiven Zuweisung grobklassifikatorischer Werte auf einer 7-stufigen Skala. Diese Werte orientieren sich an der Funktionsausprägung, wie sie außerhalb der BFL unter naturnahen Bedingungen vorherrscht. Insbesondere diese Funktionsebene macht interne Konflikte zwischen natürlicherweise harmonierenden Funktionen deutlich. Als Beispiel hierfür sei der Konflikt zwischen großer (= guter) Hoch- und Niedrigwasserrückhaltung und den geringen (= schlechten) Lebensraumfunktionen des Leitbildes in Tab. 7.2 genannt.

Tabelle 7.2. Leitbildszenario ausgerichtet auf „Naturnähe, verstanden als freie Eigenentwicklung“ für Fließgewässer in naturnahen Bereichen der BFL in einem Muldental mit Gefälle 0,5 - 2 ‰ und pH < 3. Die Prognosen der Funktionsausprägung erfolgen auf einer siebenstufigen Skala von --- = sehr schwach ausgeprägt über +/- = durchschnittlich ausgeprägt bis +++ = sehr stark ausgeprägt. Im Fall von zwei Angaben bezieht sich die erste auf den limnischen Bereich, die zweite in Klammern stehende auf den uferbegleitenden terrestrischen Bereich. Qbv = bordvoller Abfluß, PriPro = Primärproduktion, WZ = Wasser/Land-Wechselzone.

Morphologie		**Biologie**	
Häufigkeit Qbv	<= jährlich	Ufervegetation	Birkenbruch
Linienführung	mäandrierend/ verzweigt	autochthone PriPro	gering
Eintiefung	sehr gering/gering (< 0,5 m)	Makrophyten	vereinzelt
Breite/Tiefe	30-50	Algen	vereinzelt
Uferbereich	vereinzelt Seitenerosion, breite WZ	Mikrobiologie	Funktionsausfall
Morphodynamik	gering-sehr gering	Makrozoobenthos	Funktionsausfall
Naturhaushaltfunktionen			
Hochwasserrückhaltung	+++	Biogene Neutralisation	---
Niederigwasserrückhaltung	+++	Nitrifikation	---
Stoffrückhalt (Fe)	+	Habitatfunktion	--- (+++)
C-Produktion Ufergehölze	+++	Refugialbildung	--- (+++)
Fallaubabbau	---	Biotopvernetzung	--- (+++)
Nutzungsfunktionen			
Wasserwirtschaft		Tourismus	
Abflußausgleich	+++	Paddeln	---
Vorflutsicherung	---	Wandern	---
Vorflut für Kläranlagen	+++	Fischerei	---
Bewässerung	---	Landschaftsästhetik	+++
H_2O Qualitätsverbesserung	???	Erschließung	---
Alterung der Landschaft	-/+	Artenschutz	(---) +++

Tabelle 7.3. Leitbildszenario ausgerichtet auf „alle wesentlichen Funktionen des aquatischen Lebensraumes sind zu besetzen", für Fließgewässer in naturnahen Bereichen der BFL in einem Muldental mit Gefälle 0,5 - 2 ‰, pH-Anhebung auf 4,5. Erläuterungen zu Abkürzungen und Bewertungsstufen siehe Tab. 7.2.

Morphologie		**Biologie**	
Häufigkeit Qbv	stabiler Q, kein Ausufern	Ufervegetation	Birken, Eichen
Linienführung	geschwungen	autochthone PriPro	gering
Eintiefung	(1 - 1,5 m)	Makrophyten	vereinzelt
Breite/Tiefe	< 10, Kastenprofil	Algen	vereinzelt
Uferbereich	schmale WZ	Mikrobiologie	?
Morphodynamik	sehr gering	Makrozoobenthos	naturnahe Besiedlung
Naturhaushaltfunktionen			
Hochwasserrückhaltung	---	biogene Neutralisation	++ ?
Niedrigwasserrückhaltung	---	Nitrifikation	++
Retention von Fe	+	Habitatfunktion	+ (+++)
C-Produktion Ufergehölze	++	Refugialbildung	--- (+++)
Fallaubabbau	++	Biotopvernetzung	-- (+++)
Nutzung			
Wasserwirtschaft		Tourismus	
Abflußausgleich	---	Paddeln	---
Vorflutsicherung	---	Wandern	+++
Vorflut für Kläranlagen	+++	Fischerei	---
Bewässerung	---	Landschaftsästhetik	++
H_2O Qualitätsverbesserung	???	Erschließung	+++
Alterung der Landschaft	+	Artenschutz	+ (+++)

Die Szenarien können auch auf eine mögliche Optimierung einzelner Nutzungen ausgerichtet werden. Dem Leitbildszenario aus Tabelle 7.2 ist vergleichend ein weiteres Leitbildszenario gegenübergestellt worden, welches sich z.B. auf die Erfüllung der wesentlichen biologischen Funktionen, inklusive Fallaubzerkleinerung und Nitrifikation, ausrichtet (siehe Tab. 7.3).

Die Szenarien beinhalten bewußt auch wertende Aussagen über die Ausprägung von Nutzungsfunktionen. Diese sollen das Nutzungspotential des Szenarios verdeutlichen und können je nach Bedarf erweitert oder eingeschränkt werden.

Eine synthetische Bewertung der Naturhaushaltsfunktionen oder gar eine synthetische Bewertung von Naturhaushalts- und Nutzungsfunktionen ist nicht sinnvoll. Eine für die Sanierung sehr wichtige Information, die mit den „Wert“ von Gewässern der BFL bestimmt, ist der Zeithorizont, der zum Erreichen des Szenarios erforderlich ist. Für die beiden exemplarisch genannten Leitbildszenarien wird dieser Zeitraum auf ca. 50 bis 80 Jahre für das Szenario „Naturnähe, verstanden als freie Eigenentwicklung“ (vgl. Tab. 7.2) und auf 10 bis 20 Jahre für das Szenario „Alle wesentlichen Funktionen des aquatischen Lebensraumes sind zu besetzen“ geschätzt.

Die alternativen Leitbilder können nebeneinander gestellt werden und machen auf diese Weise Unterschiede transparent. Die vergleichende Betrachtung erleichtert die interdisziplinäre Diskussion und Bewertung und zeigt deutlich auf, wo Sanierungs- bzw. Nutzungsvorstellungen unrealistisch sind. Die endgültige Festlegung von Leitbildern, die dann vergleichbar den naturnahen Leitbildern außerhalb der BFL als künftiger Bewertungsmaßstab für die Gewässer dienen, ist dem fachlich interdisziplinären Diskussionsprozeß und der politischen Diskussion vorbehalten. Dieser diskursive Teil der Leitbildentwicklung, den man auch als Leitbildauswahl betrachten kann, versteht sich nicht als neutrale wissenschaftliche Expertenaufgabe, sondern als Unterstützung eines gesellschaftlichen Abstimmungsprozesses. Die vorgestellten Szenarien sollen als Zuarbeit für den interdisziplinären Diskussionsprozeß die Zusammenhänge zwischen den Leitbildparametern und den Funktionen aufzeigen und dadurch diesen Diskussionsprozeß strukturieren. Die bisherigen Erfahrungen deuten darauf hin, daß es letztlich eine Abstimmung zwischen allen anthropozentrisch bedeutsamen Funktionen, inklusive der für den Naturschutz relevanten Funktionen ist, die zu einer akzeptierten abgestimmten Gesamtbewertung und damit zum festgelegten Leitbild führt.

Durch das Fehlen einer Gewässertypologie oder -kategorisierung der Vielzahl der Gewässer der BFL haben die entwickelten Leitbilder eine nicht scharf abgegrenzte Gültigkeit. Sie sind eine Generalisierung der Erkenntnisse an einzelnen untersuchten Gewässersystemen. Die Zuordnung der Leitbilder zu einem bestimmten Gewässer muß individuell und kritisch geprüft werden. Wir gehen davon aus, daß im Zuge der weiteren Erforschung der BFL auch die dringend erforderliche Kategorisierung der Gewässer erfolgt und dann die Zuordnung von Leitbildern zu den Gewässerkategorien vorgenommen werden kann.

Literatur

BTU Cottbus 1997. BMBF-Verbundvorhaben LENAB. Niederlausitzer Bergbaufolgelandschaft: Erarbeitung von Leitbildern und Handlungskonzepten für die verantwortliche Gestaltung und nachhaltige Entwicklung ihrer naturnahen Bereiche. Zwischenbericht 1996.

DVWK-Merkblätter 213/1988. Sanierung und Restaurierung von Seen. DK 556.55 Seen, DK.004.67 Wiederherstellung. Parey, Hamburg.

Ender, R. & Leßmann, D. 1997. Hydrochemie von Fließgewässern der Tagebaufolgelandschaften in der Lausitz. Deutsche Gesellschaft für Limnologie. Tagungsbericht 1996: 503-507.

Fachbereichsstandard TGL 27885/01 April 1982. Nutzung und Schutz der Gewässer - stehende Binnengewässer - Klassifizierung.

Klapper, H. & Schultze, M. 1995. Geogenically acidified lakes - living conditions and possibilities of restoration. Int. Revue ges. Hydrobiol. 80, 4: 639-653.

LAWA-Arbeitskreis „Gewässerbewertung - stehende Gewässer" 1996. Gewässerbewertung - Stehende Gewässer. Richtlinie für die Bewertung nach trophischen Kriterien. Entwurf Oktober 1996. Herausgegeben von der Länderarbeitsgemeinschaft Wasser.

Leßmann, D. & Nixdorf, B. 1998. Morphologie, hydrochemische Klassifizierung und Phytoplanktonbesiedlung von Tagebauseen der Lausitz. GBL-Gemeinschaftsvorhaben (Grundwassergüteentwicklung in den Braunkohlegebieten der neuen Länder), Heft 5 (im Druck).

Luckner, L. & Eichhorn, D. 1996. Lausitzer Braunkohlerevier. Flutungskonzept für die Tagebaurestlöcher. WWT 4: 18-29.

Mutz, M. 1998a. Stream system restoration in a strip mining region, eastern Germany: dimension, problems and first steps. Aquatic conservation: Marine and Freshwater Ecosystems 8: 159-166.

Mutz, M. 1998b. pH Wert 2,8 und Strukturgüte I, Leitbildentwicklung für Fließgewässer der Niederlausitzer Bergbaufolgelandschaft. Deutsche Gesellschaft für Limnologie. Tagungsbericht 1997 (im Druck).

Nixdorf, B. 1998. Wieviel Ökologie braucht die Wasserwirtschaft? Proceedings des Internationalen Workshops zur Sanierung des Wasserhaushaltes in Gebieten des Braunkohlenbergbaus. Marienthal im November 1997 (im Druck)

Nixdorf, B. & Koch, R. 1996. Ökologische Sanierung und Eutrophierungsgefährdung von Tagebauseen in der Lausitz. Abschlußbericht der VW-Pilotstudie 1994-1996.

Nixdorf, B. & Leßmann, D. 1996. Das limnologische Entwicklungspotential von extrem sauren Tagebaurestseen als Grundlage für die Entwicklung von Sanierungsstrategien. Deutsche Gesellschaft für Limnologie. Tagungsbericht 1995: 933-937.

Nixdorf, B. & Kühne, M. 1998. Besonderheiten im Stoffhaushalt künstlicher Klarwasserseen Südostbrandenburgs (Tagebauseen der Lausitz) - ein Überblick. Beiträge zur Gewässerökologie Norddeutschlands. Sonderheft Klarwasserseen (subm.).

Nixdorf, B., Fyson, A. & Schöpke, R. 1997a. Versauerung von Tagebauseen in der Lausitz - Trends und Möglichkeiten der Beeinflussung oder: Kann die biogene Alkalinitätsproduktion gesteuert werden? Deutsche Gesellschaft für Limnologie. Tagungsbericht 1996: 513-517.

Nixdorf, B., Leßmann, D., Grünewald, U. & Uhlmann, W. 1997b. Limnology of extremely acidic mining lakes in Lusatia (Eastern Germany) and their fate between acidity and eutrophication. Proceedings of Conference on Acid Rock Drainage, Canada 1997, Vol. 4: 1745-1760.

Ruch, K.-U. & Mutz, M. 1997. Morphologischer Zustand von Fließgewässern im Einflußbereich des Braunkohletagebaus Schlabendorfer Felder, Niederlausitz. Deutsche Gesellschaft für Limnologie, Tagungsbericht 1996: 523-536.

Schultze, M., Klapper, H., Nixdorf, B., Mischke, U. & Grünewald, U. 1994. Methodik zur limnologischen Untersuchung und Bewertung von Bergbaurestseen. Bund-Länder-Arbeitsgruppe Wasserwirtschaftliche Planung.

Wiegleb, G. 1997. Leitbildmethode und naturschutzfachliche Bewertung. Zeitschrift für Ökologie und Naturschutz 6: 43-62.

8 Bewertung des Entwicklungsprozesses eines Landschaftsausschnittes am Beispiel der Ise-Niederung

Karsten Borggräfe[1]

[1] Aktion Fischotterschutz, Sudendorfallee 1, D-29386 Hankensbüttel

Zusammenfassung. In dem 1987 initiierten Naturschutzvorhaben in Niedersachsen „Revitalisierung in der Ise-Niederung" erfolgt eine leitbild- bzw. leitzielorientierte Bewertung. Dieses Vorhaben umfaßt sowohl die Datenerhebung, Planung und Umsetzung als auch eine wissenschaftliche Begleitung, die bis zum Jahr 2000 projektiert ist. Das Außergewöhnliche bzw. gerade das „Normale/Gewöhnliche" dieses Naturschutzvorhabens ist die intensiv genutzte Kulturlandschaft Norddeutschlands - die nach einer ersten Betrachtung für den behördlichen und ehrenamtlichen Naturschutz von geringem Interesse erschien. Als dynamisches Leitziel wurde eine Entwicklung definiert, welche eine Erhöhung der niederungstypischen Prozesse wie Retention und Dynamik anstrebt. Die Bewertungskriterien leiten sich direkt aus dem Leitziel ab. Aus dieser sehr engen logischen Verknüpfung wurden plausible Maßnahmen zur Verringerung der Defizite hergeleitet. Mittels eines Monitoringprogramms von direkten Meßgrößen (z.B. Wasseranalysen, Landnutzungen) und indirekten Meßgrößen (biologische Indikatoren) werden die Veränderungen dokumentiert und naturschutzfachlich bewertet. Darüber hinaus werden sozio-ökonomische Daten einbezogen. Eine Bewertung des Entwicklungsprozesses wird im Vergleich mit dem Ausgangszustand durchgeführt, der abschließende Bewertungsprozeß soll in einem diskursiven Verfahren durchgeführt werden.

Schlüsselwörter. Diskursive (leitziel-, leitbildorientierte) Bewertung, Dynamik, dynamisches Leitbild, Fließgewässer, Niederungslandschaft

1 Einleitung

Intensiv genutzte Kulturlandschaften sind in der Regel für die Durchführung von Naturschutzvorhaben nicht von Interesse, da die im herkömmlichen Sinn „naturschutzwürdigen" Lebensräume und Arten in solchen Landschaften unterrepräsentiert sind. Eine solche Landschaft stellt die Ise-Niederung dar, die in Niedersachsen an der Grenze zu Sachsen-Anhalt liegt. Naturräumlich ist der Betrachtungsraum der Ost-Heide zuzuordnen und gehört zum Weser-Aller-Einzugsgebiet. Die Ise wurde in den 50er und 60er Jahren ausgebaut, um die landwirtschaftliche Vorflut zu verbessern. In der Folge fand hier, wie fast überall in Norddeutschland, eine Intensivierung der landwirtschaftlichen Nutzung statt. So dominierte bei Projektbeginn in der Niederung die Ackernutzung. Naturschutz spielte in dem Betrachtungsraum an der Ise eine untergeordnete Rolle. Diese Landschaft mit ihren Nutzungsformen kann daher repräsentativ und modellhaft für die „Normal"landschaft der norddeutschen Tiefebene angesehen werden. 1987 wurde mit den Voruntersuchungen zu einer Wiederbelebung dieser anthropogen überprägten Landschaft begonnen und 1990 wurde das Erprobungs- und Entwicklungsvorhaben „Revitalisierung in der Ise-Niederung" bewilligt.

2 Naturschutzfachliches Leitbild oder Leitziel und Prämissen des Projektes

Eine Vielzahl von Leitzielen und Leitbildern als Grundlage des Denkens, Handelns und Bewertens werden im Naturschutz verwendet (s. a. Wiegleb 1994, 1997). Sie basieren auf den verschiedenen naturräumlichen Gegebenheiten, unterschiedlichen theoretisch-fachwissenschaftlichen, naturphilosophischen und gesellschaftlichen Vorstellungen. Kriterien, nach denen sich die explizit oder zumindest implizit feststellbaren Leitbilder von Fließgewässerprojekten unterscheiden, sind:

- der Grad der Integration des Menschen und seiner Kultur in das Leitbild, repräsentiert z.B. durch das Leitbild „Entwicklung zur potentiellen natürlichen Vegetation" auf der einen und das Leitbild „nachhaltige Nutzung durch den Menschen" auf der anderen Seite,
- die Orientierung an statischen oder dynamischen Zuständen, repräsentiert z.B. durch die Leitbilder „Rückbau nach historischen Vorgaben" und „Schutz von Arten oder Biotopen" auf der einen und „Wiederbelebung dynamischer, ökologischer Prozesse" auf der anderen Seite.

Das naturschutzfachliche Leitziel

Nach Beginn des Vorhabens (1987) wurden 1988 landschaftstypische Eigenschaften formuliert, die damals in ihrer Gesamtheit als das Leitziel benannt wurden. Diese Leitzielfindung fand in einem Expertenteam unterschiedicher Fachrichtungen (Agrarwissenschaft, Forstwirtschaft, Landschaftsplanung, Limnologie, Vegetationskunde und Wasserwirtschaft) vor dem Hintergrund der erhobenen Daten/Auswertung und den jeweiligen persönlichen Ansichten und Entwicklungsgeschichten der Experten statt.

Modellhaft wird in der Ise-Niederung erprobt und untersucht, in welchem Umfang und welchen Zeitdimensionen flächenhaft wirkende Naturschutzmaßnahmen in einer anthropogen weitgehend überformten Landschaft umgesetzt werden können. Über eine solchermaßen initiierte Revitalisierung der Niederungslandschaft sollte auch der Versuch unternommen werden, eine großräumige Biotop- und Populationsvernetzung zu erreichen. Als Leittierart wird dabei der Fischotter (Lutra lutra) in den Vordergrund gestellt (s.a. Prauser et al. 1990, Reuther et al. 1993), dem in diesem Vorhaben auch eine starke symbolträchtige Rolle als Leittierart beizumessen ist.

Dabei soll nicht die Ausweisung eines Naturschutzgebietes angestrebt, sondern die Naturschutzziele in eine in Form, Intensität und Umfang veränderte Nutzung integriert werden. Die Wiederherstellung und Fixierung historischer Zustände schien aus fachlicher Sicht nicht angemessen (s.a. Borggräfe & Kölsch 1997) bzw. wäre auch nicht ohne einen immensen zusätzlichen Erhaltungs- und Energieaufwand umsetzbar. In der anthropogen überformten Landschaft war es aus fachlicher Sicht sinnvoller, Entwicklungen zu fördern, die zu einer Wiederbelebung der typischen ökologischen Prozesse und Funktionen führen. Unter den veränderten Rahmenbedingungen könnten sich auch neue, nicht an den historischen Nutzungsformen/Landschaftsnutzungen orientierende naturschutzverträgliche Nutzungen, wie auch Deutscher Rat für Landespflege (1997) fordert, etablieren. Durch die bewußte Einbeziehung der Nutzung, des Menschen als Teil des Gesamtkonzeptes, war für die Planung und Umsetzung der Naturschutzmaßnahmen neben der Betrachtung ökologischer Parameter, die Ermittlung und Berücksichtigung ökonomischer und sozialer Faktoren von großer Bedeutung. Das „dynamische" Leitziel orientiert sich somit nicht an statischen Zuständen (z.B. eines historischen Leitbildes), sondern strebt die Initiierung einer Entwicklung an, die auf die Stärkung der naturraumtypischen ökologischen Prozesse und Funktionen abzielt (vgl. auch Ripl et al. 1988). Diese Wiederbelebung ökologischer Prozesse und Funktionen, diese „Revitalisierung", berücksichtigt jedoch auch die ökonomischen und sozialen Rahmenbedingungen und deren Veränderungen immer im Sinne einer ganzheitlichen und nachhaltigen Entwicklung der Landschaftsregion.

Mittels der Parameter „Retention", „Dynamik" und „Vielfalt" erfolgte eine erste Operationalisierung des Leitzieles. Unter „Retention" wird dabei die Funktion des Gewässers mit seiner Aue verstanden, Elemente wie Nährstoffe oder Boden und Wasser zurückzuhalten und/oder zu speichern. Damit verbunden sind ökologische Prozesse wie die Kopplung von Fließgewässer und Aue und eine natürlichere Führung des Wasserabflusses. Unter „Dynamik" werden die natürlichen Veränderungen des Gewässers und der Niederung in Zeit und Raum verstanden. Ökologische Prozesse, wie Überflutungen der Aue und Umlagerungen des Gewässerbettes, machen die „Dynamik" ebenso aus wie kleinräumig und zeitlich wechselnde Feuchtigkeitsgrade und Sukzessionsstadien in der Niederung. Aus diesen ökologischen Prozessen und Funktionen resultiert dann langfristig eine naturraumtypische Arten- und Strukturvielfalt.

Das Leitbild stellt somit eine genutzte Niederungslandschaft dar, in der ökologische Prozesse auf der Grundlage der natürlichen Standortbedingungen ablaufen und sich der Mensch mit seinem sozialen und ökonomischen Handeln in dieses System integriert.

3 Leitziel- oder leitbildorientierte Bewertung

Bewertungen aus naturschutzfachlicher Sicht werden sowohl für die Fachplanungen benötigt, als auch in dem häufig vernachlässigten Feld der Umsetzung und anschließenden Bewertung der Ergebnisse, der Effizienzkontrolle.

Generell können zwei Schritte bei der Bewertung unterschieden werden:

a. die Bewertung der Ausgangsdaten zur Feststellung der Defizite und Ableitung der einzuleitenden Maßnahmen und
b. die Bewertung der Ergebnisse eines Projektes oder einer Maßnahme, welche in der Regel mit einer Effizienzkontrolle gleichgesetzt wird.

In Abschnitt 3 dieser Arbeit wird auf der Grundlage der Bewertungsmethodik hinsichtlich der Bewertung der Ausgangsdaten und in Abschnitt 5 auf die Entwicklungsbewertung eingegangen.

Eine Vielzahl von Bewertungsschemata in der Landschaftsplanung (Bauer 1973, Bechmann 1977, Bornkamm 1980, Adam et al. 1986) lehnen sich eng an die Kriterien der § 1 und § 20e des Bundesnaturschutzgesetzes an, in denen die Kriterien Seltenheit, Vielfalt und Repräsentativität/Eigenart genannt werden, oder beziehen sich auf die Nutzwertanalyse. Ebenso spiegelt sich die eher konservierende Naturschutzstrategie der letzten Jahrzehnte in den segregierenden Bewertungsschemata wider. Erst in den letzten Jahren werden vermehrt integrative Bewertungsansätze verfolgt (u.a. Heidt & Plachter 1996). Darüber hinaus wird häufig die Hemerobie oder die Natürlichkeit als weiteres Kriterium hinzugezogen. Wird jedoch die Natur als ein System ohne den Menschen verstanden, ist zwangsläufig der naturnächste Zustand ein Zustand, der sich nach dem „Herausrechnen" des Menschen ergibt. Dieser Ansatz ist für die mitteleuropäische Kulturlandschaft jedoch inhaltlich kritisch zu hinterfragen. Gerade auch für die praktische Umsetzung von Planungen/Naturschutzprojekten sollten Natur und Mensch nicht getrennt betrachtet, sondern der Mensch als Teil der Natur erkannt werden (s.a. Meyer-Abich 1989, 1997, Dierßen & Wöhler 1997) und ein integrierender, dem segregierenden Ansatz vorgezogen werden (Schröder 1996). Für die praktische Umsetzung von Naturschutzmaßnahmen und für deren Nachhaltigkeit und Überlebensfähigkeit ist eine ausreichende Berücksichtigung des Menschen und der Gesellschaft im Leitbild/-ziel, in der Planung und der Bewertung die Grundvoraussetzung. Wie Luz (1993) treffend formulierte, erfolgt die Umsetzung ökologischer Konzepte in ökologisches Handeln nicht durch das Ökosystem, sondern durch den Menschen.

Ziel der oben genannten Kriterienkataloge ist eine Bewertung der (Natur-) Schutzwürdigkeit der Flächen, d.h., je naturnäher und je schutzwürdiger eine Fläche ist oder Teilflächen sind, desto höher werden diese eingestuft. Das Leitziel und der Ausgangszustand in der Ise-Niederung - eine anthropogen überformte

Kulturlandschaft - lassen eine Bewertung hinsichtlich der Schutzwürdigkeit nicht sinnvoll erscheinen. Die Bewertungskriterien leiten sich daher direkt aus dem Leitziel, der Erhöhung der Retention, der Dynamik und der standorttypischen Vielfalt, ab. Sie dienen deshalb als Maßstab für die Bewertung des ökologischen Ist-Zustandes und für die Bestimmung möglicher Defizite hinsichtlich des angestrebten Leitziels.

Da die Landschaftsfunktionen in der Regel nicht direkt meßbar sind, dienen Raumnutzung, Strukturen oder Artengemeinschaften als direkte oder indirekte (Indikatoren) Meßgrößen für den Zustand in den einzelnen Landschaftseinheiten. Der Untersuchungsraum wurde zur besseren Ansprache in 14 quasi homogene Landschaftseinheiten unterteilt. Neben den ökologischen Parametern wurde auch der sozio-ökonomische Handlungsrahmen analysiert und bewertet.

Im Rahmen dieses Vorhabens erfolgte die Bewertung expertenhaft und normativ. Vor dem Hintergrund des Leitzieles/Leitbildes, der Ausgangsdaten, des Expertenwissens und der fachübergreifenden Diskussion fand eine normative Setzung statt, in der der Ausgangszustand hinsichtlich der Retention, Dynamik und Vielfalt aus naturschutzfachlicher Sicht als nicht ausreichend angesehen wurde. Der Soll-Zustand wurde als Entwicklung („Soll-Entwicklung") gemäß dem Leitziel definiert und auf eine exakte Zustandsbeschreibung verzichtet (abweichend von bisherigen Verfahren eines normativen festgelegten Soll-Zustands wie u.a. bei Plachter 1994, Usher & Erz 1994). Die Transformation der Fakten in Werte erfolgte mittels eines 5- bzw. 4-teiligen Wertschätzungsrahmens (Prauser et al. 1991). Die Ausgangsdaten wurden für eine Charakterisierung der möglichen Defizite jeweils für jedes Sachgebiet (z.B. Wasserwirtschaft, Boden, limnische Lebensgemeinschaften) in den jeweiligen Landschaftseinheiten in dieser ordinalen Skala bewertet (vgl. Abb. 8.1). Auf eine Synthese der Bewertungen aus den unterschiedlichen Sachgebieten wurde zugunsten eine sprachlichen und graphischen Darstellung verzichtet.

Die Diskussion der Überführung qualitativer Bewertungsskalen in quantifizierbare Skalen mit Punktvergabe ist noch nicht abgeschlossen. Gerade die Vergabe von Zahlen verführt zu einer mathematischen Verrechnung dieser Daten, wenn dies auch in der Regel weder mathematisch noch ökologisch legitim ist.

Innerhalb dieses Ausschnitts der Bewertungsmatrix aus direkten und indirekten Meßgrößen ergeben sich zwangsläufig Überschneidungen und Doppelungen, z.B. durch die Bewertungen der Nutzungen, als auch durch eine Bewertung von bestimmten Indikatorgruppen. Da hier jedoch keine Verrechnung der Daten erfolgt, erscheint dieses Vorgehen legitim.

Für eine Beurteilung der Maßnahmen bzw. des Vorhabens hinsichtlich seiner „Überlebens-" und Entwicklungsfähigkeit sollte eine Berücksichtigung und Bewertung der sozio-ökonomischen Rahmenbedingungen erfolgen (s.a. v. Haaren 1988). Dies erfolgte durch Befragungen zur Akzeptanz und durch Erhebung der ökonomischen Situation auf den landwirtschaftlichen Betrieben und z.B. im touristischen Sektor (in diesem Vorhaben bisher nur in Ansätzen erfolgt).

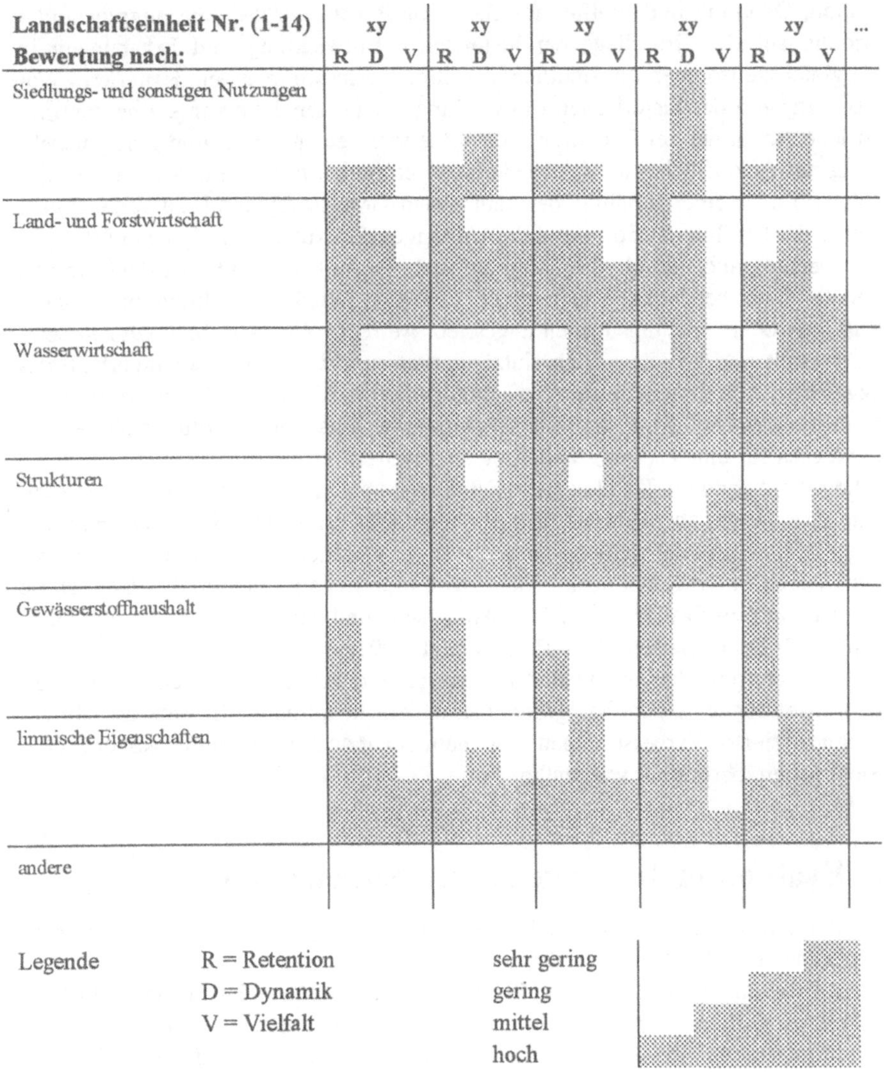

Abbildung 8.1. Schematische Darstellung eines Ausschnittes der Bewertungsmatrix

4 Die Bewertung als Grundlage der Maßnahmenherleitung und Szenarienmethodik

Auf Grundlage der ermittelten naturschutzfachlichen Defizite, die einen Handlungsbedarf aufzeigen, und der Darstellung des Handlungsrahmens wurden Maßnahmen entwickelt, die auf eine Verbesserung der Verhältnisse im Bereich Retention, Dynamik und Vielfalt abzielten. Die Bewertung des Ausgangszustandes erfolgte auf der Grundlage der historischen Entwicklung und Erhebungen in Vergleichszeiträumen hinsichtlich der drei wertbestimmenden Kriterien. War z.B. aufgrund der historischen Entwicklung der letzten Jahrzehnte eine kontinuierliche Abnahme der Retention (Abnahme von Feuchtwiesen und eine Ausdehnung der Ackerflächen in der Niederung, verbunden mit einem Ausbau des Gewässers) oder eine Abnahme der natürlichen Gewässerdynamik zu verzeichnen, wurde der Einfluß der Form und des Umfanges der Nutzung als „negativ“ bewertet, welches auch durch die Bioindikatoren (soweit vorhanden) belegt werden konnte. Dies bedeutete jedoch nicht, daß eine Wiederherstellung historischer Zustände oder Nutzungsformen angestrebt werden sollte. Die Maßnahmen setzten bewußt und gezielt an den Nutzungen an, um diese entweder innerhalb des gegebenen Handlungsrahmens aus naturschutzfachlicher Sicht zu verbessern/ weiterzuentwickeln, und/oder sie setzten am bestehenden Handlungsrahmen an, um diesen für eine Nutzungsänderung zu erweitern.

Somit entstand ein Katalog von Maßnahmen, aus denen dann verschiedene Pakete aufeinander abgestimmter Einzelmaßnahmen für Teilabschnitte des Betrachtungsraumes gebildet werden, die sich in ihrer Qualität und Quantität unterscheiden, jedoch in der Regel noch keine exakte räumliche Festlegung besitzen. Diese werden dann in Szenarien auf ihre ökologische und ökonomische Wirkung überprüft (vgl. Zangemeister 1984, Prauser et al. 1991).

Die Szenarien dienten auch der Abwägung durch die politischen Entscheidungsgremien und der Geldgeber, damit dem beantragten Einsatz an Mitteln prognostizierte Verbesserungen aus naturschutzfachlicher und ökonomischer Sicht gegenübergestellt werden können.

5 Evaluation der eingeleiteten Entwicklung

Im Bereich der Effizienzkontrolle unterscheiden Wey et al. (1994) drei Ebenen (s.a. Blab et al. 1994):

a. die Effizienzkontrolle der durchgeführten Maßnahmen, d.h. in welchem Umfang, zeitlichen Rahmen und in welcher Qualität konnten die Maßnahmen (u.a. administrative Abwicklung eines Vorhabens, Akzeptanz in der Bevölkerung) umgesetzt werden,
b. die Effizienzkontrolle hinsichtlich des Entwicklungszieles, d.h. eine Darstellung der Bestandsentwicklung und deren Bewertung,
c. die Effizienzkontrolle der Wirkung der Maßnahmen, in der Zusammenhänge und Wirkungsverlauf dargestellt und bewertet werden.

Im Kontext der leitbild-/leitzielorientierten Bewertung sind vor allem die ersten beiden Ebenen zu betrachten.

Die entscheidende Frage bei den Modellvorhaben ist die Effizienz und die Übertragbarkeit der Maßnahmen und der Umsetzungsstrategien. Die parallel verlaufende wissenschaftliche Begleitung soll Aufschluß darüber liefern. Abweichend von der bisherigen Praxis wird hier nicht ein Ausgangszustand mit einem „Endzustand" im Jahr 2000 verglichen, sondern hier soll eine Entwicklung dokumentiert und bewertet werden. D.h. in der Regel wird eine Veränderung, die sich kontinuierlich vollzieht bzw. eine Entwicklung anzeigt, höher bewertet werden als eine einmalige sprunghafte Veränderung.

Bei einer eher kontinuierlichen Entwicklung der kleinen Schritte - „foot-in-the-door"-Strategie (s.a. Kruse-Graumann 1997) - ist auch von einer besseren Einsicht/Lerneffekt bei den „Landnutzern" auszugehen, und daher sind dann auch zukünftig weitere Verbesserungen aus Sicht des Naturschutzes zu erwarten. Die Dokumentation und Auswertung von längeren Zeitreihen einer Populationsentwicklung oder der Wasserchemie läßt wissenschaftlich besser abgesichertere Aussagen zu, als dies bei „Zwei-Punkt"-Kontrollen möglich ist. Analoges gilt für die sozio-ökonomische Entwicklung.

Derzeit wird im Rahmen dieses Vorhabens diskutiert, inwieweit dem normativen Charakter der Bewertung in Form einer diskursiven Bewertung Rechnung getragen werden sollte. Konsequenterweise sollte am Ende eines solchen Vorhabens, wenn davon ausgegangen wird, daß eine naturschutzfachliche Bewertung normativ ist und von den gesellschaftlichen Entwicklungen abhängt, auch in einem diskursiven Bewertungsprozeß erfolgen. Im Rahmen des hier vorgestellten Vorhabens wäre eine Auswertung und Darstellung der Ergebnisse vor und mit unterschiedlichen Gremien denkbar:

Fachgremium: Wissenschaftler des Vorhabens, Fachgremium des Naturschutzes, Fachgremium der Landnutzer (Landwirtschaft etc.).

„Lokal betroffene" Akteure: Landwirtschaft mit Interessenvertretern/Meinungsführern, lokale Politik/Entscheidungsträger, sonstige Bewohner der Region, Freizeitnutzer/Touristen.

Jede dieser Gruppen führt aufgrund der ihnen zugänglich gemachten Daten und Auswertungen eine Bewertung der Ergebnisse des Vorhabens durch. In einer gemeinsamen Diskussion sollte dann der Versuch unternommen werden, zu einer konsensfähigen Bewertung zu gelangen.

Ein solches Verfahren würde ein Vorhaben von sehr unterschiedlichen Seiten beleuchten, würde die Diskussion auch mit den Akteuren vor Ort suchen und diese verantwortlich in die Bewertung des Naturschutzvorhabens einbinden. Sowohl naturschutzfachliche, ökonomische und soziale Kompetenz würde in eine solche Beurteilung einfließen. Ein Ergebnis wäre, daß sich die Betroffenen ernst genommen und sich nicht ohnmächtig gegenüber einem solchen Vorhaben fühlen. Zukünftig könnte hieraus eine positivere Einstellung gegenüber Naturschutzmaßnahmen resultieren. Die bisher erreichten Erfolge könnten gesichert werden und eine weitere Unterstützung/Initiative durch die lokale Bevölkerung erzeugen. Inwieweit ein solches Vorgehen eine nicht zulässige Vereinfachung der Daten, Ergebnisse und Analysen bedeutet, muß die Praxis des Bewertungsprozesses zeigen.

6 Resumee und offene Fragen

Die Entwicklung segregativer, konkurrierender Naturschutzleitbilder/-ziele für eine Region sollte zugunsten in einem diskursiven Verfahren entwickelter, integrativer und akzeptanzfähiger Leitbilder/-ziele überprüft werden.

Das in diesem Vorhaben entwickelte Leitbild oder auch Leitziel einer wiederbelebten Kulturlandschaft - die auch einen Beitrag zur Biotop- und Populationsvernetzung des Fischotters liefert - konnte aufgrund der eher abstrakten Begriffe „Retention, Dynamik und Vielfalt" nicht immer hinreichend für alle Zielgruppen vermittelt werden. In einer sich schnell wandelnden Gesellschaft mit ständig neuen Anforderungen und einer ungewissen Zukunft wird ein dynamisches Leitbild mit Unsicherheiten und Veränderungen nicht immer positiv aufgenommen. Eine statisches, fixiertes und „sicheres" Leitbild/Vision ist hinsichtlich einer Akzeptanz in vielen Bevölkerungsgruppen leichter zu kommunizieren.

Die Konsequenz aus dieser Erkenntnis waren ein breites Werben, ein intensiver Dialog und Kommunikationsarbeit mit den unterschiedlichen Zielgruppen für das formulierte Leitziel. Ein diskursiv entwickeltes Leitziel könnte hier einige Hürden verringern.

Die enge Anlehnung der Bewertungskriterien an das Leitziel brachte auch einige Bewertungsprobleme mit sich:

Wie bewerte ich Dynamik bzw. welche Indikatorsysteme zeigen dies hinreichend genau an? Welche Dynamik ist gemeint? Ein regelmäßiger Ackerumbruch leitet jeweils aufs neue dynamische Prozesse ein. Nutzungsformen, die noch genügend Raum für natürliche dynamische Prozesse zulassen, wären hier anzustreben. Wie ist der Ausgangszustand hinsichtlich der Kriterien zu bewerten? Auch hier wurde die Entwicklung der Landschaft hinsichtlich dieser Kriterien analysiert - wenn z.B. eine kontinuierliche Abnahme der Retention festzustellen war, wurde dies als negativ bewertet.

Für die Bewertung wurde ein System aus direkten und indirekten Meßgrößen zusammengestellt, welches sich für die Maßnahmenentwicklung als sehr praktikabel erwies. Insgesamt zeigte sich auch in diesem Bewertungsverfahren, daß Zirkelschlüsse nicht immer auszuschließen sind, jedoch tolerierbar sind, wenn die Inwertsetzungen hinreichend genau beschrieben sind.

Inwieweit eine diskursives Bewertungsverfahren durchgeführt werden kann ohne eine vorangegangene analoge Leitziel-/Leitbildentwicklung, muß die Praxis zeigen. Entscheidend ist für ein solches abschließendes Bewertungsverfahren eine Bereitschaft der zu beteiligenden Gruppen, sich konstruktiv in den Bewertungsprozess einzubringen. Derzeit besteht jedoch noch eine große Diskrepanz zwischen den theoretischen Überlegungen und Anforderungen an integrative oder diskursive Bewertungsverfahren und der Praxis. Dringend werden daher Erfahrungen aus der praktischen Umsetzung für die Valuierung solcher Verfahren benötigt.

Danksagung

Das Erprobungs- und Entwicklungs-Vorhaben „Revitalisierung in der Ise-Niederung", wird finanziert mit Mitteln des Ministeriums für Umwelt, Naturschutz und Reaktorsicherheit, des Niedersächsischen Umweltministeriums, des Landkreises Gifhorn, der Zoologischen Gesellschaft Frankfurt e.V. und durch den Träger des Vorhabens, der Aktion Fischotterschutz e.V.

Literatur

Adam, K., Nohl, W. & Valentin, W. 1986. Bewertungsgrundlagen für Kompensationsmaßnahmen bei Eingriffen in der Landschaft. Der Minister für Umwelt, Raumordnung und Landwirtschaft des Landes NRW.

Bauer, H.-J. 1973. Die ökologische Wertanalyse. Natur und Landschaft 48 (11): 306-311.

Bechmann, A. 1977. Ökologische Bewertungsverfahren und Landschaftsplanung. Landschaft + Stadt 9 (4): 170-182.

Borggräfe, K. & Kölsch, O. 1997. Naturschutz in der Kulturlandschaft - Revitalisierung in der Ise-Niederung. Angewandte Landschaftsökologie 12.

Bornkamm, R. 1980. Hermerobie und Landschaftsplanung. Landschaft + Stadt 12 (2): 49-55.

Deutscher Rat für Landespflege 1997. Leitbilder für Landschaften in „peripheren Räumen". Schriftenreihe des Deutschen Rates für Landespflege 67.

Dierßen, K. & Wöhler, K. 1997. Reflexionen über das Naturbild von Naturschützern und das Wissenschaftsbild von Ökologen. Z. Ökologie u. Naturschutz 6: 169-180.

DVWK 1996. Fluß und Landschaft - ökologische Entwicklungskonzepte. Merkblätter zur Wasserwirtschaft.

Erz, W. 1981. Flächensicherung für den Artenschutz - Grundbegriffe und Einführung. In: ABN (Hrsg). Flächensicherung für den Artenschutz. Jahrbuch Natursch. Landschaftspflege 31.

Haaren, C. v. 1988. Beitrag zu einer normativen Grundlage für praktische Zielentscheidungen im Arten- und Biotopschutz. Landschaft + Stadt 20 (3): 97-106.

Heidt, E. & Plachter, H. 1996. Bewerten im Naturschutz: Probleme und Wege zu ihrer Lösung. Beiträge der Akademie f. Natur- und Umweltschutz, Baden-Württemberg 23: 193-252.

Knauer, P. 1978. Zur Aussagefähigkeit und Anwendbarkeit der Szenario-Methode. Analysen und Prognosen.

Kruse-Graumann, L. 1997. Naturschutz und Umweltbildung. In: Erdmann, K.H. & Spandau, L. (Hrsg.). Naturschutz in Deutschland. Ulmer: 241-260.

Luz, F. 1993. Zur Akzeptanz landschaftsplanerischer Projekte. Europ. Hochschulschr. Reihe 42, Ökologie, Umwelt und Landespflege. Bd. 11.

Meyer-Abich, K.M. 1989. Aufstand für die Natur - Von der Umwelt zur Mitwelt. München, Hanser.

Meyer-Abich, K.M. 1997. Praktische Naturphilosophie. München, Beck.

Plachter, H. 1994. Methodische Rahmenbedigungen für synoptische Bewertungsverfahren im Naturschutz. Z. f. Ökologie und Naturschutz 3: 87-106.

Prauser, N., Dreier, B., Drepper, J., Fendrich, U., Sander, R. & Wesseler, E. 1990. Revitalisierung in der Ise-Niederung, Teil A: Grundlagenerhebung zu ökologischen und ökonomischen Aspekten. Habitat, Arbeitsberichte der Aktion Fischotterschutz e.V. 4.

Prauser, N., Bausch, B., Dreier, B., Fendrich, U., Sander, R. & Wesseler, E. 1991. Revitalisierung in der Ise-Niederung, Teil B: Landschaftsbewertung und Szenarien. Habitat, Arbeitsberichte der Aktion Fischotterschutz e.V. 5.

Reuther, C., Borggräfe, K., Kölsch, O., Poseck, M., Posselt, T. & Stöckmann, A. 1993. Revitalisierung in der Ise-Niederung - ein E+E-Vorhaben. Natur und Landschaft 68 (7/8): 359-386.

Reuther, C. 1992. Otterschutz in Deutschland. Habitat, Arbeitsberichte der Aktion Fischotterschutz e. V. 7.

Ripl, W., Gerlach, I., Heller, S. , Koppelmann, B., Michel, J. & Schubert, M. 1988. Entwicklung nutzungsbezogener Kriterien für Zustands- u. Prozessbeschreibungen von Gewässern. Unveröffent. Endbericht: Forschungsvorhaben Wasser 102/01/503, TU Berlin.

Schröder, W. 1996. Einsatz von Biosphärenreservaten f. Integrative Umweltbeobachtung und Bewertung sowie Naturschutz. Beiträge der Akademie f. Natur- und Umweltschutz, Baden-Württemberg 23: 143-168.

Smukalla, R. 1993. Ökologische Effizienz von Renaturierungsmaßnahmen an Fließgewässern. Umweltforschungsplan des Bundesministers für Umwelt Naturschutz und Reaktorsicherheit.

Usher, M.B. & Erz, W. 1994. Erfassen und Bewerten im Naturschutz. Quelle u. Meyer, Heidelberg u. Wiesbaden.

Wey, H., Hammer, D., Handwerk, J. & Schopp-Guth, A. 1994. Möglichkeiten der Effizienzkontrolle von Naturschutzprojekten des Bundes. Natur und Landschaft 69: 300-306.

Wiegleb, G. 1994. Einführung in die Thematik des Workshops „Ökologische Leitbilder". Aktuelle Reihe TU Cottbus 6/94: 7-13.

Wiegleb, G. 1997. Leitbildmethode und naturschutzfachliche Bewertung. Z. Ökologie u. Naturschutz 6: 43-62.

Zangemeister C., Bunse, H & Osenberg, H. 1984. Regionalplanung im ländlichen Raum unter Einsatz der Szenariotechnik und Nutzwertanalyse. Der Landkreis 6.

9 Leitbildorientierte Bewertungsverfahren für den Boden am Beispiel der Bergbaufolgelandschaft

Henning Fromm[1] & Gerhard Wiegleb[1]

[1] Brandenburgische Technische Universität Cottbus, LS Allgemeine Ökologie, PF 101344, D-03013 Cottbus, e-mail: hen@umwelt.tu-cottbus.de

Zusammenfassung. Im Rahmen der Sanierung großflächiger Bereiche der Bergbaufolgelandschaft in der Niederlausitz (Brandenburg) und speziell der Renaturierungsflächen wird ein Verfahren zur Bodenbewertung vorgestellt, das die bestehenden Lücken in Bodenschutzkonzepten durch eine diskursive Leitbildentwicklung abdecken soll. Grundlage ist zum einen das Erheben von Bodendaten zur Beurteilung des Ist-Zustandes inkl. der weiteren Entwicklung und zum anderen das Aufstellen von vier Grundmotiven (Naturnähe, Biodiversität, Nachhaltigkeit und Landschaftsbild) für einzelne Flächentypen der Bergbaufolgelandschaft, die vor dem Hintergrund von Szenarien und unterschiedlichen Rahmenbedingungen hinsichtlich ihrer Bedeutung und erforderlicher Maßnahmen optimiert werden.

Schlüsselwörter. Bergbaufolgelandschaft, Bewertungsverfahren, Boden, Bodenschutz, Grundmotive, Leitbilder

1 Einleitung

Durch die bergbauliche Inanspruchnahme großer Flächen im Lausitzer Braunkohlenrevier wurde der ursprüngliche Boden beseitigt. Mit Hilfe von Sanierungsplänen werden in den nächsten Jahren allein in Brandenburg noch ca. 34.000 ha zu sanieren bzw. zu rekultivieren sein (MUNR 1996). Die Wiedernutzbarmachung des Bodens nimmt dabei eine Schlüsselstellung in der Bergbaufolgelandschaft (BFL) ein. Da der Boden nicht nur Ausgangssubstrat für Vegetation, Fauna und Landschaft darstellt, sondern auch Träger, Puffer und Transformator von Stoffen, Mikroklima und Prozessen ist (Mosimann 1993, Gisi 1997), wird je nach Nutzungszielstellung (Landwirtschaft, Forstflächen und „Sonstige Nutzung") unterschiedlich rekultiviert bzw. renaturiert (Donath 1994, Sauer 1996, Großmann 1998). Erschwerend für eine im klassischen Sinn erfolgreiche Rekultivierung erweisen sich die geogenen Ausgangsbedingungen der Kippensubstrate, die durch tertiäres Material (Versauerungspotential), Grundwasserferne und örtlichen Stauwassereinfluß, sowie geringe nutzbare Feldkapazität des Bodens charakterisiert sind (Katzur 1997).

Ein weiterer Einfluß für Richtung und Geschwindigkeit der Bodenentwicklung und Vegetationssukzession auf Renaturierungsflächen besteht durch die Bodenart, eine geringe Nährstoffversorgung sowie durch Randbedingungen z.B. durch Einwehen von organischem Material (Fromm et al. 1997). Im Rahmen des Verbundvorhabens LENAB (Leitbilder für naturnahe Bereiche) werden Beiträge und Handlungskonzepte zur ökologischen Optimierung von ca. 5.000 ha „Renaturierungs- und Sukzessionsflächen" erarbeitet (Bröring et al. 1995, LENAB 1997).

2 Bodenschutz und Bewertungsverfahren

Bodenkunde und Ökologie sind als Wissenschaften überwiegend erkenntnisorientiert, während Bodenschutz und Naturschutz handlungsorientiert sind und eine Bewertung voraussetzen (Jessel 1996). Vor allem in Umweltverträglichkeitsuntersuchungen (UVS/UVP) wurden Bodenbewertungen durchgeführt. Das Wort „Bewertung" wird meist in der Bedeutung von „Analyse = Auswertung", „Beurteilung" oder „Reihung" (im Sinne wertgebender Kriterien) gebraucht (Wiegleb 1997a). Evert & Baumgärtner (1993) stellen die Leistung der betrachteten Böden durch die natur- und kulturräumliche Wertigkeit sowie die Vorbelastung dar. Eine Kombination mit der Empfindlichkeit ergibt deren Schutzwürdigkeit (Tab. 9.1).

Tabelle 9.1. Erfassung der „Wertigkeit" von Böden (nach Evert & Baumgärtner 1993)

Schutzfunktion		**Parameter**
Naturräumlich	Lebensraum Bodenorganismen	Biotopentwicklungspotential
	Standort natürliche Vegetation	Biotopentwicklungspotential
	Ausgleichskörper im Wasserhaushalt	Grundwasserneubildungsrate
Kulturräumlich	Standort Kulturpflanzen	Biotisches Ertragspotential/ Reichsbodenschätzung
	Filter und Puffer Schadstoffe	DVWK-Richtlinie
	Landschaftsgeschichtliche Urkunde	standortbezogene Spezialliteratur

Nachteile dieser Methode sind, daß zum einen Schutzfunktionen untereinander konkurrieren und zum anderen ein linearer oder ähnlich korrelierter Zusammenhang als „gut" gesehen wird, was aber nicht immer zutrifft. Z.B. ist eine hohe Grundwasserneubildungsrate nach Filtrierung durch saure Sedimente nicht erstrebenswert. Ein geringes Biotopentwicklungspotential auf Sukzessionsflächen würde eine „schlechte" Bewertung bedeuten, obwohl eine hochspezifisch an den Lebensraum angepaßte Bodenfauna existiert, die den Ausgangspunkt für eine weitere Sukzession darstellt (Dunger 1995).

Grimm & Sommer (1993) verwendeten die Kriterien Seltenheit, Natürlichkeitsgrad, Reproduzierbarkeit und landschaftsgeschichtliche Urkunde zur Erfassung des Wertes eines Bodens. Berger (1995) und Karl (1997) führen eine Bodenbewertung nach Aufstellung zahlreicher ausgearbeiteter Kriterien durch und gliedern nach den drei „ökologischen Bodenfunktionen" Lebensraum-, Regelungs- und Produktionsfunktion.

Die Vielfalt der Verfahren deutet auf einen Mangel in der Operationalisierung bzw. auf eine unterschiedliche Handhabung der Eingriffsregelung hin sowie auf ein Defizit allgemein anerkannter Erfassungsmethoden und Bewertungsmaßstäbe (Brahms & Jungmann 1995, Jessel 1996, Heinig 1997). Hinzu kommt, daß bei Bodenschutzkonzepten die Bereiche „Bodenpolitik", Konkretisierung der Schutzziele" bzw. „Leitbilder" meist nicht erarbeitet sind (Mosimann 1993). Konzepte zum Schutz des Bodens sind in folgenden Gesetzen festgelegt:

- § 2 Abs.1 Nr. 4 BNatSchG: „Erhalt des Bodens..."
- § 1 Abs.5 Nr. 7 BauGB: „Belange des Naturhaushaltes"
- § 1 Abs.5 Satz 3 BauGB: „Bodenschutzklausel"
- Neu: Bodenschutzgesetz (seit März 1998)

In Abb. 9.1 ist eine Bodenneubildung oder -schaffung, wie sie in der BFL abläuft und in dieser Größenordnung sonst nicht vorkommt, in bestehende Konzepte von gestaltenden und erhaltenden Maßnahmen eingeordnet. Wie sind konkurrierende Landnutzungen und unterschiedliche Umweltvorsorgeansprüche (Immissionsschutz, Naturschutz, Grundwasserschutz u.a.) auf diesen Flächen abzugleichen, die zusätzlich über eine schwer erfassbare Dynamik (Säurepotential, Nährstoffe, Erosion) verfügen?

Bewertung im eigentlichen Sinne sollte als Abgleich Soll- und Ist-Zustand definiert werden (Wiegleb 1997b), wobei der Ist-Zustand durch Parameter wie Vorgeschichte, abiotische und biotische Parameter charakterisiert werden kann. Wer oder was entscheidet über den Soll-Zustand von Böden in der BFL? Die Forderung von Jessel (1996) rational nachvollziehbare und diskutierbare Bewertungsverfahren aufzustellen, greift in der BFL zu kurz, da z.T. konträre Vorstellungen zur Entwicklung v.a. von naturnahen Bereichen vorherrschen. Notwendig ist deshalb in einem vorangehenden Schritt ein leitbildorientiertes Bewertungsverfahren mittels eines diskursiven Prozesses durchzuführen, das unter Einbindung von Experten, Nutzern und Interessenvertretern sowie der Rahmenbedingungen (juristisch, raumordnerisch und ökonomisch) zu einem abgestimmten Handlungskonzept führt.

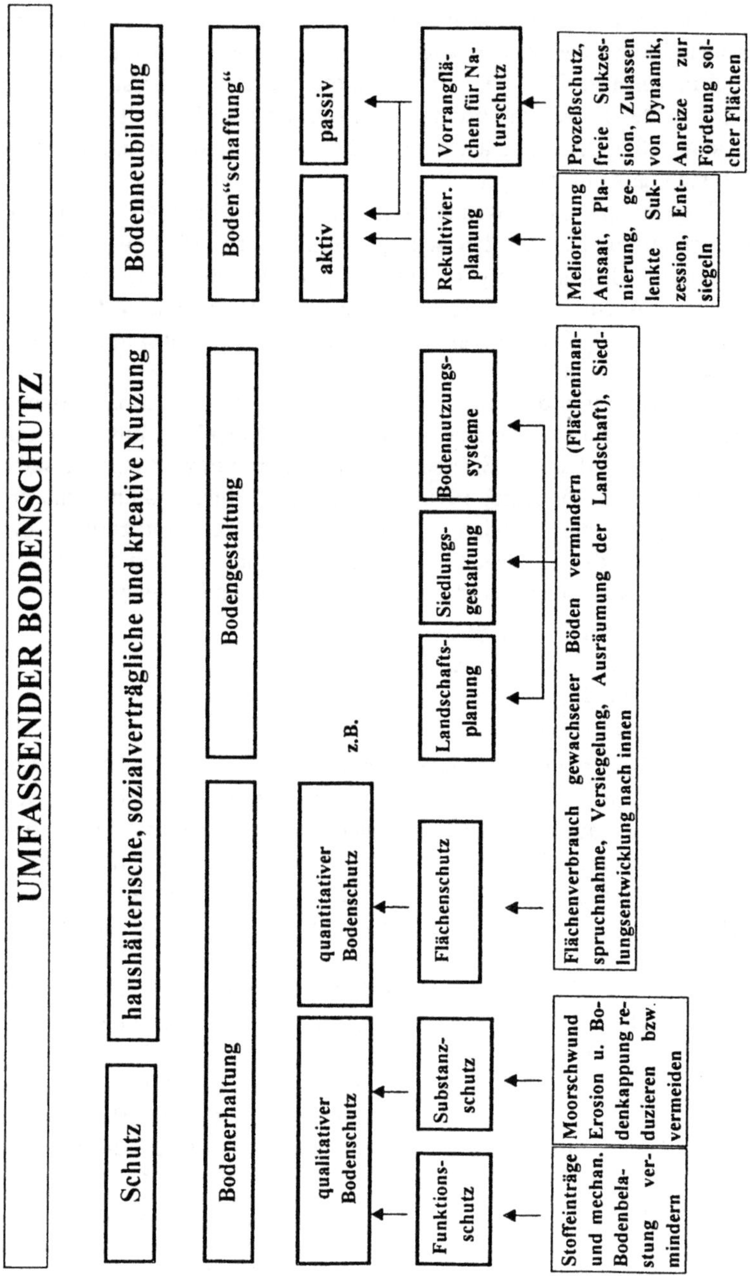

Abbildung 9.1. Umfassender Bodenschutz (nach Mosimann 1993, erweitert um Bodenneubildung)

3 Eine diskursive Leitbildentwicklung für den Boden der BFL

Die Vorgehensweise einer diskursiven Leitbildentwicklung als Grundlage für einen Soll-Zustand gliedert sich in vier Abschnitte, die nacheinander (z.T. gleichzeitig) abgearbeitet werden.

3.1 Informationen aus dem Landschaftsraum (Erfassen, Beschreiben, Beurteilen)

In Tab. 9.2 sind Bodendaten aus dem LENAB-Projekt aufgeführt, die eine Grundlage für die Prognose der landschaftsräumlichen Entwicklung auf verschiedenen Raumskalen darstellen und wichtig für eine Generalisierung in die Fläche sind. Von Bedeutung sind die Parameter pH-Wert und Leitfähigkeit, die Aussagen über den aktuellen Versauerungsgrad geben. Der C-Gehalt liefert indirekte Aussagen über die Humifizierung und die Akkumulation organischer Substanz, der N- und Nitrat-Gehalt über das Nährstoffangebot und der S- und Sulfat-Gehalt Aussagen über das weitere Versauerungspotential.

Tabelle 9.2. Bodenchemische Parameter ausgewählter Standorte in der Bergbaufolgelandschaft, dargestellt für die Tiefe 0 - 10 cm, Daten nach B. Hahn

Standort	pH $CaCl_2$	Ec $\mu S*cm^{-1}$	C %	N %	S %	NO_3^--N *)	SO_4^{2-}-S *)
4.2.6 "Schwarzer Berg", vegetationsfrei	3,4	93,3	0,93	0,04	0,04	0,06	2,70
4.1.1 lückige Silbergrasflur	4,6	16,4	0,27	0,02	0,01	0,07	0,76
4.1.2 krautreicher Sandmagerrasen	5,0	31,7	0,88	0,05	0,01	0,06	0,66
4.1.3 dichter Land-Reitgras-Bestand	5,6	100,7	1,48	0,09	0,02	0,15	0,83
3.1.1 Steilhang, inselartig Kurzgras	4,4	101,8	1,19	0,05	0,15	0,07	6,12
3.1.6 lückige Land-Reitgras-Flur	4,0	36,4	0,92	0,05	0,01	0,02	0,95
3.1.2 Land-Reitgras-Dominanzbestand	4,0	90,5	5,06	0,26	0,10	0,38	2,46
2.2.5 vegetationsfreie Sandfläche	4,3	226,0	0,51	0,03	0,02	0,06	3,28
2.3.1 dichte Silbergras-Flur	4,7	24,0	0,31	0,02	0,02	0,05	0,57
2.1.1 Land-Reitgras-Dominanzbestand	5,7	54,4	0,79	0,09	0,01	0,12	2,61
1.3.1 Sandfläche, inselartig Kurzgras	4,7	125,0	0,51	0,03	0,02	0,03	4,79
1.3.4 dichte Moosdecke	4,9	40,7	0,51	0,04	0,02	0,02	0,90
1.3.2 dichter krautreicherSandmagerrasen	6,1	54,2	0,50	0,05	0,02	0,05	0,90
1.3.3 Land-Reitgras-Dominanzbestand	5,0	25,9	0,95	0,05	0,03	0,03	0,89
1.1.2 Heideflächen	5,1	97,6	0,90	0,06	0,02	0,03	1,13
1.1.1 Land-Reitgras-Dominanzbestand	4,2	55,3	5,58	0,40	0,04	0,35	1,40

*) mg * $100g^{-1}$ TS

3.2 Festlegung von Grundmotiven

Für spezielle Leitbilder wurden allgemeine Prinzipien als „unbestimmte Rechtsbegriffe“ in Form von vier Grundmotiven (vgl. auch Wiegleb, in diesem Band) festgelegt und einer differenzierten Bedeutung zugeordnet.

3.2.1 Naturnähe

Die Eingriffsminimierung als Parameter für Naturnähe bezieht sich auf den aktuellen Zustand (Intensität der Nutzung, Belastung oder Eingriffe). Eine Operationalisierung ergibt sich aus dem Begriff der „Hemerobie“ mit den Extremen „Wildnis“ und „totale Nutzung“. Naturnähe beinhaltet auch die Kippung als Ausgangszeitpunkt für eine naturnahe Entwicklung und das Setzen von Initialen (Sich-Selbst-Überlassen). Der Prozeßschutz bezieht sich ähnlich wie die Eingriffsminimierung auf einen ungestörten Ablauf (geomorphologische Prozesse oder Sukzessionen) mit Schwerpunkt auf die künftige Entwicklung. Geringere Bedeutung wird der historisch definierten Naturnähe beigemessen, die sich auf hypothetische Gegebenheiten einer konkreten Zeitebene bezieht. Weiterhin gibt es die operationalen Parameter „artbezogen“ (Seltenheit, Populationsgröße u.a.), „biotopbezogen“ (Vorkommen von Leitarten und Vielfalt u.a.) und „landschaftsbezogen“ (Großräumigkeit u.a.).

3.2.2 Biodiversität

Die Diversität ist operational schwer zu fassen, da es auf vielen Betrachtungsebenen Diversität gibt. Biodiversität wird hier auf der Ebene der Lebensgemeinschaften (plus Biotop und bevorzugtem Biotoptyp) und der Arten betrachtet. Eine „optimale“ Artenzahl für einen Biotoptyp ist schwer zu definieren, eine „maximale“ Artenzahl zu fordern nicht sinnvoll. Eine Bündelung der Standpunkte beinhaltete die natürliche Heterogenität und Strukturvielfalt in der BFL zu nutzen, was eine hohe Artenzahl bedingen würde (bisher keine Einigung auf ökologische Theorien). Die Ebene der funktionalen Diversität (mit Top-Prädatoren) ist in der BFL schwer zu verwirklichen.

3.2.3 Nachhaltigkeit

Grundsätzlich sollte das Grundmotiv „Nachhaltigkeit“ auf größeren Flächen als den vielfach isolierten „Renaturierungsflächen“ der BFL angewandt werden. Hinzu kommt eine Vielzahl konkurrierender Definitionen. Zwei unterschiedliche Modelle sind in Tab. 9.3 dargestellt:

Tabelle 9.3. Modelle zur Definition des Grundmotivs „Nachhaltigkeit“

Modell 1	Modell 2
„Gesellschaftliche Forderung“: Natürliche Regenerationsrate, Verlustminimierung an Stoffen, Ersetzbarkeit, ökonomische Nachhaltigkeit (es muß dauerhaft was bringen), Aufnahmekapazität an Noxen darf nicht überschritten werden, Begriff mit Nutzung verbunden	*Definition nach Diskurs:* Ablaufen von natürlichen Prozessen (Wind, Wasser u.ä.), Eingriffsminimierung, keine ökonomischen Notwendigkeiten, Erhalt der natürlichen Variabilität, Exergy-Konzept von Jörgensen, Begriff nicht mit Nutzung verbunden. Aber: Operationalität noch verbesserungswürdig, Definition der Zeithorizonte nötig

3.2.4 Landschaftsbild

Das Grundmotiv „Landschaftsbild“ sollte als Gesamtkonzept inklusive der Begriffe „Land Art“, „Landschaftsgärtnerei“ und Biotopgestaltung/-management im Zusammenhang mit den land- und forstwirtschaftlichen Flächen gesehen werden. Einzig der Bereich Biotoppflege reicht in vorher genannte Grundmotive hinein (z.B. Grundlage für Vegetation). Ansonsten wird der ästhetische Aspekt der Landschaft betont.

3.3 Aufbereitung der Daten

Im Hinblick auf die in 3.3 dargestellten Grundmotive werden die Daten auf der Grundlage von Biotoptypen aufbereitet. Dadurch ist eine Diskursivität und die Festlegung von differenzierten Szenarien möglich. Als Ergebnis sind vier charakteristische Biotoptypen in Offenbereichen der BFL ausgewählt und in Beziehung zu den Grundmotiven gesetzt worden. In den Tab. 9.4 – 9.7 ist das Grundmotiv aufgeführt, das hinsichtlich Bedeutung und erforderlicher Maßnahmen für den betreffenden Boden das nachvollziehbarste Szenario darstellt.

Tabelle 9.4. Rohkippe/offene Sandfläche, Grundmotiv Naturnähe

Charakterisierung Boden	Bedeutung	Maßnahmen
sauer bis stark sauer (pH 3,5 - 5,0), häufig bewegtes/nicht festgelegtes Substrat (hohe Dynamik), geringe mikrobielle Aktivität und Biomasse, sehr geringe Collembolenzahlen, wenige Hornmilben, keine Regenwürmer	Großflächig in der Kulturlandschaft nicht anzutreffen. Wissenschaftliches Studium der Bodenbildung	Unterlassen von Eingriffen: kein Planieren, keine Einsaaten, Zulassen von Erosionserscheinungen

Tabelle 9.5. Sandmagerrasen auf ehemaligen Kippen, Grundmotiv Landschaftsbild

Charakterisierung Boden	Bedeutung	Maßnahmen
Schwach bis stark sauer (pH 4,0 - 6,5), Collembolen und Milben individuenarm. Mäßig hohe Artenzahlen. In den 50 Jahre alten Flächen von Koyne erste Regenwürmer, sonst fehlend	Große Flächen in der BFL. Bodenbildung läuft relativ ungestört ab. Beobachtung der Einwanderungsrate von Regenwürmern	Offenlandschaft an einigen Stellen erhalten (keine weitere Versauerung durch Kiefernanflug)

Tabelle 9.6. Hochgrasbestände, Grundmotiv Nachhaltigkeit

Charakterisierung Boden	Bedeutung	Maßnahmen
Schwach bis stark sauer (pH 4,2 – 5,7), hohe mikrobielle Biomasse und Aktivität. Hohe Individuenanzahl Mesofauna, nur in Randbereichen Regenwürmer	Verhinderung Erosion (Wasser, Wind), Reduzierung der Austrocknung, Anhäufung von Humus, Bodenbildung und beginnende Durchmischung	Maßnahmen nicht notwendig, wo noch Regenwürmer fehlen: Ansiedlung (Auswirkungen auf Stoff- und Wasserhaushalt)

Tabelle 9.7. Ansaaten, Biotoptyp der Rekultivierungsflächen, Grundmotiv Biodiversität

Charakterisierung Boden	Bedeutung	Maßnahmen
In der Regel ebene bis schwach geneigte Flächen, planiert und mehr oder weniger tief melioriert. Typen: a. Waldstaudenroggen: geringe Anzahlen Mesofauna, keine Lumbriciden b. Dichte (Zier-) Rasen: hohe Arten- und Individuenzahl Bodenfauna c. Stickstoffixierer (Fabaceen): hohe Individuen-/Artenzahlen, Lumbriciden vorhanden	Beginnende Bodenbildungsprozesse, schnellerer Ablauf, da N-Einbringung durch Leguminosen, höhere Biomasse	Ansiedelung von Lumbriciden, evtl. Einbringen von bindigen Substraten zur Austrocknungsminderung und zur Bodenstabilisierung

3.4 Optimierung der Leitbilder

Vor dem Hintergrund der dargestellten Maßnahmen werden Leitbilder und Szenarien optimiert. Beispielhaft soll dies am Grundmotiv Nachhaltigkeit für meliorierte und angesäte Flächen dargestellt werden. Als meßbare Kriterien können in diesem Zusammenhang z.B. herangezogen werden: Arten- und Individuenzahl von Organismen, pH-Wert, Nährstoffgehalt, Wasserverhältnisse, Bodentyp, stoffliche Belastung und Größe der Flächen. Aus bodenbiologischer Sicht kann auf der Basis dieses Grundmotivs als Entwicklungsziel die Förderung und Entwicklung eines Bodenlebens auf Flächen genannt werden, die schon grundmelioriert und angesät wurden und somit schon Bodeninitiale gesetzt wurden. Diese Flächen sollten als Pufferzonen zwischen intensiv landwirtschaftlich genutzten Flächen (Produktionsflächen) und z.B. Trockenrasenbereichen mit dem Grundmotiv Biodiversität und Artenschutz (Naturschutzvorrangflächen) liegen. Zum einen können emittierte Nährstoffe genutzt und in Stoffkreisläufe integriert werden, zum anderen sind auch ökonomische Wohlfahrtswirkungen (Pufferwirkung, Erosionsschutz, Nährstoffhaushalt u.a.) auf landwirtschaftliche Nutzflächen zu erwarten. Naturschutztheoretisch vermitteln Pufferzonen zwischen den Optionen segregativer und integrativer Naturschutz.

Das Ziel gilt als erfüllt, wenn in einem definierten Raumausschnitt folgende Faktoren erfüllt sind: arten- und individuenreiche Bodenbiomasse, Ausbildung einer humosen Deckschicht (Mull oder Moder) und entsprechende Gefügeentwicklung, ausgeglichener Bodenfeuchtegang und Anreicherung an pflanzenverfügbaren Nährstoffen. Das Ziel gilt als nicht erfüllt, wenn in einem Soll-Ist-Abgleich festgestellt wird, daß negative Einwirkungen auf die umliegenden „Renaturierungsflächen" (überhöhter Nährstoffeintrag) oder auf die wirtschaftlich genutzten Flächen (kein Erosionsschutz) nicht zu vermeiden sind. Ursachen dafür können sein: Versiegelung, Zerschneidung, Verdichtung oder intensive Nutzung.

Eine weitere Optimierung des Leitbildes Förderung des Bodenlebens erfolgt an Hand von allgemeinen Prinzipien mit normativer Bedeutung (Mosimann 1993). Dabei sind alle relevanten Informationen zu den Begriffen Vorsorgeprinzip (Abschätzung der weiteren Entwicklung z.B. Sukzession), Verursacherprinzip, Kooperationsprinzip (Forscher, Nutzer, Verwalter, Eigentümer), haushälterischer Umgang, Schutz des Bodens als Regelungsfunktion (allgemeine Prinzipien des Bodenschutzes), Sozialpflichtigkeit, Internationale Zusammenarbeit (Informationsaustausch von Ergebnissen aus Forschungsprojekten und Rekultivierungsunternehmen) zu berücksichtigen. Dieser diskursive Prozeß findet in Zusammenarbeit mit der Wissenschaft (Forschung, Operationalisierung), Nutzern/Eigentümern (Umsetzung, Praxisbezug), Verwaltung/Planung (Institutionalisierung) sowie Geldgebern (Finanzierung!) statt und ist noch nicht abgeschlossen. Zudem ist in einem weiteren Schritt die Öffentlichkeit durch Beteiligungsverfahren und Informationsweitergabe miteinzubeziehen.

4 Schlußfolgerungen und Ausblick

Gerade das Vorsorgeprinzip im erweiterten Sinn eignet sich gut zur Integration von Naturschutzzielen und Leitlinien zum natürlichen Aufbau von Bodensubstanz in den großen Flächen der BFL oder zur langfristigen Entwicklung von

Renaturierungsflächen. Einige Besonderheiten erschweren jedoch den Umgang der vorgenannten „allgemeinen Prinzipien" und damit die Bewertung. Eine Schwierigkeit im leitbildorientierten Bewertungsverfahren besteht in der Unsicherheit der Prognose der Biotop- oder Bodenentwicklung durch Sukzession. Weiterhin sind einige der o.a. allgemeinen Prinzipien in der BFL nicht sinnvoll anwendbar: das Verursacherprinzip kann aufgrund der politischen Umwälzungen infolge der Wende nur indirekt greifen (Treuhandverwaltung), das Kooperationsprinzip und die Sozialpflichtigkeit sind noch nicht zielführend, da die ungeklärte Rechtsnachfolge der Flächen ein Haupthindernis darstellt. Dagegen ist das allgemeine Prinzip des haushälterischen Umgangs so zu interpretieren, daß in der BFL Boden neu „geschaffen" wird, ohne den vorbergbaulichen Zustand wiederherstellen zu können, was eine Besonderheit im allgemeinen Bodenschutz darstellt.

5 Danksagung

An der diskursiven Leitbildfindung und der Zuordnung einer differenzierten Bedeutung beteiligten sich H. Blumrich, J. Borries, U. Bröring, B. Felinks, K.-H. Geipel, A. Grondke, B. Hahn, M. Krause, J. Mrzljak, W. Pietsch, D. Rathke, S. Robel, F. Schulz, B. Seidl und H. Uchtmann. Die vorgestellten Ergebnisse sind Teil des Verbundvorhabens LENAB (Leitbilder für naturnahe Bereiche in der Niederlausitzer Bergbaufolgelandschaft) und werden vom BMBF (FKZ 0339648) und der Lausitzer und Mitteldeutschen Bergbau-Verwaltungsgesellschaft (LMBV) gefördert.

Literatur

Berger, C. 1995. Planungsrelevante Bodenbewertungskriterien: Anforderungen und Möglichkeiten. Mitt. Dtsch. Bodenk. Gesellsch. 76: 1257-1260.

Brahms, E. & Jungmann, S. 1995. Das Schutzgut Boden in der Planung. Methodische Aspekte bei der Anwendung der Eingriffsregelung und in Umweltverträglichkeitsprüfungen. UVP-Report. 3: 124-128.

Bröring, U., Schulz, F. & Wiegleb, G. 1995. Niederlausitzer Bergbaufolgelandschaft: Erarbeitung von Leitbildern und Handlungskonzepten für die verantwortliche Gestaltung und nachhaltige Entwicklung ihrer naturnahen Bereiche. Z. Ökol. Natursch. 4: 176-178.

Donath, H. 1994. Möglichkeiten des Naturschutzes und der Landschaftsentwicklung während der Bergbausanierung. Naturschutz u. Landschaftspflege in Brandenburg 3 (2): 16-19.

Dunger, W. 1995. Schutz und Förderung der Bodentiergemeinschaften in der Bergbaufolgelandschaft. Aktuelle Reihe BTU Cottbus 11/95: 90-98.

Evert, M. & Baumgärtner, M. 1993. Natur- und kulturräumliche Wertigkeit von Böden. UVP-Report 4/93: 214-216.

Fromm, H., Hahn, B. & Wiegleb, G. 1997. Bodenfauna und Mikroorganismen in „Substraten“ der Niederlausitzer Bergbaufolgelandschaft - Initiale für eine Bodenentwicklung? Mitt. Dtsch. Bodenk. Gesellsch. 83: 153-157.

Grimm, B. & Sommer, B. 1993. Bewertung von Boden und Bodenverlust im Rahmen der Umweltverträglichkeitsprüfung. UVP-Report 4: 211-213.

Großmann, K., Gunschera, G. Landeck, I. & K. Liebner 1998. Alternative landwirtschaftliche Nutzung von Kippenflächen in der Lausitz. Workshop „Möglichkeiten der landwirtschaftlichen Nutzung von Bergbaufolgelandschaften in Mittel- und Ostdeutschland“. Königswartha, Januar 1998: 8-32.

Heinig, S. 1997. Ökosystemare Umweltbewertung. Modifikation klassischer Bewertungsansätze und Ansprüche an Bewertungsverfahren als Basis für den Bodenschutz. Naturschutz u. Landschaftsplanung 29(2): 53-56.

Jessel, B. 1996. Leitbilder und Wertungsfragen in der Naturschutz- und Umweltplanung. Naturschutz u. Landschaftsplanung 28(7): 211-216.

Karl, J. 1997. Bodenbewertung in der Landschaftsplanung. Methode zur Bilanzierung von Eingriffen in das Schutzgut Boden und den Bodenwasserhaushalt. Naturschutz u. Landschaftsplanung 29(1): 5-17.

Katzur, J. 1997. Bergbaufolgelandschaften in der Lausitz. Naturraumpotentiale und Naturressourcen im Braunkohlenrevier. Naturschutz u. Landschaftsplanung 29(4): 114-121.

LENAB 1997. BMBF-Verbundvorhaben: Niederlausitzer Bergbaufolgelandschaft: Erarbeitung von Leitbildern und Handlungskonzepten für die verantwortliche Gestaltung und nachhaltige Entwicklung ihrer naturnahen Bereiche. Zwischenbericht 1996. BTU Cottbus. Polykopie. 272 S.

Ministerium für Umwelt, Naturschutz und Raumplanung (MUNR) 1996. Tagebausanierung. Brandenb. Umweltjournal 18:11-13.

Mosimann, T. 1993. Bodenschutzkonzepte. Geogr. Rd.sch. 45, 6: 366-373.

Sauer, H. 1996. Zur Rekultivierung im Lausitzer Braunkohlebergbau – Analyse und Aufgaben. Workshop Rekultivierung 1991/92: 12-13. Senftenberg.

Wiegleb, G. 1997a. Beziehungen zwischen naturschutzfachlichen Bewertungsverfahren und Leitbildentwicklung. NNA-Berichte 3/97: 40-47.

Wiegleb, G. 1997b. Leitbildmethode und naturschutzfachliche Bewertung. Z. Ökologie u. Naturschutz 6: 43-62.

10 Pflanzenökologische Standortpotentiale und darauf basierende Landschaftseinheiten als Grundlagen und Bezugsräume für Leitbilder

F. Wilhelm Dahmen[1]

[1] Synergie, Institut für allgemeine und angewandte Ökologie e.V., Lorbacher Weg 6, D-53894 Mechernich

Zusammenfassung. Nach kurzer Darlegung von Bedarf und Anforderungen an Bezugsräume für landschaftliche Beurteilungen und Leitbilder werden Grundlagen und Wege zur multivariaten, standörtlich fundierten Ausscheidung landschaftlich relevanter Bezugsräume und eine Methode zur Visualisierung ihrer Standortpotentiale in Graphiken und Karten vorgestellt. An Beispielen wird die Eignung solcher ökologischer Landschaftseinheiten als Bezugsräume für Diagnose und Leitbilder deutlich gemacht. Ausführlich werden Denkansatz und Methode einer multivariaten Standortbeschreibung und die darauf aufbauende Ermittlung standorttauglicher Wild- und Nutzpflanzen sowie Landnutzungsformen erläutert, und zwar sowohl mit graphischen Hilfsmitteln als auch mit der Datenbank TERRA BOTANICA. Danach wird der Nachweis der Relevanz standörtlicher Ausscheidungskriterien in einer Diplomarbeit referiert. Abschließend wird auf die Abhängigkeit aller Bewertungen vom Bezugsrahmen und die Problematik genereller Bewertungen von Landschaftselementen und -räumen hingewiesen.

Schlüsselwörter. Biotop, Datenbank, Kartographie, Landschaft, Landschaftsplanung, Leitbild, multivariat, Nutzung, Raumplanung, Standort, Standortkarte

1 Bedarf und Anforderungen an relevante Bezugsräume für die Landschaftsdiagnose und für landschaftliche Leitbilder

Landschaftsdiagnosen und Leitbilder betreffen, geographisch gesprochen, die *chorische Dimension*. Man braucht Bezugsräume für generalisierte, nicht auf einzelne Orte bezogene Aussagen. Solche Bezugsräume müssen nach Kriterien ausgeschieden werden, die für die Aussagen relevant sind. Besonders geeignet sind hierfür pflanzenökologische Standortpotentiale. Sie haben Bedeutung für den Bewuchs, Biotope, Landnutzungen, die Landschaftsgestaltung und das Landschaftsbild.

Außerdem müssen diese Bezugsräume möglichst zeitstabil sein. D.h., ihre standörtliche Eigenart soll weitgehend unabhängig sein von den anthropogenen, vor allem den nutzungsbedingten Ausprägungen der Biotope. Es sind demnach zwei Bearbeitungsebenen zu unterscheiden:

1. Die abiotischen Standortpotentiale, wie sie in der land- und forstwirtschaftlichen Standorterkundung vielfach üblich sind, und hiervon abgeleitete ökologische Raumeinheiten - eine echte chorische Dimension im Sinne der Geographie;
2. Die anthropogen mitbestimmte Abwandlung und räumliche Differenzierung der abiotischen Standortpotentiale infolge verschiedener Biotoptypen. Sie werden ergänzt durch die hiervon bestimmten aktuellen biotischen Standortbedingungen als Folge der verschiedenen Wechselwirkungen zwischen den Ökosystempartnern sowie durch aktuelle anthropogene Einwirkungen, hauptsächlich der Nutzung und Pflege.

Bei den so bedingten Standorten und Biotopen handelt es sich nur teilweise um eine chorische, oft eher um eine topische Dimension. In Landschaftsdiagnosen und Leitbildern können diese vielfältigen und räumlich sehr differenzierten Gegebenheiten aufbereitet und so für Planungen entsprechender Größenordnung handhabbar gemacht werden.

Dieser Beitrag soll aufzeigen, wie man von der Erkundung abiotischer Standortpotentiale zu davon abgeleiteten ökologischen Raumeinheiten kommt, die sich als Bezugsräume für generalisierte Landschaftsdiagnosen und Leitbilder eignen.

2 Grundlagen und Wege zur Ausscheidung landschaftlich relevanter Bezugsräume

Das Relief, das geologische Ausgangsmaterial der Bodenbildung und das Regionalklima sowie die hiervon abhängigen Nutzungsformen bilden die erste Grundlage zur Ausscheidung landschaftlicher Raumeinheiten. Sie kommen besonders bei kleinen Maßstäben unter 1 : 50.000 zum Tragen. Naturräume und forstliche Wuchsbezirke im Maßstab 1 : 200.000 sind typische Beispiele.

Bei größeren Maßstäben gewinnen die pflanzenökologisch wichtigen edaphischen und lokalklimatischen Standortfaktoren zunehmende Bedeutung. Sie können im Gelände durch Aufnahmen von Boden und Bewuchs mit anschließender standörtlicher Interpretation ermittelt werden (vgl. Schema 10.1). Hierzu kann das Wildpflanzen-Datenbank- und -Informationssystem TERRA BOTANICA dienen. Es bietet Moglichkeiten zur multivariaten Standortinterpretation von Vegetationsaufnahmen für sechs edaphische und acht lokalklimatische Faktoren. Weiter können in TERRA BOTANICA Relief- und Bodendaten dokumentiert und standörtlich interpretiert werden, ebenso die Ergebnisse einschließlich ihrer Integration zu einer durch getrennte Interpretation bon Boden und Bewuchs mit anschließender Integration *doppelt abgesicherten Standortansprache*.

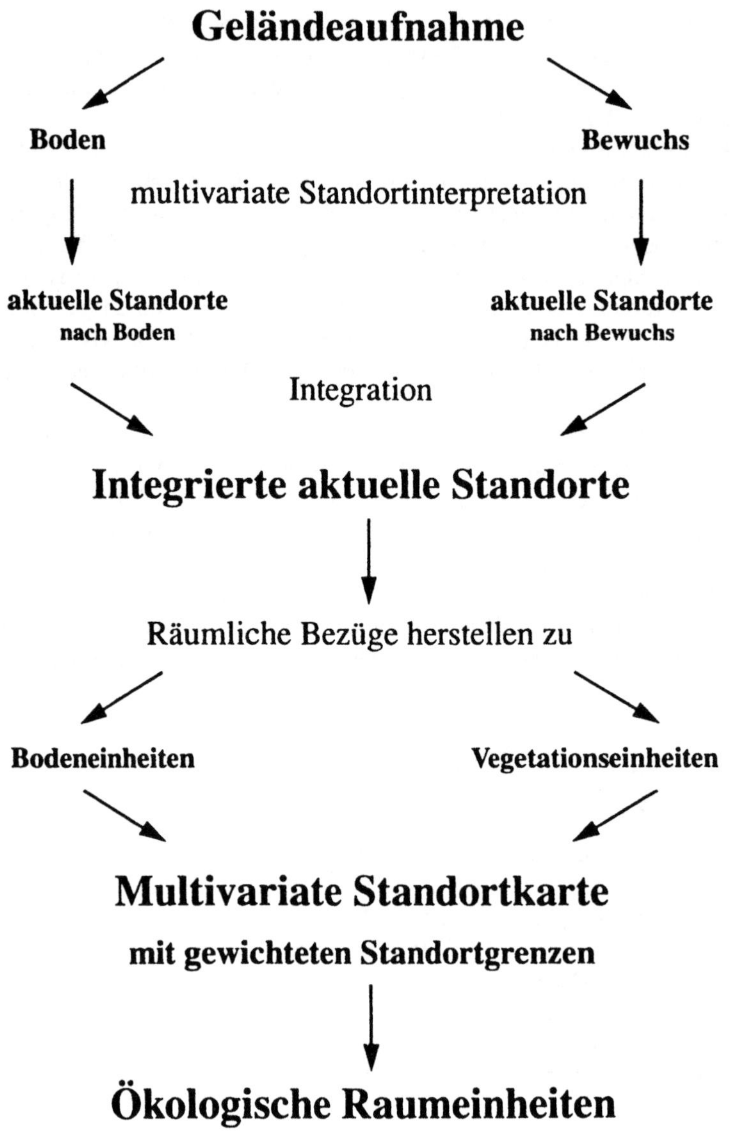

Schema 10.1. Von der Geländeaufnahme zu ökologischen Raumeinheiten

So kommt man zunächst zu „integrierten aktuellen Standorten". In intensiv agrarisch genutzten oder sonstwie anthropogen stark beeinflußten Räumen kann man hieraus „regeneriert natürliche Standorte" ableiten. Sie repräsentieren das Naturpotential, das sich kurzfristig nach Aufhören der intensiven Bewirtschaftungsmaßnahmen einstellen würde. Dabei wird der Fortbestand sonstiger anthropogener Einwirkungen wie Immissionen oder Entwässerungen beachtet. Diese Standortbeschreibung entspricht derjenigen mit Hilfe der potentiell natürlichen Vegetation, unterscheidet sich von ihr aber durch die multivariate Charakterisierung ihrer Einheiten durch abiotische Standortfaktoren, die auch für Planer und Landnutzer leicht verständlich und handhabbar sind. Die vier wichtigsten zeigen die Abb. 10.2 und 10.3 (s.u.). Sie können ergänzt werden durch Wasserzug und Bodenbewegung sowie die lokalklimatischen, stark relief- und bodenabhängigen Faktoren Lufttemperatur, Strahlungsfröste, Bodentemperatur samt Schwankungsbreite und Hydratur der Luft samt Schwankungsbreite. Bei letzterem handelt es sich um relative Werte zur zonalen Vegetation, die für TERRA BOTANICA (Dahmen 1994) neu entwickelt wurden. Der so modellierte vieldimensionale Raum umfaßt bei 15 Ökokoordinaten rd. 37 Mrd. durch mindestens eine Stufe in einem Faktor unterschiedliche Standorte (Dahmen & Simon 1997). Darin zeigt sich sehr deutlich die Bedeutung multivariater Vorgehensweisen, mit deren Hilfe die Standortkunde in anderer Weise, aber nicht weniger exakt sein kann als die sogenannten exakten Naturwissenschaften.

Nicht immer stehen Mittel zur aufwendigen Geländeerkundung einer Standortkarte einschließlich von Standortgrenzen zur Verfügung. Eher liegen bereits Boden- oder Vegetationskarten vor. Deren Einheiten können oft in guter Annäherung als pflanzenökologische Standorteinheiten angesehen werden. Dann genügt eine Stichprobenkartierung zu deren standörtlicher Charakterisierung. Eine umfassende, ökologisch relevante Beschreibung ihrer Boden- oder Vegetationseinheiten ermöglicht sogar in vertretbarer Annäherung eine standörtliche Interpretation „am Schreibtisch", wie eine eigene Untersuchung im Raum Erfurt beim späteren Vergleich mit Geländeerhebungen erwies.

Erreicht man, daß die Stufen der Standortfaktoren etwa gleiche Bedeutung für die Änderung von Arteninventar, Struktur und Haushalt der Vegetation haben (Dahmen et al. 1976), also ökologisch äquivalent sind, ist es mathematisch zulässig, die Standortgrenzen multivariat zu gewichten. Ergänzend zu lokalklimatisch wichtigen Grenzen der Morphotope (Kappas 1995) und geologischen Grenzen bilden sie so eine gute Grundlage für die Abgrenzung ökologischer Landschaftseinheiten. Diese können dann durch das Sortiment, das Verteilungsmuster und den Flächenanteil ihrer Standorte charakterisiert werden (Schema 10.2).

Die Visualisierung der Standortsortimente in Ökodiagrammen (Dahmen et al. 1976) schafft Überblick und Vergleichsmöglichkeiten. Ökodiagramme sind ineinandergeschachtelte Matrizen mit vier oder sechs ökologischen Dimensionen (vgl. Schema 10.3).

Mit speziellen, vom Verfasser entwickelten kartographischen Methoden (Schema 10.3) können Standortkarten erstellt werden, in denen man die Ausprä-

Ökologische Raumeinheiten **charakterisiert durch:** **Flächenanteile und Verteilungsmuster multivariat charakterisierter Standorte**
⇓ Geländeaufnahme oder Karteninterpretation von: **Biotopgrundtypen oder Nutzungstypen der Raumeinheiten**
⇓ **Ökologische Raumeinheiten** **charakterisiert durch:** **Flächenanteile der Biotopgrundtypen oder Nutzungstypen**
⇓ Vergleich der aktuellen Situation mit: **Vergangenheit, Standortpotential und Zielsetzung**
⇓ Entwicklung von Leitbildern für die Raumeinheiten zu: **Biotopgrundstruktur oder Nutzungsstruktur** **Schutz, Pflege, Entwicklung und Erschließung**
Schema 10.2. Ökologische Raumeinheiten als Bezugsräume

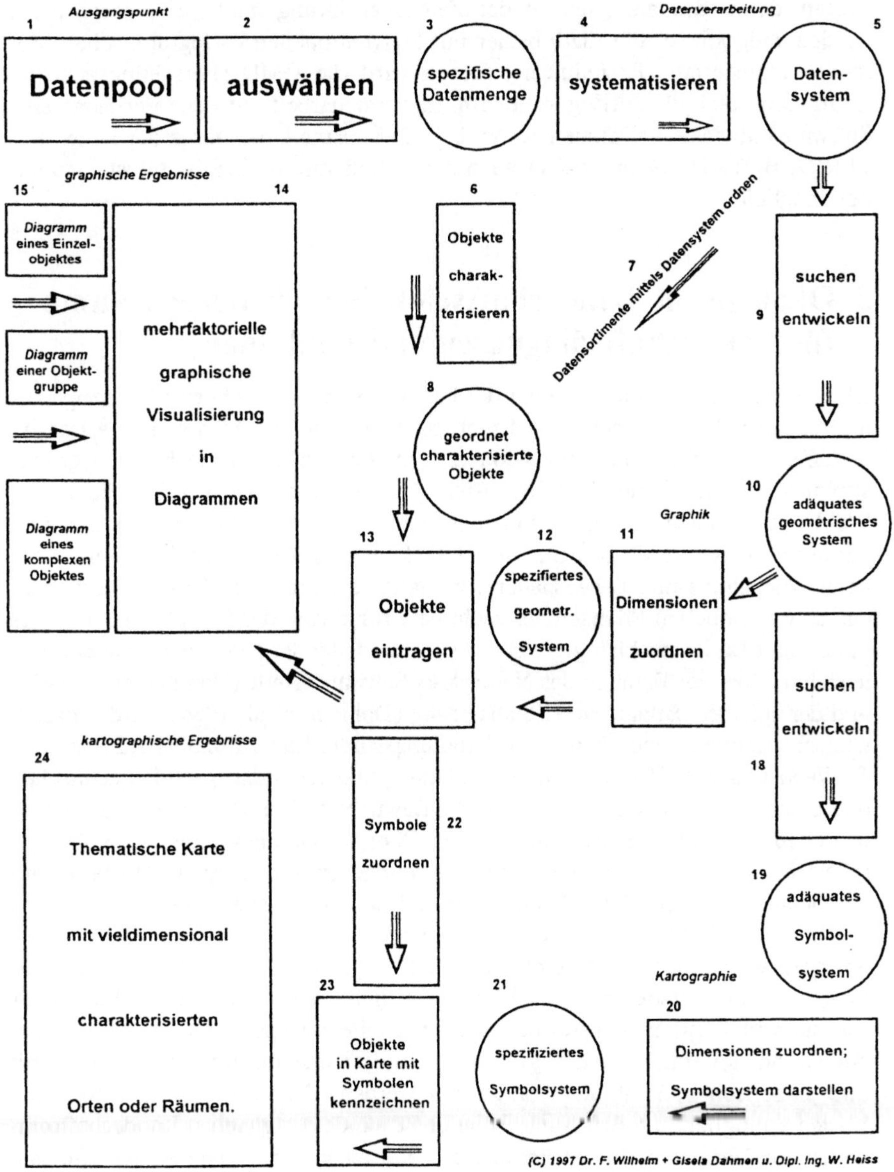

Schema 10.3: Verfahren zur graphischen und kartographischen Veranschaulichung und Speicherung vieldimensionaler Datensysteme

gung von bis zu *vier Faktoren* in jeder Einheit *einzeln ablesen* kann. Sie machen die multivariate standörtliche Raumstruktur gut sichtbar (Dahmen & Dahmen 1982), was weder mit nebeneinander gestellten monofaktoriellen Karten noch mit Karten, deren Einheiten nur in der Zeichenerklärung multivariat beschrieben werden, möglich ist. Für diese bisher mit konventionellen kartographischen Methoden realisierten Darstellungsverfahren wird die GMD (Forschungszentrum Informationstechnik, Birlinghoven) im Zusammenarbeit mit dem Verfasser eine Software entwickeln (Dahmen & Wrobel 1998). Eine Übernahme der Daten aus TERRA BOTANICA und später auch dieser Software in GIS ist selbstverständlich möglich.

3 Ökologische Landschaftseinheiten als Bezugsräume für Landschaftsdiagnosen und Leitbilder

Ökologische Landschaftseinheiten der beschriebenen Art können als Bezugsräume für landschaftsdiagnostische Erhebungen dienen. Ergebnisse und Aussagen betreffen dann chorische Dimensionen. Zum Beispiel kann die Bewuchsgrundstruktur der freien Landschaft (vgl. Abb. 10.1) bestehend aus den drei Elementen Wald und Gehölze, Grünland und naturnahe Gras- und Staudenfluren, Felder kartiert und dargestellt werden. Diese Gliederung berücksichtigt die unterschiedliche Wuchshöhe und Lebensdauer von Gehölzen, krautigen Gräsern und Stauden sowie annuellen Pflanzen als wichtige Grundlagen des Lokalklimas und des Landschaftsbildes unabhängig von Art und Intensität der Nutzungen. Sie bewährte sich u.a. bei der Planung des Naturparks Schwalm-Nette (Dahmen et al. 1973) und der späteren Bilanz ihrer Realisierung (Dahmen et al. 1984). In der grenzüberschreitenden Landschafts- und Erholungsstudie Elten/Montferland (Dahmen & Wendebourg 1980) konnten alle rahmen- und leitbildartigen diagnostischen und planerischen Aussagen - so über die Bewuchsstruktur der freien Landschaft, den Grad menschlicher Beeinflussung der Ökosysteme, die standörtliche ökologische Diversität und die biotopmäßige räumliche Differenzierung, den bestehenden Schutz und Schutzbedarf von Natur und Landschaft sowie über Freizeit- und Erholungsmöglichkeiten - auf die gleichen standörtlich begründeten Raumeinheiten bezogen werden. Diese einheitlichen Bezugsräume erleichtern die Darstellung und das Verständnis der Arbeit erheblich. Auch Nutzungsstrukturen als Mosaik von Landnutzungsformen oder bildhafte Landschaftstypen können auf der Grundlage standörtlich begründeter Landschaftseinheiten kartiert, beurteilt und planerisch in Leitbildern dargestellt werden. Die Auswertung historischer Karten ermöglicht die Erfassung früherer Zustände der gleichen Landschaftseinheiten im Vergleich. In entsprechenden Karten können *frühere, aktuelle und geplante Zustände* vergleichbar gemacht werden. Denn wiederum bieten spezielle kartographische Verfahren Möglichkeiten, *komplexe Strukturen* mit nur *einer Farbe und/oder Raster* je Fläche und doch *einzeln ablesbar* darzustellen.

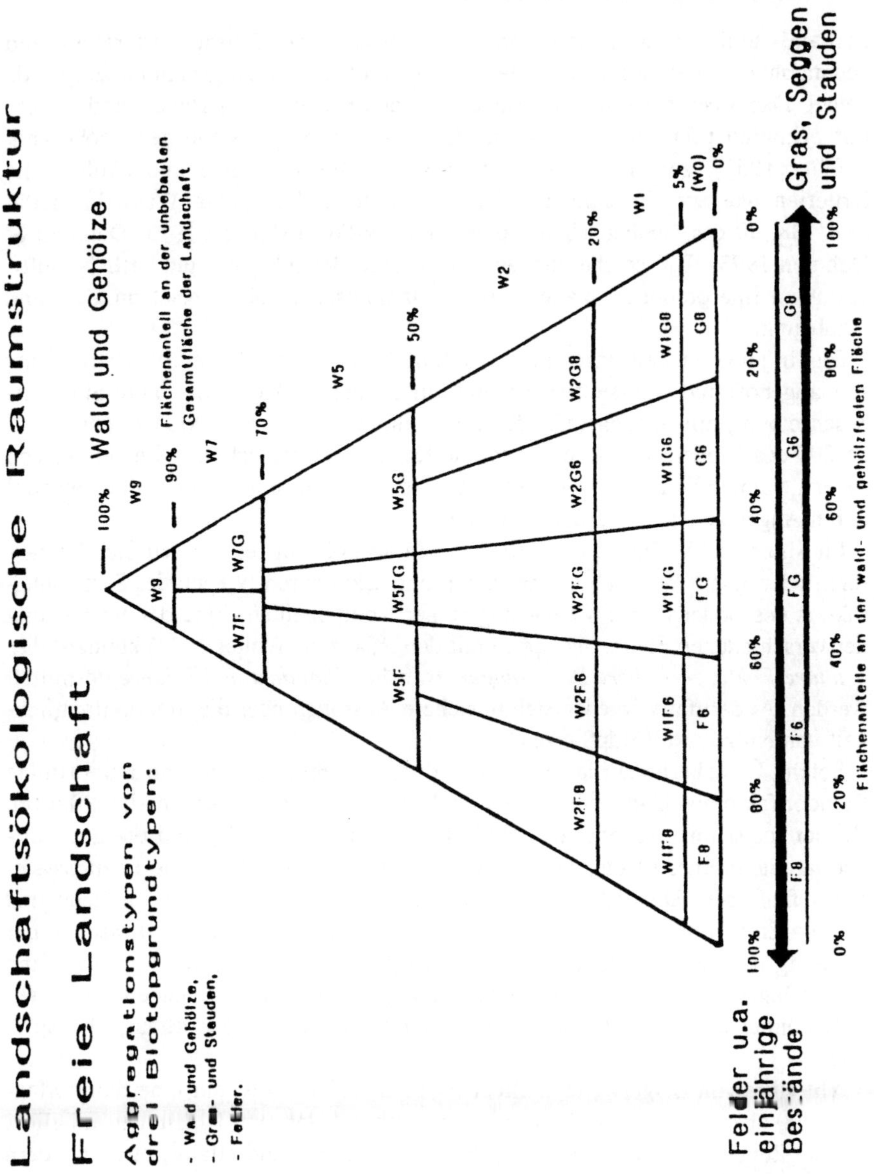

Abbildung 10.1. Flächenanteile von drei Biotopgrundtypen, visualisiert in einem gleichseitigen Dreieck

4 Die Ermittlung von Standortpotentialen und ökologischen Funktionen als Grundlagen für landschaftliche Leitbilder

In Land- und Forstwirtschaft werden seit etwa einem Jahrhundert relief- und bodenabhängige Standortpotentiale erkundet und der Nutzungsplanung zugrunde gelegt. Dabei beschrieb man oft Boden mit den Kriterien der Bodenkunde, nicht mit primären pflanzenökologischen Standortfaktoren im Sinne der Geobotanik (Walter 1951), zunehmend ergänzt durch nutzungsrelevante und ökologische Kriterien wie Sorptionsfähigkeit für Nährstoffe und nutzbare Wasserkapazität (z.B. BK 50 des Geologischen Landesamtes NRW) (Mertens 1973, Dahmen & Dahmen 1973). Um solche und besonders reine Bodenkarten standörtlich multivariat zu interpretieren, mangelt es in Planungsbüros aber meist an Zeit und Erfahrung.

Erst in jüngerer Zeit werden primäre Standortfaktoren (Walter 1951) wie Wasser(-angebot) und Nährstoffversorgung mit einfacher Skalierung in die Standortbeschreibung einbezogen (z.B. forstliche Standortkarte von Niedersachsen 1 : 25.000 des Niedersächsischen Landesamtes für Bodenforschung). Leider werden unter „Nährstoff" noch oft Basen + Stickstoff + Phosphor verstanden, obwohl deren Angebote stark differieren können.

Im Sinne von Walter (1951) arbeitet man also oft mit sekundären Standortfaktoren oder einem Gemisch von primären und sekundären. Wegen des Systemcharakters des Bodens - der Vernetzung seiner Komponenten - und der Vernetzung der verschiedenen Faktorengruppen mit den Pflanzen (Walter 1973) können *über primäre Faktoren sichere Beziehungen* zwischen *Standort und Pflanzen* ermittelt werden. Andernfalls ergeben sich unsichere Aussagen über die Standorttauglichkeit von Nutz- und Wildpflanzen.

Solche Unsicherheiten lassen sich stark reduzieren, benutzt man nur primäre Standortfaktoren. Dann wird es möglich, die Standortfähigkeiten der Pflanzen (bisher meist unzutreffend als Standortansprüche bezeichnet) und die Standortbedingungen eines Ökotops als zwei kongruente, vieldimensionale Bezugssysteme aufzufassen. Dies ist eine wesentliche Voraussetzung für die einfache und sichere Ermittlung standorttauglicher Arten. Zweckmäßig wäre es, zwischen der Eignung im physiologischen Bereich - also weitgehend ohne Konkurrenz - und im ökologischen Bereich - also unter Konkurrenz - zu unterscheiden. Im ersten Fall könnte man von „standortfähig", andernfalls von „standorttauglich" sprechen.

Mit Hilfe von Zeigerwerten (Ellenberg et al. 1974/92) ist nur eine Standortansprache, aber keine Auswahl standorttauglicher Arten und Nutzungen möglich, da die Zeigerwerte nicht den Bereich pflanzlicher Standortfähigkeiten sondern nur deren Optimum erfassen.

In dem genannten Bezugssystem bilden die primären Standortfaktoren die Ökokoordinaten eines mehrdimensionalen abstrakten Raumes. Seine Einzelorte werden durch bestimmte Kombinationen der Stufen (Ausprägungen) der Faktoren eindeutig bestimmt, vergleichbar der Lagebestimmung eines geographischen Ortes durch seine geographischen Koordinaten.

Die einzelnen Standortfaktoren können wenigstufig und ordinal skaliert werden. Trotzdem ergibt ein *multivariater Ansatz* eine *große Standortvielfalt*. Die Faktoren Wasser mit sieben Stufen und Säure/Basen mit sechs Stufen ergeben in der Kombination bereits 42 unterscheidbare Standorte. Zwei weitere Faktoren mit je fünf Stufen, z.B. Sauerstoff im Wurzelbereich und Nährstoffe (N + P im Sinne von Oberdorfer 1948/94) gestatten die Unterscheidung von 25 Standorten. Deren Kombination mit den vorgenannten ergibt 42 x 25 = 1.050 verschiedene Standorte. Die Kombination mit zwei weiteren fünfstufigen Faktoren führt zur Unterscheidung von 26.250 Standorten, ein sehr hoher Differenzierungsgrad, auch wenn einige Kombinationen in der Natur nicht oder sehr selten vorkommen. Auf jeden Fall können in diesem sechsdimensionalen ökologischen Koordinatensystem alle denkbaren Standorte einschließlich anthropogener - z.B. in Bergbaufolgelandschaften - erfaßt werden. Dabei kann man zur Standortansprache von Bodenuntersuchungen mit einigen Messungen, aber auch von der Interpretation spontaner Vegetation mit TERRA BOTANICA ausgehen, am sichersten natürlich von einer Kombination beider Verfahren. Auf jeden Fall kann man so auch „unnatürliche“ Standorte im gleichen Datensystem erfassen und weiterbearbeiten.

Durch Vergleich eines vier- oder sechsdimensional charakterisierten Standorts mit im gleichen Koordinatensystem erfaßten Standortfähigkeiten von Pflanzen oder Standortanforderungen von Nutzungsformen lassen sich zuverlässig und nachvollziehbar standorttaugliche Arten und Nutzungen ermitteln. Dieser Vergleich kann visuell mit Ökodiagrammen oder mittels Suchkriterien in TERRA BOTANICA, also über EDV, erfolgen. Beides ist möglich und hat sich vielfältig bewährt. Auch lokalklimatische Faktoren können, so zu einem mehrdimensionalen ökologischen Raum verknüpft, in Ökodiagrammen visualisiert werden.

Die Umsetzung solcher Standortdaten und Methoden in ein Datenbank- und Informationssystem lag nahe. Mit dem 1994 in erster Version vom Verfasser herausgebrachten Wildpflanzen-Datenbank- und -Informationssystem TERRA BOTANICA wurde diese Möglichkeit realisiert. 1997 erschien eine zweite, strukturell und funktional weiterentwickelte und inhaltlich wesentlich bereicherte Version. Die Kombination einer Pflanzendatenbank mit einer Standortdatenbank mit angekoppelter Waechst-Datei gestattet die Dokumentation und Speicherung von Daten des Reliefs, des Bodens und der Vegetation unmittelbar im Gelände. Danach dient TERRA BOTANICA als Instrument der standörtlichen Interpretation von Boden- und Vegetationsaufnahmen. Spezielle Funktionen ermöglichen zahlreiche weitere Auswertungen der Vegetationsaufnahmen mittels verschiedener Kriteriengruppen wie

- Vegetationstypen, Pflanzengemeinschaften und Wuchsplätze,
- länderweise Florenzugehörigkeit und Gefährdung,
- Standortbasis Boden, Regionalklima, Höhenstufen und Hauptverbreitung,
- landschafts- und tierökologische Funktionen,
- Verwendbarkeit im Garten- und Landschaftsbau,

- Empfindlichkeiten gegen natürliche und anthropogene Belastungen.
Damit kann eine breite ökologische Datengrundlage für die Beschreibung und Diagnose von Landschaft und für landschaftliche Leitbilder direkt von Geländeerhebungen des Reliefs, des Bodens und der Vegetation oder von geeignet kommentierten geowissenschaftlichen Karten abgeleitet werden.

5 Zur Relevanz der Ausscheidungskriterien und der Landschaftseinheiten als Bezugsräume für Landschaftsdiagnosen und Leitbilder

Es fragt sich natürlich, wie hoch die Korrelation zwischen den zur Ausscheidung der Bezugsräume (in Form ökologischer Landschaftseinheiten) und den auf diese bezogenen Beschreibungskriterien und Leitbildern ist. Engelmann (1989) ging dieser Frage in einer von F.K. Schreiber und dem Verfasser angeleiteten Diplomarbeit an Hand der Bodenkarte 1 : 50.000, Blatt Heinsberg, und einer hiervon abgeleiteten ökologischen Standortkarte (ÖK 50 Heinsberg) nach.

Wie oben beschrieben, wurden ökologische Landschaftseinheiten unter Beachtung von Relief und Geologie auf der Grundlage gewichteter Standortgrenzen ausgeschieden. Das Ergebnis zeigte eine gute räumliche Übereinstimmung mit der naturräumlichen Gliederung im Maßstab 1 : 200.000. Es konnte als Präzisierung und ökologisch begründete räumliche Differenzierung der Naturräume angesehen werden und ergab so den Naturräumen adäquate Bezugsräume im Maßstab 1 : 50.000. Wie die Untersuchungen im Naturlehrpark Haus Wildenrath (Dahmen & Dahmen 1992) zeigten, ermöglicht das Verfahren auch in wesentlich größeren Maßstäben die Ausscheidung brauchbarer Landschaftseinheiten im Sinne von Mikro- und Nanochoren.

Sodann wurden die einzelnen Landschaftseinheiten durch das Sortiment ihrer sechsfaktoriell charakterisierten Standorte beschrieben. Dies geschah tabellarisch durch ökologische Kennziffern (sog. Ökoschlüssel) und in Ökodiagrammen je Raumeinheit. Als ökologische Kennziffern oder Ökoschlüssel werden Zahlengruppen bezeichnet, die in der in Ökodiagrammen und in TERRA BOTANICA üblichen Reihenfolge die Ausprägung (Ökokoordinaten) der einzelnen Standortfaktoren an einem Ökotop angeben. Sie lassen sich wie Telefonnummern in Zweiergruppen gliedern. Dies entspricht dann den Matrizen in den Ökodiagrammen und erleichtert das Lesen und Behalten.

Der Flächenanteil der einzelnen Standorte an den Landschaftseinheiten wurde mit einer der pflanzensoziologischen Schätzskala für die Artmächtigkeit entlehnten Skala ermittelt und ebenfalls tabellarisch niedergelegt und in den Ökodiagrammen visualisiert. Diese Flächenanteile können anhand der Standortkarte geschätzt werden, wobei die Spreizung der Skala im unteren Bereich kleinräumige Standorte vor dem Weggeneralisieren bewahrt. Diese Standorte sind oft unter landschaftlichen wie naturschützerischen Gesichtspunkten von nicht zu vernachlässigender Bedeutung. Auch erleichtert die Benutzung der aus der Pflanzensoziologie gewohnten Skala ihren Gebrauch und das Verständnis der Aussagen. Auf dieser Grundlage wurde die Bedeutung der einzelnen Standorttypen für die Landschaftseinheiten folgendermaßen beurteilt: für das *Gesamtgebiet* bestimmend oder für *Teilgebiete* bestimmend oder *gebietsweise abwandelnd* oder *typischer Sonderstandort* oder *untypischer (besser vereinzelter) Sonderstandort*.

Diese Beurteilung ergibt sich aus dem zuvor ermittelten Flächenanteil der Einzelstandorte an der Raumeinheit sowie aus ihrer Lage und ihrem Verteilungsmuster innerhalb derselben. Die Beurteilung als „untypisch“ wurde später in „vereinzelt“ geändert. Sie drückt aus, daß ein einmaliger Standort nicht als untypisches Element des standörtlichen Mosaiks sondern innerhalb von dessen Verteilungsmuster nur als einmalig und daher „zufällig“ verstanden werden kann.

Schließlich wurde die ökologische (standörtliche) Diversität der Landschaftseinheiten aus den Spannbreiten der Ausprägungen der einzelnen Standortfaktoren als Rangstufensumme in ökol berechnet (1 ökol = ökologischer Schritt zwischen zwei benachbarten ordinalen Stufen eines Standortfaktors, vgl. Dahmen et al. 1976). Engelmann benutzte hierbei die in Abb. 10.2 und 10.3 dargestellten vier Standortfaktoren mit der dortigen Skalierung ergänzt durch die Faktoren „Biologische Aktivität“ und „Ökologische Gründigkeit“ des Bodens, jeweils fünfstufig skaliert. D.h. die Standorte wurden als sechsdimensionaler Raum aufge-

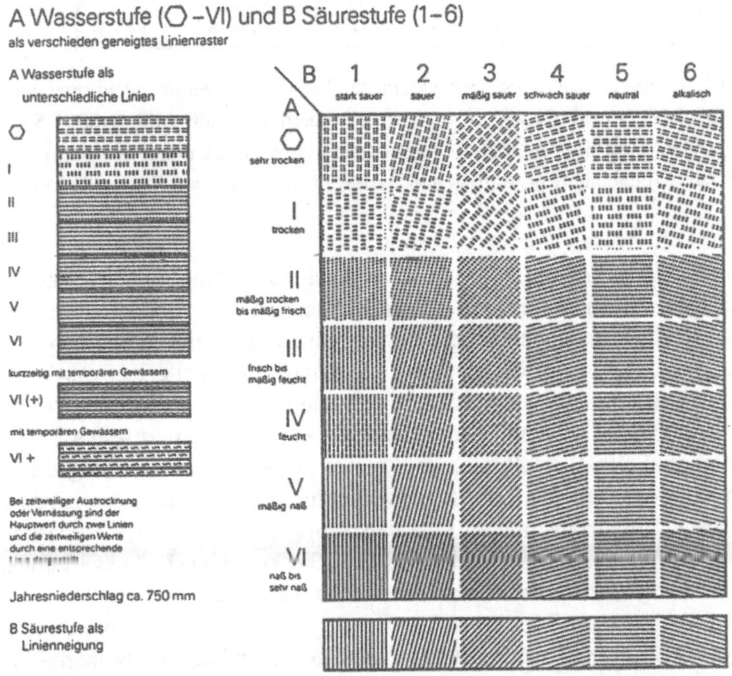

Abbildung 10.2: Zweidimensionales Rastersystem zur Wiedergabe einer zweidimensionalen ökologischen Matrix (z.B. Faktoren Wasser und Säure/Basen) in einer Standortkarte

C – Sauerstoff im Wurzelbereich
D – Nährstoffe (N und P)

C \ D	1 sehr arm	2 arm	3 mittel	4 reich	5 sehr reich
I s. gering	S 021 Gelb 113-A	S 020 rotes Gelb Dottergelb (810-A) 803+A	S 300 Orange 818-A	S 50 gelbes Rot 151-A	S 70 Rot Zinnober Warm-red-A
II gering	S 240 grünes Gelb Zitrongelb 380-A	S 032 gelbes Braun Gelbocker 135-A	S 053 helles Braun Goldocker 143-A	S 063 rotes Braun 157-A	S 280 blaues Rot Karmin 185-A
III mäßig	S 245 Maigrün Chartreuse 382-A	S 025 grünes Braun Oliv 458-A	S 403 Braun 465-A	S 085 violettes Braun Sandelwood 500-A	S 350 Violett Erika 245-A
IV hoch	S 230 gelbes Grun Grasgrün 375-A	S 225 grünes Grau Olivgrün 577-A	S 499 turkis Grau 556-A	S 099 blaues Grau 535-A	S 131 rotes Blau Flieder 528-A
V s.hoch	S 220 Grün Laubgrun 368-A	S 201 blaues Grun 353-A	S 181 Türkis 333-A	S 155 grünes Blau Saphirblau 306-A	S 161 Blau Ultramarin 279-A

Abbildung 10.3. Zweidimensionales Farbsystem zur Wiedergabe einer zweidimensionalen ökologischen Matrix (z.B. Sauerstoff im Wurzelbereich und Nährstoffe;System 5 x 5, 96 Farbstifte / Farbfolien [Patrone color / Tint overlays] Nr. links oben: S - Supracolor von Caran D'Ache [gleichmäßger Auftrag bei harten Styroporauflage], Nr. rechts unten: Patrone)

faßt. Wegen der Skalierung enthält er 26.250 verschiedene Standorte, die noch in einem Ökodiagramm im Format A4 darstellbar sind. Dieser hohe Differenzierungsgrad wurde als ausreichend für die bearbeitetete Fragestellung angesehen.

Zur Prüfung der Relevanz der benutzten Ausscheidungskriterien wurde die Bewuchsstruktur der freien Landschaft kartiert. Die Methode war bereits bei der Planung des Naturparks Schwalm-Nette (Dahmen et al. 1973) und seiner Bilanz 1983 (Dahmen et al. 1984) erfolgreich angewandt worden. Die Kartierung zeigte, daß sich an den Grenzen der Landschaftseinheiten zumeist auch die kartierte Struktur änderte. Vereinzelt mußten nutzungsbedingte Untereinheiten innerhalb der Landschaftseinheiten ausgeschieden werden. Sie konnten als Auswirkungen der Siedlungsstruktur (ortsnahe, ortsferne Bereiche) verstanden werden.

Das Kartierergebnis wurde in einer Karte mittels Dreieckskoordinaten wie in der Planung und Bilanz des Naturparks Schwalm-Nette und der Landschafts- und Erholungsstudie Elten-Montferland (grenzüberschreitend im Rheinstromgebiet nördlich Emmerich) dargestellt. Die Flächenanteile der unterschiedenen Biotopgrundtypen zeigt die Abb. 10.1. Die verbale Bezeichnung der unterschiedenen Landschaftstypen ist in der nachstehenden Tabelle 10.1 unter Benutzung der Abkürzungen im Dreiecksdiagramm (Abb. 10.1) zusammengestellt.

Tabelle 10.1. Bezeichnung unterschiedener Landschaftstypen nach ihrem Anteil an Wald, Feldern und Grünland.

W9	Geschlossene Waldlandschaft	fast ohne Grünland und Felder
W7 F	Waldlandschaft	mit geringem Feldanteil
W7 G	Waldlandschaft	mit geringem Grünlandanteil
W5 F	offene Waldlandschaft	mit dominantem Feldanteil
W5 G	offene Waldlandschaft	mit dominantem Grünlandanteil
W5 FG	offene Waldlandschaft	mit gemischtem Feld/Grünlandanteil
W2 F8	Feldlandschaft	mit merklichem Waldanteil
W2 F6	Feldlandschaft	mit merklichem Wald- und geringem Grünlandanteil
W2 FH	Agrarlandschaft	mit merklichem Waldanteil
W2 G6	Grünlandlandschaft	mit merklichem Wald- und geringem Feldanteil
W2 G8	Grünlandlandschaft	mit merklichem Waldanteil
W1 F8	Feldlandschaft	mit geringem Waldanteil
W1 F6	Feldlandschaft	mit geringem Wald- und merklichem Grünlandanteil
W1 FG	Agrarlandschaft	mit geringem Waldanteil
W1 G6	Grünlandlandschaft	mit geringem Wald- und merklichem Feldanteil
W1 G8	Grünlandlandschaft	mit geringem Waldanteil
F8	offene Feldlandschaft	fast ohne Wald und Grünland
F6	offene Feldlandschaft	fast ohne Wald und mit geringem Grünlandanteil
FG	offene Agrarlandschaft	fast ohne Wald
G6	offene Grünlandlandschaft	fast ohne Wald und mit geringem Feldanteil
G8	offene Grünlandlandschaft	fast ohne Wald

Für die kartographische Darstellung wurde dem Dreiecksdiagramm ein adäquates Farbsystem unterlegt. Damit kann mit einer Farbe in der Karte die mittels drei Komponenten erfaßte Biotopgrundstruktur der einzelnen Landschaftseinheiten visualisiert und der hiervon bedingte Wechsel des Landschaftscharakters anschaulich gemacht werden.

In gleicher Weise wurde die Biotopgrundstruktur aus Meßtischblättern der Aufnahmejahre 1884/85 ermittelt sowie graphisch und kartographisch visualisiert. Indem die Situation von 1884/85 mit schmalen und die von 1988 mit breiten Farbstreifen in den Landschaftseinheiten dargestellt wurde, konnten die im Lauf eines Jahrhunderts eingetretenen landschaftlichen Strukturveränderungen kartographisch gut sichtbar gemacht werden. Dabei wurde deutlich, daß die intensiv agrarisch genutzten Bördenbereiche auch vor 100 Jahren schon als ausgeräumte Landschaft anzusehen waren. In der Ruraue hatte der Grünlandanteil zugunsten des Feldanteils abgenommen, eine Folge fortschreitender Entwässerungen und Eindeichungen zwecks Ausdehnung des Ackerbaus. Am Rande der auf Flugsand und Lößsand stockenden Wälder an der niederländischen Grenze war der Waldanteil zugunsten einer ackerbaulichen Nutzung leicht zurückgegangen, im Kern aber unverändert über 90 %. Ein halbes Jahrhundert vorher hätte man in diesem Bereich weite Heideflächen gesondert erfassen und durch eine Zusatzsignatur darstellen müssen. Überhaupt ist es möglich, durch Aufsignaturen auf der Flächenfarbe das Vorkommen besonderer Biotop- oder Nutzungstypen, z.B. Spargel- oder Ericaceenanbau, zusätzlich wiederzugeben.

Abschließend prüfte Engelmann die Korrelationen zwischen der standortökologischen Diversität der Landschaftseinheiten und der Diversität ihrer kartierten Landschaftselemente. Er bildete hierzu je Landschaftseinheit die Rangstufensumme (= Summe der Ökodifferenzen zwischen den Ausprägungen der einzelnen Standortfaktoren). Diese wurde mit der Diversität der Landschaftselemente zunächst tabellarisch direkt verglichen und sodann die Korrelation mathematisch durch Anwendung des Rangkorrelationskoeffizienten nach Spearman sowie mit dem Computerprogramm Statgraphics nach Spearman (Streit 1982) berechnet.

Sowohl der tabellarische Vergleich mit Bildung der quadrierten Rangdifferenzen als auch die beiden Berechnungen nach Spearman ergaben *sehr hohe Korrelationen* - über 0,96 - *zwischen der ökologischen Diversität der Standortpotentiale* und *der Diversität der kartierten Landschaftselemente*.

Dieses Ergebnis kann so interpretiert werden, daß die zur Ausscheidung der ökologischen Landschaftseinheiten benutzten standörtlichen Kriterien eine hohe Relevanz bezüglich der Bewuchs- und Nutzungsstruktur besitzen. Es erscheint berechtigt und praktikabel, derart ausgeschiedene Landschaftseinheiten als Bezugsräume für landschaftliche Beschreibungen, Diagnosen und entsprechende Leitbilder zu benutzen. Wegen der unmittelbaren Beziehung zwischen der Bewuchsstruktur und dem Landschaftsbild erscheinen die gleichen Einheiten auch hierfür als geeignete Bezugsräume. Dabei kann die reliefbedingte Ausprägung des Landschaftsbildes einbezogen werden, da ja auch das Relief - direkt und über die Ausprägung der Böden - in die Ausscheidungskriterien eingeht.

6 Ergebnis und Ausblick

Die dargelegten Methoden zeigen deutlich, daß *Bewertungen nur in Bezug zu bestimmten Anforderungen* - z.B. durch Pflanzen oder Nutzungen - oder im Hinblick auf *bestimmte Leitbilder* Sinn machen. Die gleichen Objekte - Böden, Standorte, Landschaftsstrukturen und Einheiten - können gleichzeitig je nach

Bezugsrahmen ganz verschiedene Werte - besser Bedeutungen - haben. Die zur Zeit vielfach angewandten *generellen Bewertungen* von Biotoptypen im Rahmen der Eingriffsregelung und anderer Planungen sind daher *sachlich nicht vertretbar*, aber gefährlich wegen der Einseitigkeit der oft unausgesprochenen, aber doch zugrundeliegenden Bezugssysteme.

Die aufgezeigten Methoden weisen Wege zur multivariaten Erfassung pflanzenökologischer Standorte, zur darauf basierenden Ausscheidung ökologischer Landschaftseinheiten und zu deren Charakterisierung durch ihre Standortpotentiale, weitere ökologische Funktionen und ihre Bewuchs- und Nutzungsstruktur. Damit liegen Ausgangsdaten für Gegebenheiten und Räume vor, die je nach Bezug bewertet werden können. Somit ist letztendlich eine *multivariate Bewertung* ökologischer Landschaftseinheiten *machbar*, die ebenso wie Zielsetzungen und vergangene Zustände in entsprechenden Bewertungsdiagrammen visualisiert werden kann.

Mit den vorgestellten Mitteln und Methoden ist es möglich, differenzierte Grundlagen der Landschaftsdiagnose und einer hierauf aufbauenden Leitbildentwicklung in multivariater und nachvollziehbarer Weise zu erarbeiten und in die Raum- und Nutzungsplanung als ökologisch und landschaftsgestalterisch fundierte Unterlagen und Zielvorstellungen einzubringen.

Literatur

Dahmen, F.W. & Dahmen G. 1973. Eine ökologische Auswertekarte zur Bodenkarte 1 : 50.000 für Zwecke der Landschaftspflege und Nutzungsplanung. Niederrh. Jahrb. 12: 63-69.

Dahmen, F.W. & Dahmen G. 1982. Die pflanzenökologischen Standorte des Naturlehrparks und hiervon abgeleitete Standortgesellschaften und Landschaftseinheiten. In: Erforschung des Naturlehrparks Haus Wildenrath 2, Rheinland-Verlag, Köln: 113-136.

Dahmen, F.W. & Dahmen, H.-Chr., 1994/1997. TERRA BOTANICA, Handbuch. Rose GmbH, Blankenheim.

Dahmen, F.W. & Dahmen, G. & Heiss, W. 1976. Neue Wege der graphischen und kartographischen Veranschaulichung von Vielfaktorenkomplexen. Decheniana (Bonn) 129: 145-178.

Dahmen, F.W., Hahlweg, I., Schwann, H. & Wendebourg, F. 1984. Naturpark Schwalm-Nette, Bilanz 1983. Rheinland-Verlag, Köln.

Dahmen, F.W., Kierchner, G.-J., Schwann, H., Wendebourg, F., Westphal, W. & Wolf-Straub, R. 1973. Landschafts- und Einrichtungsplan Naturpark Schwalm-Nette. Rheinland-Verlag, Köln.

Dahmen, F.W. & Simon, I. 1997. Beschreibung pflanzenökologischer Standortpotentiale mit Hilfe der Vegetation und primärer Standortfaktoren. UVP-Report 97: 251-255.

Dahmen, F.W. & Wendebourg, F. 1980 Landschafts- und Erholungsstudie Elten/Montferland. Landschaftsverband Rheinland, Referat Landschaftsplanung, Köln (Unveröff. Planung).

Dahmen, F.W. & Wrobel, S. 1998. Methods for graphic and cartographic visualization of multi-dimensional data. Proc. Visual Reality (im Druck).

Ellenberg, H., Weber, H.E., Düll, R., Wirth, V., Werner, W. & Paulißen, D. 1992. Zeigerwerte von Pflanzen in Mitteleuropa. Scripta Geobotanica 18, Goltze, Göttingen.

Engelmann, D. 1989. Die Bedeutung ökologischer Auswertekarten der Bodenkarte 1 : 50.000 zur Ausscheidung ökologisch begründeter Landschaftseinheiten - dargestellt am Beispiel der ÖK 50 Heinsberg. Diplomarbeit, Fachbereich Geowissenschaften der Universität Münster.

Kappas, M. 1995. Zur Geländeklimatologie eines alpinen Talsystems. Mann. Geogr. Arb. 40. Georg. Inst. Mannheim.

Mertens, H. 1973. Die Bodenkarte 1 : 50.000 von Nordrhein-Westfalen. Niederrh. Jahrb. 12: 55-61.

Niedersächsisches Landesamt für Bodenforschung, 1996. Forstliche Standortkarte von Niedersachsen 1 : 25.000 - digital - Blatt 4024 Alfeld (Leine).

Oberdorfer, E. 1949/1994. Pflanzensoziologische Exkursionsflora. Ulmer, Stuttgart.

Streit, U. 1982. Einführung in die Statistik für Geographen. Skriptum zur Vorlesung, Münster.

Walter, H. 1951. Einführung in die Phytologie, Bd. 3, Grundlagen der Pflanzenverbreitung. Ulmer, Stuttgart.

Walter, H. 1973. Allgemeine Geobotanik. Ulmer, Stuttgart.

11 Integration des vorsorgenden Bodenschutzes in die Landschaftsplanung

Michael Schmidt[1]

[1] BTU Cottbus, LS Umweltplanung, Postfach 10 13 44, D-03013 Cottbus

Zusammenfassung. Die Landschaftplanung als die Fachplanung für die Bereiche Naturschutz, Landschaftspflege und Erholungsvorsorge erhält ihren Auftrag, die natürlichen Lebensgrundlagen zu sichern, aus dem Naturschutzrecht. Das Oberziel der Landschaftsplanung "Sicherung der Leistungsfähigkeit des Naturhaushaltes" ist für den Bodenschutz als Erhaltung und Entwicklung der natürlichen Bodenfunktionen zu verstehen. Als querschnittsorientierte Planung stellt die Landschaftsplanung den ökologisch-gestalterischen Beitrag zur Gesamtplanung dar. Für das Schutzgut Boden kommt ihr auf der Ebene der Regional- und Bauleitplanung die Aufgabe einer raumbezogenen Leitplanung zu, d.h. eine Zuweisung von Flächen unter der Prämisse einer nachhaltigen Nutzung und Sicherung der natürlichen Bodenfunktionen. Gleichwohl bleibt die Rolle des Schutzgutes Boden in der Praxis häufig hinter den rechtlichen Anforderungen zurück. Dies betrifft insbesondere den vorsorgenden Bodenschutz und hier vor allem den Verbrauch von Freiflächen. Ursache dieses Defizits ist möglicherweise das Fehlen eines Steuerungsinstrumentes, das eine Bewertung von Böden bzw. Flächen in einer für die Planungspraxis handhabbaren Weise ermöglicht.

Schlüsselwörter. Bodenbewertung in der Landschaftsplanung, Bodenfunktionsschutz, vorsorgender Bodenschutz.

1 Einleitung

Immer deutlicher zu Tage tretender Landschaftsverbrauch, großräumige Versiegelungen und Bodenkontaminationen führten dazu, daß das Umweltmedium Boden in den letzten Jahren zunehmende Bedeutung als Schutzgut erlangt hat. Dabei kann die Aufgabe des Bodenschutzes nicht nur darin bestehen, die Nutzungsfunktionen der Böden in ihrer Leistungsfähigkeit zu erhalten bzw. wiederherzustellen, sondern vor allem, die natürlichen Bodenfunktionen vorsorgend zu schützen. Der präventive Bodenschutz vor allem eine standortgerechte und standortangepaßte Nutzung von Flächen zum Ziel.

Vor allem für planerische Fragestellungen werden künftig verstärkt bodenbezogene Bewertungskriterien und -abläufe erforderlich, die die Fähigkeit der Funktionserfüllung von Böden im Naturhaushalt kennzeichnen. Die Funktionsfähigkeit eines Bodens im Naturhaushalt läßt sich beispielsweise recht gut mit Hilfe seiner natürlichen Bodenfunktionen beschreiben und bewerten. Als Bodenfunktionen nennt der Sachverständigenrat für Umweltfragen (SRU 1987) die Produktions-, die Lebensraum- und die Regelungsfunktion.
Aufgrund der hohen Komplexität des Umweltmediums Boden, seiner Wechselwirkungen mit anderen Medien sowie einer Vielzahl von Bodentypen und -formen ist es schwierig, geeignete Bewertungskriterien festzulegen (Berger 1995). Zudem sind die zeitlichen, personellen und finanziellen Ressourcen eines Bewertungsverfahrens begrenzt, so daß aus der Vielzahl möglicher Beschreibungs- und Bewertungskriterien nur solche in Frage kommen, die
- Rückschlüsse auf das Wirkungsgefüge im Boden zulassen,
- eine Bewertung nach den drei natürlichen Bodenfunktionen (s.o.) erlauben,
- aus vorhandenen Karten und Daten ableitbar und somit
- kostengünstig sind und teure Laborarbeit ausschließen (Berger 1995).

Nach dem allgemein als Optimierungsgebot angesehenen § 1a Abs.1 BauGB soll mit Grund und Boden sparsam und schonend umgegangen werden. Sparsamer Umgang bedeutet einen möglichst geringen Flächenverbrauch. Vor allem ist Zurückhaltung bei der Ausweisung neuer Baugebiete geboten, so daß zunächst die Möglichkeiten innerörtlicher Entwicklungen zu nutzen sind. Bei der Inanspruchnahme unbebauter Flächen sind flächensparende Bauweisen anzustreben.

Schonender Umgang mit Grund und Boden meint demgegenüber vor allem die Berücksichtigung übergreifender ökologischer Zusammenhänge, den Schutz von Vernetzungs-, Lebensraum- und Regelungsfunktionen. Bodenvernichtung und -vergeudung sowie Bodenbelastungen mit umweltgefährdenden Stoffen sollen weitgehend vermieden werden.

Zusammenfassend läßt sich sagen, daß einer instrumentalisierten Bewertung von abwägungsrelevanten Belangen vor allem in der Ermittlungs- und Bewertungsphase der Landschaftsplanung eine große Bedeutung zukommt. Insbesondere in Bezug auf die Belange des Bodenschutzes kann ein Bewertungsinstrument die sachgerechte Umsetzung der Bodenschutzklausel des § 1a Abs.1 BauGB im Rahmen der bauleitplanerischen Abwägung unterstützen.

2 Anforderungen an ein Bewertungsverfahren

Die Hauptaufgabe einer vorsorgenden Bodenschutzplanung ist der Erhalt und der Schutz der natürlichen Bodenfunktionen, so insbesondere vor Verbrauch und unangepaßter Nutzung. Dazu ist es zunächst notwendig, den vorhandenen Zustand von Böden zu erfassen und diesen anschließend zu beurteilen und planerisch verwertbar aufzubereiten.

Ein Bewertungsverfahren besitzt den Anspruch einer fundierten und nachvollziehbaren Aussagekraft, wobei finanzielle, zeitliche und personelle Ressourcen unbedingt zu beachten sind. Das Verfahren muß verfügbare Daten sowie kostengünstig erhebbare Bodenparameter als Eingangsgrößen nutzen können. Es sind Kriterien der Leistungsfähigkeit bezüglich der ökologischen Bodenfunktionen und Kriterien der flächenhaften Verbreitung und Repräsentanz von Böden (Seltenheit, landschaftsgeschichtliche Bedeutung, Naturnähe) zu erfassen und zu bewerten.

Die Gesamtbewertung berücksichtigt alle Ergebnisse und soll Aussagen zur Schutzwürdigkeit sowie Planungsempfehlungen für die betrachteten Böden liefern. Das heißt konkret, daß ein Boden mit hohem Funktionspotential und großer Empfindlichkeit einen gewissen Schutzstatus genießen muß, währenddessen ein geplantes (Bau)Vorhaben auf bereits beeinträchtigte, weniger empfindliche und geringer schutzwürdige Flächen gelenkt werden soll.

3 Anforderungen an die Datengrundlagen

Voraussetzung für eine Beschreibung des Zustands von Böden ist eine ausreichende Daten- und Informationsbasis, die eine Beurteilung der Verbreitung, der Eigenschaften, der Funktionen und der Vorbelastung zuläßt. Desweiteren müssen die Daten einen konkreten Flächenbezug aufweisen und in einem geeigneten Planungsmaßstab vorliegen. Geeignete Datengrundlagen sind oft nur punktuell vorhanden. Problematisch sind weiterhin die in vielen Fällen kleinräumigen Veränderungen von Böden, die teilweise natürlichen Ursprungs, aber auch auf anthropogene Eingriffe zurückzuführen sind. Weiterhin müssen bodenkundliche Daten planerisch so verwertbar sein, daß sie auch von fachfremden Bearbeitern in verschiedenen Planungsämtern interpretiert werden können.

Vor allem bereits vorhandene Daten sollen genutzt werden können. Dies sind z.B. topographische, geologische und bodenkundliche Karten oder Gelände- und Vegetationskartierungen sowie die Daten der Reichsbodenschätzung. Neben den Unterlagen zur naturkundlichen Gliederung und Naturgeschichte spielen in zunehmendem Maße auch Informationen zur Nutzung und Nutzungseignung sowie Nutzungsgeschichte eine Rolle (Arbeitskreis Stadtböden 1989).

4 Die Bewertung der Bodenfunktionen

4.1 Die Lebensraumfunktion

Die Lebensraumfunktion kennzeichnet die Fähigkeit des Bodens, als Lebensraum für Bodenorganismen sowie als Pflanzenstandort zu dienen und somit die Lebensgrundlage für Tiere und Menschen zu bilden (Fränzle et al. 1993). Eine Überschneidung mit der Produktionsfunktion resultiert im wesentlichen aus der Funktion als Standort für Pflanzen. Sowohl die Lebensraum- als auch die Produktionsfunktion können durch die Produktion von Biomasse charakterisiert werden. Der Unterschied besteht lediglich darin, daß die Produktionsfunktion vor allem Nutzpflanzen produziert, d.h. auf einen wirtschaftlichen Gewinn ausgerichtet ist. Demgegenüber wird die Lebensraumfunktion eher dahingehend bewertet, inwieweit ein Standort als Träger ökologischer Funktionen und Strukturen fungiert.

Es gilt festzustellen, ab wann ein bestimmter Boden eine hohe Lebensraumfunktion besitzt und diese im Sinne der Leistungsfähigkeit als schutzwürdig einzustufen ist. Eine durchweg naturwissenschaftliche Betrachtungs- und Bewertungsweise bietet sich bei der Lebensraumfunktion nur bedingt an, da es aufgrund der hohen Komplexität unmöglich ist, alle Parameter und Kriterien zu berücksichtigen. Folglich muß ein komplexer Bewertungsansatz zugrunde gelegt werden, der bei Bedarf ergänzungsfähig ist.

Einige Autoren (vgl. z.B. Fokuhl 1994, Evert & Baumgärtner 1993, Brahms & Jungmann 1995) schlagen zur Bewertung der Lebensraumfunktion die Methode zur Ermittlung des Biotopentwicklungspotentials vor. Dieses kann aus den Standorteigenschaften der Böden abgeleitet werden. Dabei dient die Abweichung von den Bedingungen des frischen, schwach sauren bis schwach basischen, gut nährstoffversorgten "Normalstandortes" als Bewertungskriterium. Diejenigen Standorte werden hoch bewertet, deren Feuchte, Säure-Basen-Haushalt oder Nährstoffversorgung extrem ausgeprägt sind. Bei diesem Bewertungsmodell geht man davon aus, daß verschollene und gefährdete Arten zum größten Teil Biotoptypen angehören, die auf Extrem- und Sonderstandorten vorkommen. Vor dem Hintergrund der Definition der Lebensraumfunktion muß aber kritisch festgestellt werden, daß Extrem- oder Sonderstandorte keine optimalen Lebensbedingungen für Biozönosen bieten, sondern lediglich für einzelne (mehr oder weniger gefährdete) Arten.

Trotzdem soll es aufgrund folgender Überlegung im Rahmen des Bewertungsinstrumentes eingesetzt werden: "Normalstandorte" mit durchschnittlich günstigen Bodeneigenschaften (z.B. optimaler pH-Wert, gute Gründigkeit, ausgeglichene Feuchteverhältnisse etc.) bieten - mit Ausnahme von Spezialisten - Lebensraum für die meisten Vegetations- und Organismengesellschaften. Folglich müßten solche Böden bezüglich der Erfüllung der Lebensraumfunktion generell hoch eingestuft werden. Als Beispiele wären ertragsreiche Ackerböden zu nennen. Bei näherer Betrachtung erfüllen diese Flächen jedoch nur eine untergeordnete Rolle im ökologischen Wirkungsgefüge (z.B. Rückzugsort für seltene Arten, Rolle im Biotopverbund). Daher soll zur Kennzeichnung vorrangig das Biotopentwicklungspotential dienen, denn allgemein gute Standortverhältnisse und eine hohe natürliche Ertragsfähigkeit kennzeichnen besser die Produktionsfunktion und sollen dort abgehandelt werden.

Zur Bewertung des Biotopentwicklungspotentials dienen folgende Eingangsparameter:

- Wasserverhältnisse (Grund- und Stauwassereinfluß),
- natürliche Ertragsfähigkeit sowie
- die Bodenreaktion (pH-Wert).

Grundlage der Bewertung bildet ein "Ökogramm" (siehe Abb. 11.1), mit dessen Hilfe Böden hinsichtlich ihres Biotopentwicklungspotentials charakterisiert werden können. Die drei Parameter Bodenreaktion, Wasserhaushalt und Nährstoffstatus gehen als Eingangsgrößen kombiniert sowie gleich gewichtet in diese Bewertungsmatrix ein; das Ergebnis ist eine Werteinstufung von 1 bis 5.

Natürliche Ertragsfähigkeit (Bodenzahl)	**gering** < 40			**mittel** 40-60			**hoch** > 60		
Bodenreaktion (pH)	< 5	5-7	> 7	< 5	5-7	>7	< 5	5-7	> 7
Wasserhaushalt									
nass									
– extreme Stau- u. Grundnässe; Überschwemm.böden	5	5	5	5	4	5	4	4	5
feucht									
– stark bis mäßig grundwasserbestimmt; stark staunässebestimmt	3	2	3	2	1	1	1	1	1
frisch									
– schwach bis mäßig staunässebeeinflußt; mäßig staunässebestimmt; grundwasserbeeinflußt	3	2	3	2	1	1	1	1	1
trocken									
– vernässungsfrei	5	5	5	4	4	5	4	4	5

Legende:

5 Eignung zur Ausbildung von Extremstandorten mit höchst spezialisierter, schutzwüdiger Vegetation

4 Eignung zur Ausbildung von Extremstandorten mit stark spezialisierter, schutzwüdiger Vegetation

3 Eignung zur Ausbildung von Sonderstandorten mit mäßig spezialisierter, schutzwürdiger Vegetation

2 Eignung zur Ausbildung von Sonderstandorten mit gering spezialisierter, jedoch schutzwürdiger Vegetation

1 keine besondere Eignung zur Ausbildung spezialisierter, schutzwürdiger Biotope; Normalstandorte

Abbildung 11.1. Einstufung des Biotopentwicklungspotentials von Böden (in Anlehnung an Lynar et al. 1989)

4.2 Die Regelungsfunktion

Die Regelungsfunktion eines Bodens beruht auf seiner Fähigkeit zur Regulierung von Stoff- und Energieflüssen im Naturhaushalt. Folgende Teilbereiche der Regelungsfunktion können unterschieden werden: die Filterfunktion, die Pufferfunktion, die Transformatorfunktion sowie die Rolle des Bodens als Ausgleichs- und Speichermedium im Landschaftswasserhaushalt.

Die Filterfunktion des Bodens ist die Fähigkeit, partikuläre oder kolloidale Stoffe mechanisch zurückzuhalten. Die Filterleistung hängt im wesentlichen von der Wasserleitfähigkeit ab, die Wasserleitfähigkeit wird wiederum von Bodenart und Lagerungsdichte bestimmt. Bodenverdichtung, Versiegelung und Abnahme des Humusgehaltes führen grundsätzlich zur Beeinflussung der Filterleistung.

Durch die Pufferfunktion der Böden werden gelöste Stoffe, aber auch gasförmige Substanzen an mineralische oder organische Bodenpartikel gebunden. Dies geschieht vorrangig durch Sorptionsvorgänge oder durch chemische Fällung. Weitere kennzeichnende Prozesse der Pufferfunktion von Böden sind die Fähigkeit zur Säureneutralisation und der Einschluß von Stoffen in belebte und unbelebte Bodenmaterie. Böden können Schadstoffe in unterschiedlichem Maße binden. Die Bindung erfolgt durch Adsorption an Adsorbentien wie Huminstoffe, Tonminerale und Sesquioxide (Fe-, Al-, Mn-Oxide). Ausschlaggebend ist dabei, welche Adsorbentien in welchen Anteilen im Boden vorkommen. Die Bindungsstärke von Böden ist jedoch nicht allein vom Vorhandensein oberflächenaktiver Bodenteilchen mit unterschiedlichen spezifischen Oberflächen abhängig. Besonders die Bodenreaktion, aber auch Redoxbedingungen spielen eine große Rolle für die Pufferwirkung. Das Unterschreiten kritischer pH-Werte kann zur Freisetzung bereits festgelegter Schwermetalle im Boden führen.

Die Schwermetallproblematik ist bisher am besten untersucht worden, während Aussagen zur Bindungsstärke für organische (Schad)Stoffe wesentlich schwieriger zu treffen sind. Die Vielzahl organischer Substanzen mit den unterschiedlichsten, z.T. noch unbekannten Eigenschaften machen eine genaue Bewertung unmöglich. Es muß festgestellt werden, daß die Mechanismen einzelner Abläufe bisher nicht bis ins letzte Detail bekannt sind. Prinzipiell gibt es momentan kein Verfahren, das sämtliche Prozesse der Pufferfunktion insgesamt erfaßt (Kröhn 1995).

Die Transformatorfunktion kennzeichnet die Fähigkeit eines Bodens, Stoffe durch Bodenorganismen, aber auch durch photochemische und chemische Reaktionen um- und abzubauen. Im wesentlichen überwiegen biotische Um- und Abbauprozesse. Abgeschlossen sind die Transformationsvorgänge aus Sicht des Bodenschutzes erst dann, wenn die organischen Stoffe vollständig in Kohlendioxid und Wasser umgewandelt (mineralisiert) sind (Blume 1992). Die Bodenparameter, die die Transformationsfunktion beeinflussen, sind mit denen identisch, welche die Lebensraum- und Produktionsfunktion bestimmen, da die Transformationsleistungen weitgehend von Bodenorganismen erbracht werden (Bosch 1994). Gute Lebensbedingungen für Mikroorganismen sind im allgemeinen ein neutraler bis schwach saurer pH-Wert, ein ausgeglichener Wasser- und Lufthaushalt sowie ein hohes Angebot an leicht abbaubarer organischer Substanz. Als Maß für die mikrobielle Aktivität kann die Ab- und Umbauleistung durch verschiedene Meßmethoden ermittelt werden. Es existieren eine Reihe von standardisierten Testmethoden, so z.B. Biomassebestimmungen, Untersuchungen des Kohlenstoff- und Stickstoffkreislaufs und die Erfassung der mikrobiellen Enzymaktivität.

Der Versuch einer durchgängig naturwissenschaftlichen Beschreibung der Regelungsfunktion würde die Forderung an Übersichtlichkeit und Nachvollziehbarkeit nicht erfüllen können; hierzu wären umfangreiche und genaue Meßmethoden sowie Feldversuche notwendig. Ein Bewertungsinstrument, das den Anspruch erhebt, alle Steuergrößen zu berücksichtigen, zeichnet sich durch eine entsprechend geringe Handhabbarkeit aus (Fränzle et al. 1993).

Die Regelungsfunktion soll im folgenden durch die Kriterien "Ausgleichs- und Speicherkörper im Wasserkreislauf" und "Filter und Puffer für Schadstoffe" beschrieben werden. Diese Vorgehensweise orientiert sich am Baden-Württembergischen Modell (Arbeitskeis Bodenschutz des Umweltministeriums Baden-Württemberg 1995). Hier versucht man - soweit keine Daten aus einer Bodenkartierung vorliegen - auf der Grundlage der Bodenschätzungsdaten zu quantifizierbaren Aussagen zu gelangen.

Als erstes Kriterium wird die Teilfunktion "Ausgleichskörper im Wasserkreislauf" anhand der Tab. 11.1 (Beispiel Grünland) bewertet.

Tabelle 11.1. Bewertung der Teilfunktion "Ausgleichskörper im Wasserkreislauf" am Beispiel Grünland (nach Arbeitskreis Bodenschutz des Umweltministeriums Baden-Württemberg 1995, gekürzt)

Bodenart	**Zustandsstufe**	**Bewertungsklasse bei Wasserverhältnissen**			
		1/2/3	**4**	**5**	**4⁻/5⁻**
S	I	4	2	2	3
	II	3	2	2	2
	III	2	2	2	2
lS	I	4	3	2	3
	II	3-4	2	2	2
	III	2	2	2	2
L	I	5	3	3	3
	II	4	3	2	2
	III	2	2	2	2
T	I	3	2	2	2
	II	2	2	2	2
	III	2	2	2	2

Die Bewertung der zweiten Teilfunktion wird in ähnlicher Weise durchgeführt; in diesem Zusammenhang sei auf das Heft "Bewertung von Böden nach ihrer Leistungsfähigkeit" des Arbeitskreises Bodenschutz des Umweltministeriums Baden-Württemberg verwiesen.

4.3 Die Produktionsfunktion

Die natürliche Bodenfruchtbarkeit ist Voraussetzung für die biologische Funktionsfähigkeit eines Bodens im Naturhaushalt. Die Produktionsfunktion soll hier - im Gegensatz zu vielen Definitionsansätzen - vor allem im Hinblick auf die landwirtschaftliche Nutzbarkeit des Bodens betrachtet werden, um sie auf diese Weise klar von der Lebensraumfunktion abzugrenzen. Die Produktionsfunktion ist gegenüber der Lebensraum- und der Regelungsfunktion am einfachsten zu erfassen, da sie von Seiten der Land- und Forstwirtschaft seit jeher betrachtet wurde. Als Kriterium für die Bewertung der landwirtschaftlichen Ergiebigkeit einer Fläche kann die Bodenzahl auf der Grundlage der Reichsbodenschätzung herangezogen werden (Tab. 11.2). Hierzu ist es sinnvoll, Klassen der Bodenzahlen zu bilden und somit die Ertragsfähigkeit einzuschätzen (vgl. auch Fokuhl 1994). Die Klasseneinteilung sollte hierbei auf die regionalen Besonderheiten abgestimmt werden; Tab. 11.2 versteht sich als ein Vorschlag.

Tabelle 11.2. Bewertung der Produktionsfunktion mittels der Acker-/Grünlandzahl

Ackerzahl/Grünlandzahl	natürliche Ertragsfähigkeit	Bewertungsstufe
< 20	sehr gering	1
20 - 35	gering	2
36 - 50	mittel	3
51 - 70	hoch	4
>70	sehr hoch	5

4.4 Bewertung von Seltenheit, Naturnähe und landschaftsgeschichtlicher Bedeutung

Unter der Zielsetzung einer möglichst umfassenden Bewertung von Böden ist es nicht ausreichend, eine ausschließlich funktionsbezogene Betrachtung zur Bestimmung von Nutzungseignungen durchzuführen. Die Erhaltung einer möglichst großen Bodenvielfalt sowie die Sicherung der Unberührtheit noch unbeeinflußter Böden muß ebenfalls mit berücksichtigt werden. Eine Bewertung unter Gesichtspunkten wie z.B. Seltenheit, Naturnähe sowie kultur- und naturhistorische Bedeutung liefert Aussagen zur Schutzwürdigkeit von Böden hinsichtlich ihrer qualitativen und quantitativen Verbreitung.

Als Naturkörper sind Böden Bestandteil der Landschaft und in unterschiedlich großen Bodengesellschaften assoziiert. Sie treten mit gleichen oder unterschiedlichen Eigenschaften auf, die in ihrer Gemeinschaft eine charakteristische Bodenlandschaft bilden. Böden erhalten ihre typischen Eigenschaften durch das Zusammenwirken bodenbildender Faktoren wie beispielsweise Klima, Ausgangsgestein, Schwerkraft, Relief, Fauna und Flora, aber auch durch anthropogene Einflüsse. Bereits kleinflächige Wechsel von einem oder mehreren Faktoren der Bodenentwicklung führen zu Böden mit ganz charakteristischen Eigenschaften und somit zu einer vielfältigen Bodenlandschaft. Verschiedene Böden sind in bestimmter, nicht selten regelmäßiger Weise in der Landschaft angeordnet (z.B. Landböden am Hang, Grundwasserböden in der Senke); die Bodendecke weist eine für die Landschaft charakteristische Struktur auf (Scheffer & Schachtschabel 1992).

Der Begriff „Seltenheit" beschreibt in vergleichender Art und Weise einen nicht überall bzw. regional selten oder nicht großflächig vorkommenden Boden. Dabei kann es sich um einen regional, landesweit oder weltweit seltenen Boden handeln. Genau dieses quantitative Kriterium der Seltenheit macht ihn zu einem schützenswerten Gut.

Gründe für die Seltenheit eines Bodens können zum einen natürliche Ursachen sein, aber auch anthropogene Einwirkungen sind ausschlaggebend. Grimm & Sommer (1993) schätzen einen Boden bezüglich der Seltenheit als um so gefährdeter ein, je geringer sein Flächenanteil im jeweiligen Gebiet ist. Zur Bewertung der Seltenheit wird empfohlen, den prozentualen Anteil an der betrachteten Fläche heranzuziehen. Es gilt jedoch zu beachten, daß ein Boden landesweit selten, aber regional häufig vorkommen kann. Ebenso gibt es Böden, die regional eine Seltenheit darstellen, aber landesweit zahlreich vorkommen. Die Problematik der Flächenanteile muß also im jeweils konkreten Fall gelöst werden.

Die landschaftsgeschichtliche Bedeutung von Böden bzw. Bodenformen setzt sich aus natur- und kulturhistorischen Aspekten zusammen. Alle bodenbildenden Faktoren hinterlassen im Laufe der Bodenentwicklung charakteristische Merkmale im Profilbild eines Bodens. Bestimmende Elemente für den Wert eines Bodens als "naturgeschichtliche Urkunde" ist beispielsweise die wissenschaftliche Bedeutung für geologische, mineralogische und paläontologische Forschung, aber auch die Ausprägung abgelaufener und ablaufender pedo- und geogenetischer Prozesse (Arbeitskeis Bodenschutz des Umweltministeriums Baden-Württemberg 1995).

Böden geben jedoch nicht nur Aufschluß über naturgeschichtliche Ereignisse. Natur und Landschaft einschließlich der Böden wurden durch die vielfältigen Nutzungsformen im Laufe der menschlichen Geschichte stark beeinflußt. Somit sind Böden wichtige Zeugnisse früherer Bewirtschaftungsweisen und Beweisstück menschlicher Tätigkeit. Bestimmende Elemente für den Wert eines Bodens als "kulturgeschichtliche Urkunde" sind z.B. Zeugnisse spezieller Bewirtschaftungsformen und konservierte Siedlungs- und Kulturreste, die im Sinne von Denkmalspflege, Landeskunde und archäologischer Forschung schützenswert sind. Welche kulturhistorischen Böden in einer Region zu erwarten sind, ist vor allem von der Art der ehemaligen Bodennutzung abhängig.

Der Natürlichkeitsgrad oder die Naturnähe bezeichnet die ursprüngliche natürliche Standorteigenschaft und -dynamik eines Bodens, die nicht durch menschliche Aktivitäten oder Einflüsse verändert wurden (Grimm & Sommer 1993). Das Vorkommen natürlicher Böden tendiert in Mitteleuropa gegen Null; selbst naturnahe Böden sind relativ selten. Zu bedingt naturnahen Böden zählen Bereiche unter hauptsächlich extensiv genutztem Grünland, Heiden und naturnahen Forsten, die nicht tiefgepflügt, entwässert, abgegraben oder aufgeschüttet wurden (Eberhardt 1991). Ziel ist es, die durch den Menschen möglichst wenig beeinflußten Böden zu schützen. Je größer die Beeinflussung durch den Menschen, um so geringer ist der Natürlichkeitsgrad eines Bodens. Je höher der Natürlichkeitsgrad, desto schutzwürdiger ist der Boden und um so größer sind Schäden durch einen Eingriff (Grimm & Sommer 1993).

Hilfreich zur Einschätzung der Naturnähe sind vor allem Nutzungs- bzw. Biotoptypenkartierungen, aber auch Bodenkarten sowie Topographische Karten mitsamt ihren Ergänzungen und Berichtigungen. Öffentliche Meliorationsmaßnahmen sind - wenngleich mit größerem Aufwand - festzustellen. Desweiteren können historische Karten von Nutzen sein.

Zusammenfassend sollen Seltenheit sowie landschaftsgeschichtliche Bedeutung und Naturnähe eines Bodens anhand der nachfolgenden (beispielhaften) Kriterien abgeleitet werden.

1) Kriterien zur Bestimmung der Seltenheit
   - Flächenanteil < x % an der Gesamtfläche des Untersuchungsgebietes (flächenhafte Betrachtung) oder
   - Anzahl des Vorkommens im Bundesland = y (punktuelle Betrachtung)
2) Kriterien zur Bestimmung der landschaftsgeschichtlichen Bedeutung
   - fossile und reliktische Böden
   - Fossil- und archäologische Fundstellen
   - glaziale Formen
   - bedeutsame Schichtfolgen
   - durch bestimmte Bewirtschaftungsformen geprägte Böden
3) Kriterien zur Bestimmung der Naturnähe
   - Böden mit nahezu vollständigen Profilen
   - Böden unter naturnahen Waldstandorten (geringer Anteil standortfremder Baumarten)
   - Böden unter natürlichen Trockenrasen und Heiden
   - intakte Hoch- und Niedermoore
   - stark extensive Grünlandwirtschaft bzw. (Dauer-)Brache

5 Schlußwort

Das Umweltmedium Boden wird im Gegensatz zu den Medien Luft und Wasser derzeit noch nicht mit der notwendigen Aufmerksamkeit betrachtet. Insbesondere die mangelhafte Rechtslage sowie das Fehlen konkreter Belastungs- und Grenzwerte unterstreichen diese Tatsache und machen es somit schwierig, den Schutzgutcharakter des Bodens durchzusetzen.

Die hier vorgestellten Überlegungen sollen dazu beitragen, Aspekte des vorsorgenden Bodenschutzes stärker zu berücksichtigen. Das bedeutet insbesondere, daß die Flächeninanspruchnahme in solcher Weise gelenkt wird, daß Planungen und damit verbundene Bauvorhaben Böden geringer Schutzwürdigkeit beanspruchen. Ist dies nicht unmittelbar möglich, so liefert das Instrument zumindest aggregierte und bodenschutzrelevante Fachinformationen. Auf dieser Grundlage können mögliche Fehlentwicklungen und damit einhergehende Bodenbelastungen vermieden bzw. minimiert werden.

Literatur

Arbeitskreis Bodenschutz beim Umweltministerium Baden-Württemberg 1995. Bewertung von Böden nach ihrer Leistungsfähigkeit - Leitfaden für Planungen und Gestattungsverfahren (Heft 31), Umweltministerium Baden-Württemberg [Hrsg.].

Arbeitskreis Stadtböden 1989. Kartierung von Stadtböden. Empfehlungen des Arbeitskreises Stadtböden der Deutschen Bodenkundlichen Gesellschaft für die bodenkundliche Kartieranleitung urban, gewerblich und industriell überformter Flächen (Stadtböden), Büro für Bodenbewertung Kiel, im Auftrag des Umweltbundesamtes, UBA-Texte 18/89, Forschungsbericht 107 03 007/03, Berlin.

Berger, C. (1995). Planungsrelevante Bodenbewertungskriterien: Anforderungen und Möglichkeiten. Mitteilungen der Deutschen Bodenkundlichen Gesellschaft 76: 1257-1260.

Blume, H.-P. (Hrsg.) 1992. Handbuch des Bodenschutzes. 2. Aufl., Landsberg/Lech.

Bosch, C. 1994. Ökologische Bodenfunktionen: Beiträge der Bodenökologie zum Bodenschutz. In: Rosenkranz, D., Bachmann, G., Einsele, G. & Harreß, H.-M. (Hrsg.): Bodenschutz. Ergänzbares Handbuch der Maßnahmen und Empfehlungen für Schutz, Pflege und Sanierung von Böden, Landschaft und Grundwasser, Loseblattsammlung, 22. Lfg. 12/96, 7050, Berlin.

Brahms, E. & Jungmann, S. 1995. Das Schutzgut Boden in der Planung - Methodische Aspekte bei der Anwendung der Eingriffsregelung und in Umweltverträglichkeitsprüfungen. UVP report 3/95: 124-128.

Eberhardt, C. 1991. Naturnähe als Schutzkriterium für Böden. Diplomarbeit Hannover (Institut für Landschaftspflege und Naturschutz). Unveröffentlicht.

Evert, M & Baumgärtner, M. 1993. Natur- und kulturräumliche Wertigkeit von Böden - Entwurf eines Bewertungsverfahrens für Böden und ihre Funktionen - Einsatzmöglichkeiten in UVP und Bodenschutz. UVP-report 4/93: 214-216.

Fokuhl, C. 1994. Der Beitrag des Landschaftsplans zum Schutz der Böden. Diplomarbeit Hannover (Fachbereich Landschaftsarchitektur und Umweltentwicklung), Arbeitsmaterialien, Bd. 26.

Fränzle, O., Jensen-Huss, K., Daschkeit, A., Hertling, T., Lüschow, R. & Schröder, W. 1993. Grundlagen zur Bewertung der Belastung und Belastbarkeit von Böden als Teilen von Ökosystemen. Geographisches Institut der Universität Kiel, im Auftrag des Umweltbundesamtes, UBA-Texte 59/93, Forschungsbericht 107 07 001/01, Berlin.

Grimm, B. & Sommer, B. 1993. Bewertung von Boden und Bodenverlust im Rahmen der Umweltverträglichkeitsprüfung. UVP-report 4/93, 211-213.

Kröhn, S. 1995. Bodenschutz in der Landschaftsplanung - Konzept zum methodischen Vorgehen. Diplomarbeit TU Berlin (Fachbereich Umwelt und Gesellschaft).

Lynar, W., Schneider, U., Brahms, E. & Hübler, K.-H. (Hrsg.) 1989. Bodenschutz in Stadt- und Industrielandschaften. Taunusstein.

Schachtschabel, P., Blume, H.-B., Bäumer, G., Hartke, K.-H. & Schwertmann, U. 1992 Lehrbuch der Bodenkunde. 13. Aufl., Stuttgart.

SRU (Sachverständigenrat für Umweltfragen) 1987. Umweltgutachten 1987. Stuttgart, Mainz.

12 Leitbildorientierte Bewertung anhand der Fauna im Rahmen einer Effizienzkontrolle für Renaturierungsverfahren

Rolf Niedringhaus[1]

[1] Carl-von-Ossietzky-Universität Oldenburg, Fachbereich Biologie, Postfach 2503, D-26111 Oldenburg

Zusammenfassung. Im Rahmen eines Renaturierungsprojektes in Nordwestdeutschland wird versucht, vor dem Hintergrund eines regionsspezifischen Leitbildes, ehemals für das Gebiet charakteristische Biotope durch punktuelle ökotechnische Maßnahmen gezielt „wiederherzustellen", um u.a. die Lebensbedingungen für die landschaftstypische Flora und Fauna nachhaltig zu verbessern. Für die Effizienzkontrolle wurde für das Schutzgut Fauna ein Bewertungsverfahren entwickelt, das den „*Vorher-Nachher*"-Ansatz (Zustandsvergleich vor und nach den Maßnahmen) und den „*Ist-Soll*"-Ansatz (Vergleich des status quo mit dem Leitbild) miteinander kombiniert. Die Wirkungen der Renaturierungsmaßnahmen werden quantitativ bewertet. Aus Einzelbewertungen für spezielle Flächenausschnitte, Biotope oder Maßnahmen lassen sich durch Flächen-Wert-Aggregierungen synoptische Bewertungen für Flächen-, Biotop- oder Maßnahmenkomplexe errechnen; außerdem sind die Renaturierungserfolge im Hinblick auf unterschiedliche „Indikatorebenen" (einzelne Taxozönosen, spezielle Gilden, „Gesamtfauna") ablesbar. Die eigentliche Bewertung erfolgt auf Biotopebene und zwar als Abgleich zwischen tatsächlichem Artenbestand (jeweils gesamte Taxozönose) und potentiellem „Leitbild-Artenbestand". Von den gemessenen Zustandsdaten über die naturschutzfachliche Interpretation bis hin zur In-Wert-Setzung (Merkmals-, Kriterien-, Wertebene) werden intervallskalierte Größen verwendet, die einer synoptischen Weiterverarbeitung unterzogen werden.

Schlüsselwörter. Effizienzkontrolle, Fauna, Leitbild, quantitative Bewertung, Renaturierung

1 Einleitung

Um effektiven und erfolgreichen Naturschutz betreiben und die Notwendigkeit bestimmter naturschutzfachlicher Maßnahmen rechtfertigen zu können, ist es wichtig, Erfolge und Mißerfolge zu dokumentieren und zu analysieren sowie Kosten und Nutzen gegeneinander abzuwägen (vgl. z.B. Blab & Völkl 1992, Plachter 1991, Hampicke 1994). Wirksame Effizienzkontrollen im Naturschutz sind insofern unbestritten notwendig und rücken seit einiger Zeit in den Blickpunkt der Naturschutzforschung (vgl. Blab et al. 1994).

Obwohl faunistische Untersuchungen einen wichtigen Beitrag zur Feststellung von Naturschutzqualitäten leisten und daher in biologisch-ökologischen Effizienzkontrollen stets durchgeführt werden sollten (Wey et al. 1994), werden tierökologische Aspekte bei umweltrelevanten Planungen und speziell auch bei Effizienzkontrollen im Naturschutz vielfach unzureichend berücksichtigt (Riecken 1994). Dies hängt offensichtlich in erster Linie mit den Schwierigkeiten bei der Reduzierung der komplexen tierökologischen Daten auf planungsrelevante Größen zusammen (Riecken 1992), zum anderen sicherlich mit einem deutlich erhöhten Kostenaufwand bei der Datenerhebung.

Das hier vorgestellte Verfahren einer faunistischen Effizienzkontrolle (mit insgesamt 17 berücksichtigten terrestrischen und limnischen Tiergruppen, Näheres vgl. Niedringhaus 1997) wurde im Rahmen einer seit 1989/90 laufenden Begleituntersuchung zum E+E-Vorhaben „Wiederherstellung regionstypischer Biotope in der Agrarlandschaft" entwickelt und soll im folgenden zur Diskussion gestellt werden. Es ist Bestandteil einer umfassenden, die weiteren Schutzgüter Boden, Wasser und Flora/Vegetation berücksichtigenden, leitbildorientierten und regionalisierten Landschaftsbewertung (vgl. Janiesch et al. 1997, Niedringhaus et al. 1997). Anhand von Vorher-Nachher-Zustandserfassungen und entsprechenden Ist-Soll-Vergleichen (vgl. Wey 1994) sollen die Wirkungen von konkret durchgeführten Gestaltungsmaßnahmen auf verschiedenen räumlichen und zeitlichen Ebenen dokumentiert werden. Dazu mußten aus den übergeordneten Zielen des Projektes möglichst detaillierte Zielvorstellungen für die verschiedenen Biotope abgeleitet werden, so daß differenziert meßbare Zielerfüllungen erkennbar werden.

2 Das Planungsgebiet: Ausgangssituation und Zielvorstellungen

Das 825 ha große Planungsgebiet ist Teil eines ursprünglich durch Feuchtgebiete geprägten Naturraumes, den landwirtschaftliche Intensivierungsmaßnahmen in den letzten Jahrzehnten grundlegend verändert haben. Anhand eines leitbildorientierten Entwicklungskonzeptes soll durch umfassende ökotechnische Maßnahmen innerhalb von 7 aufgekauften Gestaltungsräumen, die etwa 10 % der Fläche ausmachen, die ökologische Situation nachhaltig verbessert werden. Ausgehend vom „logisch-hierarischen Leitbild-Modell“ (Kiemstedt 1991) wurde vorab festgelegt (z.T. unter Beteiligung der verschiedensten Interessenvertreter, Nutzer und Experten im Sinne der „diskursiven Leitbildentwicklung“, vgl. Wiegleb 1996):

A) *das Leitbild*: „Nachhaltige Verbesserung der ökologischen Situation“ in intensiv genutzten Agrarlandschaften durch punktuelle „Wiederherstellung“ ehemals regionscharakteristischer Biotope;

B) *die Leitlinien* für das Planungsgebiet, ausgehend von raumspezifischen Zielvorstellungen, die von einer historisch begründbaren Ausgangssituation - Zeitraum von vor etwa 50 Jahren - m.o.w. konkret abgeleitet werden: wesentlich geringere landwirtschaftliche Nutzung (sowohl in Bezug auf Flächenanteil als auch Intensität), umfangreiches Heckensystem; auf etwa 10% Fläche regionscharakteristische Feuchtbiotope;

C) *die Umweltqualitätsziele*: Art und Flächenanteile bestimmter Biotoptypen (Tab. 12.1) sowie detaillierte Qualitätsmerkmale der einzelnen Biotope (Tab. 12.2).

Tabelle 12.1. Konkretisierung der Umweltqualitätsziele für das Planungsgebiet: Art und Flächenanteile der Biotoptypen im Ist- und Soll-Zustand (Angaben in ha)

Biotoptyp (Nr.: RL BRD, Riecken et al. 1994)	**Soll-Zustand**	**Ist-Zustand**	**Abweichung in % v. S-Z**
Limnische Biotope	**20**	**2**	**+89**
sommerwarmer Niederungsbach, NBA (23.02)	0,6	0,4	+33
ganzjährig fließender Graben, GRF (23.05.01)	0,7	0,4	+43
sehr langs. fließ. bis stehender Graben, GRS (24.07.04)	0,1	0,1	0
zeitweilig trockenfallender Graben, GRT (23.06)	0,4	0,4	0
eu- bis hypertrophes Verlandungsgewässer, VLG (24.04)	14	0	+100
perenn., meso- bis eutrophes Kleingewässer, KGP (24.03)	1	0,3	+70
temporäres Kleingewässer, KGT (24.05)	3	0,2	+93
Terrestrische Biotope			
Ufersaum/Röhricht, USA (39.01,38.01-03,05-07)	13	10	+23
Niedermoorwiese i.e.S. (Pfeifengrasw.), NMW (35.02)	215	0,5	+99
extensiv genutztes Feuchtgrünland, EGL (34.07)	320	5	+98
mesophiles Intensivgrünland, IGL (34.08.01.02)	0	170	-100
Erlen-Bruchwald, EBW (43.02.02)	25	13	+48
Eichen-Birken-Wald, EIW (43.07.04)	11	11	0
feuchte Hecke, HFE (41.03.01.01)	10	5	+50
trockene Hecke, HTR (41.03.01.02)	20	14	+30
meso- bis xerotherme Sekundärstandorte auf Sandboden	10	<0,1	+99
Ackerflächen	(60)	470	-100
Siedlungsflächen	124	124	0

Tabelle 12.2. Detaillierte biotopspezifische Qualitätsziele am Beispiel des Gewässertyps „Sommerwarmer Niederungsbach"

Ausprägungsmerkmale	Ziel-Zustand für „Sommerwarmer Niederungsbach"
Ausprägung/ Morphologie	hohe Strukturvielfalt: z.T. mäandrierend mit Abbruchkanten unterschiedlicher Sohlbreiten und -höhen sowie Uferneigungen
Unterhaltung	nur bei akuter Hochwassergefährdung
Wasserführung/ Fließgeschwindigkeit	ganzjährig schnell bis mittelschnell fließend, kleinräumig wechselnde Strömungsgeschwindigkeiten, keine Sohlabstürze
Sediment	vielfältige Sedimentstruktur
Nährstoffsituation	oligo- bis betamesotroph, d.h. im Mittel maximal Gewässergüteklasse II (mäßig belastet)
Vegetation/dominante Wasserpflanzen	überwiegend Gehölzbeschattung; nur in besonnten Abschnitten Lemnetea, Potametea, Ranunculetum peltati und Pflanzengesellschaften des amphibischen Uferbereichs; Flora: Lemna minor, Callitriche palustre, Elodea canadensis, Myriophyllum alternifolium, Ranunculus peltatus

Ansatzpunkte für die Entwicklungsziele und Ausgangspunkte für die Maßnahmen bilden vor allem die in Fragmenten erhalten gebliebenen Reste naturnaher Landschaftselemente. Die Maßnahmen konzentrieren sich auf sieben „Gestaltungsräume" von insgesamt 110 ha Fläche, darunter vier Flächenkomplexe (G1-G4, Feuchtgebiete) und drei Vernetzungselemente (G5-G7, Bachauen und Wallhecken):

G1 - Feuchtgebiet Großer Brögberner Teich (27,2 ha): Schaffung bzw. Reaktivierung eines größeren Feuchtgebietes mit Wasserflächen, Verlandungs- und Sumpfzonen sowie Feuchtwaldbereichen; Schaffung eines Zuleiters incl. Bachauenlandschaft;

G2 - Feuchtgebiet Kleiner Brögberner Teich (11,8 ha): Schaffung bzw. Reaktivierung eines größeren Sumpfgebietes mit Wasserflächen, Verlandungs- und Sumpfzonen sowie Feuchtgebüschen;

G3 - Moorwiese bei Brockhausen (6,0 ha): Ausweitung von Niedermoorwiesen durch Vernässung und Extensivierung, Anlage von Kleingewässern;

G4 - Feuchtgebiet Baccumer Bruch (37,4 ha): Schaffung bzw. Reaktivierung eines größeren Feuchtgebietes mit Erlen-Bruchwald, Niedermoorwiesen, Wasserflächen mit Verlandungs- und Sumpfbereichen;

G5 - Lingener Mühlenbach (4,7 ha) und *G6 - Schillingmanngraben* (7,2 ha): Rückbau in eine Bachauenlandschaft mit den verschiedensten Feuchtbiotopen von Stillgewässern bis Feuchtgebüschen;

G7 - Heckensystem (ca. 9 km von ca. 10 m Breite anzulegen): Bereichsweise Schließung des bestehenden Heckensystems durch Pflanzungen mit standorttypischen Gehölzen.

Damit läßt sich für jedes Gestaltungsgebiet eine bestimmte gewünschte Biotop-Ausstattung festlegen, wobei die Flächenanteile der einzelnen Biotoptypen ebenfalls weitgehend vorgegeben sind (Tab. 12.3).

Tabelle 12.3. Angestrebte Flächenanteile der Biotoptypen in den einzelnen Gestaltungsgebieten (hier: Gewässertypen; Abkürzungen vgl. Tab. 12.1; Angaben in ha)

Typ Gebiet	NBA	GRF	GRS	GRT	VLG	KGP	KGT	Summe
G 1		< 1			9		< 1	9,3
G 2					3		< 1	3,1
G 3						< 1	< 1	< 1
G 4					2	< 1	< 1	2,8
G 5	< 1					< 1	1	1,8
G 6		< 1				< 1	1	1,9
G 7								--
übriges Gebiet			< 1	< 1		< 1	< 1	0,9

3 Die Effizienzkontrolle

Ziel der vorliegenden Effizienzkontrolle ist die Messung und Dokumentation der durch die Maßnahmen induzierten Qualitätsänderungen in den verschiedenen Biotopen; es handelt sich also letztlich um eine Bewertung auf „Objektebene" (Plachter 1994). Die zentralen Fragen sind:

- Wie groß sind die erreichten *Wertsteigerungen* für die Landschaft (vor dem Hintergrund der aufgewendeten Mittel)?
- Inwieweit werden die *Umweltqualitätsziele*, d.h. die festgelegten Biotopqualitäten, nach Durchführung der ökotechnischen Maßnahmen erreicht?

Als *Meßparameter* werden vor dem Hintergrund der Komplexität der Umweltqualitätsziele (s.o.) die Schutzgüter Boden, Oberflächenwasser, Grundwasser, Luft/Klima, Flora/Vegetation und Fauna herangezogen. Im folgenden wird nur auf das Schutzgut Fauna näher eingegangen.

Als *faunistische Meßparameter* wurden nach bestimmten Kriterien (vgl. Niedringhaus 1997) 17 Stellvertreter Indikatorgruppen ausgewählt (Tab. 12.4).

Tabelle 12.4. Die für die faunistische Effizienzkontrolle ausgewählten Indikatorgruppen

	Wirbeltiere	Wirbellose
limnisch	Fische Amphibien (Laichhabitate)	Mollusken Libellen Köcherfliegen Wasserkäfer Wasserwanzen
terrestrisch	Amphibien (Sommerhabitate) Reptilien Brutvögel	Spinnen Laufkäfer phytophage Käfer Tagfalter Pflanzenwespen Heuschrecken Wanzen Zikaden

3.1 Der Bewertungsansatz

Die Messung der Veränderung der Biotopqualität sollte erfolgen:

1) in Form einer quantitativen Bewertung (d.h. verrechenbare Wert-Zuweisungen) anhand einer intervallskalierten Werteskala von 1,0 (sehr schlecht) bis 7,0 (sehr gut),
2) mit flächenscharfen Wert-Zuweisungen (d.h. mit Bezug auf einzelne Gestaltungsbereiche bzw. Maßnahmenkomplexe und auch auf bestimmte Biotope bzw. Einzelmaßnahmen),
3) als IST - SOLL - Vergleich: Status quo gegen Ziel-Zustand,
4) als VORHER - NACHHER - Vergleich: Status quo ante (vor Maßnahmenbeginn) gegen Status quo post (verschiedene Zeitabstände nach Abschluß der Maßnahmen),
5) im Hinblick auf Ansatz und Struktur des Bewertungsverfahrens für die verschiedenen Schutzgüter weitestgehend gleichartig.

Bei dem vorgestellten Verfahren handelt es sich um eine leitbildorientierte naturschutzfachliche Bewertung, die nach Wiegleb (1997) die Eigenschaften „numerisch" (kardinale Werteskala), „objektbezogen" (Vergleich konkreter Flächenausschnitte), „nach oben beschränkt" (geeichte Qualitätsziele, s.u.), „explizit" (Transformation der Zustandsdaten in Werte, s.u.) sowie „sektoral mit synthetischem Anteil" (nur Fauna, aber verschiedene Taxozönosen) aufweist.

3.2 Das Bewertungsverfahren

Für ein numerisches Bewertungsverfahren sind *erfaßbare* und *quantifizierbare Meßgrößen* notwendig, die durch Pessimal- bzw. Optimalwerte zu „eichen" sind. Die intervallskalierten Wert-Zuweisungen sind dabei aus ebenfalls intervallskalierten Qualitätszielen und diese wiederum aus Zustandsdaten (quantitativ erfaßbare Bestandsgrößen) zu transformieren.

Als *quantifizierbare faunistische Qualitätsziele* für die Biotoptypen definieren wir jeweils für die einzelnen Indikatorgruppen potentielle „Leitbild-Artenbestände". Als Maß für den Wert eines Biotops wird der „Erfüllungsgrad der jeweiligen Artengemeinschaft" herangezogen, d.h. es wird ein *Abgleich zwischen dem potentiellen Artenbestand* des zu bewertenden Biotops - bei Zugrundelegung der landschaftsräumlichen Leitlinien - *und den im Gebiet tatsächlich etablierten Arten* - unter den gegebenen Ist-Zustandsbedingungen - durchgeführt.

Der für einen bestimmten Biotoptyp anzusetzende potentielle Leitbild-Artenbestand wird in 3 Schritten gebildet:

1. Bestimmung des Ausgangsartenpools nach Festlegung des Rekrutierungsareals (für die meisten Tiergruppen ein Radius von ca. 150 km, bei hoch-vagilen Gruppen das gesamte Norddeutsche-Niederländische Tiefland);
2. Bestimmung des Durchzugspotentials (Welche Arten können das Gebiet entsprechend ihrer Dispersionskapazität potentiell erreichen?)
3. Bestimmung des Etablierungspotentials (Bei welchen Arten stimmt das „ökologische Anspruchsprofil" mit dem Ressourcenpotential des Gebietes - vor dem Hintergrund der leitbild-geprägten Biotopausstattung, vgl. Tab. 12.1 und 12.2 - überein?)

Man gewinnt somit für die einzelnen Biotoptypen einer Region *hypothetische Referenz-Zustände*, die in der Realität natürlich nicht erreicht werden bzw. deren Arten zumindest nicht sämtlich fest etabliert sein können (Fehleinschätzungen bei der Interpretation der Anspruchsprofile, Etablierungseinschränkungen durch biologische Interaktionen, dynamische bzw. zufallsbedingte Besiedlungsprozesse). Sie erfüllen als hypothetische Optimal-Artenbestände lediglich die Funktion als *Eichwerte* für die faunistischen Qualitätsziele.

Es erfolgt eine *Gewichtung der einzelnen potentiellen Arten* hinsichtlich der zwei wichtigen naturschutzrelevanten Kriterien „Gefährdung" und „Naturraum-Repräsentanz" mittels Punktvergabe (Tab. 12.5); außerdem wird eine Gewichtung entsprechend des jeweiligen Etablierungsgrades durchgeführt, wobei beim hypothetischen (!) Artenpotential nur die Kategorie „fest etabliert" (Faktor 8) angesetzt wird. Damit werden die wichtigsten und am häufigsten verwendeten Bewertungsparameter (vgl. Margules & Usher 1981) eingebunden: Artenreichtum/Diversität (potentieller Artenbestand), Seltenheit/Gefährdung (Artgewichtung), Repräsentanz (Artgewichtung) und z.T. Natürlichkeit (Artgewichtung entsprechend Etablierungsgrad). Durch die (weitgehend gesetzte und hier zunächst zur Diskussion gestellte) Gewichtung der Bewertungsparameter werden letztlich ordinale Daten auf ein intervallskaliertes Niveau transformiert, so daß dieser in der Bewertungsdiskussion oftmals kritisierte und auch in mathematischer Hinsicht nicht ganz unproblematische Punkt (vgl. z.B. Roweck 1996, Reck 1996) auch hier nicht völlig zufriedenstellend gelöst ist (prinzipiell lassen sich aber auch Gefährdungs-, Repräsentanz- oder Etablierungsgrade als kardinalskalierte Werte bestimmen).

Tabelle 12.5. Artgewichtungen hinsichtlich der naturschutzrelevanten Kriterien „Gefährdung i.w.S.“, „Naturraum-Repräsentanz“ und „Etablierungsgrad“

Gefährdung/Seltenheit	Gewichtung	Naturraum-Repräsentanz	Gewichtung
sehr hoch (RL Nds 0,I,II)	8	Naturraum-spezifische Zielart	8
hoch (RL Nds III,IV,V)	4	Naturraum-charakteristische Art	4
gering	2	Allerweltsart	2
sehr gering	1	Naturraum-fremde Art	0
Etablierungsgrad im zu bewertenden Gebiet (über Dominanzen, Frequenzen, Kontinuität)			
dauerhaft und großflächig etabliert			8
temporär oder lokal etabliert			4
vereinzelt etabliert			2
Einzelfund ohne Etablierungsmöglichkeit			1

Die einzelnen artbezogenen Punktwerte werden für jeden Biotoptyp getrennt aufsummiert, so daß sich Optimal-Punktsummen für die einzelnen hypothetischen Artenbestände und damit *quantifizierte und geeichte Qualitätsziele* ergeben (Tab. 12.6).

Qualitätsmessung anhand des Erfüllungsgrades

Der Vergleich zwischen den Punktsummen des tatsächlichen und denen des potentiellen Leitbild-Artenbestandes ergibt eine Abweichung, die als Erfüllungsgrad (EFG) hinsichtlich des (hypothetischen) Optimal-Artenbestandes angesehen werden kann.

Die Erfüllungsgrade (von 0-100%) werden in eine Werte-Skala (von 1-7) transformiert, wobei keine lineare Zuordnung vorgenommen wird - da z.B. eine EFG-Steigerung im unteren Skalenbereich ungleich leichter ist als am oberen Skalenende - sondern eine Transformation in Anlehnung an eine Logarithmus-Funktion (vgl. z.B. O'Keefe et al. 1987, Plachter 1994). Aus Gründen der Einprägsamkeit wird der 2er-Logarithmus gewählt, so daß ein linearer Wertanstieg in etwa einer EFG-Verdopplung entspricht (im unteren EFG-Skalenbereich aus mathematischen und pragmatischen Gründen Abweichung):

Erfüllungsgrad (%)	2	2,8	4	5,8	8	11	16	22	32	44	64	88	100
Wert-Zuweisung (2er Logarithmus)	1,0	1,5	2,0	2,5	3,0	3,5	4,0	4,5	5,0	5,5	6,0	6,5	6,6
Wertstufen	1	2		3		4		5		6		7	

Tabelle 12.6. Optimal-Punktsummen als geeichte Qualitätsziele für die einzelnen Biotoptypen (in Klammern die zugrunde liegende Anzahl der jeweils hypothetischen Artengemeinschaft, Datengrundlage: über 200 Publikationen)

terr. Biotoptypen	Brutvögel (89)	Amphibien (7)	Reptilien ([illegible])	Spinnen (296)	Laufkäfer (150)	phytophage Käfer (634)	Tagfalter (57)	Pflanzenwespen (232)	Heuschrecken (18)	Landwanzen (291)	Zikaden (234)
Ufersäume u. Röhrichte (USA)	616	320	176	8472	6176	14128	1552	3904	392	9080	5408
Niedermoorwiesen (NMW)	1256	320	224	10448	6464	12752	2144	3648	712	6896	6568
extensiv gen. Feuchtgrünl. (EGL)	1120	320	224	7776	6304	17192	1936	2464	328	4776	6568
Erlen-Bruchwald (EBW)	2344	232	176	8360	3504	21968	912	7088	144	6384	6904
Eichen-Birken-Wald (EIW)	1968	200	128	7168	2272	14920	1040	3992	136	7792	5128
feuchte Hecken (HFE)	2280	296	80	6560	2688	21824	1776	7328	368	7896	4880
trockene Hecken (HTR)	2280	200	128	7832	3704	24936	2200	10416	392	11656	7248
Trockenbereiche, überformt	1752	48	80	7128	4464	6376	712	1232	280	5392	2896

Gewässertypen	Fische (20)	Amphibien (7)	Süßw.mollusken (51)	Libellen (42)	Köcherfliegen (88)	Wasserkäfer (163)	Wasserwanzen (56)
Fließgewässer							
Sommerwarmer Niederungsbach (NBA)	512	-	928	680	2504	3552	1208
ganzjährig fließender Graben (GRF)	632	24	1184	624	2672	3856	1528
sehr langs. fließ./stehende Gräben (GRS)	408	96	1248	592	1856	4400	1384
zeitweilig trockenfallende Gräben (GRT)	-	72	1008	328	232	3288	776
Stillgewässer							
größere, nährstoffreiche Verl.gew. (VLG)	920	192	2880	2240	1296	7960	2944
perennierende Kleingewässer (KGP)	304	320	2880	2080	1296	7960	2944
temporäre Kleingewässer (KGT)	-	256	744	1376	312	5832	2288

In der Praxis bedeutet dies, daß bei Erreichen eines EFG von 64% das Qualitätsziel voll erfüllt ist. Daß diese zu Projektbeginn gesetzten Optimum-Zielvorgaben zumindest für einige renaturierte Biotope nach einer gewissen Zeit auch erreichbar sein müßten, davon kann nach den zu Beginn durchgeführten „Referenz-Bewertungen" der im Gebiet noch vorhandenen bereichsweise naturnahen Flächen ausgegangen werden (z.B. bei Erlen-Bruchwald-Resten je nach Tiergruppe EFG's von 35-65%).

Durch die Vorgabe, daß biotopspezifische Einzelmaßnahmen (d.h. bezogen auf einen bestimmten Biotoptyp in einem bestimmten Gestaltungsgebiet) zunächst getrennt bewertet werden sollten, ergeben sich beim eigentlichen Bewertungsvorgang - als Abgleich zwischen einem festgestellten Artenbestand und einem Biotoptyp-bezogenen Optimal-Artenbestand - über 30 Einzelbewertungen (7 Gestaltungsgebiete mit jeweils durchschnittlich 5 Biotoptypen). Um zu einem synoptischen Wert z.B. eines ganzen Gestaltungsbereichs oder eines Biotoptyps in seiner Gesamtheit zu gelangen, muß über eine Flächen-Verschneidung eine entsprechende Wert-Aggregierung herbeigeführt werden.

Da zwischen Flächengröße und Wert sicherlich kein linearer Zusammenhang unterlegt werden kann, können die Wert-Zuweisungen nicht einfach mit dem jeweiligen Flächenanteil multipliziert und reskaliert werden. Beim Verschneiden unterschiedlich großer Flächen und ihrer jeweiligen Werte muß also eine Zuordnungsvorschrift (Flächengewichtung) eingeführt werden. Wir schlagen vor, in Anlehnung an die „Arten-Areal-Beziehung" (Verzehnfachung der Fläche zieht etwa eine Verdopplung der Artenzahl nach sich, vgl. MacArthur & Wilson 1963) eine logarithmierte Gewichtung - der Praktikabilität wegen zur Basis 2 - durchzuführen:

Flächenanteil (%)	2	2,8	4	5,8	8	11	16	22	32	44	64	88	100
Flächen-Gewichtung (2er Logarithmus)	1,0	1,5	2,0	2,5	3,0	3,5	4,0	4,5	5,0	5,5	6,0	6,5	6,6

Dies bedeutet, daß der Wert kleiner Gebiete bei einer Verschneidung verhältnismäßig über-, größere dagegen untergewichtet werden. Dieser Gedanke entspricht auch weitgehend den von anderen Autoren unterlegten Flächen-Wert-Relationen (vgl. z.B. Usher 1994: 27).

Die synoptische Bewertung im Hinblick auf die „Gesamtfauna" erfolgt mittels einfacher (ungewichteter) Mittelwertbildung. Eine alleinige Berücksichtigung der höchstwert-liefernden Tiergruppe (z.B. Brinkmann 1997) führt in den meisten Fällen nur zu einer durchgehenden Höher-Verschiebung des synoptischen Wertes (vgl. Abschnitt 3.3 in dieser Arbeit).

3.3 Ergebnisse der Maßnahmenprüfung

Die Qualitätswerte der einzelnen Biotoptypen im *Vorher-Zustand* (vor Maßnahmenbeginn) liegen erwartungsgemäß in den meisten Fällen auf niedrigem Niveau (Tab. 12.7). Das ist in erster Linie auf die jeweils zu integrierenden hohen Anteile von Ackerflächen und Intensivgrünland zurückzuführen: Die vorhandenen Artengemeinschaften dieser landwirtschaftlich intensiv genutzten Flächen ergeben beim Bewertungsabgleich Erfüllungsgrade (im Hinblick auf die potentiellen Artengemeinschaften der zu schaffenden naturnahen Biotoptypen) von zumeist unter 2%, so daß Wert-Zuweisungen von 1,0 bis 1,5 die Folge sind. Beim Biotoptyp „Eichen-Birken-Wald" fallen die Wert-Zuweisungen deutlich höher aus (im Mittel bei 4,2), da im Leitbild keine Ausweitung dieser Waldbiotope (also kein Verschnitt mit minderwertigen Acker- bzw. Grünlandflächen) vorgesehen ist. Entsprechend liegen die Einzel-Werte der wenigen noch vorhandenen Restflächen naturnaher Biotoptypen - bei separater Bewertung - deutlich höher (im Mittel Wert-Intervalle von 4 bis 5, bei einigen Tiergruppen in bestimmten Biotoptypen sogar über 6).

Tabelle 12.7. Faunistische Wert-Zuweisungen für den Vorher-Zustand der verschiedenen Biotoptypen (n.u. = nicht untersucht)

terr. Biotoptypen	Brutvögel (89)	Amphibien (7)	Reptilien (3)	Spinnen (296)	Laufkäfer (150)	phytophage Käfer (634)	Tagfalter (57)	Pflanzenwespen (232)	Heuschrecken (18)	Landwanzen (291)	Zikaden (234)	terrestrische Fauna
Ufersäume u. Röhrichte (USA)	1,5	2,3	1	3,1	4,2	2,5	3	2,8	4	2,6	2,9	2,7
extensiv genutztes Feuchtgrünl. (EGL)	2,1	1,6	1	1,9	2,1	1,6	1,6	1,9	2,3	1,9	1,8	1,8
Erlen-Bruchwald (EBW)	2,2	2,4	1,7	3	3,6	1,7	2,3	1,7	4,2	2,6	2,8	2,6
Eichen-Birken-Wald (EIW)	5,4	4,6	1	4,7	4,8	3	4,1	4,3	6,1	4,4	4,5	4,2
feuchte Hecken (HFE)	1,7	2,1	1	2,7	3,3	1,4	2,1	1,6	3,2	2,3	2,4	2,2
trockene Hecken (HTR)	1,8	2,[illegible]	1,6	2,6	3	1,7	2,1	1,6	3	2,1	2	2,2
Trockenbereiche, anthr. überformt	1,6	2,4	1,3	2	2,2	1,9	2,1	1,9	2,4	1,9	2,1	2

Gewässertypen	Fische (20)	Amphibien (7)	Süßw.mollusken (51)	Libellen (42)	Köcherfliegen (88)	Wasserkäfer (163)	Wasserwanzen (56)	limnische Fauna
Fließgewässer								
Sommerwarmer Niederungsbach (NBA)	3,7	-	3,3	2,9	3,9	2,9	3,2	3,3
ganzjährig fließender Graben (GRF)	2,4	1	2,2	2,2	2,8	2,2	2,4	2,2
sehr langs. fließ./stehende Gräben (GRS)	n.u.	2,8	3,9	2,8	1	3,5	3,6	2,9
zeitweilig trockenfallende Gräben (GRT)	n.u.	2,5	3,9	2,5	1	3,8	3,6	2,9
Stillgewässer								
größere, nährstoffreiche Verl.gew. (VLG)	n.u.	1	1	1	1	1	1	1
perennierende Kleingewässer (KGP)	n.u.	1,8	1,6	1,9	1	2	2,3	1,8
temporäre Kleingewässer (KGT)	n.u.	2	1,7	1,1	1,2	1,7	1,5	1,5

Der *Nachher-Zustand* (unmittelbar nach Abschluß des größten Teils der Maßnahmen auf ca. 75% der geplanten Gestaltungsflächen) läßt für fast alle Biotoptypen leichte Qualitätsverbesserungen erkennen (Tab. 12.8). Lediglich die Umgestaltung der Fließgewässer führt (zunächst) zu Qualitätseinbußen.

Tabelle 12.8. Faunistische Wert-Zuweisungen für den Nachher-Zustand der verschiedenen Biotoptypen (n.u. = nicht untersucht)

terr. Biotoptypen	Brutvögel (89)	Amphibien (7)	Reptilien (3)	Spinnen (296)	Laufkäfer (150)	phytophage Käfer (634)	Tagfalter (57)	Pflanzenwespen (232)	Heuschrecken (18)	Landwanzen (291)	Zikaden (234)	terrestrische Fauna
Ufersäume u. Röhrichte (USA)	2,3	2,6	1	3,4	4,2	2,9	2,7	2,9	3,6	2,8	2,8	2,8
extensiv genutztes Feuchtgrünl. (EGL)	2,2	1,9	1	2,2	2,5	1,9	1,8	2,1	2,4	2,2	2,1	2
Erlen-Bruchwald (EBW)	2,7	2,9	1,7	3,5	4	2,3	2,7	2,2	4,2	3	3	2,9
Eichen-Birken-Wald (EIW)	5,4	4,6	1	4,7	4,8	3	4,1	4,3	6,1	4,4	4,5	4,2
feuchte Hecken (HFE)	2,1	[illegible]	1	2,9	3,4	1,7	2,2	1,6	2,4	2,2	2,5	2,2
trockene Hecken (HTR)	2	1,8	1,8	2,9	3,4	2,2	2,3	2	3,1	2	2,4	2,4
Trockenbereiche, anthr. überf.	1,9	2,3	1,3	2,4	2,5	2,1	2,5	2	2,7	2,3	2,5	2,2

Gewässertypen	Fische (20)	Amphibien (7)	Süßw.mollusken (51)	Libellen (42)	Köcherfliegen (88)	Wasserkäfer (163)	Wasserwanzen (56)	limnische Fauna
Fließgewässer								
Sommerwarmer Niederungsbach (NBA)	2,5	-	3	3,1	3,7	2,7	3	3
ganzjährig fließender Graben (GRF)	2,2	2,7	2,6	2,8	3,5	3,1	3,2	2,9
sehr langs. fließ./stehende Gräben (GRS)	n.u.	2,8	3,9	2,8	1	3,5	3,6	2,9
zeitweilig trockenfallende Gräben (GRT)	n.u.	2,5	3,9	2,5	1	3,8	3,6	2,9
Stillgewässer								
größere, nährstoffreiche Verl.gew. (VLG)	n.u.	2	1,8	2,5	1,6	2	2,1	2
perennierende Kleingewässer (KGP)	n.u.	2,4	2,8	4,4	2,1	3,5	4,1	3,2
temporäre Kleingewässer (KGT)	n.u.	3,1	2,3	3,2	1,7	4,2	3,8	3,1

Bei separater Betrachtung der Maßnahmengebiete zeigen sich unmittelbar nach den Maßnahmen hinsichtlich der terrestrischen Fauna lediglich geringfügige, hinsichtlich der limnischen Fauna schon deutliche Qualitätssteigerungen (Abb. 12.1). Dies ist in Anbetracht der bekanntermaßen hohen Mobilität vieler aquatischer Insekten - verbunden mit einer zumeist schnellen Kolonisation neuer Lebensräume - nicht überraschend. Nach Abschluß der Primärbesiedlungs- und Konsolidierungsphase werden sowohl für die terrestrischen als auch die limnischen Bereiche Wertsteigerungen bis in die Werte-Intervalle 5 und 6, punktuell auch 7 erhofft.

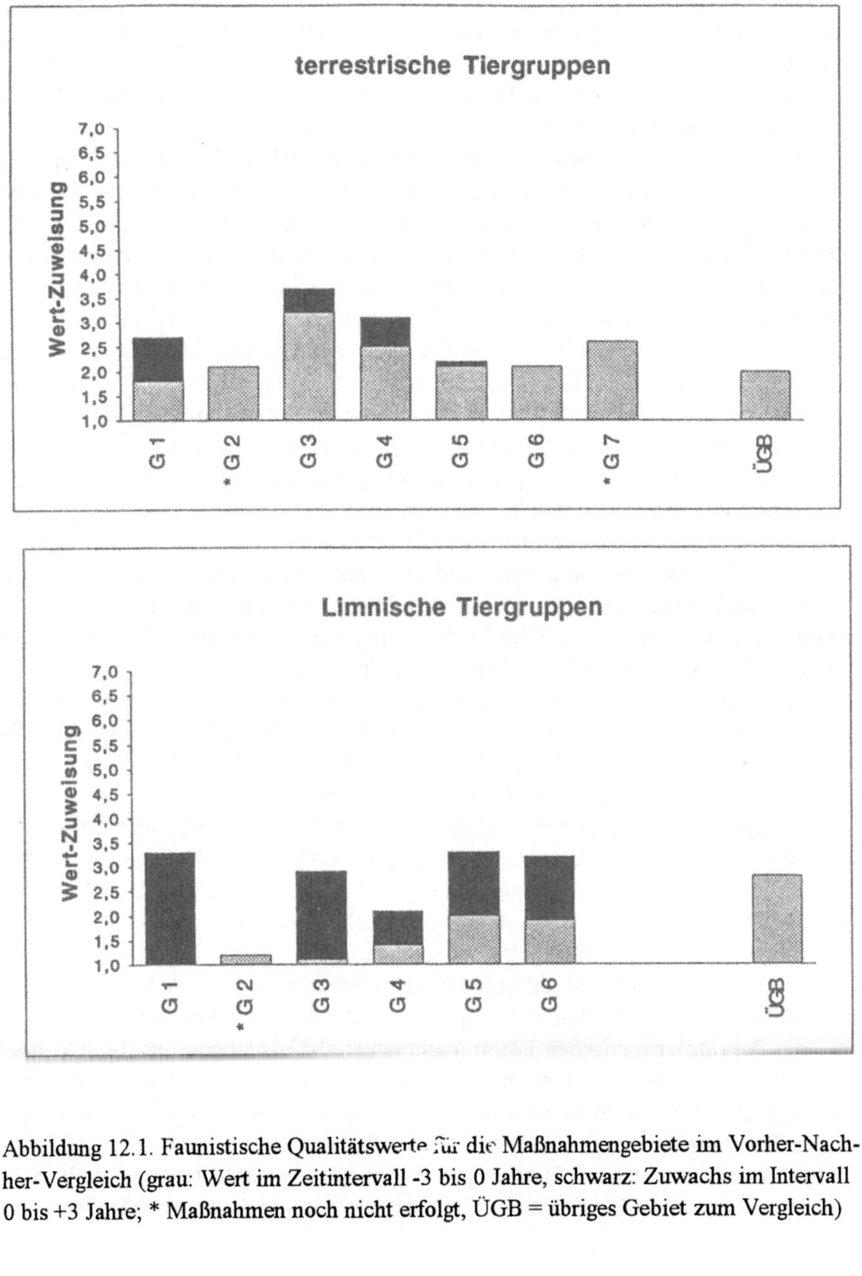

Abbildung 12.1. Faunistische Qualitätswerte für die Maßnahmengebiete im Vorher-Nachher-Vergleich (grau: Wert im Zeitintervall -3 bis 0 Jahre, schwarz: Zuwachs im Intervall 0 bis +3 Jahre; * Maßnahmen noch nicht erfolgt, ÜGB = übriges Gebiet zum Vergleich)

4 Kritische Anmerkungen und Ausblick

Mit dem hier vorgestellten Verfahren zur Effizienzkontrolle können im Hinblick auf das Schutzgut Fauna auf großmaßstäblicher Planungsebene differenzierte Wirkungen von Naturschutzmaßnahmen *quantitativ* dokumentiert und überprüft werden. Neben der flächenscharfen bzw. maßnahmenbezogenen Einzelanalyse sind synoptische Bewertungen durch Flächen-Wert-Aggregierungen ebenso möglich wie die Wirkungskontrolle für alle untersuchten, einzelne ausgesuchte oder auch nur eine gezielte Tiergruppe (als somit „höchstes, wertgebendes Schutzgut" i.S.v. Reck 1996).

Dies erfolgt auf Grundlage von numerischen Wert-Zuweisungen, die aus quantifizierbaren und leitbildorientierten Qualitätszielen (potentielle Artenbestände leitbild-geprägter Biotoptypen, ähnlich dem „regional differenzierten Artenfehlbetragsmodell" bei Herr et al. 1989) abgeleitet werden. Von den gemessenen Zustandsdaten über die naturschutzfachliche Interpretation bis hin zur In-Wert-Setzung (Merkmals-, Kriterien-, Wertebene n. Usher 1994) werden quantifizierbare (kardinale) Größen verwendet, die einer synoptischen Weiterverarbeitung unterzogen werden. Die in diesem Zusammenhang mittels Gewichtungsfaktoren durchgeführte Transformation der ordinalskalierten naturschutzfachlichen Kriterien auf ein kardinales Niveau sind zunächst ein Notbehelf. Es bleibt des weiteren zu beachten, daß es grundsätzlich problematisch ist, die Komplexität der Natur als numerisches Modell darzustellen (vgl. Plachter 1994: 88, vgl. auch Scherner 1995), bei bestimmten Aufgabenstellungen im planerischen Bereich dies aber durchaus verlangt wird und eine quantifizierbare Synopse vorgelegt werden muß. Eine verbal-argumentative Bewertung sollte daher auch bei Anwendung von numerischen Verfahren vorgenommen werden und kann die unterstellte Genauigkeit der Wert-Zuweisungen relativieren.

In weitgehend identischer Weise kann das Verfahren für andere Schutzgüter angewendet werden. Im vorliegenden Fall wurden für das Planungsgebiet flächendeckende Bewertungen für Boden, Grund- und Oberflächenwasser sowie Flora/Vegetation durchgeführt (Niedringhaus et al. 1997).

Grundlage des vorgestellten Verfahrens sind bestimmte Tiergruppen mit hoher Indikatorqualität für die untersuchten Biotope (s.o.). Es wird die *gesamte* Taxozönose mit dem *gesamten* Artenpotential einer Region berücksichtigt. Inwieweit eine Einschränkung auf bestimmte ökologische Gruppierungen (i.S.v. Gilden) oder sogar nur auf einzelne Zielarten bzw. -kollektive (vgl. Mühlenberg & Hovestadt 1992) zu ähnlichen differenzierten Werturteilen führen würde, müßten Fraktionierungen bzw. Reduzierungen der Artensätze zeigen. Dasselbe gilt für die aus dem amerikanischen Raum stammende HEP-Methode mit ihren zumeist auf wenigen Arten basierenden Bewertungsberechnungen (Ähnlichkeiten zum vorliegenden Verfahren in Schritt 1, 2, 5, 6 und z.T. 4 der HEP-Methode nach Pearsall & Durham, zit. n. Hovestadt et al. 1992).

Die von den einzelnen Tiergruppen-Bearbeitern festgelegten potentiellen Artenbestände und die Einarbeitung artbezogener naturschutzfachlicher Daten sind in vielen Fällen erkenntnis- und interpretationsabhängig. Andererseits ermöglichen sie im Prinzip eine auf jeder Verarbeitungsebene transparente und insofern diskussions- und verbesserungsfähige Wertanalyse.

5 Fördernachweis und Dank

Für Anregungen und kritische Diskussionen danke ich Frau Dipl.-Biol. H. Brunken-Winkler, den Herren Dipl.-Biol. O.-D. Finch, Dipl.-Biol. H. Krummen, Dipl.-Biol. R. v. Lemm, Dipl.-Biol. F. Plaisier, Dr. C. Ritzau, Dr. W. Schultz (alle Oldenburg) sowie Herrn Dr. U. Bröring (Cottbus).

Die Begleituntersuchungen zum E+E-Vorhaben „Wiederherstellung regionstypischer Biotope in der Agrarlandschaft" werden finanziert durch Mittel des Bundesministeriums für Umwelt, Naturschutz und Reaktorsicherheit, die fachliche Betreuung erfolgt durch das Bundesamt für Naturschutz, Bonn.

Literatur

Blab, J. & Völkl, W. 1992. Effizienzkontrollen bei Maßnahmen des Naturschutzes: Wissenschaftliche Anforderungen und praxisorientierte Umsetzung. Z. Ökologie u. Naturschutz 1: 161-163.

Blab, J., Schröder, E. & Völkl, W., eds., 1994. Effizienzkontrollen im Naturschutz. Schr.-R. f. Landschaftspfl. u. Natursch. 40: 1-300.

Brinkmann, R. 1997. Bewertung tierökologischer Daten in der Landschaftsplanung. NNA-Ber. 3/97: 48-60.

Finck, P., Hammer, D., Klein, M., Kohl, A., Riecken, U., Schröder, E., Ssymank, A. & Völkl, W. 1992. Empfehlungen für faunistisch-ökologische Datenerhebungen und ihre naturschutzfachliche Bewertung im Rahmen von Pflege- und Entwicklungsplänen für Naturschutzgroßprojekte des Bundes. Natur u. Landschaft 67: 329-340.

Hampicke, U. 1994. Die Effizienz von Naturschutzmaßnahmen in ökonomischer Sicht. Schr.-R. f. Landschaftspfl. u. Natursch. 40: 269-290.

Herr, W., Todeskino, D. & Wiegleb, G. 1989. Übersicht über Flora und Vegetation der niedersächsischen Fließgewässer unter besonderer Berücksichtigung von Naturschutz und Landschaftspflege. Naturschutz und Landschaftspflege in Niedersachsen 18: 145-283.

Hovestadt, T., Roeser, J. & Mühlenberg, M. 1992. Flächenbedarf von Tierpopulationen. Ber. ökol. Forschung 1: 1-277.

Janiesch, P., Lemm, R. von & Niedringhaus, R. 1997. Das biotische Potential einer intensiv genutzten Agrarlandschaft in Nordwestdeutschland - Erfassung und Bewertung der Zustandssituation als Grundlage für ein zielorientiertes Renaturierungskonzept. Abh. Westf. Mus. Naturkunde 59(4): 1-16.

Kiemstedt, H. 1992. Leitlinien und Qualitätsziele für Naturschutz und Landschaftspflege. Ber. ökol. Forschung 4: 338-342.

MacArthur, R. & Wilson, E.O. 1963. An equilibrium theory of insular zoogeography. Evolution 17: 373-387.

Margules, C.R. & Usher, M.B. 1981. Criteria used in assessing wildlife conservation potential: a review. Biological Conservation 21: 79-109.

Mühlenberg, M. & Hoverstadt, T. 1992. Das Zielartenkonzept. NNA-Berichte 5/92: 36-41.

Niedringhaus, R. 1997. Die Bestandssituation der Fauna einer intensiv genutzten Agrarlandschaft in Nordwestdeutschland - Konzept, Zielrichtung und Ablauf des Untersuchungsprogramms. Abh. Westf. Mus. Naturkunde 59(4): 75-88.

Niedringhaus, R., Lemm, R. von & Janiesch, P. 1997. Das biotische Potential einer intensiv genutzten Agrarlandschaft in Nordwestdeutschland - Leitbildorientierte Bewertung des Status quo anhand der Flora und Fauna. Abh. Westf. Mus. Naturkunde 59(4): 237-255.

O'Keeffe, J.H., Danilewitz, D.B. & Bradshaw, J.A. 1987. An „expert system" approach to the assessment of the conservation status of rivers. Biol. Conserv. 40: 69-84.

Plachter, H. 1991. Biologische Dauerbeobachtung in Naturschutz und Landschaftspflege. Laufener Seminarbeiträge 7/91: 7-29.

Plachter, H. 1994. Methodische Rahmenbedingungen für synoptische Bewertungsverfahren im Naturschutz. Z. Ökologie u. Naturschutz 3: 87-106.

Reck, H. 1996. Flächenbewertung für die Belange des Arten- und Biotopschutzes. Beitr. Akad. Natur u. Umweltsch. Bad.-Württ. 23: 71-112.

Riecken, U. 1992. Planungsbezogene Bioindikation durch Tierarten und Tiergruppen - Grundlagen und Anwendung. Schr.-R. f. Landschaftspfl. u. Natursch. 36: 1-187.

Riecken, U. 1994. Fachliche Anforderungen an Effizienzkontrollen im tierökologischen Bereich. Schr.-R. f. Landschaftspfl. u. Natursch. 40: 51-68.

Riecken, U., Ries, U. & Ssymank, A. 1994. Rote Liste der gefährdeten Biotoptypen der Bundesrepublik Deutschland. Schr.-R. f. Landschaftspfl. u. Natursch. 41: 1-184.

Roweck, H., 1996. Möglichkeiten der Einbeziehung von Landnutzungssystemen in naturschutzfachliche Bewertungsverfahren. Beitr. Akad. Natur u. Umweltsch. Bad.-Württ. 23: 129-142.

Scherner, E.R., 1995. Realität oder Realsatire der „Bewertung" von Organismen und Flächen. Schr.-R. f. Landschaftspfl. u. Natursch. 43: 377-410.

Usher, M.B. 1994. Erfassen und Bewerten von Lebensräumen: Merkmale, Kriterien, Werte. In Usher, M.B. & Erz, W., eds., Erfassen und Bewerten im Naturschutz, Quelle & Meyer, Heidelberg/Wiesbaden, p. 17-47.

Wey, H. 1994. Effizienzkontrollen bei Naturschutzgroßprojekten des Bundes. Schr.-R. f. Landschaftspfl. u. Natursch. 40: 187-197.

Wey, H., Hammer, D., Handwerk, J. & Schopp-Guth, A. 1994. Möglichkeiten der Effizienzkontrolle von Naturschutzgroßprojekten des Bundes. Natur u. Landschaft 69: 300-306.

Wiegleb, G. 1996. Leitbilder des Naturschutzes in Bergbaufolgelandschaften am Beispiel der Niederlausitz. Verh. Ges. Ökol. 25: 309-319.

Wiegleb, G. 1997. Leitbildmethode und naturschutzfachliche Bewertung. Z. Ökologie u. Naturschutz 6: 43-62.

13 Entwicklung eines Netzes von Vorranggebieten für Artenschutz in der Bergbaufolgelandschaft mit iterativen Auswahlalgorithmen

Walter Durka[1], Michael Altmoos[2] & Klaus Henle[2]

[1] UFZ-Umweltforschungszentrum Leipzig-Halle GmbH, Sektion Biozönoseforschung, Theodor-Lieser-Str.4, D-06120 Halle

[2] UFZ-Umweltforschungszentrum Leipzig-Halle GmbH, Projektbereich Naturnahe Landschaften und Ländliche Räume, Permoserstr. 15, D-03418 Leipzig

Zusammenfassung. In der Bergbaufolgelandschaft des Braunkohletagebaues in Mitteldeutschland entstand eine große Zahl von naturnahen Habitaten, die Lebensraum für eine große Zahl gefährdeter Arten bieten. Ziel unserer Arbeiten war es, für den Südraum Leipzig ein Vorrangflächen-System für Naturschutz in der Bergbaufolgelandschaft zu entwerfen. Übergeordnetes Leitbild ist die regionstypische Standort- und Biodiversität. Dieses Leitbild wird umgesetzt in zwei parallelen Schutzstrategien, die sowohl Ziele des Artenschutzes als auch des Prozeßschutzes berücksichtigen. Der Strategie Artenschutz werden Zielartensysteme für Tiere und Pflanzen verschiedener Lebensraumbereiche der regionalen Bergbaufolgelandschaft zugrunde gelegt. Für die Auswahl von Gebieten wurden iterative Auswahlalgorithmen angewandt. Hierbei gibt es keine einmalige Bewertung mit anschließender Auswahl der „besten" Gebiete, sondern eine wiederholte Bewertung nach jedem Auswahlschritt. Diese Art der Auswahl ist charakterisiert durch (1) Repräsentanz, indem alle Schutzziele berücksichtigt werden, (2) Effizienz, indem das Schutzziel auf einem Minimum an Fläche erreicht werden kann und (3) Flexibilität, da Alternativlösungen berechnet und verglichen werden können.

Schlüsselwörter. Artenschutz, Auswahlalgorithmen, Bergbaufolgelandschaft, Bewertung, Repräsentativität, Schutzgebietssystem, Zielarten.

1 Einleitung

Mit der schlagartigen Stillegung eines großen Teiles der Braunkohletagebaue Mitteldeutschlands zu Beginn der 1990er Jahre begann die Planung und Gestaltung der abrupt entstandenen Bergbaufolgelandschaft. Neben landwirtschaftlicher, forstwirtschaftlicher und Erholungsnutzung kommt auch dem Naturschutz als einer Form der Landnutzung eine hohe Bedeutung zu. Ziel unserer Arbeiten war es, für den Südraum Leipzig ein System von Vorrangflächen für den Naturschutz aus Flächen der Bergbaufolgelandschaft zu entwerfen (Durka et al. 1997a, Altmoos & Durka 1998).

Es bestehen drei Motivationen, optimale Lösungen eines Systems von Vorrangflächen für den Naturschutz anzustreben: 1. Es bestehen in gewissem Umfange noch Planungsalternativen und Handlungsoptionen. 2. Die wenigen schon vorhandenen Schutzgebiete in der Bergbaufolgelandschaft sind fast ausschließlich Feuchtgebiete, also nicht repräsentativ. 3. Die Anstrengungen und Ressourcen für effektive Schutzmaßnahmen (z.B. Schutzgebietsausweisungen, evtl. Pflegebedarf) müssen gebündelt werden.

Als Teil der Entwicklung des Vorrangflächensystems gehen wir im folgenden näher auf die Flächenauswahl im Rahmen der Artenschutzstrategie mit iterativen Auswahlalgorithmen ein. Diese in Australien entwickelten Methoden zur Entwicklung von Flächensystemen stellen das Repräsentativitäts-Prinzip in den Vordergrund (Margules et al. 1988). Sie werden aufbauend auf etablierten Ansätzen naturschutzfachlicher Zielbestimmung (Zielarten) angewandt.

2 Vorrangflächensysteme

2.1 Defizite vorhandener Schutzgebiete

Der bisher üblichen, auf Einzelflächen bezogenen Ausweisung von Schutzgebieten fehlt ein Systemcharakter, da sie oft nicht nur nach Schutzwürdigkeit und Schutzbedürftigkeit erfolgte, sondern gleichermaßen aufgrund externer Faktoren wie Nutzlosigkeit für private Landnutzer, Durchsetzbarkeit und Subjektivität. Für diese gängige, aber ineffiziente Methode der Schutzgebietsauswahl prägte Pressey (1994) den Begriff der ad hoc-Auswahl. Sie weist folgende Defizite auf: 1. Fehlende Repräsentanz der Schutzgüter (z.B. sind einzelne Biotoptypen in den Schutzgebietssystemen unter-, über- oder überhaupt nicht repräsentiert). 2. Nicht ausreichende Flächengrößen der Schutzgebiete. 3. Fehlender räumlich-funktionaler Verbund. Nötig ist daher die Auswahl von Schutzgebietssystemen, in denen nicht nur die Einzelflächen für sich bedeutend sind, sondern das gesamte System definierte Schutzziele verfolgt (Haarmann & Pretscher 1988, Pressey et al. 1993, Erz 1994, Pressey 1994, RSU 1996).

2.2 Definition des Auswahlzieles

Voraussetzung ist eine klare Zielbestimmung als Vorgabe über die Bedingungen, die das gesamte Gebietssystem erfüllen soll. Zunächst sind die Schutzgüter zu definieren, also z.B. Artengruppen, Pflanzengesellschaften, Biotoptypen. Ziel ist es nun, ein System von Gebieten zu erstellen, das bei möglichst geringer Fläche die Gesamtheit der Schutzgüter in einer gewissen Häufigkeit (z.B. alle Arten mindestens einmal) oder mit einem bestimmten Anteil der Gesamthäufigkeit (z.B. 10% der jeweiligen Gesamtflächen eines Biotoptyps) enthält. Vielfach wird das so erhaltene Flächensystem als unverzichtbarer Kern eines Schutzgebietssystems verstanden ('core network'), das dann weiterentwickelt werden kann.

2.3 Iterative Auswahlalgorithmen

Auswahlalgorithmen sind Folgen von einfachen fachlichen Auswahlregeln, die immer wieder (iterativ) abgearbeitet werden, bis das vorher definierte Auswahlziel erreicht ist (vgl. Kasten 13.1). Jede Regel ist dabei eine Bewertung, die zur Auswahl eines oder mehrerer Objekte führt. Werden durch eine Regel mehrere Objekte gleich bewertet, folgt eine weitere Regel, die eine differenzierte Bewertung erlaubt.

Kasten 13.1. Beispiel für einen Auswahlalgorithmus

1.	Wähle das Gebiet mit der seltensten unterrepräsentierten Art. Wenn es eine Wahl gibt, gehe zu 2.
2.	Wähle das Gebiet mit den meisten unterrepräsentierten Arten. Wenn es eine Wahl gibt, gehe zu 3.
3.	Wähle das Gebiet mit der höchsten Gesamtartenzahl. Wenn es eine Wahl gibt, gehe zu 4.
4.	Wähle das größte Gebiet. Wenn es eine Wahl gibt, gehe zu 5.
5.	Wähle das nächste Gebiet in der Liste.
6.	Wiederhole ab 1., bis alle Arten einmal erfaßt sind.

Margules et al. (1988) publizierten einen Algorithmus zur Identifikation einer minimalen Anzahl an Gebieten, die zusammen die maximale Biodiversität einer Region umfassen. Dieser und ähnliche Algorithmen fanden weite Anwendung für die Identifikation von Schutzgebietssystemen, oft auf großer räumlicher Ebene (Land, Bundesland; Kirkpatrick 1983, Cocks & Baird 1989, Pressey & Nicholls 1989, Vane-Wright et al. 1991, Rebelo & Siegfried 1992, Nicholls & Margules 1993, Csuti et al. 1997, Pressey et al. 1997). Nach der Auswahl des Gebietes mit der höchsten Priorität ändert sich der Rang der verbleibenden Gebiete in Abhängigkeit der schon ausgewählten Gebiete. Ein Grundprinzip der Algorithmen ist das der Komplementarität: Attribute (z.B. bestimmte Arten), die schon in der nötigen Häufigkeit erfaßt sind, werden bei der weiteren Bewertung nicht mehr berücksichtigt. Es existieren zwei Haupttypen: Artenreichtums-Algorithmen beginnen mit dem Gebiet, das die größte Zahl nicht erfaßter Attribute (größte Artenzahl) enthält und fügen Gebiete hinzu, die die meisten nicht repräsentierten Attribute enthalten (z.B. Kirkpatrick 1983). Seltenheits-Algorithmen beginnen mit einmaligen Attributen und fügen Gebiete hinzu, die die seltensten der nicht repräsentierten Attribute enthalten (z.B. Margules et al. 1988). Diese Trennung ist allerdings willkürlich, da häufig sowohl Seltenheit als auch Artenreichtum als Regeln in den Algorithmen verwendet werden. Eine wesentliche Leistung der Algorithmen ist das Auflösen von Gleichbewertungen. Werden zwei oder mehr Gebiete gleich bewertet, folgen weitere Regeln, die differenzieren sollen. Als letztes wird meist eine Zufallsentscheidung getroffen.

Die verwendeten Regeln lassen sich den Kategorien Seltenheit, Artenreichtum, Repräsentanz, Raum und Fachfremd zuordnen (Tab. 13.1).

Tabelle 13.1. Regeln für Auswahl-Algorithmen. Zusamengestellt aus Margules et al. 1988, Nicholls & Margules 1993 und Pressey et al. 1997.

Kategorie **Regel**	**Selektion des Gebietes mit folgenden Eigenschaften:**
Seltenheit im Datensatz	
einmalig	Arten, deren Gesamthäufigkeit unter dem Repräsentanz-Ziel liegt
Max selten	größter Seltenheitswert$
Max2 selten	zweitgrößter Seltenheitswert$
Mittel selten	größter mittlerer Seltenheitswert$
Summe selten	größte Summe der Seltenheitswerte$
Artenreichtum/Repräsentanz	
Arten	größte Artenzahl
Max unterrepr.	größte Zahl unterrepräsentierter Arten
% Max unterrepr.	größte Zahl unterrepräsentierter Arten bezogen auf Artenzahl (%)
Max unterrepr. pF	größte Zahl unterrepräsentierter Arten bezogen auf Fläche
Flächengröße/Raum	
klein	kleinstes Gebiet
groß	größtes Gebiet
nah	geringste Entfernung zu schon gewählten Gebieten
Fachfremd	
Zufall	Zufällige Auswahl aus noch nicht gewählten
Reihenfolge	nächstes in der Reihe

$ Seltenheitswert = 100/Frequenz der Art im Datensatz

Durch Verwendung unterschiedlicher Regeln, durch unterschiedliche Definition der Kriterien (z.B. Seltenheit = maximale Seltenheit der vorkommenden Arten bzw. mittlere Seltenheit) und durch unterschiedliche Reihenfolge ergeben sich verschiedene Algorithmen. Diese Flexibilität kann für zwei Optimierungen eingesetzt werden: 1. Zur fachlichen Entscheidung, welche Kriterien im Einzelfall einzusetzen sind (z.B. räumliche Nähe). 2. Zum Vergleich der Effizienz verschiedener Algorithmen.

2.4 Andere Auswahlverfahren und Methodenvergleich

Als einfache Verfahren wären solche zu bezeichnen, bei denen alle Gebiete nur einmal feststehend bewertet werden. Für diesen Bewertungsschritt könnten auch, wie in Deutschland üblich, stärker aggregierte oder über Zustands-Wertigkeits-Relationen kalibrierte Bewertungen eingesetzt werden (Plachter 1994). Die Gebiete werden anschließend in eine Rangfolge vom wertvollsten zum wertlosesten gebracht. Die Auswahl folgt der Rangfolge von oben nach unten, bis das Schutzziel erreicht ist (z.B. Pressey & Nicholls 1989). Als optimale Auswahlverfahren bezeichnen wir solche, die in jedem Falle eine im mathematischen Sinne optimale Lösung des Problems der Flächenminimierung liefern (z.B. Underhill 1994, Church et al. 1996, Csuti et al. 1997, Pressey et al. 1997).

Schutzgebietssysteme, die mit iterativen Algorithmen entworfen wurden, sind effizienter als solche, die durch Ad-hoc-Entscheidungen (Pressey & Tully 1994) oder eine feste Gebietsbewertung entstanden (Pressey & Nicholls 1989). Im Vergleich zu den mathematisch optimalen Verfahren liegen die iterativen Algorithmen oft leicht über dem theoretischen Minimum an benötigter Fläche (z.B. Pressey et al. 1997). Die mathematischen Optimierungsalgorithmen werden wiederum kritisiert, weil sie keine anschaulichen Regeln enthalten, sehr lange Rechenzeiten benötigen und nicht in jedem Fall eine Lösung finden können (Pressey et al. 1997). Die iterativen Verfahren besitzen drei generelle Vorzüge (Nicholls & Margules 1993): (1) Explizitheit - Die Auswahl ist streng nach klaren (auch mathematischen Laien) nachvollziehbaren Kriterien erfolgt. Eine Gebietsauswahl ist deswegen einfacher zu verteidigen. (2) Effizienz - Gegenüber den bisher und verbreitet angewandten Ad-hoc-Verfahren der Schutzgebietsauswahl, die nur einen kleinen Teil der vorhandenen Biodiversität schützen, stellen die iterativen Verfahren ein effizientes Verfahren dar, die gesamte Biodiversität auf einem Minimum an Fläche zu schützen. (3) Flexibilität - Die Regeln des Algorithmus können je nach Problemlage verändert werden.

3 Naturschutz in der Bergbaufolgelandschaft?

Wir können nur kurz auf die Potentiale der Bergbaufolgelandschaft und die hier entwickelten Strategien eingehen. Die Bedeutung der Bergbaufolgelandschaft für den Naturschutz ist gut belegt (z.B. Wolf 1985, Möckel 1993, Bradshaw 1997, Durka et al. 1997a, darin Bibliographie, 1997b, Geißler-Strobel et al. 1997, Katzur 1997, Meyer & Große 1997). In der Bergbaufolgelandschaft zeigt sich das scheinbare Paradoxon, daß vollständig durch den Menschen zerstörte, und somit naturferne, metahemerobe Systeme, sich ohne Zutun des Menschen im Sinne des Arten- und Biotopschutzes zu sehr wertvollen Gebieten entwickeln können.

Die Bergbaufolgelandschaften sind geprägt durch die Kippen, Halden und Restlöcher des Tagebaues, die in den Braunkohlerevieren einen erheblichen Teil der Landfläche ausmachen können. So wurden im Südraum Leipzig (sächsischer Teil) ca. 40% des Gesamtgebietes (ca. 500 km^2) durch den Tagebau zerstört.

Neben rekultivierten Gebieten bestehen auch große Gebiete, die sich selbst überlassen blieben. Die für den Naturschutz relevanten Charakteristika sind: Großräumige, unzerschnittene Gebiete mit nährstoffarmem, z.T. besiedlungsfeindlichem Bodensubstrat. Je nach Verkippungstechnik entstanden in Bezug auf Boden, Wasserverhältnisse und Relief homogene oder heterogene Standorte. Die Primärsukzession verläuft in oft nicht vorhersehbarer Weise von Rohboden über offene Gras- und Krautfluren zu Gebüschen und Vorwäldern. Anfänglich überwiegen ausbreitungsstarke Tier- und Pflanzenarten, die an nährstoff- und konkurrenzarme Standorte angepaßt sind. Viele der vorkommenden Arten sind gefährdet. Ein Fortschreiten der Sukzession führt bei Lebensraumverlust der frühsukzessionalen Arten gleichzeitig zu naturnäheren Biozönosen.

Naturschutzfachliches Leitbild ist die Vielfalt der für die Bergbaufolgelandschaft typischen Standortbedingungen und Sukzessionsstadien (Regionstypische Standort- und Biodiversität). Da frühe Sukzessionsstadien schnell verloren gehen können, muß dieses Leitbild in zwei komplementäre Leitbilder aufgespalten werden: 1. Ungestörte Sukzession mit der Strategie Prozeßschutz und 2. Erhaltung definierter Lebensraumbereiche mit der Strategie Arten/Biotopschutz. Im folgenden gehen wir ausschließlich auf die Artenschutzstrategie ein.

4 Beispiel Bergbaufolgelandschaft im Südraum Leipzig

4.1 Grundlagen

Als Ausgangsbasis für ein Vorrangflächensystem im Untersuchungsgebiet Sächsischer Teil des Südraumes Leipzig wurden alle potentiellen Vorrangflächen zusammengestellt. Sie umfaßten (1) bestehende Schutzgebiete in der Bergbaufolgelandschaft, (2) geschützte Biotope (§ 26 SächsNSchG) laut Biotopkartierung Sachsen, (3) geplante Vorrang- und Vorbehaltsgebiete „Natur und Landschaft" der Sanierungsrahmenpläne (stillgelegte Tagebaue) und der Braunkohlenpläne (aktive Tagebaue) und (4) bestehende Gebiete mit Bedeutung für Arten- oder Biotopschutz nach Angaben lokaler Experten. Insgesamt waren dies 108 Gebiete mit zusammen ca. 6700 ha oder 34 % der gesamten vom Bergbau in Anspruch genommenen Fläche des Untersuchungsgebietes (Abb. 13.1).

Für die Auswahl von Vorrangflächen konnten keine systematischen eigenen Datenerhebungen auf allen relevanten Flächen durchgeführt werden. Als Datengrundlage standen uns Daten zur Fauna (Brutvögel, Amphibien, Heuschrecken, Tagschmetterlinge, Libellen, Sandlaufkäfer) und Flora aus 59 der insgesamt 108 Gebiete zur Verfügung (Durka et al. 1997a, vgl. Tab. 13.2). Diese Datensammlung stellte das aktuelle Wissen zusammen, auf dessen Grundlage ein Vorrangflächensystem zu erstellen war. Mit einer systematischen Erweiterung der Datengrundlage werden sich die im folgenden erzielten Ergebnisse möglicherweise verändern. Sie sind demnach als vorläufig zu betrachten. Der inhaltliche Schwerpunkt der vorliegenden Arbeit liegt jedoch auf den Methoden der Auswahl, deren Prinzipien und Anwendungsweise von der Datenqualität nicht beeinflußt werden.

Abbildung 13.1. Karte des Vorrangflächensystems für Zielarten unterschiedlicher Repräsentanz-Ziele

4.2 Vorranggebiete für die Teilstrategie Artenschutz

4.2.1 Schutzgüter Zielarten

Schutzgüter in der Teilstrategie Artenschutz sind Tier- und Pflanzenarten. Es wurden dabei nur Zielarten der Bergbaufolgelandschaft berücksichtigt, deren Schutz dort eine besonders hohe Bedeutung hat. Zielarten sind meist gefährdete Arten, deren Erhaltung als Naturschutzziel normativ abgeleitet wird und die bei auf sie bezogenen Maßnahmen eine gleichzeitige Förderung der gesamten Biozönose erwarten lassen (Hovestadt et al. 1991). Aus der Gesamtheit der für die Bergbaufolgelandschaft bekannten Arten wurden Zielarten nach folgenden Kriterien ausgewählt. Sie müssen in der Bergbaufolgelandschaft häufiger als in der umgebenden Landschaft sein, komplexe Lebensraumansprüche aufweisen, methodisch leicht nachweisbar und, wenn möglich, attraktiv sein. Darüberhinaus müssen Zielarten eines der folgenden Kriterien erfüllen: die betreffende Region liegt im überregionalen Verbreitungsschwerpunkt (falls vorhanden) oder am Rande des Verbreitungsgebietes der Art; die Art ist gefährdet; die Art hat geringes Ausbreitungspotential, ist störungsempfindlich oder ist Schlüsselart des betreffenden Ökosystems. Das zugrundeliegende Zielartenkonzept und die Zielartenauswahl wurde an anderer Stelle ausführlich dargestellt (Durka et al. 1997a, Altmoos 1997). Nach Anwendung dieser Kriterien resultierten für die Bergbaufolgelandschaft des Südraumes Leipzig insgesamt 30 Tierarten als Zielarten (vgl. Tab. 13.2). Auch Pflanzenarten wurden als Zielarten benannt. Für die folgende Methodendarstellung beschränken wir uns jedoch auf die Tierarten.

4.2.2 Repräsentanz-Ziele

Als Repräsentanz-Ziel des Vorrangflächensystems wird festgelegt, daß jede Zielart in mindestens fünf Gebieten enthalten sein soll. Zum Vergleich und für eine Prioritätensetzung wurden auch Flächensysteme für ein- und dreifache Repräsentation erstellt. Das Ziel der fünffachen Repräsentation ist zunächst eine willkürliche Festsetzung, der keine ökologische Begründung zugrunde liegt. Ökolgisch relevante Parameter wie die minimale Größe einer überlebensfähigen Population oder die minimale Zahl von Teilpopulationen einer Metapopulation sind für die Zielarten weitgehend unbekannt (siehe jedoch Settele et al. 1996). Prinzipiell wäre allerdings die Berücksichtigung solcher Kriterien möglich und wünschenswert. Die einfache Repräsentation stellt das absolute Minimum dar, wenn alle Zielarten erhalten werden sollen. Jedoch besteht dann ein sehr großes Risiko, daß eine Art, die lokal austirbt, insgesamt in der Bergbaufolgelandschaft verschwindet. Daher ist es als Sicherheit erforderlich, alle Zielarten weit häufiger als einmal im Vorrangflächensystem repräsentiert zu haben.

Tabelle 13.2. Matrix der Gebiete mit den dort vorkommenden Zielarten und Häufigkeit der von den Algorithmen A1-A12 ausgewählten Gebiete für 1-fache, 3-fache und 5-fache Repräsenation der Zielarten (schwarz: Gebiet wurde von allen Algorithmen ausgewählt; dunkelgrau: von mindestens 9 Algorithmen gewählt; hellgrau: von höchstens 3 Algorithmen gewählt).

Gebietsnummer	41	51	13	38	17	9	52	31	70	32	53	35	103	33	34	23	81	29	80	15	56	54	44	22	30	50	69	40	19	8	26	60	79	61	39	28	64	106	107	59	43	78	57	25	75	58	95	104
Selektion 1	■	▓		■												░								■																								
Selektion 3	■	■		■	■	▓	▓				░	░			░	■	░		░					■								■	░									░						
Selektion 5	■	■	▓	■	■	▓	■	■	▓	░	░	■	░	░	░	■	░		░					■	░							■	■				░											
Hipparchia alcyone				X																																												
Ischnura pumilio	X																																															
Myrmeleon formicarius																								X																								
Orthetrum brunneum	X																																															
Raubwürger		X														X																																
Cicindela hybrida	X			X																				X																								
Myrmeleotettix maculatus	X			X	X																																											
Phaneroptera falcata	X				X																											X																
Orthetrum coerulescens	X	X					X																										X															
Sympetrum pedemontanum	X	X					X	X																									X															
Oedipoda caerulescens	X		X	X	X				X																X																							
Sphingonotus caerulans	X		X	X	X				X																X																							
Brachpieper	X			X	X			X	X				X																		X																	
Drosselrohrsänger	X	X	X			X				X	X	X		X																																		
Schwarzkehlchen	X	X	X	X					X				X													X		X																				
Laubfrosch	X	X	X	X			X			X	X	X			X																																	
Braunkehlchen	X		X			X						X				X			X							X		X		X							X											
Flußregenpfeifer	X		X			X	X	X	X						X		X														X											X						
Steinschmätzer	X			X	X			X	X				X			X				X				X							X																X	
Grauammer	X	X	X		X				X								X			X						X	X	X	X	X				X														
Rohrweihe	X	X	X	X		X				X	X	X		X				X			X	X	X																									
Knoblauchkröte	X	X	X	X	X	X				X		X			X		X	X			X								X							X												
Sperbergrasmücke	X	X				X	X	X		X	X			X		X						X	X		X		X					X			X													
Teichrohrsänger	X	X	X	X		X	X	X		X	X	X	X	X	X			X			X		X															X			X							
Kreuzkröte	X	X	X		X	X	X	X	X	X	X	X	X		X		X	X	X	X																X			X									
Schafstelze	X	X	X		X	X	X	X		X	X	X	X	X		X	X		X	X		X					X			X	X			X						X								
Wechselkröte	X	X	X	X	X	X	X	X	X	X	X	X	X	X	X		X	X	X	X	X	X	X						X				X		X	X		X	X									
Neuntöter	X	X	X	X	X	X	X	X	X	X	X			X	X	X		X	X		X	X	X	X	X	X	X	X	X	X		X		X	X		X			X	X		X	X	X	X		X

4.2.3 Auswahlalgorithmen

In Tabelle 13.3 sind zwölf verschiedene Algorithmen zusammengestellt. Algorithmus A1 (siehe auch Kasten 13.1) wurde für die Auswahl verwendet und enthält fachlich begründete Regeln. An erster Stelle wird Seltenheit als Auswahlkriterium benutzt. Es folgen hierarchisch absteigend Repräsentanz, Artenzahl, Flächengröße und Zufallsentscheid. Die weiteren Algorithmen A2 bis A12 wurden in Anlehnung an die Algorithmen aus Pressey et al. (1997) hinzugenommen, um die Effizienz des eingesetzten Algorithmus zu überprüfen und um den Effekt einzelner Regeln zu testen. Dabei bildet jeweils die Einmaligkeits-Regel den Anfang, die alle Gebiete auswählt, in denen Arten vorkommen, deren Gesamthäufigkeit unter dem Repräsentanz-Ziel liegt. Abschluß-Regeln sind jeweils das kleinste Gebiet in der Auswahl und das nächste in der Reihe. Dazwischen sind verschiedene Kombinationen der Seltenheits- und Repräsentationsregeln ausgeführt. Die Umsetzung und Ausführung der Algorithmen erfolgte im Computerprogramm Sort (Durka & Ackermann 1993).

Tabelle 13.3. Algorithmen A1 bis A12 und Abfolge der Auswahlregeln. Erklärung der Kategorien siehe Tab. 13.1).

A1	Mittel selten / Max unterrepr. / Arten / groß / Reihenfolge /
A2	einmalig / Max selten / klein / Reihenfolge /
A3	einmalig / Max selten / Mittel selten / klein / Reihenfolge /
A4	einmalig / Max selten / Summe selten / klein / Reihenfolge /
A5	einmalig / Max selten / Max2 selten / klein / Reihenfolge /
A6	einmalig / Max selten / Max unterrepr. / klein / Reihenfolge /
A7	einmalig / Max selten / %Max unterrepr. / klein / Reihenfolge /
A8	einmalig / Max selten / Max unterrepr. pF / klein / Reihenfolge /
A9	einmalig / Max selten / Max unterrepr. / Max selten / klein / Reihenfolge /
A10	einmalig / Max selten / Max unterrepr. / klein / Reihenfolge /
A11	einmalig / Max selten / Max unterrepr. / Summe selten / klein / Reihenfolge /
A12	einmalig / Max selten / Max unterrepr. / Max selten / Summe selten / klein / Reihenfolge

4.2.4 Vergleich der Ergebnisse der Auswahlalgorithmen

Da einige Arten sehr selten waren, eine Zielart aktuell gar nicht vorkommt (Rohrdommel), konnten die Repräsentationsziele nicht von allen Arten erreicht werden. Bei der 1-fachen Repräsentation erfüllten 97 % der Arten das Repräsentationsziel, bei der 3- und 5-fachen Repräsentation 79 % bzw. 66 % der Arten. Zu den dann unterrepräsentierten Arten gehören z.B. der Schmetterling Hipparchia hermione, die Libelle Ischnura pumilio oder der Raubwürger. Andere Arten, wie z.B. Neuntöter oder Wechselkröte sind dagegen jeweils überrepräsentiert, da sie in den meisten Gebieten vorkommen (Tab. 13.1).

Die angewandten Auswahlagorithmen erbrachten je nach angestrebtem Repräsentanz-Niveau unterschiedlich weit voneinander abweichende Ergebnisse (Tab. 13.4). Der fachlich motivierte Algorithmus A1 gehörte in allen Fällen zu den effizientesten Algorithmen. Für die einfache Repräsentation wurden jeweils vier Gebiete benötigt, bis auf einen Fall auch jeweils die gleichen. Für die 3-fache Repräsentation wurden 9 - 12 Gebiete, davon sieben zwingend, für die 5-fache Repräsentation 14 - 20 Gebiete, davon 11 zwingend, benötigt. Die insgesamt hohe Übereinstimmung in den gewählten Gebieten ist dadurch bedingt, daß jeweils ein relativ großer Anteil von Gebieten wegen nur dort vorkommender Arten zwingend gewählt werden muß. Bei der 3- und 5-fachen Repräsentation ergibt sich jedoch echter Auswahl-Spielraum, der zu unterschiedlichen Lösungen der Algorithmen führen kann.

Vergleichen wir die Algorithmen A2 bis A5, die nach der Einmaligkeitsregel allein mit Seltenheits-Regeln operieren (Tab. 13.4). Der einfachste Algorithmus A2 verwendet nur die maximale Seltenheit als fachliche Regel. Gemessen an der

Zahl benötigter Gebiete für die 3- oder 5-fache Repräsentation hatten A3 und A5 eine schlechtere Effizienz. Die zusätzlich verwendeten Regeln mittlere Seltenheit (A3) oder zweit-seltenste Art (A5) bringen eine Verschlechterung. Eine Verbesserung der Effizienz gegenüber A2 ist nur bei A4 gegeben, der die Summe der Seltenheitswerte bewertet. Dies ist aber schon eine Verknüpfung von Seltenheit und Artenreichtum, kein reines Seltenheitsmaß. Aus diesem Vergleich wird deutlich, daß (1) in einem Algorithmus ein Bewertungskriterium (hier Seltenheit) nur einmal verwendet werden sollte und dann andere Kriterien folgen sollten (z.B. Artenreichtum, Repräsentanz) und (2), daß im Rahmen einer auf Repräsentanz abzielenden Bewertung eine Mittelung (mittlere Seltenheit) offenbar ein ungeeignetes Bewertungsmaß darstellt.

Tabelle 13.4. Effizienz (Anzahl Gebiete oder Fläche der Gebiete) der Auswahlalgorithmen A1-A12 (vgl. Tab. 13.3) für die Repräsentanz-Ziele 1-faches, 3-faches und 5-faches Vorkommen der Zielarten im Vorrangflächensystem.

	Anzahl Gebiete			**Fläche (ha)**		
	Repräsentanz-Ziel			Repräsentanz-Ziel		
	1	3	5	1	3	5
A1	4	9	14	917	1361	1494
A2	4	11	14	917	1072	1452
A3	4	9	14	917	1092	1452
A4	4	12	20	917	1079	1355
A5	4	9	14	917	1092	1452
A6	4	11	19	917	1072	1286
A7	4	10	14	982	1120	1452
A8	4	10	15	917	1075	1440
A9	4	9	14	917	1092	1452
A10	4	9	14	917	1092	1452
A11	4	9	14	917	1092	1452
A12	4	9	14	917	1092	1452

Die weiteren Algorithmen A6 - A12, die zunächst einmalige Gebiete wählen, dann in der zweiten Regel nach Gebieten mit maximaler Seltenheit und dann nach Gebieten mit unterrepräsentierten Arten suchen, ergeben weitestgehend identische Lösungen. Nochmaliges Verwenden von Seltenheitsregeln (z.B. A9) bringt hier keine weitere Verbesserung. Festzuhalten bleibt hier, daß, sobald die beiden Kriterien maximale Seltenheit und Repräsentanz verwendet werden, eine weitgehend optimale Lösung gefunden werden kann.

In Abbildung 13.1 ist die Flächenauswahl nach A1 dargestellt für die Repräsentationsziele 1-fache, 3-fache und 5-fache Repräsentation der Zielarten. Hier wurden auch die floristischen Zielarten einbezogen. Diese Darstellung zeigt auch eine mögliche Prioritätensetzung bei der praktischen Umsetzung und möglichen Schutzgebietsausweisung auf: Zunächst und unverzichtbar sind die Gebiete der 1-fachen Repräsentation zu sichern. Erst dann sollten die weiteren Gebiete in Angriff genommen werden.

5 Schlußfolgerungen

Die entscheidenden Probleme der Naturschutzarbeit liegen in der praktischen Umsetzung. Diese kann jedoch nur dann erfolgreich verlaufen, wenn nachvollziehbare Bewertungen vorgenommen werden. Die hier angestellten Überlegungen über optimale Lösungen für Vorrangflächensysteme sind deswegen von Bedeutung, weil sie begründbare und damit verteidigbare Forderungen im Rahmen einer Planung ermöglichen. Sie erlauben flexible Lösungen und eine Bewertung von Alternativen. Iterative Auswahlalgorithmen können überall dort angewandt werden, wo großräumigere Planungen unternommen werden, die auf Repräsentativität abzielen. Gerade die Naturschutzplanung ist aufgerufen, der Repräsentativität ein größeres Gewicht zu geben.

Danksagung

Wir danken den Mitarbeitern der Naturförderungsgesellschaft Ökologische Station Borna-Birkenhain e.V., H. Krug, D. Klaus und A. Bellmann, für engagierte Zusammenarbeit. Das Projekt wurde gefördert durch das Sächsische Staatsministerium für Umwelt und Landesentwicklung (Förder-Nr. Z-8802.3525/7).

Literatur

Altmoos, M. & Durka, W. 1998. Prozeßschutz als Naturschutzstrategie am Beispiel der Bergbaufolgelandschaft des Südraumes Leipzig. Naturschutz und Landschaftsplanung 30: im Druck.

Altmoos, M. 1997. Ziele und Handlungsrahmen für regionalen zoologischen Artenschutz. HGON-Verlag. Echzell.

Austin, M.P. & Margules, C.R. 1994. Die Bewertung der Repräsentanz. In Usher, M.B. & Erz, W. Hrsg., Erfassen und Bewerten im Naturschutz. Quelle & Meyer, p. 48-65.

Bradshaw, A. 1997: Restoration of mined lands - using natural processes. Ecological Engineering 8: 255-269.

Church, R.L., Stoms, D.M. & Davis, F.W. 1996. Reserve selection as a maximal covering location problem. Biological Conservation 76: 105-112.

Cocks, K.D. & Baird, I.A. 1989. Using mathematical programming to address the multiple reserve selection problem: an example from the Eyre Peninsula, South Australia. Biological Conservation 49: 113-130.

Csuti, B., Polasky, S., Williams, P.H., Pressey, R.L., Camm, J.D., Kershaw, M., Kiester, A.R., Downs, B., Hamilton, R., Huso, M. & Sahr, K. 1997. A comparison of reserve selection algorithms using data on terrestrial vertebrates in Oregon. Biological Conservation 80: 83-97.

Durka, W. & Ackermann, W. 1993. SORT - Ein Computerprogramm zur Bearbeitung von floristischen und faunistischen Artentabellen. Natur und Landschaft 68: 16-21.

Durka, W. & Altmoos, M. 1997. Naturschutz in der Bergbaufolgelandschaft als Teil einer nachhaltigen Landschaftsentwicklung. In Ring, I., ed., Nachhaltige Entwicklung in Industrie- und Bergbauregionen - eine Chance für den Südraum Leipzig? Teubner, Stuttgart, p. 52-72.

Durka, W., Altmoos, M. & Henle, K. 1997a. Naturschutz in Bergbaufolgelandschaften des Südraumes Leipzig unter besonderer Berücksichtigung spontaner Sukzession. UFZ-Bericht 22/1997.

Durka, W., Brändle, M. & Altmoos, M. 1997b. Sukzession, Habitate und Schutz von Laufkäfern (Carabidae) in Braunkohletagebauen. Mitteilungen der Deutschen Gesellschaft für allgemeine und angewandte Entomologie 11: 111-114.

Erz, W. 1994. Bewerten und Erfassen für den Naturschutz in Deutschland. Anforderungen und Probleme aus dem Bundesnaturschutzgesetz und der Umweltverträglichkeitsprüfung. In Usher, M.B. & Erz, W., eds., Erfassen und Bewerten im Naturschutz, Quelle & Meyer, p. 131-166.

Freitag, S., van Jaarsveld, A.S. & Biggs, H.C. 1997. Ranking priority biodiversity areas: An iterative conservation value-based approach. Biological Conservation 82: 263-272.

Geißler-Strobel, S., Gras. J. & Herbst, F. 1997. Bergbaufolgelandschaft und Naturschutz in den östlichen Bundesländern - Defizite und Lösungsansätze, dargestellt am Beispiel der Tagebauregion Goitzsche bei Bitterfeld. Natur und Landschaft 72: 235-238.

Haarmann, K & Pretscher, P. 1988. Naturschutzgebiete in der Bundesrepublik Deutschland. Naturschutz aktuell 3. Kilda, Greven.

Hovestadt, T., Röser, J. & Mühlenberg, M. 1991. Flächenbedarf von Tierpopulationen. Berichte aus der ökologischen Forschung 1. Forschungszentrum Jülich.

Katzur, J. 1997. Bergbaufolgelandschaften in der Lausitz. Naturschutz und Landschaftsplanung 29: 114-121.

Kirkpatrick, J.B. 1983. An iterative method for establishing priorities for the selection of nature reserves: An example from Tasmania. Biological Conservation 25: 127-134.

Lomolino, M.V. 1994. An evaluation of alternative strategies for building networks of nature reserves. Biological Conservation 69: 243-249.

Margules, C.R., Nicholls, A.O. & Pressey, R.L. 1988. Selecting networks of reserves to maximise biological diversity. Biological Conservation 43: 63-76.

Meyer, F. & Große, W.R. 1997. Sukzession oder Habitatmanagement? Aspekte des Artenschutzes bei der Rekultivierung ostdeutscher Braunkohlentagebaue - dargestellt am Beispiel der Amphibien. Natur und Landschaft 72: 227-234.

Möckel, R. 1993. Von der Abraumkippe zum Naturschutzgebiet - eine Modellstudie zur Renaturierung eines Braunkohletagebaues der Lausitz. Naturschutz und Landschaftspflege in Brandenburg 2: 13-22.

Nicholls, A.O. & Margules, C.R. 1993. An upgraded reserve selection algorithm. Biological Conservation 64: 165-169.

Plachter, H. 1994. Methodische Rahmenbedingungen für synoptische Bewertungsverfahren im Naturschutz. Zeitschrift für Ökologie und Naturschutz 3: 87-106.

Pressey, R.L. 1994. Ad hoc preservations: Forward or backward steps in developing representative reserve systems. Conservation Biology 8: 662-668.

Pressey, R.L. & Nicholls, A.O. 1989. Efficiency in conservation evaluation: Scoring versus iterative approaches. Biological Conservation 50: 199-218.

Pressey, R.L. & Tully, S.L. 1994. The cost of ad hoc reservation: A case study in western New South Wales. Australian Journal of Ecology 19: 375-384.

Pressey, R.L., Humphries, C.J., Margules, C.R., Vane-Wright, R.I. & Williams, R.H. 1993. Beyond opportunism: Key principles for systematic reserve selection. Trends in Ecology and Evolution 8: 124-128.

Pressey, R.L., Possingham, H.P. & Day, J.R. 1997. Effectiveness of alternative heuristic algorithms for identifying indicative minimum requirements for conservation reserves. Biological Conservation 80: 207-219.

Rebelo, A.G. & Siegfried, W.R. 1990. Protection of fynbos vegetation: ideal and real world options. Biological Conservation 54: 15-31.

RSU (Rat der Sachverständigen für Umweltfragen) 1996. Umweltgutachten 1996. Metzler-Poeschel, Stuttgart.

Settele, J., Margules, C.R., Poschlod, P. & Henle, K. 1996. Species Survival in Fragmented Landscapes. Kluwer, Dordrecht.

Underhill, L.G. 1994. Optimal and suboptimal reserve selection algorithms. Biological Conservation 70: 85-87.

Wolf, G. 1985. Primäre Sukzession auf kiesig-sandigen Rohböden im Rheinischen Braunkohlenrevier. Schriftenreihe für Vegetationskunde 16: 1-203.

14 Optimierungsverfahren für Landschaft: Biotophybride

Jadranka Mrzljak[1] & Gerhard Wiegleb[1]

[1] BTU Cottbus, LS Allgemeine Ökologie, Postfach 10 13 44, D-03013 Cottbus

Zusammenfassung. Das neue landschaftsanalytische Verfahren der Biotophybride wird in seinem technischen Ablauf beschrieben und am Beispiel eines Datensatzes epigäischer Spinnenfauna demonstriert. Durch Kombination von jeweils drei Biotoptypen wird versucht, verschiedene Zielfunktionen zu maximieren. Je nachdem, ob Gesamtartenzahl, Zahl der Rote-ListeArten oder Anzahl der stenöken Arten zugrunde gelegt wird, ergeben sich unterschiedliche Ergebnisse. Die praktischen Einsatzmöglichkeiten des Verfahrens in Landschaftsbewertung und Erfolgskontrolle werden diskutiert.

Schlüsselwörter. Bewertungsverfahren, Biotophybride, Landschaftsanalyse, Optimierung

1 Einleitung

Die diskursive Leitbildentwicklung (Wiegleb 1997) verlangt vom Experten zu Beginn eine Erfassung des Ist-Zustandes unter Einbeziehung bereits vorhandener populärer Vorstellungen, anschließend Diskussion aller mit jedem (= eigentliche Leitbildentwicklung) und gegen Ende wiederum vom Experten eine Defizitermittlung von Soll-Zustand zu Ist-Zustand. Das Ziel des LENAB-Projektes, dieses Verfahren für konkrete Flächen in der Bergbaufolgelandschaft (BFL) zur Leitbildentwicklung für naturnahe Offenlandflächen anzuwenden, stellt die Freiland-Bearbeiter vor eine Vielzahl von Widersprüchen:

- Was ist naturnah in der unmittelbar nach Kippung gänzlich technogenen BFL?
- Wie können unterschiedliche Grundmotive und konkurrierende Zielvorstellungen des Naturschutzes miteinander verglichen werden (prognostische Zielwertanalyse)?
- Wie sind konkurrierende Ansprüche von Organismen gegeneinander abzuschätzen?
- Wie muß das Ergebnis der wissenschaftlichen Analyse aussehen, um die öffentliche, diskursive Entscheidungsfindung nicht durch vorgeblich absolutes Expertenwissen vorherzubestimmen?

2 Wertzuweisung + Soll-Ist-Abgleich = Bewertung ?

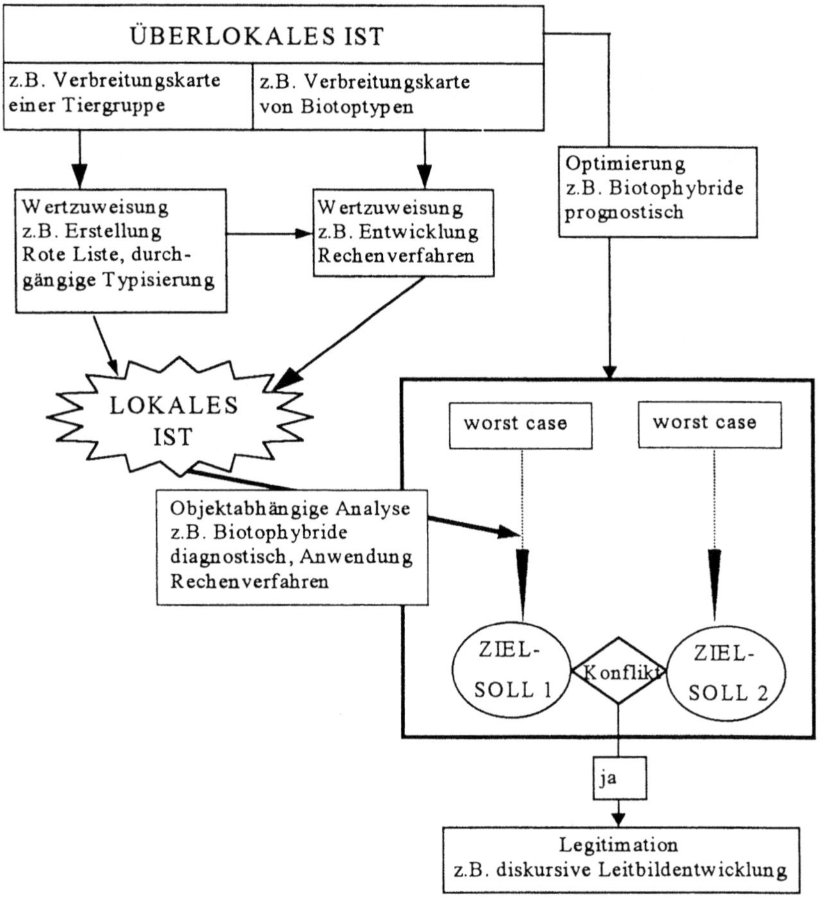

Abbildung 14.1. Allgemeines Schema eines Bewertungsgesamtverfahrens

Das Schema (Abb. 14.1) verdeutlicht, wie Wertzuweisung und Optimierung sich gegenseitig ergänzen und nicht gegeneinander austauschbar sind. Die *Optimierung* ermittelt analytisch potentiell bessere und schlechtere Zustände in Abhängigkeit von vorgegebenen Zielen. Optimierung kann Zielkonflikte sowie Konflikte in den Ansprüchen unterschiedlicher Organismen aufdecken und quantifizieren (zur Erfolgskontrolle vgl. Abschnitt 5 dieses Beitrages) lange vor der Ebene der Maßnahmen. Abgleichung oder Lösung von Konflikten und Zielauswahl sind in einigen Rechenverfahren bereits enthalten, z.B. bei iterativen Auswahl-Algorithmen (Durka et al., in diesem Band) sowie rein technisch ebenfalls mit den Biotophybriden machbar. In solchen Fällen kann der notwendige Diskurs (Wiegleb 1997) von den Gutachtern vorweggenommen und umgangen werden. Dies führt zu einem schnellen, aber expertenlastigen Ergebnis. Die *Wertzuweisung* („Wertung" im Sinne von Jessel 1996), „Zustands-Wertigkeits-Relationen", „Wertzuweisung" (im Sinne von Plachter 1994), aber nicht „Wertzuweisung" (im Sinne von Plachter & Foeckler 1992) bzw. Normierung erfolgt beim Erstellen der Roten Listen und in der Entwicklung der Rechenverfahren, wo „bewertet" wird, welche Arten als selten, gefährdet usw. zu gelten haben, bzw. welche Schutzkriterien in welchem Maß in einem Rechenverfahren gewichtet werden. Die indikatorischen Parameter (Arten, Zustände usw.) sind die *zu bewertenden Objekte*. Diese sind zu unterscheiden von *zu begutachtenden Objekten* (Soll-Ist-Abgleich), also denjenigen Landschaftselementen, Landschaften, Regionen, auf die das Bewertungsverfahren angewendet wird. Die zu begutachtenden Objekte werden beschrieben und analysiert, jedoch nur indiziert „bewertet" durch eine Normierung, die zum Zeitpunkt der Begutachtung bereits abgeschlossen und offengelegt sein sollte. Die Methodik der Analyse sollte objektabhängig gewählt werden und durch Konventionen geregelt sein.

Der Handlungsbedarf, in der Graphik nicht dargestellt, ergibt sich aus der Differenz von Ist-Zustand zu Soll-Zustand. Da der Gebrauch von „Bewertung" für zwei verschiedene Ebenen wie „Wertzuweisung, Wertung" zum einen und „Begutachtung" andererseits in der aktuellen Diskussion nur Verwirrung stiftet, ist der Gebrauch dieses Wortes am besten zu meiden. Vor allem, weil dieser Begriff den Umstand verwischt, daß mit Ausnahme des Diskurses (Legitimation) arbeitstechnisch gesehen alle dargestellten Schritte, auch derjenige der Auswahl geeigneter Kriterien aus den empirischen Daten zur Wertzuweisung, distanziert wissenschaftlich durchgeführt werden müssen. Dies ist ein anzustrebender Idealzustand und erst dort, wo die wissenschaftliche Methodik ein ungenügendes oder multiples und deshalb konfliktbelastetes Ergebnis liefert, muß der Diskurs eines Fachgremiums Entscheidungen herbeiführen, auch diese wiederum nicht beliebig, sondern innerhalb verbindlicher Zielhierarchien (Jessel 1996), die aus übergeordneten gesellschaftlichen Zielen abgeleitet sein müssen (Blumrich et al. 1998).

Forderungen nach durchgängiger Klassifizierung (Typisierung) der einzelnen Objekte als Grundlage von Bewertungsverfahren wie etwa von Plachter (1994) gefordert, sind begrüßenswert, erscheinen aber aufgrund des Aufwandes problematisch, weil sie auf breite, überregionale Anwendung ausgerichtet, entweder im Format handhabbar, aber für den Einzelfall zu grob ausfallen oder unhandliche Dimensionen mit zu vielen Ausnahmen annehmen. Die Forderung nach „Anpassung der verwendeten Wertmaßstäbe an die regionale Situation" (Plachter & Foeckler 1992) ist widersprüchlich, weil dies der vorherig gewünschten Durchgängigkeit widerspricht. Noch gravierender ist, daß die regionalisierte Sichtweise dazu führt, daß Kriterien der Schutzwürdigkeit mit Raumbezug (Seltenheit, Repräsentanz u. a.) allein durch Änderung der Betrachtungsebene (Felinks & Wiegleb 1998) ihre Gültigkeit verlieren bzw. für jede Ebene neu definiert werden. Die gültige Betrachtungsebene der Wertzuweisung (= überlokales Ist) darf sich nicht an politischen (ein Bundesland) oder arbeitstechnischen (ein Untersuchungsgebiet) Einheiten, sondern muß sich an objektrelevanten Dimensionen (z.B. potentielles Verbreitungsgebiet einer Art) orientieren. Die Entwicklung überregionaler zielorientierter Wertsysteme (Rote Listen u.a.) ist in jedem Fall regionalen vorzuziehen, weil sie ein Verbesserungsgebot statt eines Verschlechterungsverbots nach sich ziehen.

Konventionen müssen so weitreichend entwickelt werden, daß ein Gutachter Vorschriften oder Vorschläge für jeden Schritt findet, so das lediglich die Analyse „objektabhängig" durchzuführen ist. Die aktuell häufige Personalunion der Gutachter als Analytiker, Optimierer, Bewerter und Legitimierer müßte aufgelöst werden zu jeweils getrennten Expertenrunden oder anderen zweckdienlichen legitimierenden Sozietäten, die entsprechende Vorschläge für ihr Gebiet auszuarbeiten hätten. Die Bewertung als gut begründete und nachvollziehbare Meinung eines Fachmannes, die sich in Abhängigkeit von persönlichen Erfahrungen und gesellschaftlichen Entwicklungen verändert (Wiegleb 1997), wäre zu überwinden zugunsten von im Diskurs gewonnener Konventionen. Nicht erwünscht ist eine Entwicklung, die als Konsens lediglich die Reduzierung auf z.B. ein Rechenverfahren vorschreibt. Vielmehr ist als Beitrag der Wissenschaftler verlangt, leistungsfähige landschaftsanalytische Methoden zu entwickeln. Die Legitimierer besitzen mit der diskursiven Leitbildmethode bereits ein modernes Instrument.

3 Biotophybride

3.1 Prämissen

Die Entwicklung eines neuen landschaftsanalytischen Verfahrens beruht auf folgenden Prämissen: Organismen sind bis auf wenige Ausnahmen (genetische Identität von Zwillingen z.B.) auch bei höchstem Verwandtschaftsgrad nie vollständig identisch. Jedes Individuum weist neben übereinstimmenden Eigenschaften der Art, Gattung usw. individuelle Merkmale auf, die einzigartig sind. Aggregierte Landschaftselemente wie Hecke, Moor u.a. besitzen deshalb immer eine gewisses Maß an Einzigartigkeit und Unwiederholbarkeit. Diese Variabilität macht statistische Analysen in den üblichen naturwissenschaftlichen Konventionen wie etwa 5 % zulässige Irrtumswahrscheinlichkeit selten anwendbar (außer man behandelt echte Zeitreihen ein und desselben Objektes), weil mit steigender Versuchswiederholung die Variabilität u.U. nicht ab- sondern zunimmt.

Am Beispiel der Spinnenfauna auf unterschiedlichen Vegetationstypen der BFL (Tab. 14.1) ist zu sehen, daß ein Vielfaches an Klassifikationen möglich ist. Eine Reduktion etwa in Kurzgras- und Hochgrasbestände, wie sie nach der Graphik in Abb. 14.2 naheliegt, ließe zu viele Eigenschaften der Einzeltypen unberücksichtigt, eine differenzierte Analyse wäre nicht möglich. Deshalb war gefor

Tabelle 14.1. Probeflächen aus Schlabendorf Nord und Süd, Niederlausitzer BFL

Probefläche	Vegetation	Alter der Flächen
112	Heidefläche	gewachsenes Land
211	Reitgras - Dominanzbestand	gewachsenes Land
221	Reitgras - Bestand	gewachsenes Land
122	Wiese aschemelioriert	ca. 20 Jahre
131	Sandfläche mit kleinen Vegetationsinseln	ca. 20 Jahre
132	Kraut-Gras, krautreicher Sandmagerrasen	ca. 20 Jahre
133	Reitgras - Bestand	ca. 20 Jahre
134	Moos und flechtenreicher Bestand	ca. 20 Jahre
222	Moosreiche Silbergrasflur	ca. 7 Jahre
223	Kiefernanpflanzung	ca. 7 Jahre
224	Gras - Klee - Ansaat	ca. 5 Jahre
225	offene Sandfläche	ca. 15 Jahre
231	dichte Silbergras - Flur	ca. 10 Jahre

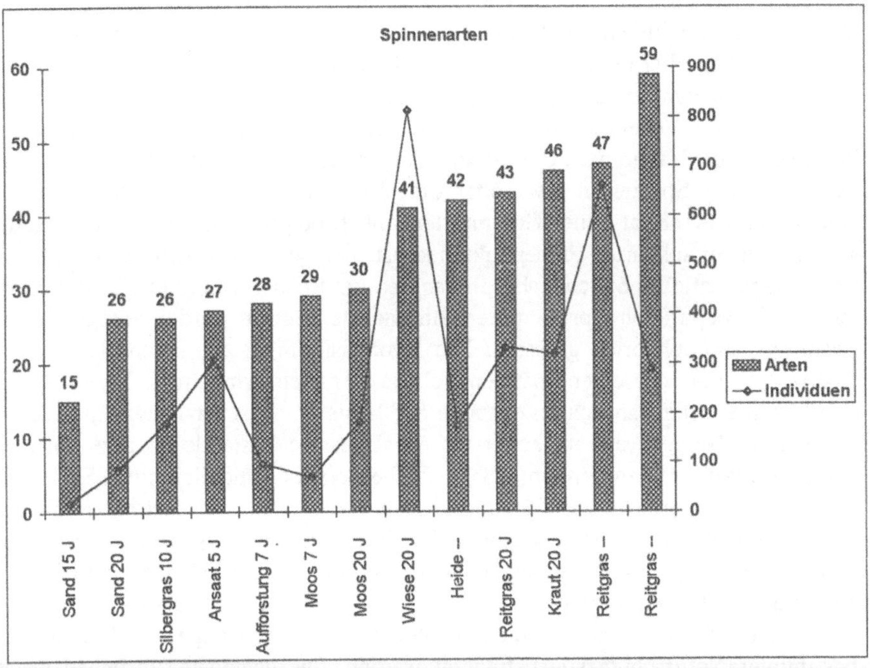

Abbildung 14.2. Arten- und Individuenzahlen von epigäischen Spinnen auf Probestellen Schlabendorf Nord und Süd, Niederlausitzer BFL

dert, in jedem Verfahrensschritt sämtliche Informationen der Einzeltypen mitzuschleppen. Weiterhin sollte die kleinste Einheit des Untersuchungsobjektes

„Landschaft“ bereits wesentliche Eigenschaften desselben aufweisen, also Vielgestaltigkeit, Heterogenität, Nachbarschaften. Gleichzeitig muß eine Standardisierung all dessen möglich sein, ohne aus Zwängen der Statistik Hunderte von Probestellen untersuchen zu müssen. Weiterhin dürfen Vegetationseinheiten bzw. deren Fauna nicht in direkter Konkurrenz zueinander betrachtet werden, weil nicht die Ausbreitung eines Typs und die Auslöschung eines Anderen angestrebt wird. Vielmehr ist die günstigste Kombination gesucht, die ein bestimmtes Naturschutzziel (Blumrich et al. 1998) oder die Ansprüche bestimmter Zielarten optimal berücksichtigt.

3.2 Rechenschritte

Das Optimierungsverfahren (vgl. Abb. 14.3) sieht vor, daß aus allen untersuchten Probestellen Tripel gebildet werden, die Biotophybride heißen. Es wären auch 4-Tupel oder maximal 5-Tupel denkbar, die Anzahl der Kombinationen (k aus n = n!/ k!x(n-k)!) wüchse von 286 zu 715 bzw. 1287 für die 13 Probestellen im nachfolgendem Beispiel. Diese sind zwar schnell von einem Programm zu erstellen, aber insgesamt zu unübersichtlich für die Handhabung. Die Biotophybride bilden die Grundeinheit der Untersuchung. Sie sind standardisierte Objekte (in der räumlichen Hierarchie vom Punkt zur Fläche vorerst ohne Angabe der Ausdehnung) hinsichtlich Beprobungsintensität und Nachbarschaft. Die Arten der drei beteiligten Vegetationstypen werden zur Gesamtartenliste jedes Biotophybrids vereinigt. Neben der Artensumme zeigen jetzt auch Artenfrequenzen Wirkung: Gleiche Spezies in zwei oder drei Vegetationstypen des Biotophybrids zählen nur einfach zu seiner Gesamtartenzahl. Biotophybride heißen *real*, wenn sie aus real benachbarten Probepunkten konstruiert werden. Andere sind *virtuell*, wenn sie potentiell mögliche, aber in der Realität nicht existierende Kombinationen von Probepunkten repräsentieren. Im nächsten Schritt werden topographisch unsinnige Biotophybride gelöscht. Die Hybridisierung stellt einen Schritt der Abstraktion dar, der einen späteren Soll-Ist-Abgleich ermöglicht. Neuartig ist, daß hypothetische Landschaftszustände auf Basis empirischer Daten konstruiert werden, die bezogen auf ein konkretes Areal bessere Zustände als alle real existierenden beschreiben können, sofern solche potentiell möglich sind. So lassen sich Ziele der Verbesserung (der indizierten Merkmale, die Übertragbarkeit auf das Gesamtsystem ist abhängig von der Güte der Indizleistung) formulieren, während bisherige Verfahren auf Gleichverteilung oder Anhäufung aktuell existierender Bestzustände zielten.

Nun muß die Eignung der untersuchten Organismengruppe zur Indizierung bestimmter Naturschutzziele betrachtet werden. Die geeignete Vorgehensweise für Gutachten ist, die Ziele vor dem Geländegang zu formulieren und anschließend die geeigneten Indikatorgruppen zum Erstellen der empirischen Datenbasis zu untersuchen. Aus dem vorliegenden Datensatz epigäischer Spinnenarten kann Naturnähe als Minimierung der Nutzungsintensität (Blumrich et al. 1998) durch Weglassen von Ackerarten operationalisiert werden, Biodiversität ist zum einen als Zielartenschutz (nur Rote Liste Arten berücksichtigt) und andererseits als

Artendiversitätsschutz (Maximierung der Artenzahlen) repräsentiert. Die Optimierung hinsichtlich Landschaftsgärtnerei als Angleichung an die vorbergbauliche Kulturlandschaft muß nicht durchgeführt werden, weil keine Referenz in der die BFL umgebenden Kulturlandschaft als Optimum existiert, außer man wollte anhand historischer Karten die Realisierung derselben anstreben.

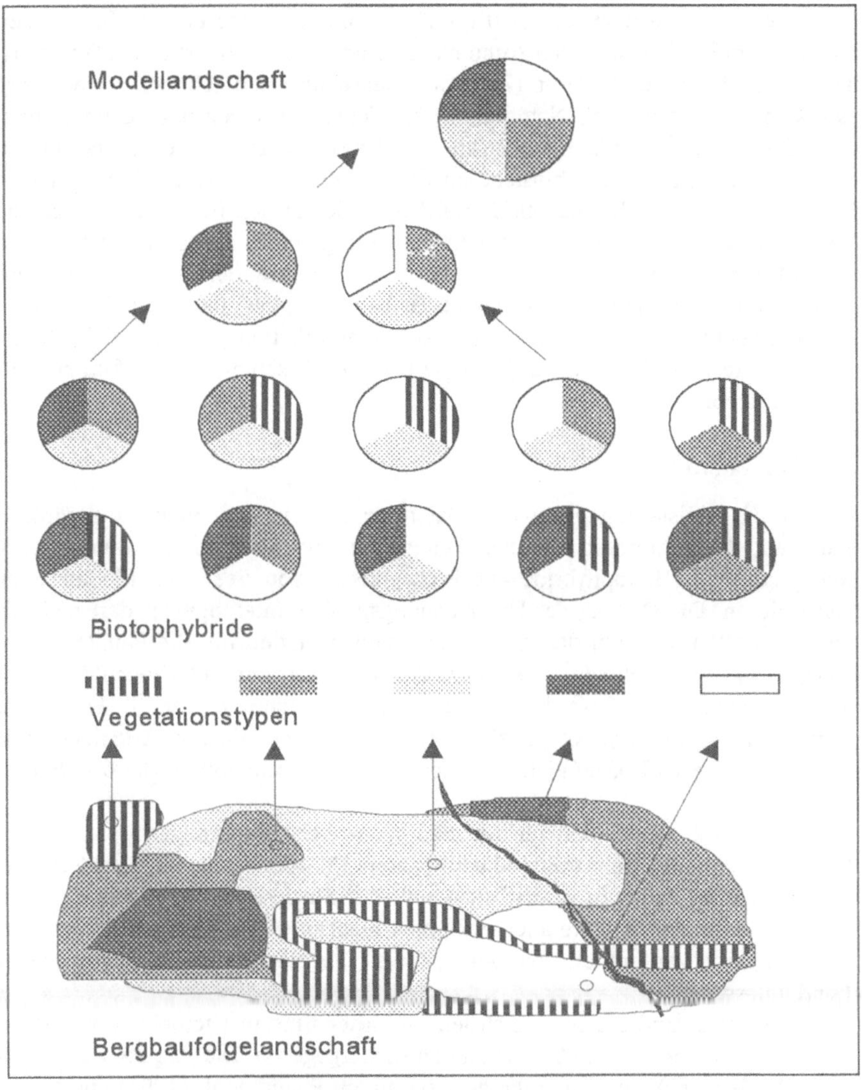

Abbildung 14.3. Schritte des Optimierungsverfahrens

Das Verfahren ist nicht eingeschränkt auf Optimierung von Landschaft hinsichtlich Organismen. Es funktioniert gleichermaßen für abiotische Eigenschaften der Landschaft, die Zielformulierung etwa für Bodenwerte ist in diesem Bereich jedoch problematischer. Schönheit, Vielfalt, Landschaftsbild und andere ästhetischen Aspekte wären rein technisch mit dem Verfahren ebenfalls analysierbar. Da diese aber immer auf großräumige Einheiten in Gesamtheit bezogen werden sollten, sind hier andere Verfahren möglicherweise geeigneter.

Im nächsten Schritt werden „Hitlisten" der Biotophybride erstellt: Sie werden im vorliegenden Beispiel nach Artenmaximierung (Ziel: Artendiversität) sortiert, nach Anzahl Rote-Liste-Arten (Ziel: Zielartenschutz) und schließlich nach Anzahl stenöker Arten (Ziel: Naturnähe). Die Vegetationstypen bzw. deren Fauna, die auf einer Hitliste hauptsächlich in den oberen Rängen vertreten sind, bilden eine Modellandschaft, die hinsichtlich des indizierten Zieles das hypothetische Optimum bildet. Die Biotophybride werden in diesem Schritt wieder zerlegt, die Modellandschaft kann je nach Ergebnis aus wenigen oder vielen Vegetationseinheiten bestehen. Die Schlußlichter auf der Liste repräsentieren den denkbar ungünstigsten Landschaftszustand. Durch Beibehaltung der ursprünglichen Probestellenbezeichnung ohne Typisierung oder Klassifikation sind sämtliche Informationen über die Untersuchungspunkte bis zum Abschluß des Verfahrens enthalten und abrufbar.

3.3 Datensatz

Ein zur Hybridisierung geeigneter Datensatz muß von Untersuchungspunkten stammen, die zumindest potentiell benachbart sein könnten. So wäre es z.B. wenig sinnvoll, Biotophybride aus Probepunkten von See- und Flußufern zu konstruieren. Die Distanz der Untersuchungspunkte untereinander darf nicht zu unterschiedlich sein, um die räumlichen Autokorrelation für alle Punkte als annähernd gleich annehmen zu können. Am Datensatz von 13 Probeflächen aus den BFL Schlabendorf Nord und Süd in der Niederlausitz (Tab. 14.1) soll das Verfahren exemplarisch vorgestellt werden. Dieser besteht aus Artenlisten von Spinnen aus sechs Bodenfallen je Probestelle von einschließlich Mai bis Oktober 1996.

Die Abb. 14.2 zeigte, daß lückige und moosreiche Sandmagerrasen etwa 28 Spinnenarten aufweisen, während bei höherem Pflanzenwuchs mit Kräutern oder Reitgras ca. 44 Arten zu verzeichnen sind. Zur Sukzession ist festzustellen, daß Reitgrasfluren auf 20 Jahre alten gekippten Flächen sich in der Anzahl an Spinnenarten nicht wesentlich von dem gleichen Vegetationstyp auf gewachsenem Land unterscheiden.

In Tab. 14.2 sind die artenreichsten und artenärmsten Biotophybride aus der Liste von 266 potentiellen Möglichkeiten wiedergegeben. Die Angaben zur Roten Liste der Webspinnen Deutschlands basieren auf Platen et al. (1996) und zu den stenöken Arten auf Grimm (1985) sowie Heimer & Nentwig (1991).

3.4 Ergebnisse

Biotophybride, die Probestellen von gewachsenem Land beinhalten, sind wesentlich artenreicher als solche, die nur aus BFL Probestellen konstruiert sind. Deshalb wurde getrennt in Randbereiche (Biotophybride aus je einer Probestelle gewachsenes Land und zwei Kippenstandorten) und Innenkippe (Biotophybride aus je drei Kippenstandorten) analysiert.

Tabelle 14.2. Biotophybride (Ausschnitt aus der Hitliste Artenmaximierung) aus Schlabendorf Nord und Süd, Niederlausitzer BFL und errechnete Anzahlen der Arten, der Rote Liste Arten und der stenöken Arten der Spinnen

Biotophybride			Kurzbeschreibung			Real/ virtuell	Anzahl Arten	Rote Liste D	Stenöke Arten
223	221	132	Kiefer	Reitgras	Kraut	virtuell	66	61	64
222	221	132	Moos	Reitgras	Kraut	virtuell	65	63	64
221	132	131	Reitgras	Kraut	Sand	virtuell	65	59	64
221	134	132	Reitgras	Moos	Kraut	virtuell	64	61	64
221	133	132	Reitgras	Reitgras	Kraut	virtuell	63	59	62
223	221	133	Kiefer	Reitgras	Reitgras	virtuell	63	56	62
...									
222	223	221	Moos	Kiefer	Reitgras	real	58	44	53
211	122	132	Reitgras	Wiese	Kraut	virtuell	57	51	54
211	134	133	Reitgras	Moos	Reitgras	virtuell	57	59	57
224	221	131	Ansaat	Reitgras	Sand	virtuell	57	41	52
224	223	221	Ansaat	Kiefer	Reitgras	real	57	41	52
225	211	132	Sand	Reitgras	Kraut	virtuell	57	54	56
...									
225	131	134	Sand	Sand	Moos	unsinnig	45	18	31
231	224	131	Silbergras	Ansaat	Sand	virtuell	45	14	30
225	224	222	Sand	Ansaat	Moos	real	45	16	30
231	225	222	Silbergras	Sand	Moos	virtuell	45	15	30
231	224	222	Silbergras	Ansaat	Moos	virtuell	44	15	29
231	225	224	Silbergras	Sand	Ansaat	virtuell	40	11	24

Der Vergleich der Tabellen 14.3 bis 14.5 zeigt, daß für Randbereiche je nach angestrebtem Schutzziel andere optimale Modellandschaften als Ziel-Soll gelten. Auf der Innenkippe können Artenvielfalt und Naturnähe der Spinnenfauna flächenidentisch in Hochgrasbeständen optimiert werden, während Zielartenschutz auf Kurz- und Hochgrasbeständen am besten realisiert werden kann. Am Beispiel des Vegetationstyps Heide ist gezeigt, daß je nach Schutzziel und Nachbarschaft die Schutzwürdigkeit einer Fläche sehr unterschiedlich ausfallen kann.

Tabelle 14.3. Modellandschaften für das Grundmotiv Artenvielfalt

	Modellandschaft	Pessimalzustand
Randbereiche	Reitgras gewachsenes Land	Heide gewachsenes Land
	Kraut	Silbergras
	Silbergras	
Innenkippe	Wiese	Gras-Klee-Ansaat
	Kraut	weite Sandfläche
	Reitgras	Silbergras

Tabelle 14.4. Modellandschaften für das Grundmotiv Zielartenschutz

	Modellandschaft	Pessimalzustand
Randbereiche	Heide gewachsenes Land	Wiese
	Sand kleinflächig	Gras-Klee-Ansaat
	Kraut	Silbergras
	Reitgras	
	Moos	
	moosreiches Silbergras	
Innenkippe	Moos	Wiese
	Kraut	Gras-Klee-Ansaat
	Reitgras	Silbergras

Tabelle 14.5. Modellandschaften für das Grundmotiv Naturnähe

	Modellandschaft	Pessimalzustand
Randbereiche	Reitgras gewachsenes Land	Heide gewachsenes Land
	Kraut	Gras-Klee-Ansaat
	Sand kleinflächig	Silbergras
	Moos	
Innenkippe	Wiese	Gras-Klee-Ansaat
	Kraut	weite Sandfläche
	Reitgras	Silbergras

Das Ergebnis des Verfahrens der Biotophybride ist seiner Art nach eine Erfolgskontrolle. Die vorgestellte Methode versteht sich u.a. als Beitrag der empirischen Freilandforschung zur Leitbildentwicklung. In der technogen überformten Bergbaufolgelandschaft ist die Optimierung das einzige Instrument, um Potentialanalysen durchzuführen, da Referenzflächen in gewachsener Landschaft fehlen und historische Zustände nicht wiederherstellbar sind.

4 Prognostische Zielwertanalyse

Konflikte sind zu erwarten, wenn unterschiedliche Naturschutzziele nicht flächenidentisch realisiert werden können, wie im obigen Beispiel gezeigt. Für dasselbe Ziel, aber mit Datensätzen unterschiedlicher Organismengruppen ermittelte Modellandschaften brächten im Vergleich das Vorhanden- oder Nichtvorhandensein von Konflikten aufgrund der Ansprüche der Organismen zutage. Die genaue Autökologie jeder Art im Detail muß dafür nicht bekannt sein.

Will man das Ausmaß eventueller Konflikte quantifizieren, so zeigt die Korrelation der in unserem Beispiel nach Zielen sortierten Hitlisten der Biotophybride ein genaueres Bild (vgl. Tab. 14.6)

Tabelle 14.6. Korrelationen (Rangkorrelation nach Spearman, SPSS 7.5, ** hoch signifikant) der Biotophybride hinsichtlich unterschiedlicher Naturschutzziele

	Artenvielfalt - Zielartenschutz	**Artenvielfalt - Naturnähe**	**Zielartenschutz - Naturnähe**
Randbereiche	0,31**	0,88**	0,63**
Innenkippe	0,72**	0,91**	0,83**

Es zeigt sich, daß aufgrund geringer und mittlerer Korrelation (Zöfel 1988) nur für Randbereiche der BFL ein Konflikt größeren Ausmaßes auftreten würde, wenn die Entscheidung, ob Artenvielfalt oder Rote-Liste-Arten ein höheres Schutzgut darstellen, anstünde. Für die Innenkippe zeigt die hohe bis sehr hohe Korrelation, daß mit der Schutzgebietsausweisung z.B. der artenreichsten Flächen auch alle anderen Schutzziele annähernd abgedeckt werden können.

Mit dem Instrument der Biotophybride können Konflikte in prognostischer Erfolgskontrolle ermittelt und dargestellt werden. Das Verfahren vermag zielorientiert und, solange Pluralität gewahrt bleibt, wertfrei auf Basis empirischer Daten Grundlagen zur Entscheidungsfindung und Diskurs bereitzustellen.

5 Diagnostische Erfolgskontrolle

Bezieht man nur reale Biotophybride in das Verfahren ein, so könnte etwa überprüft werden, ob bereits ausgewiesene Schutzgebiete gut ausgewählt worden sind und welche Naturschutzziele vorrangig darin erfüllt werden. Der Vergleich eines beliebigen konkreten Landschaftsausschnittes mit einer nach Zieldefinition und im Optimierungsverfahren ermittelten Modellandschaft bestimmt einen Artenfehlbetrag. Aus der Differenz von Ist-Zustand zu Modellandschaft kann ein Anforderungskatalog mit praktischen Handlungsanweisungen erstellt und begründet werden.

6 Praxistauglichkeit

Die Möglichkeiten des Verfahrens liegen in
- prognostischer und diagnostischer Erfolgskontrolle,
- Vergleichbarkeit konkurrierender Ziele,
- Vergleichbarkeit der Ansprüche unterschiedlicher Organismengruppen,
- Überführbarkeit der Ergebnisse in Handlungsanweisungen.

Die Grenzen sind durch äußere Zwänge, die alle Verfahren gleichermaßen bestimmen, gesetzt:
- Prognostische Analysen sind nur für in ihrer Entwicklung beeinflußbare, d.h. austauschbare Flächen sinnvoll (z.B. als Begleituntersuchung zum Waldumbau). Hochmoorgebiete etwa sind aufgrund ihrer Nichtwiederherstellbarkeit nur diagnostisch zugänglich.
- Es ist eine gute Datenbasis mit standardisierter Probenahme erforderlich.
- Die „Indizleistungen" der betrachteten Organismengruppe müssen bekannt sein und es muß Konventionen über ihre Verwendung in landschaftsanalytischen Verfahren geben.

Danksagung

Die Arbeit ist entstanden in Zusammenarbeit mit Udo Bröring, Birgit Felinks, Mario Friebe, Andre Grondtke, Bianka Karopka, Claudia Kowalke und ganz entscheidend, Martina Müller. Sie wurde im Rahmen des Verbundvorhaben LENAB, gefördert vom BMBF (Fkz 0339648) und der LMBV durchgeführt.

Literatur

Blumrich, H., Bröring, U., Felinks, B., Fromm, H., Mrzljak, J. Schulz, F., Vorwald, J. & Wiegleb, G. 1998. Die Bedeutung der Leitbildentwicklung im Rahmen der „guten naturschutzfachlichen Praxis", dargestellt am Beispiel der naturnahen terrestrischen Bereiche der Niederlausitzer Bergbaufolgelandschaften. Studien und Tagungsberichte LUA Brandenburg 17, im Druck.

Felinks, B. & Wiegleb, G. 1998. Welche Dynamik schützt der Prozeßschutz ? Aspekte unterschiedlicher Maßstabsebenen – dargestellt am Beispiel der Niederlausitzer Bergbaufolgelandschaft. Naturschutz u. Landschaftsplanung, im Druck.

Heimer, S. & Nentwig, W. 1991. Spinnen Mitteleuropas. Parey, Hamburg.

Jessel, B. 1996. Leitbilder und Wertungsfragen in der Naturschutz- und Umweltplanung. Naturschutz und Landschaftsplanung 28 (7): 211-216.

Grimm, U. 1993. Die Gnaphosidae Mitteleuropas (Arachnidae, Araneae). Abh. Nat.-Wiss. Ver. Hamburg (NF) 26. Hamburg.

Marti, F. & Stutz, H.-P. B. 1993. Zur Erfolgskontrolle im Naturschutz. Ber. Eidgen. Forschungsanstalt für Wald, Schnee und Landschaft 336. Birmensdorf.

Plachter, H. 1994. Methodische Rahmenbedingungen für synoptische Bewertungsverfahren im Naturschutz. Z. Ökologie u. Naturschutz 3: 87-106.

Plachter, H. & Foeckler, F. 1992. Entwicklung von naturschutzfachlichen Analyse- und Bewertungsverfahren. In: Henle, K. & Kaule, G. Hrsg., Naturschutzforschung für Deutschland. Berichte aus der ökologischen Forschung 4: 323-337.

Platen, R., Blick, T., Sacher, P. & Malten, A. 1996. Rote Liste der Webspinnen Deutschlands (Arachnida: Araneae). Arachnol. Mitt. 11: 5-31.

Wiegleb, G. 1996. Leitbilder des Naturschutzes in Bergbaufolgelandschaften am Beispiel der Niederlausitz. Verh. Ges. Ökol. 25: 309-319.

Wiegleb, G. 1997. Leitbildmethode und naturschutzfachliche Bewertung. Z. Ökologie u. Naturschutz 6: 43-62.

Zöfel, P. 1988. Statistik in der Praxis. Fischer, Stuttgart.

15 Bewertung von Biozönosen und Biotopen am Beispiel von Waldvogelgemeinschaften

Eckhard Jedicke[1]

[1] Universität Karlsruhe, Institut für Geographie und Geoökologie; Korrespondenzanschrift: Jahnstraße 22, D-34454 Bad Arolsen

Zusammenfassung. Zur naturschutzfachlichen Evaluierung der Auswirkungen forstwirtschaftlicher Nutzung in Laub- und Nadelholzforsten der Mittelgebirge wird exemplarisch das Vorgehen einer Bewertung für Waldvogelgemeinschaften dargestellt. Grundlage bilden Punktzählungen in Verbindung mit Messungen von Faktoren der Vegetationsstruktur in Buchen-, Eichen-Buchen-, Fichten- und Kiefernbeständen der verschiedenen Altersklassen einschließlich Plenterwäldern. Die Bewertung erfolgt zunächst - in ihren Grundprinzipien vorgestellt - anhand einzelner Faktoren (Artenzahl, Abundanz, Dominanzstruktur, Diversität, Seltenheit, ökologische Gildenstruktur, Ähnlichkeit und Repräsentanz), dann komprimiert anhand einer Faktorenanalyse. Aus dem Vergleich zwischen Altersklassennutzung und ökologischer Waldwirtschaft resultieren Anforderungen an die Integration von Naturschutzbelangen, aber auch zur Segregation.

Schlüsselwörter. Avizönose, Bewertungsverfahren, Biozönose, Faktorenanalyse, Forstwirtschaft, Gildenstruktur, Habitatstruktur, Landnutzung.

1 Ziele der Bewertung und Fragestellung

Ein großes Manko des Naturschutzes ist das Fehlen einer umfassenden Evaluierung verschiedener Formen der Landnutzung (z.B. Plachter 1996). Exemplarisch für Möglichkeiten einer Bewertung von Biotopen und Biozönosen mit dieser Zielrichtung faßt der Beitrag Ergebnisse für die Beeinflussung von Sommervogelgemeinschaften und Waldstruktur durch forstwirtschaftliche Nutzung im Mittelgebirge zusammen.

Ausgangspunkt der Bewertung ist die gesellschaftliche Zielsetzung, eine weitestmögliche Integration von Naturschutzzielen in die forstliche Nutzung zu erreichen - eine zentrale naturschutzfachliche Notwendigkeit. Vogelarten bzw. Avizönosen bieten sich als Indikatoren (Biodeskriptoren) vor allem aus drei Gründen an (Jedicke 1997):

- Vögel als auffällige Lebewesen sind populär, mithin können sie Begründungen von Naturschutz-Erfordernissen eine größere Durchsetzungsfähigkeit verschaffen als die meisten Wirbellosen.
- Die autökologischen Kenntnisse bezüglich der einzelnen Arten (allerdings weniger der Avizönosen) sind relativ hoch.
- Als hoch aggregierende Organismen bündeln Vögel zahlreiche Informationen über die Habitat- und Landschaftsstruktur.

Eine Bewertung von Flächennutzungen allein anhand der Auswirkungen auf eine kleine Organismengruppe und auf die von ihr beanspruchten Requisiten reicht jedoch nicht aus. Dennoch beschränkt sich der vorliegende Beitrag auf Sommervogelgemeinschaften, da es vorrangig um die Illustration übertragbarer Prinzipien der Bewertung geht. Etwas polarisierend konzentrieren sich die Ausführungen auf eine vergleichende Frage: Wie sind im Vergleich die konventionelle Altersklassenwirtschaft und der ökologische (naturgemäße, naturnahe, naturalistische) Waldbau aus Sicht des Arten- und Biozönosenschutzes zu bewerten?

Grundlage bilden ornithologische Punktzählungen in Verbindung mit Messungen von Faktoren der Vegetationsstruktur auf 50-m-Kreisflächen. Auf diesen wurden während der Brutzeit dreimal je 15 min lang alle Individuen erfaßt (zur Methode vgl. Jedicke 1994). Untersucht wurden verschiedene Altersklassen primär von Buchenwäldern, Eichen-Buchenwäldern, Laub-Nadelholz-Mischwäldern, Fichten- und Kiefernbeständen.

2 Einzelkriterien zur Bewertung der Avizönosen

2.1 Artenzahl und Abundanz

Traditionell operiert der Naturschutz als erstes mit den Größen Artenzahl und Abundanz. Ihre Aussagekraft ist jedoch eingeschränkt, wenn nicht zugleich die Habitatqualitäten betrachtet werden, welche diese beeinflussen - beispielsweise anhand der ökologischen Gildenstruktur.

Besonders arten- und individuenreich sind Flächen mit hoher vertikaler und horizontaler Strukturvielfalt sowie Mischbestände verschiedener Baumarten, vor allem von Laub- und Nadelhölzern.

2.2 Dominanzstruktur

Ähnlich kritisch ist die Dominanzstruktur zu sehen. Artenarme Biozönosen mit einer Art oder wenigen Arten, die eine sehr hohe Dominanz besitzen, können Störungen indizieren - es sind aber auch andere Ursachen denkbar. Ein Maß für die Dominanzstruktur bildet der Gemeinschafts-Dominanzindex, die Dominanzsumme der beiden häufigsten Arten, dividiert durch die Gesamtabundanz.

In den strukturell vielfältigeren Flächen sind die Dominanzverhältnisse ausgeglichener. Der Gemeinschaft-Dominanzindex korreliert relativ eng und jeweils negativ mit der Artenzahl (r = -0,801***, einseitiger Signifikanztest nach Pearson) und der Artendiversität (r = -0,895***).

2.3 Diversität und Evenness

Im Vergleich zur Artenzahl ergibt die Artendiversität nach Shannon & Wiener keine andere Aussage (r = 0,969***, linearer Zusammenhang). Sie kann daher aus der weiteren Betrachtung ausgeklammert werden. Das gilt ebenso für die Evenness (als Relation zwischen theoretisch möglicher höchster und tatsächlicher Diversität) mit sehr geringer Schwankungsbreite in dieser Untersuchung.

2.4 Seltenheit und Gefährdung

Maßgeblich für die Beurteilung der Seltenheit von vorkommenden Arten ist der geographische Bezugsraum; wird dieser zu eng gewählt, resultieren unsinnige Ergebnisse (Beispiel Brennessel [Urtica dioica] im Hochmoor). Die Berechnung von Seltenheitswerten - etwa von Singularität und Habitatwert (Singularität unter Einbeziehung der Artendiversität) nach Blana (1978) - ist äußerst kritisch zu hinterfragen; sie werden von nicht habitattypischen (ökologisch irrelevanten) Ausnahmeerscheinungen stark beeinflußt. Das belegt die verschiedentlich kritisierte Schein-Objektivität numerischer Bewertungsverfahren (z.B. Gessner 1997). Denkbar wäre die subjektive Ausklammerung solcher „Ausreißer".

Der Vergleich von Habitatwerten belegt den höchsten Rang für junge Sukzessionsflächen, horizontale Grenzlinien, mehrschichtige Eichen-Buchen-Mischwaldbestände und ungenutzte Buchen-Altholzinseln mit Naturverjüngung.

Die Gefährdung von Arten ist anhand Roter Listen zu bewerten; sie geht durch Zuschläge in die Berechnung von Singularität und Habitatwert ein. Jedoch kommen innerhalb der durchschnittlichen Mittelgebirgs-Wälder unter den Vögeln nur wenige Rote-Liste-Arten vor, so daß in diesem Fall das Kriterium der Gefährdung weniger bedeutsam ist.

2.5 Ökologische Gildenstruktur

Die Einteilung ökologischer Gilden faßt „funktionelle Artengruppen" zusammen, „die gleiche Ressourcen (wie Nahrung, Mikrohabitate) in ähnlicher Weise nutzen" (Schaefer 1992). Bei den Vögeln bietet sich aus indikatorischer Sicht vor die Nist- und die Nahrungsökologie zur Klassifizierung an:

(a) Nistökologische Gilden:

- Höhlenbrüter erreichen in ungenutzten Althölzern der Buche (Fagus sylvatica) ihr Maximum und durchweg hohe Abundanzen in den Avizönosen aller Althölzer mit Ausnahme jener der Fichte (Picea abies) - sie indizieren ein hohes Baumalter.
- Bodenbrüter sind am stärksten in den jungen Entwicklungsstadien der einschichtigen Habitate sowie in allen zwei- und mehrschichtigen Habitaten - insbesondere von Buche und Eichen (Quercus robur, Qu. petraea) - vertreten.

- Strauchbrütende Arten erreichen in den Jungwuchs- und Dickungsflächen ihr Optimum, sind aber in sämtlichen untersuchten Habitaten wenigstens geringfügig vertreten - relativ häufig in mehrschichtigen Beständen, die eine Strauchschicht aufweisen.
- Baumfreibrüter kommen in allen Baumbeständen relativ häufig vor, die aus dem Dickungsalter herausgewachsen sind. Sie erreichen in Nadelholz-Beständen eine höhere Abundanz als in Laubhölzern.

(b) Nahrungsökologische Gilden:

- Stammkletterer suchen ihre Nahrung primär auf und unter der Rinde. Sie treten erst ab einem mittleren Brusthöhendurchmesser von 25 cm in größerer Zahl auf, d.h. sie konzentrieren sich naturgemäß in Altholz-Beständen. Dabei zeigen sie ihr Maximum in den mehrschichtigen Waldbeständen.
- Baumvögel, die in der Baumschicht (Kronenregion) ihre Nahrung suchen, finden wiederum in den Althölzern und hier besonders in mehrschichtigen Beständen die besten Lebensbedingungen.
- Bodenvögel, die am Boden ihre Nahrung suchen, treten in allen Habitaten auf, am stärksten in den halboffenen Typen (Dickungen und Jungwuchs-Flächen, lichten Althölzern über Naturverjüngung, Grenzlinien und Sukzessionsflächen).

(c) Zugverhalten:

- Zugvögel erreichen ihre höchsten Abundanzen in den Jungwuchs- und Dikkungsstadien, Schirmbeständen und generell mehrschichtigen Waldbeständen; es handelt sich überwiegend um strauchbrütende Arten.

2.6 Ähnlichkeit von Avizönosen

Die Ähnlichkeit bzw. Verschiedenheit von Biozönosen ist am besten anhand der quadrierten euklidischen Distanz als Vergleichsmaß zu bewerten. Diese Größe berücksichtigt neben den in beiden verglichenen Proben präsenten Arten auch die Relation der in einer Probe fehlenden Arten; das ist bei häufig verwendeten Maßen wie Agrellschem Index, Sörensens Ähnlichkeitsquotient, Renkonenscher und Jaccardscher Zahl (vgl. Mühlenberg 1993, Schaefer 1992) nicht der Fall (Nipkow 1995). Das Ergebnis ist anhand einer Clusteranalyse prägnant darstellbar.

Je nach dem, ob nur die Artensets oder die zuvor genannten Parameter (u.a. die Gildenstruktur) zur Beschreibung der Avizönosen verglichen werden, resultieren etwas voneinander abweichende Ergebnisse.

2.7 Repräsentanz von Avizönosen

Durch eine gewisse Mindestzahl von Aufnahmen der typischen Avizönose eines Habitattyps läßt sich ein Vergleichsmaßstab erarbeiten. Anhand dessen kann man die Vollständigkeit oder typische Ausprägung der Vogelgemeinschaft auf Einzelflächen beurteilen. Diese steht in gewissem Widerspruch zur Seltenheit - beide Kriterien besitzen ihre Berechtigung.

Die Repräsentanz umfaßt nicht allein die Vollständigkeit oder typische Ausprägung der Biozönose einer Einzelfläche. Aufgabe dieses Kriteriums ist vielmehr, Flächen zur Erhaltung der Faunenelemente zu identifizieren, die repräsentativ für die Variationsbreite innerhalb eines Landnutzungstyps oder einer Region sind (vgl. Austin & Margules 1994). Eine mögliche Frage wäre also, in welchen Habitattypen die typische Wald-Avizönose am vollständigsten vorkommen kann.

Auch unter diesem Gesichtspunkt erlangen die mehrschichtigen Habitattypen die höchste Bewertung, und zwar Buchen-Altholzinseln mit Naturverjüngung, Altholzinsel-Grenzlinien zu andersartigen Waldhabitaten, mehrschichtige Laub-Nadel-Mischwälder und Eichen-Buchen-Mischwälder sowie Buchen-Schirm-Bestände.

Ein artbezogener Vergleich zeigt zudem, daß nur drei von zehn Leitarten der einschichtigen Jungwuchs- und Dickungsstadien nicht auch in zwei- und mehrschichtigen Beständen vorkommen können - die aber eher Offenlandarten sind: Gartengrasmücke (Sylvia borin), Goldammer (Emberiza citrinella) und Bluthänfling (Carduelis cannabina).

2.8 Weitere Kriterien

Weitere faunistisch-biogeographisch wichtige Kriterien der Bewertung bilden Flächengröße, minimale Populationsgröße, räumlicher Verbund, Empfindlichkeit von Arten, Mehrfachhabitatbindung und der potentielle Wert von Habitaten, auf die aus Umfangsgründen lediglich verwiesen wird.

3 Zusammenfassende Bewertung auf Objekt- und Typusebene

Die betrachteten Einzelkriterien lassen sich übersichtlich in einer deskriptiven Bewertung tabellarisch für die einzelnen Habitattypen zusammenfassen; möglich - auch wenn quasi Äpfel mit Birnen verglichen werden - ist zudem eine numerische Inwertsetzung in einer dreistufigen Skala, wie in Tab. 15.1 gezeigt. Daraus ist jeweils ein Fazit auf Objektebene zu ziehen, d.h. die Beurteilung der Ausprägung der Habitattypen fußt auf ausgewählten Bewertungsindikatoren, hier den Avizönosen. Zur Herleitung der Einschätzungen sind folgende Erläuterungen notwendig:

- Die dreistufige Wertskala besitzt einen relativen Bezug, indem die Spannweite zwischen Minimal- und Maximalwert eines Kriteriums gedrittelt wurde, so daß sich jeweils ein Wertebereich für geringe (negative), durchschnittliche und hohe (positive) Bedeutung ergibt.
- Aufgrund der ähnlichen Aussagen des Gemeinschafts-Dominanzindexes und der Diversität im Vergleich zu den Kriterien Artenzahl und Abundanz (s. Abschnitte 2.2 und 2.3) finden diese keinen Eingang in die Tabelle. Artenzahl

und Abundanz werden zusammengefaßt, indem in Grenzfällen jeweils die positivere Bewertung berücksichtigt wird.

- Eine Korrelationsanalyse nach Pearson verdeutlicht, daß zwischen den Angehörigen der verschiedenen Gilden zum Teil deutliche Überschneidungen bestehen (nur mindestens mittlere Korrelationen mit $r > 0{,}500$ angegeben): der Höhlenbrüter mit Stammkletterern ($r = 0{,}772$) und Baumvögel ($r = 0{,}608$); der Bodenbrüter mit Strauchbrütern ($r = 0{,}664$), Bodenvögeln ($r = 0{,}521$) und Zugvögeln ($r = 0{,}680$); der Strauchbrüter mit Bodenvögeln ($r = 0{,}668$) und Zugvögeln ($r = 0{,}736$); der Stammkletterer mit Baumvögeln ($r = 0{,}546$); der Bodenvögel mit Zugvögeln ($r = 0{,}570$). Insofern stellen die Einzelkritierien keine voneinander isolierten Meßgrößen dar.

Tabelle 15.1. Formalisierte Zusammenfassung der Einzelbewertungen der Avizönosen in verschiedenen Waldhabitaten (1 = Artenzahl/Abundanz, 2 = Höhlenbrüter-Abundanz, 3 = Bodenbrüter-Abundanz, 4 = Strauchbrüter-Abundanz, 5 = Baumfreibrüter-Abundanz, 6 = Stammkletterer-Abundanz, 7 = Baumvogel-Abundanz, 8 = Bodenvogel-Abundanz, 9 = Zugvogel-Abundanz, 10 = ornithologischer Habitatwert [berechnet nach Blana 1978], 11 = Punktesumme = Fazit auf Objektebene, 12 = Bewertung auf Typusebene; - = negative, 0 = durchschnittliche, + = positive Bewertung; ↓↓, ↓, ↔, ↑, ↑↑ = subjektive Festlegungen in fünfstufiger Skala von sehr gering bis sehr hochwertig; weitere Erläuterungen s. Text)

	1	2	3	4	5	6	7	8	9	10	11	12
Buchenwälder und Eichen-Buchen-Mischwald-Bestände												
9- bis 20jähr. Dickungen	0	-	+	+	-	-	-	+	+	-	-1	↓↓
21- bis 60jähr. Stangenhölzer	-	-	0	-	-	-	-	-	-	-	-9	↓↓
> 60jähr. Althölzer	-	0	0	-	0	0	-	-	-	-	-6	↔
Altholzinseln ohne Strauchschicht	+	+	0	-	0	+	+	0	-	0	2	↑↑
Altholzinseln mit Naturverjüngung	+	+	+	0	0	0	+	+	+	+	7	↑↑
Schirmbestände	+	0	+	0	0	0	0	+	+	0	4	↑
einschichtige Ei-Bu-Mischwälder	0	0	+	-	0	+	0	0	-	0	0	↔
mehrschichtige Ei-Bu-Mischwälder	+	+	+	0	0	+	0	+	0	0	5	↑
Laubholz-Nadelholz-Mischwald-Bestände												
8- bis 20jähr. Dickungen	0	-	+	0	-	-	0	0	+	0	-1	↓↓
21- bis 60jähr. Stangenhölzer	0	-	-	-	0	-	-	0	-	-	-7	↓↓
> 60jähr. Althölzer	0	0	-	-	+	+	0	0	-	-	-2	↓
mehrschichtige Bestände	+	0	0	0	0	+	+	0	0	0	3	↑

Tabelle 15.1. Fortsetzung

	1	2	3	4	5	6	7	8	9	10	11	12
Fichtenforsten												
bis 10jähr. Jungpflanzungen	0	-	+	+	-	-	-	+	+	0	0	↓↓
11- bis 30jähr. Dickungen/Stangenhölzer	0	-	-	0	0	-	-	0	0	-	-5	↓↓
31- bis 50jähr. Stangen-/Baumhölzer	0	-	-	-	+	-	0	0	-	-	-5	↓↓
51- bis 80jähr. Althölzer	-	-	-	-	+	-	0	-	-	-	-7	↓↓
> 80jähr. Althölzer	0	-	-	-	+	0	0	-	-	-	-5	↓↓
Kiefernforsten												
einschichtige Bestände, 41- bis 55jähr.	0	-	0	-	0	-	-	0	-	-	-6	↓↓
zweischichtige Bestände, < 100jähr.	+	0	+	-	+	+	+	0	0	0	4	↔
zweischichtige Bestände, > 100jähr.	+	0	0	-	+	+	0	0	0	-	1	↔
sonstige Habitattypen												
Grenzlinien zu Buchen-Altholzinseln	+	+	0	0	+	+	+	0	0	+	6	↑↑
sonstige Grenzlinien im Wald	0	-	0	0	0	-	-	+	+	0	-1	↔
Sukzessionsflächen	0	-	+	0	-	-	-	+	0	+	-1	↑

- In Spalte 11 wird eine Punktesumme als Zusammenfassung der Einzelkriterien gebildet. Auch hier bedeutet der Wert 0 eine durchschnittliche Bedeutung, negative eine unter- und positive eine überdurchschnittliche Bedeutung. Aufgrund der bei den einzelnen Wertkriterien im Vordergrund stehenden Gildenstruktur erhalten diejenigen Habitattypen die beste Bewertung, welche einer großen Zahl unterschiedlicher Gilden - deren Mitglieder mit einer hohen Abundanz vertreten sind - geeignete Lebensbedingungen bereitstellen.

Um dieses in einigen Fällen einseitige Urteil zu relativieren, sollte zusätzlich eine Bewertung auf Typusebene erfolgen, indem einem Naturelement aufgrund seiner Typzugehörigkeit ein Wert zugeordnet wird (vgl. Plachter 1994). Ein Beispiel: Auf Objektebene erhalten Fichten-Jungpflanzungen (< 10jährig) aufgrund ihrer eigenständigen Avizönose eine durchschnittliche Bewertung. Dagegen sind sie auf Typusebene anhand der generellen Wald-Naturschutzziele - insbesondere Naturnähe und Seltenheit/Gefährdung der Habitate - negativ einzustufen. Die Einschätzung erfolgt in Form subjektiver Festlegungen in der letzten Spalte von Tab. 15.1. Auf die zur Verdeutlichung zwingend vorzunehmende deskriptive Begründung wird hier aus Umfangsgründen verzichtet.

Mit deutlicherem Bezug zu den verschiedenen forstlichen Nutzungsformen enthält Tab. 15.2 darüber hinaus ein Fazit auf Typusebene als eher plakative Gegenüberstellungen von Altersklassennutzung und ökologischem Waldbau mit unbeeinflußtem Naturwald anhand einer vierstufigen Beurteilung auf Typusebene, und zwar hinsichtlich der Zielerfüllung der von Scherzinger (1996) definierten Waldnaturschutzziele. Der Vergleich zeigt auch hier ein klares Ergebnis zugunsten des Dauerwaldes.

Tabelle 15.2. Schematische Bewertung von Altersklassen-, Dauer- und Naturwald anhand übergeordneter Kriterien (generalisierte Typus-Ebene). Zielerfüllung: - = fehlend/sehr gering; + = gering; ++ = wesentlich;+++ = vollständig

Bewertungskriterium	**Altersklassen-wald**	**Dauer-wald**	**Natur-wald**
Naturnähe:			
- Artenausstattung	(- bis) +	++	+++
- Dynamik	-	+	+++
- Dimensionen	-	+	+++
- Totholz	-	-	+++
- Strukturen	-	++	+++
- Proportionen	-	+	+++
Mannigfaltigkeit:			
- natürliche Diversität	-	++	+++
- anthropogene Diversität	-	+	+++
- „Importarten"	-	+ (bis ++)	+++
Stabilität:			
- Konstanz	-	++	+++
- Widerstand	-	++	+++
- Elastizität	-	++	+++

4 Synoptische Bewertung mit Hilfe einer Faktorenanalyse

Die Statistik bietet jedoch auch Möglichkeiten, die einzelnen sektoralen Ergebnisse für die untersuchten Indikatoren bei individueller Gewichtung zu komprimieren. Dargestellt sind in Abb. 15.1 und 15.2 wesentliche Ergebnisse einer Faktorenanalyse anhand der in Abschnitt 2.1 bis 2.5 genannten Kriterien - unter Ausklammerung von Seltenheit und Repräsentanz, da es sich nicht um etablierte und allgemein anerkannte Maßzahlen handelt. Untereinander stark korrelierende Faktoren werden dabei zusammengefaßt, um die Ergebnisse übersichtlich in zwei- oder dreidimensionalen Graphiken zu komprimieren (zu den Methoden vgl. Backhaus et al. 1996, Nipkow 1995, Sachs 1996 u.a.).

Faßt man die resultierenden Faktorwerte der untersuchten Einzelfläche je Habitattyp zu Mittelwerten (jeweils für 6 bis 15 untersuchte Punktzähl-Flächen) zusammen, so ergeben sich für die untersuchten Waldhabitate die dargestellten Ordinationsdiagramme.

Betrachtet man zunächst nur die reinen Buchenwälder, so zeigt sich die deutlich und in jedem Fall auch hochsignifikant (zweiseitiger U-Test, $p < 0,01$) die unterschiedliche Position der einzelnen Altersklassen: Während sich die 9- bis 20jährigen Buchen-Dickungen durch einen hohen Anteil an Strauch- und Bodenbrütern, Zug- und Bodenvögeln auszeichnen, finden sich die 21- bis 60jährigen Stangenhölzer bei gleicher Position bezüglich der x-Achse an der y-Achse wesentlich tiefer. In den 61- bis 140jährigen Althölzern nehmen dagegen Abundanz, Artenzahl und Diversität sowie die Dichte der ökologischen Gilden der Höhlenbrüter, Baumvögel und Stammkletterer deutlich zu. Im Wirtschaftswald führt die Entwicklung über das Zwischenstadium des Schirmschlags - mit Naturverjüngung unter einem lichten Altholz-Schirm - wieder zu den Dickungen.

Unterbleibt der bei durchschnittlich 140 Jahren erfolgende Einschlag der Buche, so rutschen die Avizönosen in der Bewertung noch wesentlich weiter nach rechts und - stellt sich in den untersuchten durchschnittlich gut 170jährigen Altholzinseln eine Naturverjüngung ein - zusätzlich nach oben. Nicht zu belegen ist, wie sich die Avizönosen bei weiterer Alterung der Baumbestände entwickeln, ihre Position dürfte aber noch weiter rechts liegen.

Eine ähnliche Entwicklung in Abhängigkeit vom Baumalter und den damit verbundenen Habitatstrukturen zeigen die Avizönosen der aus Laub- und Nadelhölzern aufgebauten Mischwälder in Abb. 15.1 sowie der verschiedenen Altersklassen der Fichte in Abb. 15.2. Die im Vergleich zu reinen Buchenbeständen generell arten- und individuenreicheren Eichen-Buchen-Mischwald-Bestände liegen weiter rechts als die vergleichbaren Bestände.

Im Rahmen des ökologischen Waldbaus als Dauerwald genutzte Bestände verbergen sich hinter den mehrschichtigen Eichen-Buchen-Mischwäldern und den Laub-Nadelholz-Mischwäldern in Abb. 15.1, die hohe Werte bezüglich der ersten Hauptkomponente und mittlere Werte in bezug auf die zweite Hauptkomponente einnehmen. Die Position zur y-Achse ist bei Beachtung der zeitlichen Komponente höher einzuschätzen, weil der Dauerwald den Strauch- und Bodenbrütern, Boden- und Zugvögeln permanent Lebensraum bietet - zwar in geringerer Dichte als in den nur kurzzeitig bestehenden ein- oder zweischichtigen Altersklassen-Beständen, bezogen auf den gesamten Nutzungszyklus jedoch in mindestens adäquater Quantität.

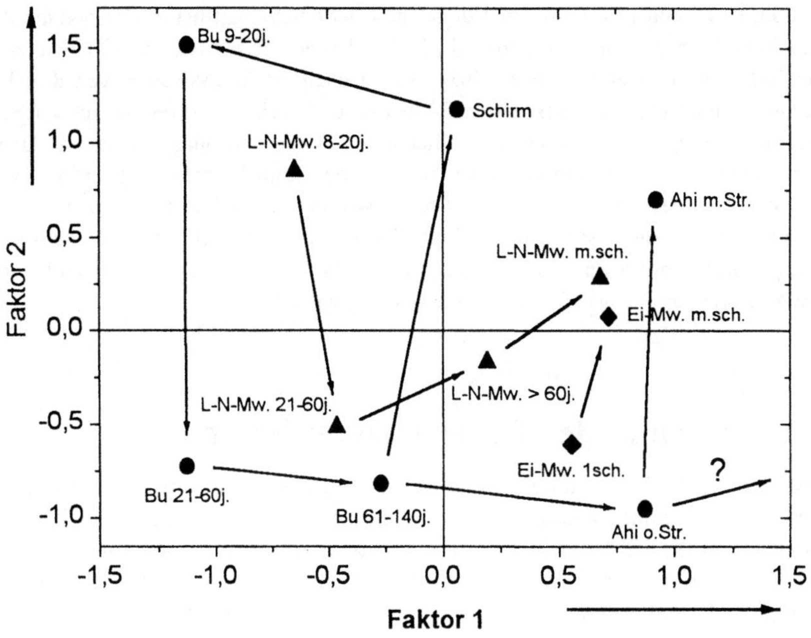

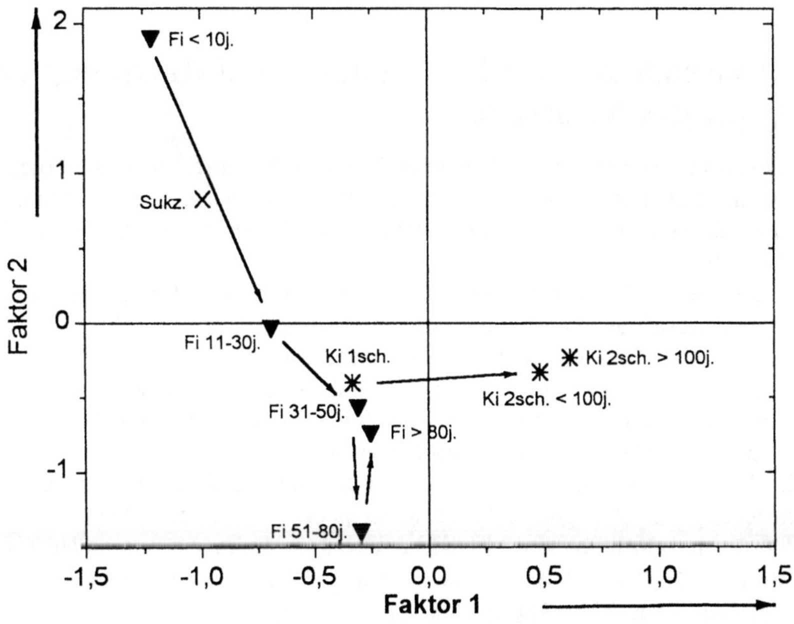

Abbildung 15.1 und 15.2: Erläuterung folgende Seite

Abbildung 15.1 und 15.2. Ordinationsdiagramme der durchschnittlichen Position der Avizönosen der verschiedenen Buchenwald-, Eichen-Buchen-Mischwald- und Laubholz-Nadelholz-Mischwald-Habitate (oben) bzw. der Fichtenforst-Altersklassen, von drei Kiefernforst-Habitattypen und Sukzessionsflächen (unten). Faktor 1 vereinigt mit wachsenden Faktorwerten eine Zunahme von Höhlenbrütern, Gesamtabundanz, Artenzahl, Baumvögeln, Diversität und Stammkletterern, Faktor 2 von Strauchvögeln, Zugvögeln, Bodenbrütern und Bodenvögeln. - Die Unterschiede sämtlicher mit Pfeilen verbundener Entwicklungsstadien (nur innerhalb von Zeitreihen) sind hochsignifikant (zweiseitiger U-Test, $p < 0,01$) - mit Ausnahme des Pfeils von 11- bis 30- zu 31- bis 50jährigen Fichtenforstern sowie von 51- bis 80- zu > 80jährigen Fichtenforsten.

5 Vergleich beider Bewertungsverfahren

Das synoptische Bewertungsverfahren erlaubt anhand von Ordinationsdiagrammen eine prägnante Charakterisierung der Avizönosen in den verschiedenen Habitattypen. Es ist damit für eine kurze Ergebnisdarstellung geeignet. Sie kann aber eine differenzierte Würdigung der einzelnen Kriterien von Biozönosen, Habitaten/Habitatstrukturen und Einzelarten nicht vollständig ersetzen. Ebenso macht sie eine zusätzliche Bewertung auf Typusebene keinesfalls überflüssig.

6 Konsequenzen für Maßnahmen- und Handlungskonzepte des Naturschutzes

Für die als Indikatoren gewählten Avizönosen wird deutlich, daß der ökologische Waldbau mit kahlschlagfreiem Dauerwald - ungeachtet der verschiedenen Grundrichtungen wie insbesondere Plenter- und Femelbetrieb - deutlich positiver zu bewerten ist:

- durch vertikal und horizontal strukturreiche Habitate mit einem permanenten und langfristigen Angebot an starkem Altholz,
- durch arten- und individuenreichere Avizönosen,
- mit einer vielseitigen ökologischen Gildenstruktur, insbesondere mit überdurchschnittlichen Abundanzen von Höhlenbrütern, Stammkletterern und im Baumkronenbereich nahrungssuchenden Vögeln.

Als Fazit ist aus avizönologischer Sicht für den handelnden Naturschutz die Umstellung auf ökologische Waldbau-Methoden zu fordern. Diese Maßnahme allein kann jedoch weitere Teilziele des Naturschutzes - bereits auch aus dem sektoralen Blickwinkel der Vögel - nicht erfüllen; diese bedürfen sowohl der Integration als auch der Segregation.

Literatur

Austin, M.P. & Margules, C.R. 1994. Die Bewertung der Repräsentanz. In: Usher, M.B., Erz, W., Hrsg., Erfassen und Bewerten im Naturschutz: Probleme - Methoden - Beispiele, UTB, Quelle & Meyer, Heidelberg/Wiesbaden: 48-65.

Backhaus, K., Erichson, B., Plinke, W. & Weiber, R. 1996. Multivariate Analysemethoden: eine anwendungsorientierte Einführung. Springer, Berlin/Heidelberg, 8. Aufl.

Blana, H. 1978. Die Bedeutung der Landschaftsstruktur für die Vogelwelt - Modell einer ornithologischen Landschaftsbewertung. Beitr. z. Avifauna d. Rheinlandes 12: 1-225.

Gessner, K.-G. 1997. Punkt-Bewertungsverfahren: Absurde Ergebnisse. Naturschutz und Landschaftsplanung 29: 378.

Jedicke, E. 1994. Ornithologische Punktaufnahmen und Erfassung der Habitatstruktur im Wald - Untersuchungen von Habitatbeziehungen und Planungsanwendung. Naturschutz und Landschaftsplanung 26: 53-59.

Jedicke, E. 1997. Ornithologische Daten in der Landschaftsplanung - Gründe, Wege, Chancen und Grenzen. Mitt. NNA 8: 70-78.

Mühlenberg, M. 1993. Freilandökologie. 3. Aufl., Quelle & Meyer, Heidelberg.

Nipkow, M. 1995. Ein synoptischer Verfahrensansatz zur naturschutzfachlichen Gebietsbeurteilung auf der Basis multivariater Analysemethoden - Avifaunistische Untersuchungen in den Wäldern der Trockenaue am südlichen Oberrhein. Schr.-R. Inst. f. Landespflege Univ. Freiburg 20: 1-156 + Anh.

Plachter, H. 1994. Methodische Rahmenbedingungen für synoptische Bewertungsverfahren im Naturschutz. Z. Ökologie u. Naturschutz 3: 87-106.

Plachter, H. 1996. Bedeutung und Schutz ökologischer Prozesse. Verh. Ges. für Ökologie 26: 287-303.

Sachs, L. 1996. Angewandte Statistik - Anwendung statistischer Methoden. Springer, Berlin/Heidelberg, 8. Aufl.

Schaefer, M. 1992. Wörterbücher der Biologie - Ökologie. Fischer, Stuttgart, 3. Aufl.

Scherzinger, W. 1996. Naturschutz im Wald - Qualitätsziele einer dynamischen Waldentwicklung. Ulmer, Stuttgart.

16 Methodischer Ansatz und Probleme einer biotopbezogenen Bewertung von Flora und Fauna im Gebiet des Flughafens Schönefeld

Heiner Barsch[1] & Karl Geldmacher[2]

1 WIB Ingenieurgesellschaft Berlin, Lassenstraße 11-15, D-14193 Berlin

2 Universität Potsdam, Institut für Geoökologie, Postfach 601553, D-14415 Potsdam

Zusammenfassung. Ausgehend von einer floristisch-vegetationskundlichen sowie faunistischen Bestandsaufnahme wurde im Planungsgebiet für den Ausbau des Flughafens Schönefeld 1995/96 der ökologische Wert der dort kartierten Biotope als Pflanzenstandort und als Lebensstätte der erhobenen Tierarten beurteilt. Diese Bewertung galt zunächst dem Biotoptyp. Die dafür relevanten Merkmale seiner Ausstattung wurden einzeln und unabhängig voneinander beurteilt. Die Gesamtbeurteilung des typbezogenen Biotopwertes erfolgte auf der Grundlage bedeutender Einzelparameter. Eine Mittelwertbildung wurde nicht vorgenommen. Dagegen wurde die typbezogenen Bewertung hinsichtlich der konkreten Ausprägung jeder Kartiereinheit überprüft und gegebenenfalls korrigiert. Hierbei wurden insbesondere die Größe und die räumlichen Vernetzung der Biotope berücksichtigt. Abschließend wurden die Ergebnisse unter Berücksichtigung der vorhandenen und beabsichtigten Schutzgebietsausweisungen für den Einzelfall verbal-argumentativ erläutert.

Schlüsselwörter. Bewertungsverfahren, Biotopkartierung, Eingriffsregelung, Landschaftsplanung

1 Bewertungsansatz und Bewertungsgrundlagen

Der Einschätzung des ökologischen Wertes von Flora und Fauna im Planungsgebiet für den Ausbau des Flughafens Schönefeld liegen umfangreiche Bestandserhebungen zugrunde. Diese wurden zunächst im Rahmen des Raumordnungsverfahrens im Jahre 1993 vorgenommen und 1995 zur Vorbereitung der Planfeststellung vertieft. Dieses geschah sowohl im ca. 2100 ha großen Eingriffsgebiet als auch in einer 1 km breiten Pufferzone mit einer Fläche von ca. 3200 ha. Darüber hinaus wurden neun faunistische Testflächen, die teilweise außerhalb des eigentlichen Untersuchungsgebietes liegen, im Rahmen der vertiefenden Umweltverträglichkeitsuntersuchung in die Bestandserhebung einbezogen.

Bei der floristisch-faunistischen Bestandsaufnahme wurden 105 Biotoptypen ausgeschieden, 1812 Biotope kartiert, 449 pflanzensoziologische Aufnahmen durchgeführt, 141 landschaftsprägende Einzelbäume kartiert und die Vorkommen von 11 Tierartengruppen an 182 Referenzflächen erfaßt. Die Kennzeichnung der Biotope erfolgte nach der Anleitung zur Biotopkartierung in Brandenburg (LUA 1995). Auf diese Areale bezieht sich die Bewertung des Zustands von Flora und Fauna.

Die Anforderungen für die Bewertung ergaben sich aus den Rechtsvorschriften zur Umweltverträglichkeitsprüfung und Eingriffsregelung, insbesondere aus § 2 UVPG und §§ 1 und 8 BNatSchG. Danach sind die direkten Auswirkungen des geplanten Eingriffs auf Tiere und Pflanzen sowie dessen indirekte Auswirkungen auf die Leistungsfähigkeit des Naturhaushaltes, die Nutzungsfähigkeit der Naturgüter und die Vielfalt, Eigenart und Schönheit von Natur und Landschaft zu ermitteln und zu beurteilen. Im Vorlauf dazu muß der Bestand an wildlebenden Tieren und Pflanzen erfaßt und bewertet werden. Zu beurteilen ist die Intaktheit und Vollkommenheit der Biozönosen des Eingriffsgebietes und seiner Umgebung. Für Planungszwecke wird dabei eine komplexe Information über die ökologische Qualität der Biotope verlangt, die handhabbar und überschaubar ist (Bastian & Schreiber 1994).

Das erfordert, daß die kartierten Biotoptypen als floristisch-vegetationskundliche Einheiten aufgefaßt werden, für die ein bestimmter Besatz an Tierarten charakteristisch ist. Ihre Typisierung beruht in ihren Grundzügen auf einer pflanzensoziologischen Grobgliederung, die durch die Merkmale der Genese, Ausbildung und/oder Nutzung untersetzt wird. Auf dieser Grundlage erlauben sie eine inhaltliche wie räumliche Strukturierung des Bewertungsansatzes und der Bewertungsergebnisse.

Die Bestandseinschätzung von Flora und Fauna wurde inhaltlich auf fünf Wertstufen und räumlich auf Biotoptypen bezogen. Sie erfolgte zunächst getrennt für den Pflanzenbestand und die erfaßten Tierartengruppen. Abschließend wurde eine ökologische Gesamtbewertung der Biotoptypen vorgenommen, die alle Kartierergebnisse berücksichtigte. Bei jedem Arbeitsschritt wurden die Resultate nicht nur durch typbezogene Wertstufen ausgedrückt, sondern auch im räumlichen Verbund der Kartiereinheiten überprüft und verbal-argumentativ erläutert.

Die Gesamteinschätzung gründete sich auf die Sachkategorien, die im Methodischen Leitfaden zur Umsetzung der Eingriffsregelung auf der Ebene der Planfeststellung (1993) und den Orientierungshilfen zu Ausführung des Gesetzes über die Umweltverträglichkeitsprüfung (UVPVwV) ausgewiesen sind. Diese untergesetzlichen Regelungswerke bestimmen darüber hinaus auch die Einbeziehung von Rechts- und Planungskategorien in die Bewertung. Im Untersuchungsgebiet waren zu berücksichtigen:

Rechts- und Planungskategorien

- Naturschutzgebiete (nach § 13 BNatSchG, § 21 BbgNatSchG)
- Naturdenkmale (nach § 17 BNatSchG, § 23 BbgNatSchG)
- Geschützte Biotope (nach § 20c BNatSchG, § 32BbgNatSchG)
- Alleen (nach § 31 BbgNatSchG)
- Biotope mit Vorkommen der Arten der Anlage II und IV der FFH-Richtlinie

Sachkategorien

- Biotope (nach der Kartieranleitung zur Biotopkartierung Brandenburg, LUA 1995)
- Lebensräume folgender Tierartengruppen: Vögel, Fledermäuse, Fischotter, Makrozoobenthos/Mollusken, Laufkäfer, Reptilien, Libellen, Amphibien, Webspinnen, Stechimmen.

2 Bewertungsmethodik

Die Verfahrensweise bei der Bewertung nach Sachkategorien wurde gemeinsam mit den Kartierern entwickelt (vgl. Halfmann & Herrmann 1995, Hartong 1995). Grundsätzlich sollten unterschieden werden:

I	Flächen mit einem stark eingeschränkten ökologischen Wert
II	Flächen mit einem eingeschränkten ökologischen Wert
III	Flächen mit einem mittleren ökologischen Wert
IV	Ökologisch wertvolle Flächen
V	Ökologisch sehr wertvolle Flächen

Davon ausgehend, wurden bei der floristisch-vegetationskundlichen Bewertung folgende Parameter unabhängig voneinander beurteilt (Tab. 16.1):

- Natur- und kulturräumliche Repräsentanz
- Seltenheit und Gefährdung
- Ersetzbarkeit (Regenerierbarkeit)
- Reife (anhand standortcharakterisierender Artengruppen)
- Hemerobie
- Strukturtyp (strukturelle Vielfalt)

Die Bewertungsergebnisse wurden für jeden Biotoptyp tabellarisch zusammengestellt und verbal-argumentativ erläutert. Abschließend wurde unter besonderer Berücksichtigung bedeutsamer Einzelparameter der floristisch-vegetationskundliche Wert für jeden Biotoptyp zusammenfassend eingeschätzt.

Tabelle 16.1. Floristisch-vegetationskundlicher Bewertungsrahmen

Kriterium	Wertstufe 1	2	3	4	5
Natur-und kulturräumliche Repräsentanz	Biotope völlig naturfern, meist vegetationsfrei, ohne kulturhistorische Bedeutung	Biotope vorwiegend von stark überprägten Ersatzgesellschaften gebildet. Kulturhistorische Bedeutung nicht vorhanden oder stark beeinträchtigt	Biotope mit naturraumtypischen Vegetationseinheiten, jedoch nicht frei von Beeinträchtigungen. Kulturhistorische Bedeutung ebenfalls beeinträchtigt	Biotope mit überwiegend naturraumtypischen bzw. kulturhistorisch bedeutenden Vegetationseinheiten	Biotope mit weitgehend oder vollständig naturraumtypischen bzw. kulturhistorisch sehr bedeutenden Vegetationseinheiten
Seltenheit und Gefährdung	Biotope, Vegetationseinheiten und Arten weit verbreitet und in Ausbreitung begriffen, ungefährdet	Biotope und Vegetationseinheiten weit verbreitet und mit vorherrschend häufigen Arten, ungefährdet	Biotope und Vegetationseinheiten mit mittlerer Verbreitung, ohne deutliche Änderungstendenz.	Biotope und Vegetationseinheiten mit eingeschränkter Verbreitung, gefährdet. Seltene Arten meist mit großen Anteilen	Meist sehr isolierte und vom Erlöschen bedrohte Biotope und Pflanzengesellschaften mit hohen Anteilen seltener Arten
Ersetzbarkeit (Regenerierbarkeit)	Biotope und Vegetationseinheiten kurz- bis mittelfristig (1-5 Jahre) regenerierbar, Wiederherstellungsrisiko sehr gering	Biotope und Vegetationseinheiten mittelfristig (5-15 Jahre) regenerierbar, Wiederherstellungsrisiko gering	Biotope und Vegetationseinheiten mittel- bis langfristig (15-50 Jahre) regenerierbar, erhebliches Wiederherstellungsrisiko	Biotope und Vegetationseinheiten langfristig (50-150 Jahre) nur bedingt regenerierbar, Wiederherstellungsrisiko hoch	Biotope und Vegetationseinheiten gar nicht oder nur über sehr lange Zeiträume (>150 Jahre) bedingt regenerierbar, Wiederherstellungsrisiko sehr hoch
Reife (anhand standortcharakterisierender Artengruppen)	Versiegelte Flächen, Blößen und Pionierfluren	Kurzlebige Ersatzgesellschaften	Ersatz- und Folgegesellschaften	Dauerhafte Folgegesellschaften	Vegetationskomplexe ausgereifter Klimaxgesellschaften

Tabelle 16.1. Floristisch-vegetationskundlicher Bewertungsrahmen; Fortsetzung

Kriterium	Wertstufe 1	2	3	4	5
Hemerobie (Artenspektrum und Vegetationseinheiten)	Künstliche und vegetationsfreie Flächen (poly- und metahemerob)	Stark kulturbetont (polyhemerob bis euhemerob)	Kulturbetont (euhemerob)	Schwach kulturbetont (mesohemerob)	Naturbetont (oligo- bis ahemerob)
Strukturtyp (strukturelle Vielfalt)	Extrem verarmt	Ungeschichtete Pflanzendecke mit stark verarmtem Strukturspektrum	Schwach geschichtete Pflanzendecke mit verarmtem Strukturspektrum	Geschichtete Pflanzendecke mit ausgebildetem Strukturspektrum	Mehrfach geschichtete Pflanzendecke mit reichem Strukturspektrum

Dabei sind nach der UVPVwV und dem Methodischen Leitfaden zur Umsetzung der Eingriffsregelung auf der Ebene der Planfeststellung bei Verkehrsprojekten Deutsche Einheit (1993) die Kriterien natur- und kulturräumliche Repräsentanz, Regenerierbarkeit, Bedeutung des Biotops für vom Aussterben bedrohte RL-Arten und Naturnähe von besonderer Bedeutung. Typbezogen ergab sich der Gesamtwert aus dem Höchstwert für einen dieser Parameter. Ergänzend und korrigierend wurden die Größe des jeweiligen Biotops und seine Lage im räumlichen Verbund sowie sein Schutzstatus berücksichtigt.

Die faunistische Bewertung der Biotoptypen ging von dem an Erhebungsflächen aufgenommenen Artenbestand und den dabei erkennbaren Beziehungen zu habitatwirksamen Biotopstrukturen aus. Es wurde die Bedeutung der Biotope als Habitat und als Reproduktionsstätte für die jeweilige Tierarten in nachstehender Skalierung beurteilt:

I Ausschließlich durch anspruchslose Arten besiedelt bzw. unbesiedelt
II Vorwiegend durch anspruchslose Arten besiedelt bzw. kaum besiedelt
III Ubiquisten treten ebenso wie biotoptypische Arten auf
IV Hoher Anteil an biotoptypischen Arten, lokal bedeutsam als Reproduktionsstätte und Lebensraum
V Weitgehend vollständiges Spektrum von biotoptypischen Arten, regional bedeutsam als Reproduktionsstätte und Lebensraum

Die allgemeinen Anspracheregeln wurden artengruppenspezifisch untersetzt. Dem Vorkommen der für das nordostdeutsche Tiefland typischen Leit- oder Zielarten und dem Auftreten von biotoptypischen Artengemeinschaften wurde dabei besondere Bedeutung beigemessen, wobei sich die Benennung von Leit- oder Zielarten und die Einschätzung biotoptypischer Artengemeinschaften, wo immer möglich, auf Rahmenangaben für die jeweilige Tierart bezog, die in der regionalen Literatur zu finden waren. Bei der Avifauna (Tab. 16.2) waren beispielsweise diese Voraussetzungen (Flade 1994) gegeben:

Tabelle 16.2. Faunistischer Bewertungsrahmen (Avifauna)

Artengruppe	**Wertstufe** 1	2	3	4	5
Vögel	Keine Leitarten, sehr geringe Zahl von wenig anspruchsvolle n Brutvogelarten und Nahrungs-gästen	Geringe Leitartenzahl, überwiegend wenig anspruchsvolle Brutvogelarten und Nahrungsgäste	Mittlere Leitartenzahl oder RL-Arten in geringer Arten- und Individuenzahl, Bedeutung als Rast-, Schlaf- oder Nahrungsraum	Hohe Leitartenzahl oder RL-Arten der Kat. 3 oder 4 in hoher Arten- oder Individuenzahl, hohe Bedeutung als Rast-, Schlaf- oder Nahrungsraum	Sehr hohe Leitartenzahl oder Brutvorkommen von RL-Arten der Kat. 1 oder 2, hohe Bedeutung als Rast-, Schlaf- oder Nahrungsraum für RL-Arten der Kat. 1 oder 2

Auch die faunistische Bewertung erfolgte zunächst als Einzelbewertung. Dabei waren ebenfalls nach der UVPVwV und dem Methodischen Leitfaden zur Umsetzung der Eingriffsregelung auf der Ebene der Planfeststellung bei Verkehrsprojekten Deutsche Einheit (1993) wesentliche Einzelparameter zu berücksichtigen, nämlich die Regenerierbarkeit des Tierbestandes nach Eingriffen, die Ungestörtheit des Tierlebensraumes und die Bedeutung des Biotops als Lebensraum von RL-Arten oder Trittstein. Für den faunistischen Gesamtwert war der höchste Einzelwert entscheidend. Die so ermittelten Ergebnisse wurden in Hinblick auf die Vernetzung der Biotope überprüft und erforderlichenfalls korrigiert.

Die Gesamteinschätzung des Biotopwertes galt der Bedeutung der kartierten Biotoptypen als Lebensstätten von Tieren und Pflanzen und deren Beitrag zur Funktionsfähigkeit des Landschaftshaushaltes. Sie wurde unter besonderer Beachtung der oben genannten wesentlichen Einzelparameter vorgenommen. Der höchste dabei vergebene Einzelwert bestimmte den typbezogenen Gesamtwert. Er wurde an jeder Kartiereinheit unter Berücksichtigung vorhandener Vernetzungen überprüft, falls erforderlich korrigiert und anschließend verbal-argumentativ begründet. Schutzgebieten und geschützten Biotope wurde grundsätzlich die höchsten Wertstufe zugeordnet.

Die Gesamteinschätzung des Biotopwertes wurde in folgendem Rahmen vorgenommen:

I Flächen mit einem stark eingeschränkten ökologischem Wert: Extrem strukturverarmte Flächen, als Lebensraum ausschließlich von sehr anspruchslosen Arten oder zufällig genutzt.
II Flächen mit einem eingeschränkten ökologischem Wert: Strukturell wenig differenzierte Flächen, als Lebensraum nur für ubiquitäre Tierarten bedeutsam.
III Flächen mit einem mittleren ökologischem Wert: Strukturell differenzierte Flächen mit biotoptypischen Arten, als Lebensraum nicht nur für ubiquitäre Arten bedeutsam.
IV Ökologisch wertvolle Flächen: Natur- und/oder kulturräumlich repräsentative Flächen mit biotoptypischem Artenspektrum, als Lebensraum für stenöke und/oder gefährdete (RL) Arten bedeutsam.
V Ökologisch sehr wertvolle Flächen: Natur- oder kulturräumlich repräsentative Flächen mit biotoptypischer Artenvielfalt, als Lebensraum für stenöke und/oder gefährdete (RL) Arten sehr bedeutsam.

Im Ergebnis dieser Bewertung zeigte sich insbesondere der hohe ökologische Wert der Biotope in den Niederungen am Rand und in der Umgebung des Planungsgebietes zum Ausbau des Flughafens Schönefeld. Bruchwälder und Feuchtwälder bieten hier ebenso wie die Feuchtwiesen, Seen und Fließe strukturreiche Habitate an. Das kommt auch in der räumlichen Verteilung der Schutzgebiete zum Ausdruck. Ein Austausch zwischen den Tierpopulationen erscheint im Feuchtbiotopverbund der Niederungen gesichert. Im Zentrum des Eingriffsgebietes ist das auf der Platte des Teltow bei den wenigen dort vertretenen wertvollen Biotopen der Kleinseen und die Magerrasen nicht der Fall. Sie sind voneinander isoliert. Räumliche Beziehungen zu den Niederungen in der Umgebung werden jedoch durch Baumreihen sowie unter Schutz stehende Alleen geschaffen. Diese Situation wird bei den Maßnahmen zur Vermeidung und Minderung oder Kompensation der Eingriffsauswirkungen besonders zu beachten sein.

3 Bewertungsprobleme

Bekanntermaßen gibt es kein ideales Bewertungsverfahren. Die Entscheidung für eine Vorgehensweise schließt stets die Akzeptanz der Mängel dieses Verfahrens ein (Bastian & Schreiber 1994). Dennoch gilt für alle Verfahren, daß ihre Aussagekraft und Aussagesicherheit in erster Linie von der Qualität und der Quantität der erhobenen Daten abhängig ist. Jede flächendeckende floristisch-faunistische Bewertung erfordert fundierte Kenntnisse über die für das Untersuchungsgebiet gültige Koinzidenz von Artengemeinschaften und Landschaftsausschnitten. Insofern ist der enge zeitliche Rahmen wichtig, der für planungsbezogene Untersuchungen zur Verfügung steht.

Sämtliche Bestandserhebungen und Kartierungen bei Schönefeld hatten innerhalb der Vegetationsperiode 1995 zu erfolgen. Dies setzte eine gute Gebietskenntnis zur Vorauswahl der Untersuchungsflächen voraus und stellte hohe Anforderungen an die Leistungsfähigkeit der Kartierer sowie an die technische Ausstattung der Datenverarbeitung. Bei einem größeren zeitlichem Spielraum böte es sich an, Biotopkartierung und pflanzensoziologische Aufnahmen ein Jahr vor den faunistischen Kartierungen durchzuführen. Damit würde die Auswahl repräsentativer faunistischer Testflächen wesentlich erleichtert und die notwendige Extrapolation faunistischer Erhebungen besser gesichert.

Unterschiede zwischen den Datengrundlagen zur Flora und der Datenbasis zur Fauna sind ohnehin unvermeidbar. Im Gegensatz zur floristisch-vegetationskundlichen Kartierung, die flächendeckend durchgeführt werden kann, müssen sich faunistische Kartierungen in der Regel mit repräsentativen Erhebungen begnügen. Flächendeckende faunistische Felderhebungen sind im Rahmen der Eingriffsplanung kaum durchführbar. Dem Planer obliegt es hier, zwischen den berechtigten Forderungen der Naturschutzbehörde nach einer möglichst umfassenden Bestandserhebung im Eingriffsgebiet und dem Wunsch des Vorhabenträgers nach Minimierung der Planungskosten zu vermitteln. Im Zweifelsfall sollte die Anzahl der Artengruppen, zu denen Erhebungen vorgenommen werden, eher reduziert, dafür die Erhebungsdichte bei den verbliebenen Arten erhöht werden. Insbesondere ist dies im Rahmen einer planungsbezogenen Bewertung zu überlegen, wenn im Untersuchungsgebiet wenig Koinzidenzen zwischen der Verbreitung bestimmter Artengruppen und dem Spektrum der dort vertretenen Biotoptypen erwartet werden können.

Viele Lebensansprüche der Fauna sind direkt mit speziellen Eigenschaften der Pflanzendecke verknüpft, insbesondere ihrer Struktur und ihres Bestandes an Nahrungs- oder Wirtspflanzen. Hinzu kommen spezifische Standortmerkmale, wie Feuchte, Besonnung, Windoffenheit, die als lebensfreundlich oder -feindlich angesehen werden. Variationen in der Ausstattung der Biotope und unterschiedliche Umgebungseigenschaften kommen in der Typencharakteristik jedoch nicht zum Ausdruck. Daraus ergibt sich, daß bei der Überprüfung der Ergebnisse der typbezogenen Bewertung im Einzelfall die Größe, die konkrete Ausstattung der Biotope und ihre Lage im Biotopverbund zu berücksichtigen sind. Das erfordert eine verbal-argumentative Erläuterung der Bewertung, die dem Anspruch der Nachvollziehbarkeit in der Planung Rechnung trägt. Dennoch sind Biotoptypen als primäre Bezugseinheiten der faunistischen Kartierungen unersetzlich, weil sie einen reproduzierbaren flächenscharfen Raumbezug ermöglichen. Die Berücksichtigung von Übergangsbereichen, Ökotonen, ist dabei allerdings in diesem Zusammenhang nur in den Einzelfällen möglich, die, wie die Brandenburger Waldsäume, in die Biotoptypenliste Eingang gefunden haben.

Dem Anspruch der Nachvollziehbarkeit muß sich auch die Ermittlung der komplexen Biotopwerte stellen. Stark formalisierte Verfahren haben sich dabei als problematisch erwiesen. Die Berechnung von Mittelwerten wird im Methodischen Leitfaden zur Umsetzung der Eingriffsregelung auf der Ebene der Planfeststellung (1993) ausdrücklich abgelehnt. Die Abarbeitung von Entscheidungsbäumen erfordert einen relativ hohen Zeitaufwand. Deswegen wurde auf die in der UVPVwV und dem Methodischen Leitfaden zur Umsetzung der Eingriffsregelung auf der Ebene der Planfeststellung bei Verkehrsprojekten Deutsche Einheit (1993) benannten Kriterien von besonderer Bedeutung zurückgegriffen. Der jeweils höchste Wert, den eines dieses Kriterien erreichte, bestimmte den typbezogenen Gesamtwert. Die Einzelbewertungen, die zur Gesamtbeurteilung führten, wurden tabellarisch ausgewiesen. Vergröberungen, die bei diesem überschaubaren Verfahren nicht auszuschließen waren, konnten bei der nachfolgenden Betrachtung der Kartiereinheiten im räumlichen Verbund korrigiert werden.

Auch hierbei bedurfte es der verbal-argumentativen Erläuterung des Ergebnisses. Diese allein aber hätte die Fülle der Aussagen nur ungenügend strukturieren können. Die Vergabe von Wertstufen war die Voraussetzung für eine knappe, aber übersichtliche Beschreibung der Ergebnisse und für ihre kartographische Darstellung. Die Anspracheregeln für die Bestimmung der Wertstufen sollten keinen Anspruch auf Übertragbarkeit erheben. Gleichermaßen führte jedoch der Versuch einer Übernahme von Bewertungsalgorithmen aus der Fachliteratur nicht in jedem Fall zum gewünschten Erfolg, da auch diese den gebietsspezifischen Besonderheiten nur begrenzt Rechnung tragen können. Unter der Voraussetzung, daß ausreichend Zeit für das Bewertungsverfahren zur Verfügung steht, ist die Erarbeitung eines projektbezogenen Bewertungsmaßstabes erstrebenswert. In jedem Fall sollte jedoch eine Validierung des ausgewählten Bewertungsrahmens für die besonderen landschaftlichen Verhältnisse des Untersuchungsgebietes erfolgen.

Der Bewertungsrahmen darf keine Nivellierung bedeutender Einzelergebnisse herbeiführen. Deshalb ist der oft von außen an den Planenden herangetragene Wunsch, einen "mittleren Naturschutzwert" für ein Gebiet zu nennen, auf jeden Fall abzulehnen. Aufgrund der Mannigfaltigkeit der ökologischen Anspruchsprofile von Tier- und Pflanzenarten muß die komplexe Bedeutung einer Landschaft für Flora und Fauna verbal-argumentativ erläutert werden. Die tabellarisch zusammengestellten Wertstufen für die Gesamtbeurteilung und für die dazu herangezogenen Einzelkriterien bilden den dafür notwendigen Hintergrund, ein Gerüst, das die Vergleichbarkeit und die Nachvollziehbarkeit der Aussagen erleichtert. Dabei darf die Berücksichtigung von bedeutenden Einzelparametern nicht zu einseitigen Betrachtungsweisen führen, die allein den Schutz einzelner Arten oder Artengruppen gelten, jedoch dem Ziel einer komplexen Eingriffsbewertung in Natur und Landschaft nicht gerecht werden.

Durch die faunistische und floristische Bestandserhebung und die anschließende Bewertung ist eine Einschätzung der Leistungsfähigkeit des Naturhaushaltes nur indirekt möglich. Der Umfang des Stoffumsatzes ist nur anhand des Vorkommens und der Ausprägung von Arten beschreibbar. Aus wissenschaftlicher Sicht würde die Erstellung von Stoffbilanzen auf Grundlage von Analysen der Naturgüter Boden, Wasser und Luft eine sinnvolle Ergänzung und eine zusätzliche Absicherung der Bewertungsergebnisse darstellen, um dem Anspruch einer komplexen Information über die Ökosysteme des Eingriffsgebietes gerecht zu werden. Das sprengt jedoch den Rahmen der für die Eingriffsregelung erforderlichen Untersuchungen.

Literatur

Allgemeine Verwaltungsvorschrift zur Ausführung des Gesetzes über die Umweltverträglichkeitsprüfung (UVPVwV) vom 18. September 1995.

Bastian, O. & Schreiber, K.-F. 1994. Analyse und ökologische Bewertung der Landschaft. Stuttgart.

Blab, J. 1993. Grundlagen des Biotopschutzes für Tiere, 4. Auflage. Bonn-Bad Godesberg.

Flade, M. 1994. Die Brutvogelgemeinschaften Mittel- und Norddeutschlands. Eching.

Halfmann, J. & Herrmann, A. 1996. Bewertung von Flora und Vegetation am geplanten Flughafenstandort Schönefeld. Umweltvorhaben Möller & Darmer Berlin.

Hartong, H. 1996. Tierökologisches Gutachten zur Avifauna. Teil 2. Bewertung. UmLand. Büro für Umwelt- und Landschaftsplanung Berkenbrück.

LUA 1995. Landesumweltamt Brandenburg. Biotopkartierung Brandenburg. Kartieranleitung, 2. Auflage. Potsdam.

Oberste Naturschutzbehörden Neue Bundesländer - Bundesamt für Naturschutz 1993. Methodischer Leitfaden zur Umsetzung der Eingriffsregelung auf der Ebene der Planfeststellung/Plangenehmigung bei Verkehrsprojekten Deutsche Einheit.

WIB Ingenieurgesellschaft mbH 1996. Bestandserhebung zu Flora und Fauna im Planungsgebiet Schönefeld. Berlin-Grunewald.

17 Fuzzy-Bewertungsverfahren für geoökologische Raumeinheiten am Beispiel der Gemeinde Burg/Spreewald

Ralf-Uwe Syrbe[1]

[1] Sächsische Akademie der Wissenschaften zu Leipzig, AG Naturhaushalt und Gebietscharakter, Neustädter Markt 19, D-01097 Dresden

Zusammenfassung. Dieser Beitrag stellt die Einsatzmöglichkeiten unscharfer Mengen, sogenannter *fuzzy sets*, für die Landschaftsbewertung und die Interpretation ihrer Ergebnisse vor. Mit der Logik unscharfer Mengen kann der ökologisch orientierten Forschung und Planung eine Vorgehensweise angeboten werden, die es erlaubt, trotz unvermeidlicher Unschärfen zu nachprüfbaren und fachlich korrekten Aussagen zu gelangen. Im Rahmen eines geographischen Informationssystems (Arc/Info) wurden bereits bekannte Bewertungsverfahren aufgegriffen und durch Kombination mit Fuzzy-Ansätzen eine Verarbeitung unscharfer Daten und Regeln ermöglicht. *Fuzzy sets* werden zur Merkmalsbeschreibung von thematisch abgegrenzten Landschaftsausschnitten bzw. -typen und zur Bewertung eingesetzt. Nicht nur die Bewertungsergebnisse selbst, sondern auch ihre räumlich differenzierte Sicherheit kann über spezielle Darstellungsmethoden aus den Fuzzy-Daten entnommen werden. Außerdem wurde ein Weg gefunden, der durch Berücksichtigung relativer Lagebeziehungen unterschiedlicher Indikatoren auch eine Bewertung diesbezüglich heterogener Räume erlaubt. Innerhalb eines Untersuchungsgebietes um Burg im Oberspreewald werden einige Resultate der Fuzzy-Bewertungen vorgestellt. Am Beispiel der Standortsuche für bestimmte Nutzungsanforderungen kann gezeigt werden, wie mit unscharf formulierten Regeln eine Auswertung dieser Informationen für bestimmte Maßnahmen im Rahmen der Landschaftsplanung erfolgen kann.

Schlüsselwörter. Fuzzy set theory, Geochoren, Landschaftsbewertung, unscharfe Mengen

1 Die Verarbeitung unscharfer Informationen mit Hilfe der Fuzzy-Logik

Obwohl die Mathematik sehr viele Möglichkeiten anbietet, mit veränderlichen, ungenauen oder heterogenen Datenbeständen umzugehen, erschweren die scharfen Definitionen von Mengenzugehörigkeit und Mengenoperationen eine Arbeit mit unsicheren Begriffen oder ungenau bekannten Zusammenhängen. Besonders in Natur, Psyche und Gesellschaft finden sich nichtlineare, kompliziert rückgekoppelte Systeme, die sich damit einer exakten Quantifizierung entziehen. Die Analyse und Bewertung solcher komplexen Sachverhalte erfordert insbesondere eine Klassifizierung unterschiedlicher Elemente. Sowohl die Zugehörigkeit von Untersuchungsobjekten zu unscharf abgegrenzten, inkonsistenten oder fraktalen Objektklassen als auch die Verhältnisse dieser Klassen untereinander kann deswegen oft nur graduell angegeben werden.

Für die Herbeiführung raumbezogener Entscheidungen unter Unsicherheit eignet sich daher ein Paradigma, das Leung (1997) als "*theory of inclusion*" bezeichnet. Damit lassen sich die meisten Modelle der unscharfen Entscheidungsfindung zusammenfassen, deren Gemeinsamkeit in dem Grundgedanken graduell ausgeprägter Relationen von Objekten und Klassen besteht, die als "Grad des Enthaltenseins" interpretiert werden.

Darunter nimmt die 1965 von Zadeh entwickelte *Theorie der unscharfen Mengen* (engl. *fuzzy set theory*) einen besonderen Platz ein. Sie erfaßt und bearbeitet den Zugehörigkeitsgrad von (scharf definierten) Elementen zu unscharfen Mengen, den sogenannten "*fuzzy sets*". Dieser Grad des Enthaltenseins darf neben den scharfen Werten "1" (für volle Zugehörigkeit) und "0" (für fehlende Zugehörigkeit) auch alle zwischenliegenden, gebrochenen Werte annehmen.

Die hierauf aufbauende *Fuzzy-Logik* bearbeitet dann im Umgang mit (unscharfen) Zahlen, Mengen oder Funktionen fast ausschließlich diese "*membership values*". Damit bleiben alle anderen logischen Gesetze unverändert gültig, so daß die Fuzzy-Logik als *einfache Erweiterung der klassischen Logik* angesehen werden darf, wie Abb. 17.1 schematisch andeutet. Im unteren Teil der Abbildung werden die beiden Formulierungsvarianten der Mengenzugehörigkeit gegenübergestellt.

Zu jeder klassischen Operation gibt es in der Fuzzy-Logik eine Reihe unscharfer Gegenstücke. So entsprechen dem Durchschnitt zweier Mengen die sogenannten "t-Normen", die höchstens das Minimum der eingehenden Zugehörigkeitswerte wiedergeben. Mindestens das Maximum der Zugehörigkeitsewerte ermitteln dagegen die "s-Normen", die damit Mengenvereinigungen gleichgesetzt werden dürfen. Während die Ergebnisse solcher Operationen für Elemente mit den scharfen Zugehörigkeitswerten "0" oder "1" immer gleich sind, gibt es in der "Grauzone" dazwischen einen gewissen Spielraum. Je nach Anwendungssituation ist deshalb immer eine spezielle Auswahl der geeignetsten *Fuzzy-Operatoren* nötig. Ist z. B. nicht klar, ob ein Tag als "regnerisch" anzusehen war oder nicht, so könnte auch sein Beitrag zu einem "feuchten Frühjahr" unterschiedlich beurteilt werden.

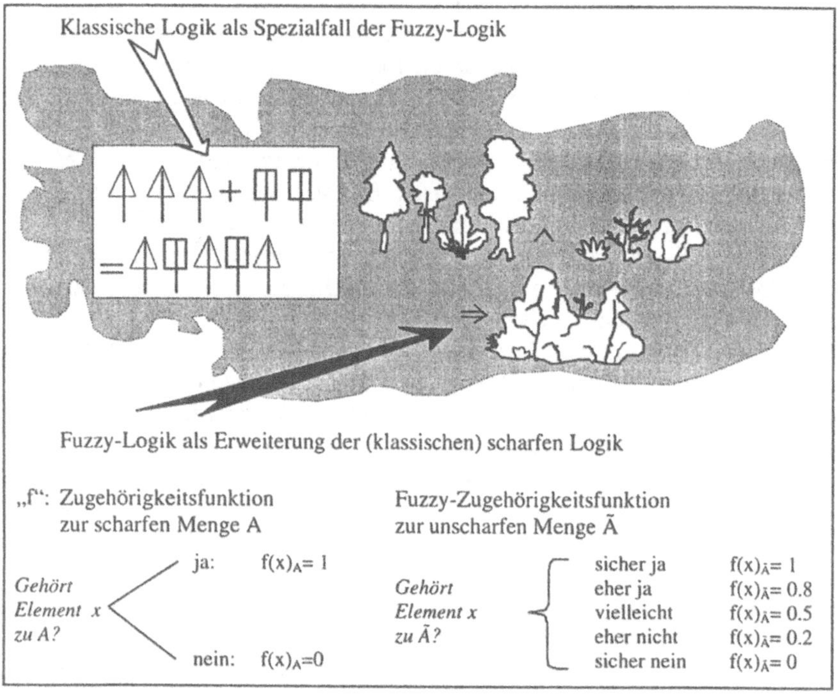

Abbildung 17.1. Einordnung und Definition der unscharfen Mengen

An einem ähnlichen Beispiel soll auch noch einmal der prinzipielle *Unterschied zwischen* den Unschärfebegriffen von *Wahrscheinlichkeitstheorie* und *Fuzzy-Theorie* verdeutlicht werden. Wenn der Wetterbericht die Regenwahrscheinlichkeit eines Tages mit 80% angibt, so wird damit eine Annahme über das noch unbekannte Eintreffen eines relativ scharf definierbaren Ereignisses ("Regen") formuliert. Charakterisiert man dagegen das Wetter eines vergangenen Tages als "überwiegend feucht", so kann zwar genau recherchiert werden, wie groß Niederschlag und Verdunstung waren, die Einordnung eines bestimmten Tages in diese Kategorie ist jedoch möglicherweise umstritten. Eine entsprechend unsichere Zuordnung kann mit Hilfe von *fuzzy sets* erfolgen.

Es muß nun darauf hingewiesen werden, daß damit zwar größere Datenmengen zu bewältigen sind (weil wie im Beispiel nicht nur die Merkmale der Witterung selbst, sondern ihre Zugehörigkeitsfunktionen bearbeitet werden müssen). Dennoch entstehen damit bei korrekter Handhabung der Fuzzy-Techniken keine feineren Klassifizierungen. Es bleibt vielmehr bei den einmal definerten Begriffen (z. B. "feucht" oder "trocken"), nur besteht die Möglichkeit, im Zweifelsfalle auch "feucht bis trocken" zu sagen, was als weniger sichere Zuordnung, nicht jedoch als eigene Zwischenstufe - und damit als Scheingenauigkeit - zu verstehen wäre. Das Beispiel zeigt aber auch, daß Fuzzy-Begriffe unseren üblichen Spach- und Denkgewohnheiten näherstehen als etwa die sehr abstrakten Wahscheinlichkeiten.

Da die Theorie und technische Einzelheiten der Fuzzy-Logik in diesem Rahmen nicht eingehender behandelt werden können, sei der interessierte Leser vor allem auf die neuerdings reichlich angebotenen Lehrbücher zu diesem Thema (z. B. Tilli 1991, Mayer et al. 1993) verwiesen.

2 Die Bewertung des landschaftlichen Leistungsvermögens mit Hilfe der Fuzzy-Logik

Als Grundlage planerischer Entscheidungen wurde vermittels der Fuzzy-Logik eine Bewertungsmethodik entwickelt, die das Leistungsvermögen des Landschaftshaushaltes vorher festgelegter Flächen charakterisieren soll. Die gewählten Bezugsflächen sind geoökologische Raumeinheiten (sogenannte Nanogeochoren), die nach der aktuellen Flächennutzung teilweise nochmals differenziert werden mußten. Obwohl die dadurch entstandenen Landschaftseinheiten vor allem mit Kriterien abgeleitet worden sind, die auch zur Bewertung herangezogen werden, sind sie naturgemäß nicht völlig homogen. Daraus ergibt sich eine Reihe zusätzlicher Unschärfen (hervorgehoben), die zusammen mit bewertungsimmanenten Unsicherheiten durch den Fuzzy-Ansatz berücksichtigt werden sollten. Dazu zählen:

1. Unsicherheiten bei der Formulierung der Bewertungskriterien,
2. Fragen nach der Repräsentativität von Meßgrößen,
3. *Räumliche* und zeitliche *Variabilität der Merkmale*,
4. Lücken und Unschärfen bei Ermittlung bzw. Klassifikation der Indikatoren,
5. *Räumliches Zusammentreffen unterschiedlicher Merkmale eines Raumes*,
6. Aggregation gleicher oder divergierender Einzelergebnisse,
7. Umgang mit Ergebnisspannen und Zielkonflikten.

Weil grundsätzlich keine neuen Bewertungsverfahren entwickelt, sondern vorhandene mit der Fuzzy-Methodik umgesetzt werden sollten, war es erforderlich, die vorliegenden Verfahrensmuster an die Erfordernisse der unscharfen Technik anzupassen. Dies geschah durch Transformation der vorgegebenen Algorithmen zu Bewertungsmatrizen, indem für jede relevante Eingangswerte-Kombination das Bewertungsergebnis vorweg bestimmt und in die Matrix eingesetzt wurde. Damit waren Voraussetzungen und Daten zunächst zu klassifizieren. Dies geschah durch Festlegung geeigneter Möglichkeitswerte der zu bewerteten Objekte für jede Merkmalsklasse. Bei diesem als "*Fuzzifizierung*" bezeichneten ersten Schritt wurde für jede Fläche je nach Datenlage und -zuverlässigkeit, ihrer Dynamik oder Heterogenität eingeschätzt, inwieweit sie bestimmte Merkmalsklassen (z. B. Humusgehalte, Neigungsstufen oder Bodenformen) repräsentiert.

Die Bewertung selbst erfolgt dann über ein Fuzzy-Entscheidungssystem, das sich generell aus einem Satz von Regeln aufbaut, von denen jede die allgemeine Form:

`Wenn` $X_1 = A_1$ `und/oder` $X_2 = A_2$ `... dann ist` $Y = B$

besitzt.

Hierbei sind A_i die Voraussetzungen der Regel, mit denen die Fakten X_i verglichen werden. Sind die Voraussetzungen mehr oder weniger erfüllt, d. h. A und X sind kompatibel, so erhält die Ergebnisvariable Y mit einer gewissen Sicherheit den Wert B. Fuzzy-Regeln dürfen nun auch unscharf (d. h. umgangssprachlich formuliert) sein, so wie es etwa in Gesetzestexten oder bei Entwicklungszielen der Fall ist. Dann werden nicht nur die Fakten, sondern auch die Voraussetzungen und Ergebnisse als unscharfe Mengen eingegeben.

Die Auswertung eines solchen Regelwerkes geschieht mit Hilfe einer Inferenz-Strategie (engl. inference = logischer Schluß, Folgerung). Sie umfaßt folgende 5 Schritte:

1. Mit einem Distanzoperator wird die Kompatibilität der Fakten (X) und Voraussetzungen (A) festgestellt. Diese Werte sind identisch, wenn die Voraussetzungen scharf sind und alle Fakten bereits bewertungsgerecht fuzzifiziert wurden.
2. Bei mehreren Voraussetzungen (A_1, A_2 usw.) werden die Kompatibilitätswerte aggregiert. Hierzu kommen je nach Regel-Wortlaut entweder t-Normen (bei "und") oder s-Normen (bei "oder") zum Einsatz.
3. Aus dem Erfüllungsgrad der linken Regelseite wird durch einen speziellen Inferenzoperator (B) auf das Ergebnis (Y) geschlossen.

Das besondere Problem heterogener Flächen ist, daß nicht alle auftretenden Merkmale auch zusammentreffen müssen. Deswegen wurde für diesen Fall eine spezielle Vorgehensweise gewählt: Je nach Gültigkeit in bestimmten Teilen einer Bewertungseinheit bekommen alle Daten eine *Lagecodierung*. Der Inferenzoperator muß nun anhand dieser Schlüssel entscheiden, ob die in Frage stehenden Merkmale gemeinsam auftreten können. Anderenfalls ist die Bewertung einer solchen Merkmalskombination zu unterdrücken. Da die Regelausführung anhand gemeinsamer Lagemerkmale von Fall zu Fall unterschiedlich aussehen kann, wurden dafür sogenannte *dynamische Inzidenzoperatoren* entwikkelt (Syrbe 1998a, b).

4. Die Unsicherheit einer einzelnen Regel kann nun ggf. durch einen Wichtungsfaktor (angewendet auf die Möglichkeitswerte der Ergebnisse!) implementiert werden.
5. Bei mehreren alternativ gültigen Regeln sind die Ergebnisse schließlich zusammenzufassen. Im Fall der Abarbeitung von Matrizen bedeutet dies, alle Möglichkeitswerte gleicher Ergebnisklassen über eine s-Norm zu aggregieren.

Schließlich ist oft eine *Defuzzifizierung* vonnöten, um aus den unscharfen Mengen wieder ein eindeutiges Ergebnis für jede Fläche zu erhalten. Dieser

Schritt wird bei scharfen Ergebnisklassen über eine Schwerpunktsberechnung realisiert.

3 Ergebnisse fuzzy-logischer und klassischer Landschaftsbewertungen

Die notwendigen Berechnungen wurden in einem Geographischen Informationssystem auf Basis von Arc/Info mit Hilfe von selbstentwickelten AML-Programmen (der GIS-eigenen Kommandosprache "*arc macro language*") durchgeführt (Syrbe 1996). So konnte auf alle Daten ohne Im- und Exporte direkt in der angeschlossenen Datenbank "Info" zugegriffen werden. Ein besonderer Vorteil ist, daß nicht nur arithmetische Operationen, sondern auch die geometrischen Funktionen des GIS - wie Arealverschneidungen, die Beachtung von Pufferzonen oder Nachbarschaftsmerkmalen - auf diese Weise direkt nutzbar sind.

Tab. 17.1 und Abb. 17.2 zeigen die Ergebnisse des klassischen und des Fuzzy-Verfahrens zur Bewertung der Grundwasserschutzfunktion nach Zepp (1992) für ausgewählte Flächen in der Umgebung der Ortslage Burg-Dorf. Es ist erkennbar, daß im Grundsatz gleich bewertet wurde. Allerdings sind in Einzelfällen auch deutliche Abweichungen festzustellen. So zeigen nicht nur die als Grenzfall zwischen Stufe 1 und 2, sondern auch klassisch einheitlich bewertete Flächen ein relativ breites Wertespektrum.

Tabelle 17.1. Ausgewählte Bewertungsergebnisse zur Grundwasserschutzfunktion an Beispielsflächen in der Umgebung von Burg/Dorf

Lage zum Ortskern, Flächennummer			klassische Bewertung	Fuzzy-Bewertung (Möglichkeitswerte)					defuzzifiziert
				Stufe 1	Stufe 2	Stufe 3	Stufe 4	Stufe 5	
Schloßberg	N	440	2	0	0,7	0,3	0	0	2,3 (≈2)
Gemüsefeld	NW	462	1 - 2	0,6	0,4	0	0	0	1,2 (≈1)
Niederung	NE	491	1	0,8	0,2	0	0	0	1,2 (≈1)
Niederung	E	634	1	1	0	0	0	0	1
Feld	S	691	2	0	0,3	0,7	0	0	2,7 (≈3)
Maisfeld	SSE	752	3	0,6	0,7	0,4	0,1	0	2

Interessant ist der Vergleich der beiden letztgenannten Flächen: Während das Feld 691 am südlichen Ortsrand von Burg klassisch nur mit schlecht (2) bewertet wurde, erhielt die Fläche 752 aufgrund ihrer höheren mittleren Lage den Wert mäßig (3). Erst in den Ergebnissen der Bewertung mit Fuzzy-Logik zeigt sich, daß nur die Maisfelder im Osten teilweise sehr schlechte Werte (1) bekamen. Dieses Ergebnis erscheint plausibel, weil es sich um Schwemmsande handelt, die geringere Lehmanteile aufweisen und stärker mit kleinen Rinnen durchsetzt sind als das Plattenareal bei Burg. Allerdings führte diese Tatsache nicht zu einem schlechteren klassischen Bewertungsergebnis, weil jede der Abweichungen im Verhältnis zur Gesamtbeschaffenheit als Singularität angesehen wurde. In der Summe können aber gerade solche Kleinigkeiten den Ausschlag geben. Die Spitzenwerte beider Flächen sind dagegen annähernd gleich.

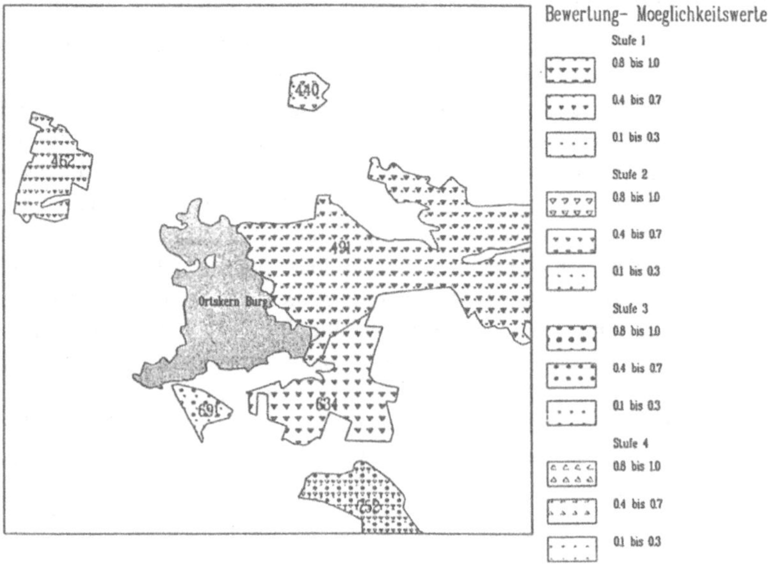

Abbildung 17.2. Grundwasserschutzfunktion ausgewählter Flächen (Umgebung Burg)

Die Fuzzy-Ergebnisse wurden in dieser Weise (d. h. ohne Defuzzifizierung) auch für das gesamte Untersuchungsgebiet kartographisch dargestellt. Hierzu werden die Zugehörigkeitsgrade jeder Bewertungsstufe entsprechend ihrem Histogramm in maximal vier Klassen segmentiert und mit wertstufenspezifischen Signaturen unterschiedlicher Größe bzw. Dichte auf die jeweiligen Flächen gedruckt. Um ein Überdrucken zu verhindern, bekamen alle Wertstufen innerhalb eines festen Rasters jeweils reservierte Sektoren zugewiesen (Abb. 17.3).

Beispiele wie Abb. 17.3 zeigen, daß Karten, auf denen bis zu drei Klassen von Zugehörigkeitswerten dargestellt sind, lesbar sein können. Wird bei mehrfarbigen Karten außerdem die höchste dieser Stufen mit einer Flächenfarbe dargestellt, so ist schon auf den ersten Blick zu erkennen, welche Aussagen mit größerer Sicherheit gemacht werden können. Für die dann locker signierten Areale sind bei genauer Auswertung die dominierenden und die untergeordneten Bewertungsklassen zu entnehmen. Hierbei gibt das Verfahren also Anhaltspunkte über die Wertespanne, jedoch keine Verortung der einzelnen Stufen. Zu einer solchen Differenzierung müßten die fraglichen Fläche dann detaillierter (also in der Regel im Gelände) untersucht werden.

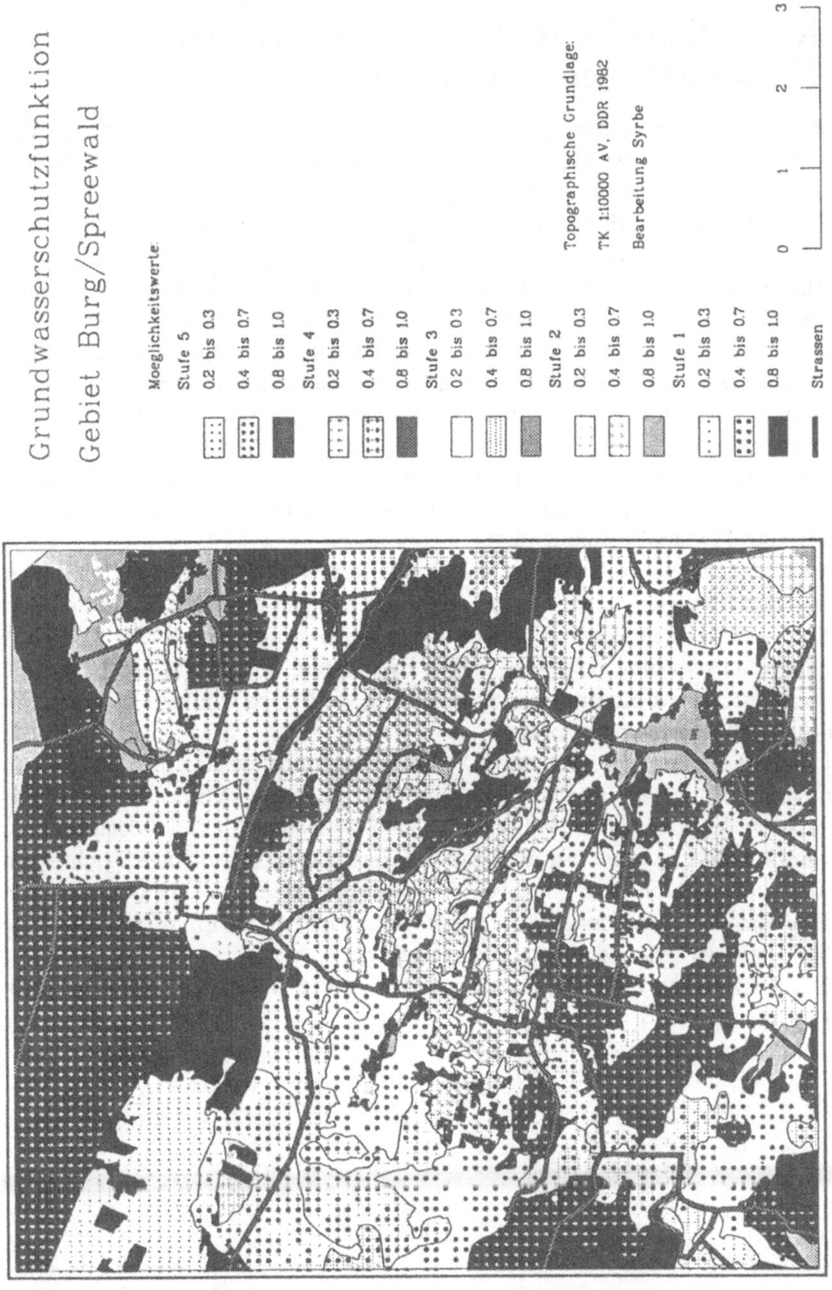

Abbildung 17.3. Fuzzy-Bewertung der Grundwasserschutzfunktion des Untersuchungsgebietes Burg/Spreewald

4 Anwendung eines Fuzzy-Enscheidungssystems zur Auswahl geeigneter Flächen für bestimmte Nutzungsformen oder Maßnahmen

Obwohl Landschaftsplanung und der Entwurf von Leitbildern nicht mit dem Computer "erledigt" werden können, ist die korrekte Verarbeitung aller relevanten Unterlagen und Daten wegen ihrer Vielfalt oft nur mit Hilfe der Rechentechnik effektiv durchführbar. Das gilt besonders dann, wenn auch unscharfe Informationen vorliegen, was paradoxerweise eine Vergrößerung (bei der vorgestellten Methode etwa eine Verzehnfachung, vgl. Abschnitt 1) der Datenmenge bedeutet.

Die *Auswertung mit Hilfe Geographischer Informationssysteme* kann hierfür eine sinnvolle Abgrenzung des Handlungsspielraumes anbieten, aufgrund dessen die erforderlichen Planungsentscheidungen schließlich getroffen werden können. Für eine Flächenauswahl heißt das: Es müssen zunächst Ausschlußflächen bestimmt werden, wo ein bestimmtes Vorhaben mit Rücksicht auf einzelne Rahmenbedingungen überhaupt nicht realisiert werden kann. Danach ist eine Wunschordnung der übrigen Areale zu finden, die den komplexen Vorstellungen des Planers Rechnung trägt.

Im Integrationsprozeß unterschiedlicher Kriterien sind zudem mögliche Interaktionen zu berücksichtigen, die bei den einzelnen Bewertungen bis hierher noch keine Rolle gespielt haben. Für eine quantitative Erfassung solcher Rück- und Verflechtungswirkungen gibt es bisher noch keine ausgereifte Methodik. Bestimmte interaktive Kontrollschritte mussen deshalb auch in einem programmierten Algorithmus eingebaut bleiben.

Unscharfe Bewertungsergebnisse können auch ohne Defuzzifizierung mit ihrem vollen Informationsgehalt verarbeitet werden, wenn man *unscharfe Relationen* (z. B. ungefähr größer als ...) auf sie anwendet. Diese haben ebenfalls die Form von *fuzzy sets*. Ihre Wirksamkeit darf man sich wie einen Trichter vorstellen, in dem auch unregelmäßig geformte Körper stecken bleiben können. Eine solche Relation wird durch die Kombination eines monoton wachsenden oder fallenden fuzzy sets und einer t-Norm gegeben.

Zur Auswertung der Bewertungsergebnisse ist die in Tab. 17.2 kurz umrissene Strategie nutzbar.

Tabelle 17.2. Algorithmus zur Auswahl geeigneter Flächen für beabsichtigte Nutzungen mit Hilfe der Fuzzy-Logik (Generelle Vorgehensweise für terrestrische Nutzungen)

Schritt		Maßnahme
1. Datenvorbereitung (alle Nutzungen)		Zusammenstellung und Auswertung der Daten
1.1.	Ausführung geometrischer Operationen im GIS	- Festlegung von Fuzzy-Zugehörigkeitswerten nach Entfernungszonen oder Überlappungsgraden bzgl. Flächen bestimmter Bewertungsstufen
1.2.	Vorauswahl der zu bearbeitenden Objekte	- Erzeugung eines Datensatzes für alle Flächen im Bearbeitungsgebiet, die kein Totalreservat und keine Wasserflächen sind
2.	Flächenausschluß (je Nutzungsart)	Markierung bzw. Löschung bestimmter Datensätze
2.1.	scharfer Ausschluß	- vor allem gesetzlich geschützte Gebiete
2.2.	unscharfer Flächenausschluß durch Fuzzy-Regelwerk	- anhand bestimmter Bewertungen, danach Filterung der Ausschlußflächen
3.	Wunschflächenidentifikation (je Nutzungsart)	Festlegung einer Präferenzordnung unter den verbliebenen Datensätzen
3.1.	regelbasiertes Fuzzy-Inferenz-System	- anhand erwünschter Eignungsfaktoren, danach Defuzzifizierung und Festlegung einer Reihenfolge
3.2.	Auswahl der meistbevorzugten Flächen	- Berücksichtigung der benötigten Anzahl und Größe, interaktive Optimierung mit Zusatzbedingungen
4.	Flächenauswahl (alle Nutzungen)	Prüfung der Verträglichkeit aller Nutzungen
4.1.	Konfliktbestimmung	- mehrfach selektierte Flächen, benachbarte oder naheliegende Flächen unverträglicher Nutzungen
4.2.	Konfliktbewertung und -bereinigung	- Bewertung kritischer Funktionen (Szenarien), Formulierung zusätzlicher Kriterien
5.	Ergebnisausgabe (alle Nutzungen)	Kartierung der Nutzungsvorschläge, Dokumentation

Bei der Bearbeitungsstufe zur Festlegung der Ausschlußflächen wird in zwei Schritten vorgegangen. Zuerst sind alle scharfen Ausschlußfaktoren separat abzufragen. Danach können die unscharfen Aussagen zu verschiedenen Landschaftsfunktionen über eine Regel gemeinsam ausgewertet werden. Hierbei dürfen auch die Ausschlußregeln (Grenzwerte usw.) unscharf sein, was ein Fuzzy-Inferenzsystem erfordert, wie es in Abschnitt 2 erläutert wurde. In diese *Ausschlußebene* gehören Kriterien, die sich gegenseitig nicht aufwiegen können und damit keine Kompensation zulassen. Deshalb erfolgt die Gesamtaggregation über eine t-Norm.

In der nun folgenden *Wunschebene* hingegen wird für diesen Schritt auf sogenannte "kompensatorische Operatoren" zurückgegriffen. Während für die Ausschlußproblematik eine Ja/nein-Entscheidung erwartet wird, liefert die Wunschflächenbestimmung für jedes Areal eine unscharfe Einstufung nach dem Grad der Bevorzugung, die eine entsprechende Auswahl der Alternativen ermöglicht. Dabei gehen auch die Ergebnisse des Ausschlußverfahrens für alle nicht ausgeschlossenen Flächen (negativ) in die Auswahl mit ein. Die unscharfe Entscheidungsmenge ist dann ein binäres *fuzzy set* mit den Klassen "ja/erwünscht" bzw. "nein/unerwünscht", wobei die Wunschkriterien die positive Seite und die Ausschlußkriterien die negative Seite "laden". Nach dieser rechnergestützten Prozedur können dann einzelne Flächen interaktiv selektiert werden.

Wie auch beim klassischen Verfahrensweg müssen nun die möglichen Veränderungen noch untereinander optimiert und bezüglich ihrer Nachbarschaftswirkung aufeinander abgestimmt werden, bevor endgültige Festlegungen erfolgen können. Vor der Anwendung des Auswahlalgorithmus sollten immer die konkreten Regeln und (evtl. unscharfen) Grenzwerte durch die Betroffenen diskutiert werden. Ein mögliches Ergebnis dieses Prozesses - noch vor der endgültigen Einzelauswahl - zeigt Abb. 17.4.

Literatur

Leung, Y. & Shatin, N.T. 1997. Intelligent Spatial Decision Support Systems. Springer.

Mayer, A., Mechler, B., Schlindwein, A. & Wolke, R. 1993. Fuzzy Logic und unscharfe Wissensverarbeitung. Einführung und Leitfaden zur praktischen Anwendung. Mit Fuzzy-Shell in C++. Addison-Wesley.

Syrbe, R.-U. 1996. Fuzzy-Bewertungsmethoden für Landschaftsökologie und Landschaftsplanung. Archiv für Naturschutz. und Landschaftsforschung 34: 181-206.

Syrbe, R.-U. 1998a. Landscape evaluation of heterogeneous areas using fuzzy sets. Cybergeo, No. 40, www.cybergeo.presse.fr.

Syrbe, R.-U. 1998b. Fuzzy-Bewertungsmethodik für heterogene Naturräume - dargestellt am Beispiel der Erosionsbewertung im Westlausitzer Hügel- und Bergland. In: Grabaum, R. & Steinhard, U. eds.: Landschaftsbewertung unter Verwendung analytischer Verfahren und Fuzzy Logic - Ergebnisse eines Workshops am UFZ vom 26.-28.2.1997. UFZ-Bericht x98, Leipzig (im Druck).

Tilli, T. 1991. Fuzzy-Logik. Grundlagen, Anwendungen, Hard- und Software. Franzis, München.

Zadeh, L.A. 1965. Fuzzy sets. Information and Control 8: 338-353.

Zepp, H. 1992. Grundwasserschutzfunktion. In: Marks, R., Müller, M.J., Leser, H. & Klink, H.-J.: Anleitung zur Bewertung des Leistungsvermögens des Landschaftshaushaltes (BA LVL). Forschungen zur deutschen Landeskunde 229, Trier: 75-78.

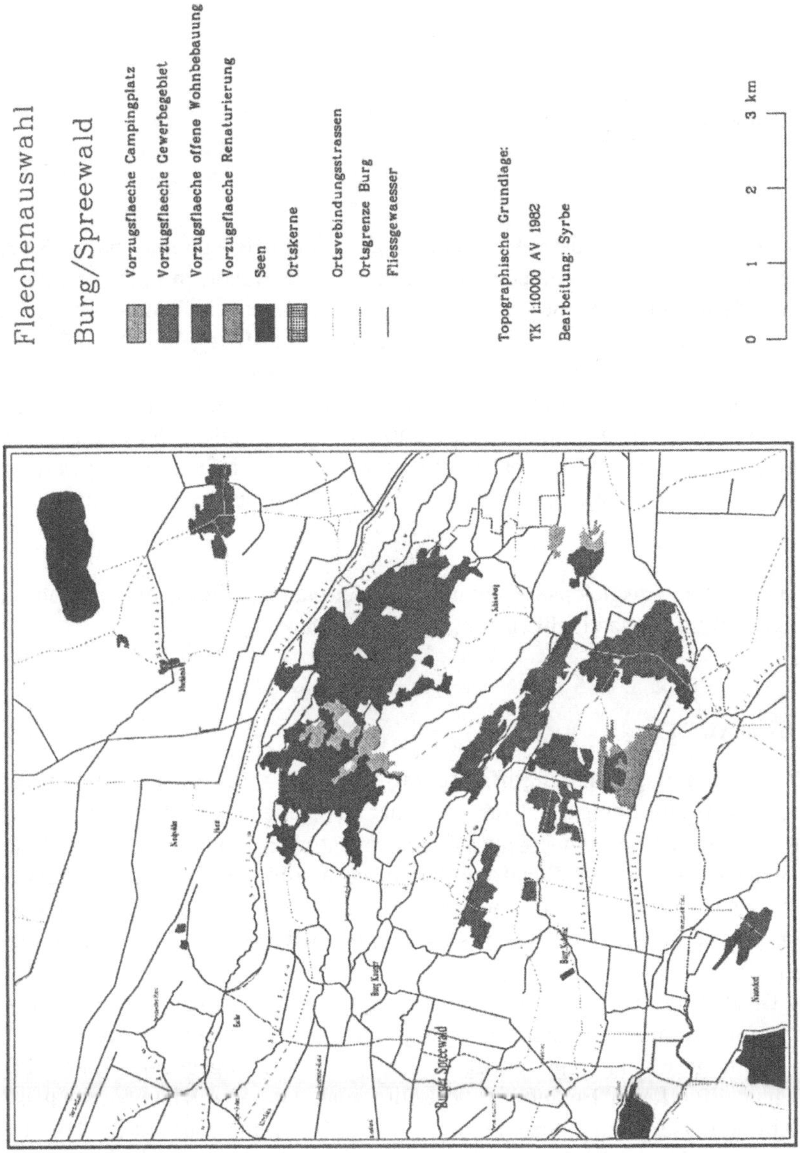

Abbildung 17.4. Flächenauswahl für bestimmte Nutzungsanforderungen auf Grundlage der Fuzzy-Bewertungsergebnisse

18 Bewertungsverfahren in der Eingriffsregelung § 8 BNatSchG

Holger Brux[1]

[1] IBL Umweltplanung, Unterm Berg 39, D 26123 Oldenburg

Zusammenfassung. In der Anwendung der Eingriffsregelung nach § 8a BNatSchG wird eine große Palette von Verfahren angewandt, in einer Reihe von Bundesländern gibt es methodische Vorgaben. Es handelt sich nicht um echte Bewertungsverfahren, sondern meist um eine „TA Eingriffsregelung". Im Gegensatz zum gesetzlichen Auftrag befassen sich die meisten Verfahren mit Werten. Die Berücksichtigung von Funktionen ist die Ausnahme. Ein Bezug zur Leitbildmethode besteht nicht, auch die Berücksichtigung der Leitbilder der Landschaftsplanung ist nicht geregelt. Es besteht ein starker Trend, einfache Biotopwertverfahren, zum Teil in Verbindung mit einer Ausgleichsabgabe, zu verwenden.

Schlüsselwörter. Ausgleichsmaßnahmen, Bauleitplanung, Bewertungsverfahren, Eingriffsregelung, Ersatzmaßnahmen, Leitbildentwicklung

1 Einleitung

Bei der Anwendung der Eingriffsregelung nach § 8a BNatSchG werden verschiedene Verfahren eingesetzt, um zu einer geregelten und nachvollziehbaren Beurteilung der Folgen eines Eingriffs und eventueller Kompensationsmaßnahmen zu gelangen. In der Regel werden diese Verfahren als „Bewertungsverfahren" bezeichnet. Zu erwarten wäre daher, daß es sich um einen bedeutenden Bereich der täglichen praktischen Anwendung moderner Bewertungsverfahren handelt.

§ 8a BNatSchG regelt, daß die Anwendung der Eingriffsregelung im Rahmen von Bebauungsplänen abschließend erfolgt. Die Eingriffsregelung wird damit in einem Planungsstadium angewendet, in dem durch das vorgegebene Planverfahren Träger öffentlicher Belange etc. beteiligt sind (und eine Klage zulässig ist). Das Abwägungsergebnis bezüglich der Eingriffsregelung hat sehr konkrete rechtliche und finanzielle Folgen. Es ist damit einsichtig, daß die Anforderungen an in diesem Zusammenhang angewandte Bewertungsverfahren in Bezug auf einfache Anwendbarkeit, Transparenz und schließlich Gerichtsfestigkeit weiter gestiegen sind. Die Länder gehen mit dieser rahmenrechtlichen Vorgabe unterschiedlich um (Deutsches Institut für Urbanistik 1993); dies kann hier nur angerissen werden. Inhalt des nachfolgenden Beitrages ist die Diskussion der grundsätzlichen Vorgehensweisen und ihr Bezug zur Leitbildmethode.

2 Grundtypen

Alle gängigen Verfahren lassen sich auf die drei Grundtypen „verbal-argumentatives Verfahren", „Rechnerisches Verfahren" bzw. „Konvention" zurückführen, die entweder in reiner Form oder kombiniert angewandt werden. Diese können unterschiedlich begründet sein, wobei man sich an Kosten, Werten oder Funktionen orientiert. In Tab. 18.1 sind die Verfahrenstypen entsprechend ihrer Begründung zusammengefaßt, einige Beispiele werden anschließend kurz vorgestellt.

3 Beispiele

3.1 Biotopwertverfahren

Biotopwertverfahren sind die am weitesten verbreiteten typusbezogenen Verfahren. Sie beruhen auf der Auffassung, daß die angetroffenen Biotoptypen alle auf sie wirkenden Umweltbedingungen integrieren und die anderen Schutzgüter (Boden, Wasser, Luft, Pflanzen und Tiere, Landschaftsbild) nicht getrennt betrachtet werden müssen. Da bei den vielen gängigen Biotopschlüsseln die Biotoptypen überwiegend vegetationskundlich definiert sind, orientieren sich in der Praxis die Eingriffsbewertungen oft nur am Pflanzenbestand.

Das Osnabrücker Modell (Lkr. Osnabrück 1992) wurde mit der Begründung entwickelt, daß textliche Verfahren nicht immer zu nachvollziehbaren (bearbeiterunabhängigen) Ergebnissen führen und der Kompensationsbedarf am Schluß immer nach Größe und Umfang (ha, m, DM etc.) zu beziffern ist.

Für die Anwendung ist eine aktuelle Biotoptypenkarte im Planungsmaßstab erforderlich. Die Verfahrensvorschrift enthält eine Liste von Biotoptypen, denen jeweils eine definierte Spannbreite von Wertfaktoren zugeordnet ist. Der Bearbeiter hat hier eine Entscheidung zu treffen und zu begründen. Differenziert wird dabei im Wesentlichen nach der Empfindlichkeit der Bereiche (Stufung: wertlos - unempfindlich - weniger empfindlich - empfindlich - sehr empfindlich - extrem empfindlich).

Eine vollversiegelte Fläche, z.B. eine Straße, gilt als völlig unempfindlich, beim Grünland verläuft die Reihe über weniger empfindlich (Grasacker), empfindlich bis hin zu besonders empfindlich (Naßwiese). Für unempfindliche Bereiche ist die geringstmögliche Bewertung „0", also wertlos. Jeder Biotoptyp ist mit einer Wertzuweisung (Wertfaktor) versehen, die einer Liste entnommen werden kann. Die Liste der Wertfaktoren ermöglicht Interpretationsspielräume, da für die meisten Wertfaktoren keine fixen Werte sondern Wertspannen angegeben werden. Dies hat den Vorteil, daß einerseits auf die lokalen Verhältnisse eingegangen und Leitbilder berücksichtigt werden können, andererseits führt diese „Freiheit" zur Kritik („Basar der Wertfaktoren"). Für die Berechnung wird das

Tabelle 18.1. Verfahren in der Eingriffsregelung

	Typ	V	R	K	Beispiel
1a	Politische Setzungen			●	„Versiegelungssteuer" (z.B. Ausgleichsabgabe in Baden-Württemberg, Zahlung von 2 bis 10 DM/m^2 Versiegelungsfläche)
1b	Wertorientierte politische Setzungen		●	●	Ausgleichsabgabenverordnung (z.B. in Hessen ein per Verordnung fixiertes Biotopwertverfahren ohne nennenswerte Spielräume)
1c	Sonstige Konventionen			●	Pflanzung von 10 Bäumen für einen entfernten etc. (z.B. auf der Grundlage der Regelung eines Landkreises)
2	Kostenorientierte Verfahren		●		Herstellungskostenansatz (z.B. in Schleswig-Holstein, Thüringen dienen Kosten, die ein Vorhabenträger für eine fiktive Kompensationsmaßnahme hätte aufwenden müssen, als Bemessungsgrundlage für die Ausgleichsabgabe)
3a	Einfache wertorientierte Verfahren	●	●		Biotopwertverfahren (das Produkt aus Wertpunkt pro Flächeneinheit und Flächengröße ergibt den Gesamtwert, die Wertpunkte können genau definiert sein (reines rechnerisches Verfahren, z.B. ARGE Bewertungsverfahren 1996) oder es werden nur Spannen vorgegeben, deren Konkretisierung verbal-argumantativ zu begründen ist, z.B. Lkr. Osnabrück 1992)
3b	Komplexe wertorientierte Verfahren	●	●		Schutzgut-bezogene Verfahren (hierbei erfolgen die Bewertung von Bestand und Beeinträchtigungen sowie die Ermittlung der Kompensationsmaßnahmen getrennt nach Schutzgütern (z.B. Breuer 1994)
3c	Wertorientiert	●	●		Nutzwertverfahren (Adam et al. 1986)
4	Funktionsorientiert	●			Wiederherstellung beeinträchtigter Funktionen (verbal-argumentativ)

Erläuterungen: V = verbal-argumentatives Verfahren, R = rechnerisches Verfahren, K = Konvention

Produkt aus Fläche und Wertfaktor, die sog. Werteinheit, ermittelt. Dies geschieht für jeden Biotoptyp getrennt, danach werden die Werteinheiten aufaddiert. Die Gegenüberstellung der Werteinheiten vor und nach Vorhabensverwirklichung beschreibt den Kompensationsbedarf. Die Ermittlung der Kompensationsleistung erfolgt analog durch Aufwertung geeigneter Biotope, wobei diese einen vergleichbaren Typ wie darstellen sollen wie die beeinträchtigt.

In der Praxis ist eine einzige Tabelle ausreichend, in der Eingriff und Kompensation miteinander verrechnet werden. Dies ist mit den üblichen Tabellenkalkulationsprogrammen leicht möglich, durch Einsetzen verschiedener Werte kann man eine rechnerisch stimmige Bilanz schnell iterativ ermitteln. Da neben dieser Tabelle nur noch zwei Biotoptypenkarten nebst einigen Erläuterungen erforderlich sind, können Vorgehensweise und Ergebnisse transparent vermittelt werden.

Das Osnabrücker Modell ist ein typisches Biotopwertverfahren, wobei teilweise verbal zu begründende Konkretisierungen der in die einfachen Rechenschritte einzusetzenden Wertfaktoren erforderlich sind. Weitere Biotopwertverfahren sind z.B. von der ARGE Bewertungsverfahren (1996) für Nordrhein-Westfalen und vom Nds. Städtetag (1996) für Niedersachsen entwickelt worden. Während in Nordrhein-Westfalen eine weitgehende Vereinfachung angestrebt wurde (nur 47 Biotoptypen), versucht das Verfahren des Nds. Städtetages (1996) allen Eventualitäten gerecht zu werden. Zentrale Unterlage bildet auch hier eine flächendeckende Biotopkartierung im Planungsmaßstab. Darauf aufbauend wird anschließend den einzelnen Biotoptypen und Flächen ein „Standardwert" zugewiesen. Dabei wird jedem Biotoptyp einen Wertfaktor auf eine sechsstufigen Skala zugeordnet. Der so ermittelte Standardwert bildet die Grundlage für die Ermittlung des Eingriffs.

Zusätzlich kann jede Einzelfläche einen an andere Kriterien gebundenen Wert, der abhängig ist von Lage, Umgebung etc., aufweisen. Dieser wird als „besonderer Schutzbedarf" zusätzlich dargestellt. Er eröffnet die Möglichkeit, faunistische Gesichtspunkte einzubringen und stellt die einzige Möglichkeit dar, die Schutzgüter Boden, Wasser, Klima/Luft und Landschaftsbild in das Bewertungsverfahren einzuführen.

Alle Darstellungen sollen weitgehend in Tabellen durchgeführt werden. Insgesamt sind fünf Listen und drei Tabellen zu erstellen und ggf. zu kommentieren. Für die Plandarstellung sind zwei Karten (Bestand Biotoptypen/Schutzstatus/besonderer Schutzbedarf und Entwurfsplanung incl. innere Differenzierung Biotoptypen) erforderlich. Dies kann schnell zu großen Papiermengen führen, so hätte man z.B. für die Darstellung von Baumaßnahmen auf ca. 10 ha ca. 60 Seiten nur für die drei Tabellen ausfüllen müssen. Davon wären gut 80% leere Felder gewesen. Es ist schwer vorstellbar, daß ein solches Werk noch mit angemessenem Aufwand geprüft werden kann. Praxis scheint es inzwischen zu werden, „Tabellen" und „Besonderen Schutzbedarf" deutlich reduziert bzw. gar nicht zu bearbeiten, und nur über Biotoptypen mit Wertfaktoren zu bilanzieren. Damit wäre man bei einem einfachen Biotopwertverfahren.

3.2 Schutzgutwertverfahren

Eine ernstzunehmende Berücksichtigung aller Schutzgüter hat sich erst seit Anfang der 90er Jahre als Folge der UVS-Systematik entwickelt. Während die Naturschutzgesetze von Bund und Ländern vom „Naturhaushalt" in seiner Gesamtheit sprechen, nennt das UVPG explizit einzelne Schutzgüter Boden, Wasser, Luft/Klima, Pflanzen, Tiere, Siedlung/Mensch und Landschaft.

Die vom Niedersächsischen Landesamt für Ökologie herausgegebenen Hinweise zur Anwendung der Eingriffsregelung (Breuer 1994) berücksichtigen - im Gegensatz zu den Biotopwertverfahren - alle Schutzgüter. Die Schutzgüter Arten und Lebensgemeinschaften, Boden, Wasser sowie Landschaftsbild (Vielfalt, Eigenart und Schönheit) werden in drei Stufen bewertet. Die Beeinträchtigung ist für das jeweilige Schutzgut erheblich und zu kompensieren, wenn der Wert der Fläche (angegeben als Wertstufe) nach dem Eingriff niedriger ist als vorher. Die Stufen sind verbal anhand eines Kriterienkataloges definiert, die gesamte Bilanzierung muß in einem Formblatt verbal dargestellt und begründet werden. Dabei gilt: Verringert sich die Bedeutung einer Fläche von Wertstufe 1 (=besondere Bedeutung) auf 3 (=geringe Bedeutung), muß auf gleichgroßer Fläche mit der Wertstufe 3 eine Verbesserung auf Wertstufe 1 oder auf doppelt so großer Fläche mit der Wertstufe 2 eine Verbesserung auf Wertstufe 1 erfolgen. Die Werteinheiten errechnen sich somit (genauso wie bei dem oben vorgestellten Biotopwertverfahren) aus dem Produkt Wertfaktor x Fläche. Zu beachten ist, daß beim Schutzgut Arten und Lebensgemeinschaften vor allem auf den Biotoptyp abgehoben wird, aber zusätzlich gefährdete Arten, die räumliche und zeitliche Einbindung sowie die Wiederherstellbarkeit zu beachten sind. All dies ist verbal zu begründen.

Dieses Schutzgutwertverfahren verbindet einen weitgehend wertorientierten Ansatz mit einigen funktionsbezogenen Elementen, die Anwendung der einfachen Rechenformel ist ausführlich verbal zu begründen, bei dem Schutzgut Boden wird weitgehend mit Konventionen gearbeitet.

3.3 Herstellungskostenverfahren

Herstellungskostenverfahren wurden zur Bemessung von naturschutzrechtlichen Ausgleichsabgaben entwickelt. Hierbei werden die Geldbeträge ermittelt, die ein Vorhabenträger für die Durchführung einer Kompensationsmaßnahme aufzuwenden hätte, wobei sowohl maßnahmenbezogene als auch begleitende Kosten (z.B. für Pflege), für Planung und Erfolgskontrolle anzusetzen sind. Dies erscheint zunächst als ideale Lösung, da mit diesem Geld bereits im Rahmen eines Ökokontos durchgeführte Maßnahmen bezahlt werden können. Auch ist es möglich, andere als die beeinträchtigten Biotoptypen herzustellen, wenn dies den Zielen des Naturschutzes besser entspricht (Mitschang 1997). Dies ist eine der wenigen Ansätze zur Berücksichtigung von Leitbildern.

Voraussetzung ist jedoch eine starke Typisierung der Maßnahmen und Entwicklungsszenarien für verschiedene Ausgangs- und Zielbiotope. Köppel & Müller-Pfannenstiel (1996) verweisen darauf, daß bei Kostenrechèrchen über durchgeführte Maßnahmen äußerst unterschiedliche reale Kosten gefunden wurden. Eine Standardisierung typischer Herstellungskosten ist aufgrund von Wettbewerb und Regionalisierung fraglich.

3.4 Ausgleichsabgabe

Ausgleichsabgaben sind nach sämtlichen Landesnaturschutzgesetzen unter bestimmten Voraussetzungen zulässig, jedoch nur in Baden-Württemberg und Hessen als Regelfall vorgesehen (Übersicht in Marticke 1996).

In § 6b Abs. 1 Satz 1 des Hessischen Naturschutzgesetzes ist die Zahlung einer Ausgleichsabgabe für Eingriffe festgelegt. Die Ausgleichsabgabenverordnung (AAV) enthält eine Liste von Nutzungstypen (die den Biotopytypenschlüsseln anderer Länder ungefähr entsprechen) mit jeweils zugeordneten Wertpunkten je qm. Diese differieren zwischen 3 Wertpunkten/m^2 (sehr stark oder völlig versiegelte Flächen) und 80 Wertpunkte/m^2 (Hochmoore); ein bodensauerer Buchenwald hat z.B. 58 Wertpunkte/m^2, eine Weide (intensiv) 21 Wertpunkten/m^2 (Gesetz- und Verordnungsblatt für das Land Hessen, Teil I - 3.März 1995). Die Ermittlung der Ausgleichsabgabe erfolgt zunächst durch die Grundbewertung nach Wertliste, wobei sich die Ermittlung der Wertpunkte auf die Flächen beschränkt, auf denen „tatsächlich Eingriffe, Ausgleichs- oder Ersatzmaßnahmen stattfinden oder die sonst zur Bewertung nötig sind, weil sie eine Veränderung erfahren" (Anlage 1 AAV). Dabei wird vom „letzten rechtmäßigen Zustand" ausgegangen, potentielle Nutzungsmöglichkeiten oder Entwicklungen bleiben unberücksichtigt. Für die Bewertung der Kompensationsleistung wird der Zustand zugrunde gelegt, der bei „plangemäßer Pflege drei Vegetationsperioden nach Beendigung der Ausgleichs- und Ersatzmaßnahmen zu erwarten ist" (im Unterschied hierzu geht z.B. das Biotopwertverfahren der ARGE Bewertungsverfahren (1996) von 30 Jahren aus).

Eine Korrektur der Grundbewertung durch eine Zusatzbewertung ist nur dann in Betracht zu ziehen, wenn es sonst zu „einer offenbar falschen oder erheblich unvollständigen Bewertung führt". In diesem Fall können die Beurteilungsgrößen Landschaftsbild, Vernetzung/Zerschneidung, Klimawirkungen, sonstige Randstörungen und besondere örtliche Situation zu Auf- oder Abschlägen bis zu 10 Wertpunkten/m^2 führen.

Damit ist, bis auf einige hier nicht ausgeführte Sonderfälle, die Anwendung der Eingriffsregelung durch die AAV in Hessen ohne nennenswerte Spielräume festgelegt. Sie beinhaltet ein Biotopwertverfahren, für Sonderfälle wird auf das Herstellungskostenverfahren zurückgegriffen.

3.5 Politische Setzungen

Die Festlegungen der Bemessungsätze von Abgaben erfolgen üblicherweise durch politische Aushandlung, ohne daß eine fachliche Begründung erforderlich ist. Dies ist bei einigen Ländern auch bei der Eingriffsregelung der Fall, so gibt es z.B. in Baden-Württemberg Rahmensätze je m^2 für flächenhafte Eingriffe von 2-10 DM, 0,50 bis 1,50 DM je m^3 entnommenes Material bzw. 1 - 5 % der Baukosten für Turmbauten. Auch existieren auf spezielle Eingriffstypen zugeschnittene Regelungen, wie z. B. die an der Bauhöhe von Windkraftanlagen orientierte Windkrafterlaß in Brandenburg, der eine Ausgleichsabgabe in Höhe von 50 -

max. 300 DM je Meter Bauhöhe im Eignungsbereich (bzw. 300 bis 700 DM im Restriktionsbereich) vorsieht, wobei durchgeführte Maßnahmen zu verrechnen sind. Die Bewertung erfolgt bei den beiden genannten Beispielen verbal argumentativ unter Berücksichtigung von Dauer und Schwere des Eingriffs, ein formales Bewertungsprogramm oder feste Bewertungsregeln gibt es nicht. Nach Marticke (1996) gilt das Verfahren „einfach und in seiner Allgemeinheit und Unbestimmtheit als rechtlich unbegreifbar".

3.6 Nutzwertanalyse

Das Verfahren nach Adam et al. (1986) ist in Nordrhein-Westfalen üblich und beruht auf der Nutzwertanalyse. Es arbeitet mit sehr differenzierten Wertzuweisungen, die in zahlreichen Transformationsschritten anhand vorgegebener Regeln miteinander verknüpft werden. In der praktischen Anwendung ist der Bewertungsgang kaum noch durchschaubar und nur relativ aufwendig überprüfbar. Auf einer weitergehende Darstellung wird hier aus Raumgründen verzichtet.

3.7 Funktionsbezogene Verfahren

Rein objektbezogene Verfahren, die sich nur auf Funktionen beziehen und sich jeden Bezuges zu Werten enthalten, gibt es nicht. Es kann sie auch nicht geben, denn sie würden die Eingriffsregelung zwangsläufig ad absurdum führen. Die Gründe hierfür sind offensichtlich, betrachtet man nur die Vielzahl und Komplexität der Objekte und Funktionen. Man wird immer eine Auswahl und damit Bewertung vornehmen müssen. Und man wird zwangsläufig zu dem Schluß kommen, daß sich viele Funktionen, allen voran der absolute Verlust unbebauter Fläche, nicht an anderer Stelle wieder herstellen lassen.

Ansätze zum Funktionsbezug gibt es dagegen in vielen Verfahren und Regelungen. Schon einfache Konventionen, die einen Bezug zwischen entfernten und als Kompensation neu zu pflanzenden Bäumen zum Inhalt haben, beinhalten dies. So wird oft pauschal darauf verwiesen, daß die Kompensationsmaßnahmen, soweit möglich, die Wiederherstellung beeinträchtigter Funktionen zum Ziel haben und dies in verbal-argumentativer Form zu begründen ist.

4 Bezug zur Leitbildmethode

Grundsätzlich ist die Landschaftsplanung das rechtlich vorgesehene Instrument für die Entwicklung von Zielvorstellungen. Diese ist parallel zu den Ebenen der Bauleitplanung mit Landschaftsrahmenplan, Landschaftsplan und Grünordnungsplan hierarchisch gestuft, wobei die Formulierung von Leitbildern in der Regel auf die ersten beiden Ebenen beschränkt ist. Dies ist sinnvoll, da es fraglich ist, ob bei der Eingriffsregelung des § 8 BNatSchG, einer vorhabenbezogenen Zulassungsregelung, die Entwicklung spezifischer Zielvorstellungen sinnvoll möglich ist.

Folgerichtig sind nach §8a BNatSchG die Darstellungen der Landschaftspläne bei der Bauleitplanung zu berücksichtigen. Diese sollen nach § 6 (2) BNatSchG eine Bewertung des vorhandenen Zustandes von Natur und Landschaft „entsprechend den in § 1 Abs. 1 festgelegten Zielen" enthalten, auch ist „auf die Verwertbarkeit des Landschaftsplanes für die Bauleitplanung" Rücksicht zu nehmen (§ 6 Abs. 3). Es ist somit Aufgabe der Landschaftspläne, u.a. die Bewertungsmaßstäbe für die Anwendung der Eingriffsregelung bereitzustellen (auch wenn viele Landschaftspläne dies nicht leisten, siehe Brux 1996).

Viele gängige Verfahren ignorieren dies jedoch, da sie entweder ihre eigenen Wertzuweisungen enthalten oder eine eigenständige Vorschrift zur Bewertung von Bestand und Auswirkungen eines Eingriffs. Die so durchgeführten Bewertungen können lokalen Zielvorstellungen - soweit welche vorhanden sind - widersprechen. Kein Verfahren gibt Hinweise oder Regeln, wie in diesem Fall vorzugehen ist. Auch hier wird deutlich, daß die gängigen Bewertungsverfahren wenig mit Bewertung zu tun haben. Im übrigen liefert Kiemstedt (1996) eine treffende Begründung für die Entwicklung der Rechenverfahren, die „deshalb erfunden werden mußten, weil den Behörden keine plausiblen Zielvorstellungen des Naturschutzes zur Verfügung standen". Dabei steht die Notwendigkeit der Berücksichtigung von Leitbildern sogar im Gesetz, da nach § 8 (2) BNatSchG Ausgleichsmaßnahmen nur erforderlich sind, „soweit es zur Verwirklichung der Ziele des Naturschutzes und der Landschaftspflege erforderlich ist".

Teilweise gibt es bescheidene Möglichkeiten, Leitbilder zu berücksichtigen. So kann in Hessen nach § 6a (3) HNatG die Naturschutzbehörde „abweichende Anforderungen an die Gestaltung des Zustandes nach dem Eingriff stellen, um Lebensräume besonders geschützter Arten von Tieren und Pflanzen zu fördern." Auch das für Nordrhein-Westfalen entwickelte Verfahren der ARGE Bewertungsverfahren (1996) empfiehlt eine Regionalisierung der Bewertung (und damit unausgesprochen auch eine Anwendung durch Fachleute).

Ansonsten gilt, daß der (in der Regel unausgesprochene) Sollzustand bei vielen Verfahren ein möglichst hoher Biotopwert ist, je mehr Punkte erreicht werden, desto besser. Da dies offenbar allgemeiner Konsens in Naturschutzkreisen ist, wird regelmäßig auf eine weitere Begründung verzichtet, Sachaussagen, Ziele und Werte werden nicht weiter differenziert (Jessel 1996). Auch bei Kompensationsmaßnahmen kommt es darauf an, auf möglichst kleinem Raum eine möglichst große Kompensationsleistung = Werterhöhung = Punktzahl zu erreichen.

So bleibt als regelmäßig in Erscheinung tretender Bezug zur Leitbildmethode die Abwägung in der Bauleitplanung, die auch als eine Form der diskursiven Leitbildentwicklung verstanden werden kann. Mit der Verlagerung der Eingriffsregelung auf die Bauleitplanebene in den §§ 8a-c sind nach dem Grundatz der Konfliktbewältigung spätestens im Bebauungsplan alle Probleme anzusprechen und zu lösen, die auf der Ebene eines Genehmigungsverfahrens nicht mehr gelöst werden können. Jedem Bebauungsplan liegt somit ein Leitbild zugrunde, nämlich das des Planungsträgers bzw. der abwägenden Behörde.

5 Werte und Funktionen

Um die Rolle von Bewertung in der Anwendung der Eingriffsregelung zu diskutieren, ist es aufschlußreich, die Verwendung der Begriffe „Werte" und „Funktionen" in Gesetzestexten und juristischen Kommentaren zu betrachten.

Während der Begriff des Ausgleichs im Bundesnaturschutzgesetz (BNatSchG) und den Landesnaturschutzgesetzen rein funktional gesehen wird, verwenden die meisten Landesnaturschutzgesetze im Abschnitt über Ersatzmaßnahmen die Begriffe „Werte" und „Funktionen" (Das BNatSchG trifft keine Regelungen über Ersatzmaßnahmen, alle Bundesländer haben Ersatzmaßnahmen bzw. Ausgleichsabgaben in ihren Landesgesetzen vorgesehen). Die Differenzierung zwischen Werten und Funktionen wird in den Landesnaturschutzgesetzen sehr unterschiedlich gehandhabt, in Baden-Württemberg, Berlin, Hessen und Schleswig-Holstein werden diese Begriffe nicht verwendet.

Wie Tab. 18.2 zeigt, kommen die Begriffspaare in allen möglichen Kombinationen vor; offenbar werden sie nicht einheitlich verstanden. In den meisten Ländergesetzen ist klar zum Ausdruck gebracht, daß die Eingriffsregelung sich nicht nur auf beeinträchtigte Funktionen beschränkt, sondern Werte als damit verbunden oder auch eigenständiges Schutzgut betrachtet. Werte sind aber ohne Bewertung undenkbar.

Diese Differenzierung nach Funktionen und Werten findet in Bewertungsverfahren bisher keine Entsprechung. Viele Verfahren geben vor, sich an Funktionen zu orientieren, beziehen sich aber auf mehr oder weniger vorgegebenen Wertsetzungen. Dies wird am Beispiel der Biotopwertverfahren klar, da die errechneten Werteinheiten nichts mit Funktionen zu tun haben; dieser Bezug wird nur verbal hergestellt. Verfahren mit einer Differenzierung nach Schutzgütern (z.B. Breuer 1994) beziehen sich zwar im Erläuterungstext auf Funktionen, klassifizieren diese aber in Wertklassen. Das Biotopwertverfahren für Nordrhein-Westfalen bezieht sich explizit nur auf den „Wert von Flächen für den Arten- und Biotopschutz und das Landschaftsbild" (ARGE Bewertungsverfahren 1996).

Tabelle 18.2. Verwendung der Begriffe „Werte" und „Funktionen" in den Naturschutzgesetzen der Länder

Bundesland	Gesetz	Zitat
Bayern	Art. 6b (3) BayNatSchG	„...gestörte Funktionen des Naturhaushaltes oder Werte des Landschaftsbildes..."
Brandenburg	§ 14 BbgNatSchG	„...zerstörten Werte und Funktionen des Naturhaushalts..."
Bremen	§11 (6) BremNatSchG	„... Werte und Funktionen des Naturhaushalts oder des Landschaftsbildes..."
Hamburg	§ 9(6) HmbNatSchG	„... Werte und Funktionen des Naturhaushalts oder des Landschaftsbildes..."

Tabelle 18.2. Fortsetzung

Mecklenburg-Vorpommern	§ 1(3)	„... beeinträchtigten Funktionen und Werten des Naturhaushalts..."
Niedersachsen	§ 12 NNatG	„...zerstörte Funktionen oder Werte des Naturhaushalts oder Landschaftsbildes..."
Nordrhein-Westfalen	§ 5 LG	„...gestörte Funktionen des Naturhaushalts oder der Landschaft..."
Rheinland-Pfalz	§ 5 (3) LPflG	„...gestörte Funktionen der Landschaft..."
Saarland	SNG	„...gestörte Funktionen und Werte des Naturhaushaltes und des Landschaftsbildes..."
Sachsen	§ 9(3) SächsNatSchG	„...gestörte Funktionen des Naturhaushaltes oder des Landschaftsbildes..."
Sachsen-Anhalt	§ 13 (1) NatSchG LSA	„...zerstörte Funktionen oder Werte des Naturhaushalts oder Landschaftsbildes..."
Thüringen	§ 7 (5) VorlThür-NatG	„...gestörte Funktionen des Naturhaushaltes oder Werte des Landschaftsbildes..."

Gerichte beziehen sich dagegen auf konkrete Sachverhalte. So spricht in einem Urteil das OVG Münster von „Funktionsstörungen im Wirkungsgefüge des Naturhaushalts und die optischen Störungen im Landschaftsbild", die zu ermitteln sind (siehe Weihrich 1997).

Interessant ist, daß die Landesnaturschutzgesetze beim Ausgleich diesen als gegeben ansehen, wenn nach Eingriff und Ausgleich „keine Beeinträchtigung der Leistungsfähigkeit des Naturhaushaltes mehr verbleiben" - eine rein funktionsbezogene Formulierung. Eine Differenzierung nach Werten und Funktionen ist in den Gesetzestexten nicht zu finden, wenngleich der Kommentar von Louis (1994) ausführt, daß der Ausgleich nach § 8 BNatSchG „die durch den Eingriff verlorengegangenen Werte und Funktionen wiederherstellen" muß.

Werte kommen in den Gesetzestexten erst bei der Ersatzmaßnahme ins Spiel, gleichsam, als würde man sie zur Hilfe rufen, da mit Funktionen allein die Kompensation nicht möglich ist. Auch hier klafft eine Lücke in den Bewertungsverfahren, die in der Regel nicht nach Ausgleich und Ersatz differenzieren.

6 Kompensationsmaßnahmen

Die Planung und Durchführung von Kompensationsmaßnahmen kann auf sehr unterschiedlichem Wege geregelt werden. Am weitesten verbreitet ist immer noch die Einzelfallregelung. Hier wird bei jedem Eingriffsverfahren bzw. B-Plan jeweils der Kompensationsbedarf ermittelt. Eingriff und Kompensation werden in einer Bilanz gegenüber gestellt, die Kompensationsmaßnahmen werden geplant.

Da die Realisierung von einzelnen Kompensationsmaßnahmen oft schon aufgrund geringer Flächenverfügbarkeit zu Problemen führte, haben einzelne Kommunen sog. Poolflächen gebildet. Ein parallel zum Flächennutzungsplan erarbeiteter Landschaftsplan ist dabei das geeignete Instrument, auf der Ebene der vorbereitenden Bauleitplanung eine entsprechende gemeindeweite Planung zu erarbeiteten und mit den Zielen von Naturschutz und Landschaftsplanung abzustimmen (IBL 1997, Opphard & Brux 1998). Der Vorteil dieser Vorgehensweise ist, daß im Rahmen der übergreifenden Planung geeignete Flächen und Maßnahmen(typen) unabhängig von einem Eingriffsverfahren vorbereitet werden können und auch (im Sinne eines Ökokontos) Kompensationsflächen auf Vorrat erworben werden können.

Seit 1993 ist in Rheinland-Pfalz eine Ökokontoregelung in Kraft, die es Kommunen ermöglicht, Kompensationsflächen für beabsichtigte Eingriffe in Natur und Landschaft zu „bevorraten". Das neue, seit 01.01.1998 gültige BauGB stärkt bundesweit die Anwendung einer derartigen Vorgehensweise (Jahns-Lüttmann 1997). Hierbei werden im Vorgriff auf noch unbestimmte Eingriffe auf der Grundlage einer freiwilligen Vereinbarung zeitlich vorlaufend Maßnahmen realisiert („Einzahlung auf das Ökokonto", § 8a (3) BNatSchG, § 135a (2) BauGB) und später im Benehmen mit der Naturschutzbehörde auf die Eingriffe durch die verbindliche Bauleitplanung angerechnet („Auszahlung", § 135a (3) BauGB). Voraussetzung ist die Darstellung von Kompensationsräumen im Flächennutzungsplan und die weitere Konkretisierung auf der Ebene des Bebauungsplanes. Allerdings bereitet die Finanzierung von Ökokontoflächen noch erhebliche Probleme (Ritthaler 1996).

7 Defizite

Die Defizite der gängigen Verfahren werden allgemein nicht in der Zieldefinition gesehen. Juristen hängen offenbar immer noch der Vorstellung allgemein gültiger „ökologischer Wertmaßstäbe" an. Eingriffe werden als (Zer-)Störungen der Leistungsfähigkeit des Naturhaushaltes angesehen, wenn „Stabilität, Widerstandsfähigkeit und Regenerationskraft des Systems" geschädigt werden oder das „ausgewogene Verhältnis der Faktoren" (Louis 1994) des Naturhaushalts beeinträchtigt wird. Marticke (1996) geht davon aus, daß sich der „ökologische Wert von Eingriffsflächen und damit die Schwere des Eingriffs...am ehesten mit Hilfe biotoptyp-orientierter Ansätze fachlich herleiten" läßt. Als Beleg hierfür, daß „wissenschaftlich fundierte Wertungen darüber möglich sind, daß bestimmter Biotoptypen generell oder in einer bestimmten Region als naturschutzfachlich wertvoller anzusehen sind als andere", weist er auf den weitgehenden Konsens in der ordinalen Einstufung der Biotoptypen in diversen Bewertungsverfahren hin.

Nicht ohne Grund fordern Juristen, die „noch bestehenden Probleme bei der Bewertung von Bestand, Eingriff und Ausgleich zu lösen" und verstärkt „standardisierte Bewertungsverfahren für den Regelfall zu entwickeln, die auf die speziellen Bedürfnisse der flächenbezogenen, zweistufigen Bauleitplanung zugeschnitten sind“ (Janning 1997). Dagegen gibt Marticke (1996) zu bedenken, daß die Gerichte eher Pauschalierungen und verbal-argumentative Begründungen akzeptieren werden als komplexe, jedoch für den Richter nicht mehr nachvollziehbare Berechnungssysteme. Kiemstedt (1996) sieht die Notwendigkeit der Bildung von Konventionen, die sich an den Rahmenbedingungen Rechtskonformität - Praktikabilität - fachliche Validität orientieren.

Aus juristischer Sicht bedarf es nur eines guten Verfahrens, um zu bearbeiterunabhängigen und reproduzierbaren Ergebnissen zu gelangen, die „naturschutzfachlich richtig“ (Marticke (1996) sind. Diese Forderung muß jedoch scheitern, solange die Verwechselung von Funktionen und Werten anhält. Der oben skizzierte Umgang mit diesen Begriffen belegt dies. Echte Bewertungsverfahren können nicht zu bearbeiterunabhängigen und reproduzierbaren Ergebnissen kommen, diese leisten nur einfache Bilanzierungsverfahren in unproblematischen Fällen.

8 Die Sache mit der Vergleichbarkeit

Jeder Antragsteller hat das Recht auf Gleichbehandlung. Überregional tätige Antragsteller kritisieren regelmäßig sehr unterschiedliche Eingriffsbewertungen in verschiedenen Kommunen bzw. Kreisen und Ländern. Die gleiche Behandlung von Vorhabensträgern ist jedoch Illusion, egal nach welchem Verfahren man vorgeht. Dies wäre nur mit simplen politischen Setzungen wie bei der Ausgleichsabgabe in Baden-Württemberg annähernd erreichbar (Zahlung von 2 bis 10 DM/m^2 Versiegelungsfläche), mit einer Kompensation im Sinne der Eingriffsregelung, nämlich der Wiederherstellung beeinträchtigter Werte und Funktionen hat dies nichts mehr zu tun. Es bleibt zu fragen, warum ausgerechnet die Eingriffsregelung an jedem Ort dies leisten soll. Schließlich ist für einen Vorhabenträger jeder Ort anders, denn Grundstückspreise, Mitarbeiter, Infrastruktur etc. unterscheiden sich erheblich.

9 Fazit

In der naturschutzrechtlichen Eingriffsregelung werden keine echten Bewertungsverfahren angewandt, sondern Bilanzierungsanleitungen abgearbeitet, die eine Art „TA Eingriffsregelung“ darstellen. Diese können im Sinn von Konventionen einfach gehalten sein oder die Anwendung von Rechenregeln, zum Teil in Verbindung mit verbaler, strukturierter Argumentation, verlangen. Am weitesten verbreitet sind Biotopwertverfahren.

Was in gängigen Verfahren regelmäßig fehlt, ist der Bezug auf übergeordnete Leitbilder bzw. präziser formulierte Ziele, was zu formal 'richtigen', aber den Funktionen oft nicht gerechten Ergebnissen führt. Die Probleme werden immer dann besonders deutlich, wenn nicht mehr auf einfache Setzungen zurückgegriffen werden kann. Faunistische Daten werden meistens nicht berücksichtigt, sie sind eher Gegenstand völlig eigenständiger Bewertungsverfahren, die häufig auf Rote-Liste-Arten (z.B. Wilms et al. 1997) oder Leitarten (z.B. Schulz & Finch 1997) beruhen. Der aktuelle Entwicklungsstand der Leitbildmethode hat bisher in kein Verfahren Eingang gefunden.

Woran liegt dies? Verwaltungen bevorzugen klare Setzungen und Normen, die sie von ihrer Arbeit in der Abwägung entlasten. Es ist immer leichter zu prüfen, ob ein definierter Grenzwert eingehalten wird als ob eine Maßnahme im Sinne eines Leitbildes bzw. daraus entwickelter Zielvorstellungen ist. Die logische Konsequenz sind Verordnungen mit der Fixierung der Werteinheiten ihrer Monetarisierung wie in z.B. Hessen. Die logische Konsequenz müßte aber die Entwicklung differenzierter hierarchisch abgestufter Zielvorstellungen mit definiertem räumlichen Geltungsbereich sein, um überhaupt erst ein Bezugssystem für die sich mit konkreten Vorhaben befassende Eingriffsregelung zu haben.

Bedenklich sind Tendenzen zur Loslösung der Eingriffsbewertung von der fachlich qualifizierten Bearbeitung, die mit den einfachen Biotopwertverfahren einher geht. Dieser Vorgehensweise liegt neben einer offenbar um sich greifenden Planungsphobie das Mißverständnis zugrunde, daß es nur eines simplen, auch von Fachfremden durchführbaren Verfahrens bedarf, um alle scheinbaren Bewertungsprobleme zu lösen. Wird dies allgemeine Praxis, hat sich das Thema „Eingriffsbewertung“ erledigt, da diese Vorgehensweise nichts mehr mit Bewertung, weder „naturschutzfachlicher“ noch „leitbild-orientierter“, zu tun hat.

Es bleibt die Frage, wie die durchaus hohen Ansprüche des Gesetzgebers und der Gerichte an die Abwägung in der Bauleitplanung so erfüllt werden sollen. Eine Bewertung, die diesen Namen verdient und die Einbindung von Fachleuten bedingen einander. Die entscheidenden Defizite liegen nicht in unzulänglichen Methoden, sondern in dem Fehlen eines stringenten Bezugssystems von Leitbildern und daraus abgeleiteten Zielvorstellungen (Jessel 1996) bzw. einer Landschaftsplanung, die diese integriert.

Eingriffsregeln, die einfach funktionieren im Sinn handhabbarer Verwaltungsabläufe, müssen ein definiertes rationales System anwenden. Dies bedeutet aber nicht automatisch die Einführung von Rechenregeln, sondern eher eine gut strukturierte Argumentation, verbunden mit einigen Konventionen. Ohne Implementation in Verwaltungsverfahren wird die Wirksamkeit guter Bewertungsverfahren daher sehr begrenzt bleiben. Auch Verwaltungsverfahren sind, genauso wie Bewertungsverfahren, soziale Prozesse.

Literatur

Adam, K., Nohl, W. & Valtentin 1986. Bewertungsgrundlagen für Kompensationsmaßnahmen bei Eingriffen in die Landschaft. Forschungsauftrag des Ministers für Umwelt, Raumordnung und Landwirtschaft des Landes Nordrhein-Westfalen. Düsseldorf, 399 S.

AG Eingriffsregelung (Arbeitsgruppe Eingriffsregelung der Landesanstalten/-ämter und des Bundesamtes für Naturschutz) 1995. Empfehlungen zum Vollzug der Eingriffsregelung Teil II - Inhaltlich-methodische Anforderungen an Erfassungen und Bewertungen. 129 pp.

ARGE Bewertungsverfahren (Herausgegeben von der Landesregierung Nordrhein-Westfalen) 1996. Bewertung von Eingriffen in Natur und Landschaft. Arbeitshilfe für die Bauleitplanung. 64 S. + Karten.

Bechmann, A. 1988. Grundlagen der Bewertung von Umweltauswirkungen. In: Storm, P.-C., Bunge, T. Hrsg., Handbuch der Umweltverträglichkeitsprüfung (Grundwerk mit Ergänzungslieferungen), Abschnitt 3510. Berlin.

Breuer, W. 1994. Naturschutzfachliche Hinweise zur Anwendung der Eingriffsregelung in der Bauleitplanung. Informationsdienst Naturschutz Niedersachsen 1: 60pp.

Brux, H. 1996. Leitbildentwicklung im Landschaftsplan: Akzeptanz- und Umsetzungsprobleme. Brandenburgische Technische Universität Cottbus, Fak. Umweltwissenschaften und Verfahrenstechnik, Aktuelle Reihe 8/96: 97-109

Deutsches Institut für Urbanistik 1993. Die naturschutzrechtliche Eingriffsregelung. Länderregelungen - Bewertung - Literaturauswahl. Berlin, 181pp.

Feickert, U. & Köppel, J. 1996. Können (fiktive) Wiederherstellungskosten von Biotopen plausibel und zuverlässig ermittelt werden? Natur und Landschaft 71 (2): 51-58.

IBL 1997. Landschaftsplan Stadt Oldenburg. Teil III: Wissenschaftliche Auswertung. Unveröffentlichtes Gutachten. Oldenburg: 110pp + Anhang.

Jahns-Lüttmann, U. 1997. Das Sparbuch der Natur - Ökokonto als Instrument der Landschaftsplanung. Landschaftsarchitektur 27(12): 22-24.

Janning, H. 1997. Die Integration der Eingriffsregelung in das BauGB oder eine Versiegelungsabgabe? Mitteilungen aus der NNA 8(2): 15-21.

Jessel, B. 1996. Leitbilder und Wertungsfragen in der Naturschutz- und Umweltplanung. Normen, Werte und Nachvollziehbarkeit von Planungen. Naturschutz und Landschaftsplanung 28(7): 211-216.

Lkr. Osnabrück 1992. Kompensationsmodell zur Vorbereitung und Umsetzung der Eingriffsregelung gem. NNatG im Rahmen der Bauleitplanung. Osnabrück: Polykopie, 21pp.

Louis, H.W. 1994. Bundesnaturschutzgesetz. Kommentar der unmittelbar geltenden Vorschriften. Braunschweig, Schapen Edition, 712 S.

Kiemstedt, H. 1996. Zur Notwendigkeit von Konventionen für den Vollzug der Eingriffsregelung. Laufener Seminarbeitr. 2/96: 93-97.

Köppel, J. & Müller-Pfannenstiel, K. 1996. Perspektiven des Herstellungskostenansatzes. Ein vielseitig verwendbarer Baustein der Eingriffsregelung? Naturschutz und Landschaftsplanung 28(11): 340-349.

Marticke, H.-U. 1996. Rechtliche Bewertung und Monetarisierung ökologischer Schäden im Rahmen der naturschutzrechtlichen Eingriffsregelung. Laufener Seminarbeitr. 2/96: 17-38.

Mitschang, S. 1997. Die planexterne Kompensation von Eingriffen in Natur und Landschaft. Naturschutz und Landschaftsplanung 29(9): 273-281.

Niedersächsischer Städtetag. 1996. Arbeitshilfe zur Ermittlung von Ausgleichs- und Ersatzmaßnahmen in der Bauleitplanung. Hannover: 32pp + Anhang.

Opphard, K. & Brux, H. 1998. Flächennutzungsplan und Landschaftsplan - zu beider Vorteil kooperativ erarbeitet. Landschaftsarchitektur 28 (im Druck).

Ritthaler, R. 1996. Erfahrungen mit der Eingriffsregelung in der Bauleitplanung in Ludwigshafen am Rhein (Rheinland-Pfalz). Laufener Seminarbeitr. 2/96: 77-86.

Schulz, W. & Finch, O.-D. 1997. Ein Tierarten-Klassifizierungsverfahren als Basis für biotoptypenbezogene ökofaunistische Zustandsanalysen und Bewertungen. Z. Ökologie und Naturschutz 6(3): 151-168.

Weihrich, D. 1997. Vollzug der Eingriffsregelung. Anmerkungen zum Urteil des OVG Münster vom 28. Juni 1996. Naturschutz und Landschaftsplanung 29: 87-90.

Wiegleb, G. 1997. Leitbildmethode und naturschutzfachliche Bewertung. Z. Ökologie und Naturschutz 6: 43-62.

Wilms, U., Behm-Berkelmann, K. & Heckenroth, H. 1997. Verfahren zur Bewertung von Vogelbrutgebieten in Niedersachsen. Vogelkdl. Ber. Niedersachs. 29(1): 103-111.

19 Monetäre Bewertung von Eingriffen – dargestellt am Beispiel von Windkraftanlagen in Brandenburg

Jörn Vorwald[1]

[1] Lindenplatz 23, D-03042 Cottbus

Zusammenfassung. Vorgestellt werden die theoretischen Grundlagen eines Verfahrenstyps, die es erlauben, räumlich angepaßte Bewertungen zu verwirklichen. Dazu ist die Auswahl eines Katalogs voneinander unabhängiger Bewertungskriterien erforderlich, die grundsätzlich frei wählbar sind. Das Verfahren wird mit der Leitbildmethode kompatibel, wenn die Kriterien aus dem Leitbild hergeleitet werden bzw. iterativ während der Leitbildentwicklung ermittelt werden. Dadurch wiederum entstehen detaillierte Anforderungen an das Leitbild auf der Planungsebene „Eingriff". Zur Bewertung von Eingriffen durch Windkraftanlagen in das Schutzgut Landschaftsbild ist in Brandenburg ein monetäres Bewertungsverfahren zwingend vorgeschrieben. Die Möglichkeit der Einbeziehung anderer Schutzgüter wird beschrieben.

Schlüsselwörter. Eingriff, monetäre Bewertung, Windkraftanlagen, Wertkriterien.

1 Einleitung

Der Bewertungsbegriff hat in der naturschutzfachlichen und planerischen Praxis eine Vielzahl von Deutungsmöglichkeiten erfahren (Wiegleb 1997a). Von Eser & Potthast (1997) wurden die verschiedenen Dimensionen dieses Begriffs zusammengefaßt: Jemand bewertet etwas mit einem bestimmten Ziel unter Zuhilfenahme von Kriterien. Ausgehend von der Bedeutung des Wortsinns ist festzustellen, daß Bewertung einen Vorgang meint, der einem Etwas einen bestimmten Wert zubilligt, zuweist o. ä. Der dabei verwendete Wertbegriff versteht sich als Maßstab in Bezug auf eine gesellschaftlich anerkannte Norm (Wert i. S. von Höffe 1997). Wichtig ist weiterhin, daß solche Werte nicht an sich existieren, sondern von Handelnden quasi verliehen werden. Auch die Zubilligung sogenannter Eigenwerte ist ein solcher bewußter Akt (vgl. Sening 1989). Sofern über diese beiden Dimensionen Konsens zu erzielen ist, können die Verwendung von

Ziel und Kriterien als folgerichtig abgeleitet werden. Handeln wird dabei als zielgerichtetes Handeln verstanden; insofern ist stets wenigstens implizit ein Ziel vorhanden. Kriterien sind demzufolge eher die technische Ausgestaltung der Beschreibung des Maßstabes, des Wertes.

Im folgenden soll unter Verwendung der in Vorwald & Wiegleb (1996) aufgestellten Anforderungen für Bewertungsverfahren beispielhaft die Möglichkeit der Umsetzung aufgezeigt werden. Es ist davon auszugehen, daß sich das vorgestellte Verfahren in die Leitbildmethode als Planungsmethode einordnen läßt (vgl. Bröring et al. 1996, Wiegleb 1997a). Die in diesem Grundverständnis geforderte Rechtfertigung für das Handeln (hier: den Akt der Bewertung = Wertzuweisung) bleibt stets zu beachten (vgl. Wiegleb 1997b).

Die durch die Errichtung von Windkraftanlagen und Windparks erzeugten Konflikte zwischen Windkraftbefürwortern auf der einen sowie Artenschützern und „Landschaftsästheten" auf der anderen Seite sollen als Beispiel herangezogen werden, um den vorgestellten theoretischen Zusammenhang deutlich zu machen. Die Konfliktbewältigung durch raumordnerische Maßnahmen wird als möglicher Ansatz verstanden.

2 Erfordernis eines monetären Verfahrens

Monetäre Bewertungsverfahren sind nicht unumstritten, im Bereich des Naturschutzes konnten sie sich in Europa nicht durchsetzen (Wiegleb 1997a). Ansätze unter dem Stichwort Ausgleichsabgabenregelung (z. B. Feickert et al. 1993) sind höchst unvollständig von der gutachterlichen Theorie in die planerische Praxis überführt worden. Gegner monetärer Verfahren führen zwei Kategorien von Argumenten in die Diskussion: ethische und ökonomisch-theoretische.

Die Ethiker sträuben sich dagegen, ideelle Werte, die i. d. R. stärker subjektiv gefärbt sind als andere, auf den Maßstab Geld abzubilden. Die Rechtfertigung für die Wahl eines monetären Verfahrens steht dabei im Mittelpunkt des Interesses. Oft genug läuft die Argumentation darauf hinaus, daß solche ideellen Werte unveräußerlich seien, etwa sei die Erinnerung an den Strandspaziergang, die sich mit einem Urlaubsfoto verbindet, nicht mit Geld aufzuwiegen (eine Rechtfertigung für den Maßstab - Geld - ist nicht möglich). Ein mögliches Gegenargument findet sich in jedem gut sortierten Plattenladen: Den Einspielungen verschiedener Dirigenten werden entsprechende Geldwerte entgegengesetzt, der Käufer wählt quasi den ihm angemessen erscheinenden Wert für die Musik, die er letztlich genießen will. An dem Beispiel wird aber auch das Dilemma deutlich: Der (Platten-)Käufer kann zwischen verschiedenen Ausführungen desselben Objekts (in diesem Falle des Orchesterstücks) wählen. Im Falle eines zu bewertenden Landschaftsbildes ist diese Wahlmöglichkeit eingeschränkt, denn der Tourist wählt zwischen verschiedenen Ausführungen ähnlicher Objekte.

Dies stellt den Bezugspunkt zu den Ökonomie-Theoretikern her. Es gibt unterschiedlichste Ansätze, dieses Problem zu bewältigen. Hier sei unterstellt, daß „die

Ökonomen“ weniger mit ethischen Argumenten arbeiten, wenn sie versuchen, mit ihren spezifischen Methoden dieses Problem zu lösen. Zur Rechtfertigung des Maßstabs (Geld) werden Kosten-Nutzen- bzw. Nutzen-Nutzen-Überlegungen angestellt: Jemand ist bereit oder möglicherweise bereit, auch für immaterielle Dinge Geld aufzuwenden, um einen Nutzen zu erzielen oder einen Schaden abzuwenden. Im Falle eines Landschaftsbildes lautet die Frage an den potentiellen „Käufer“, welchen Geldwert er bereit ist aufzuwenden, um ein ungestörtes (von technischen Bauwerken freies) Landschaftsbild zu erhalten (vgl. Ahlheim 1998, in diesem Band). Ob die gesellschaftlichen Rahmenbedingungen als „Kapitalismus“ oder „Marktwirtschaft“ beschrieben werden, ist dabei unerheblich. Erheblich ist die Tatsache, daß der Tausch von Dingen mit dem Maßstab Geld bewerkstelligt, der Maßstab als gesellschaftlich anerkanntes Axiom gedeutet wird.

Die Entwicklung eines monetären Verfahrens für Windkraftanlagen und -parks (im folgenden WKA) leitet sich zwingend direkt aus dem Windkrafterlaß des Landes Brandenburg (MUNR 1996) ab. Insofern ergibt sich die Rechtfertigung des Wertes/ des Maßstabes (d. i. das Geld) von selbst. Inwiefern überhaupt die Grundannahmen des Gesetzes rechtfertigbar sind, muß hilfsweise mit den oben beschriebenen ökonomietheoretischen Überlegungen erklärt werden, ansonsten aber in diesem Beitrag offenbleiben, da es eher um die theoretischen Grundlagen für eine mögliche praktische Ausgestaltung des vorgegebenen Rahmens geht als um die Polemik für oder gegen gesetzliche und untergesetzliche Regelungen.

In den „Eignungsbereichen“, die „Restriktions“- und „Tabubereichen“ gegenübergestellt werden, stehen der Errichtung von WKA per definitionem keine großräumigen Hemmnisse entgegen. Auch die Grundannahme, daß mit der Errichtung von WKA Eingriffe in das Schutzgut Landschaftsbild erfolgen, gilt ausschließlich per definitionem. Diese Eingriffe sind als dauerhaft und erheblich gekennzeichnet, demzufolge muß ein geeignetes Verfahren gefunden werden, um die Größe des Eingriffs bewerten zu können.

Wenn Geld als allgemein akzeptierter Wertmaßstab unserer Gesellschaft erkannt wird, ist zu beachten, daß der Geldwert einer Sache nicht deren Eigenschaft i. S. einer die Sache konstituierenden Eigenschaft ist, wie das auch für Werte im Allgemeinen gilt. Er wird ebenso zugebilligt wie etwa der idelle Wert des erwähnten Urlaubsbildes, d. h. die Höhe des zugebilligten (Geld-)Wertes ist von den an dieser Zuweisung beteiligten abhängig. Die Schwierigkeit, allgemein nicht handelbaren Sachen einen Geldwert zuzuweisen, wird ignoriert, indem der Windkrafterlaß einen solchen Geldwert festsetzt, wiederum ohne eine erkennbare Rechtfertigung für die Höhe des Wertes. Als Ergebnis ist die Ausgleichsabgabe bzw. die Kompensation des Eingriffs durch Ersatzmaßnahmen in Höhe einer fiktiven Ausleichsabgabe entstanden.

3 Grundzüge der Ableitung eines Verfahrens

Angesichts der Voraussetzungen ist es nicht sinnvoll, ein Punkte-Bewertungsmodell aufzustellen, das am Schluß der Umrechnung in einen Geldwert bedarf. Die Wertzuweisung bzw. die Wertableitung wird direkt vorgenommen, d. h. die Umrechnung von 1 Punkt (der in diesem Falle auch nur Ausdruck für den Wert, für den Maßstab wäre) in einen konkreten Geldwert wird von vornherein unterlassen.

Ob die verwendeten Kriterien gleichwertig oder gewichtet verwendet werden, spielt zunächst keine Rolle. Es lassen sich sowohl für die Gleichwertigkeit (Warum sollte die Versiegelung höher oder niedriger bewertet werden als der Gefährdungsgrad eines Biotops?) als auch für die Wichtung (Versiegelung zerstört in jedem Fall den Biotop, egal ob gefährdet oder nicht; gefährdete Biotoptypen lassen sich möglicherweise gezielt erzeugen usw.) Gründe finden. Der Einfachheit halber wird der ersten These (Gleichwertigkeit der Kriterien) der Vorzug eingeräumt. Wichtiger scheint zu sein, daß die Kriterien festgelegt werden, bevor der eigentliche wertzuweisende Schritt, die Ausführung der Operation, erfolgt. Emotionale Diskussionen können möglicherweise eingeschränkt werden, das Ergebnis der Bewertung erscheint weniger manipulierbar.

Nach pragmatischen Gesichtspunkten sollte die Anzahl der Kriterien so gewählt werden, daß eine ganzzahlige Schrittfolge der Werte resultiert, d. h. Wertspannen zwischen 50 DM und 300 DM (vgl. MUNR 1996) können mit 50-DM-Schritten gegliedert werden. Zur Frage der Unabhängigkeit der Kriterien muß klar herausgestellt werden, daß Autokorrelationen im Bewertungsprozeß auszuschließen sind. Kriterien wie Seltenheit, Gefährdung und Naturnähe sind real nur ausnahmsweise unabhängig voneinander: Naturnahe Biotope sind in Mitteleuropa ausgesprochen selten und durch diese Seltenheit und den hier stets vorhandenen Nutzungsdruck in der Regel gefährdet. Die Erhebung von Daten für voneinander abhängige Kriterien ergibt keinen Informationsgewinn, der das Ergebnis der Bewertung „verbessern“ könnte. Die Wertzuweisung wird tendentiell in dem Sinne, daß „gute“ Objekte zunehmend besser, „schlechte“ Objekte zunehmend schlechter bewertet werden.

Die bisher genannten Schritte sind Teile der diskursiven Leitbildentwicklung (vgl. Wiegleb 1996). Es muß im Falle von WKA in Eignungsbereichen stets die Möglichkeit ihrer tatsächlichen Errichtung beachtet werden. Das stellt gewisse qualitative Anforderungen an das Leitbild: Es darf auch in (a-priori-)Eignungsbereichen nicht so stark verkürzt werden, daß die WKA quasi dazugehören. Dann würde nämlich tatsächlich gar kein Eingriff vorgenommen sondern eine Leitbild-Erfüllung. Das widerspräche der Feststellung (vgl. MUNR 1996; Pkt. 2), daß im Falle der Errichtung von WKA ein dauerhafter, erheblicher und nachhaltiger Eingriff in das Landschaftsbild vorliegt.

Es verbleibt innerhalb der Leitbildentwicklung die Notwendigkeit der Rechtfertigung der Kriterienwahl. Eine solche Begründung für einen Kanon von fünf Kriterien wird Tab. 19.1 versucht.

Die letzten beiden Parameter lassen sich insofern mit dem eigentlich betroffenen Schutzgut Landschaftsbild verknüpfen, als daß naturnahe Biotope oder Landschaften mit ziehenden Vögeln visuell und außervisuell anders empfunden werden, als technogene Landschaften ohne Zugvögel. Abgesehen vom Standpunkt des Betrachters, der durchaus auch ein technisches Bauwerk als imposant und demzufolge wünschenswert erkennen kann, ist Naturnähe dem gesonderten gesetzlichen Schutz anvertraut, während Industrielandschaften eher in Ausnahmefällen (z. B. als technisches Denkmal oder Land art) geschützt werden. Abweichungen von Laien- und Expertensicht auf dieselben Objekte (vgl. Güsewell & Dürrenberger 1997) sind im Zuge der Leitbildentwicklung zu klären.

Tabelle 19.1. Kriterienwahl und Rechtfertigung der Auswahl durch leitbildfähige Aussagen

Kriterium	**Begründung/ Leitbild**	**Grundmotiv**
Versiegelung des eigentlichen Plangebietes	Es ist anzustreben, die Versiegelung generell gering zu halten, Neuversiegelungen zu vermeiden und bereits beeinträchtigte Gebiete (z. B. Industriebrachen) zu nutzen.	Naturnähe (Prozeßschutz Schutzgut Boden)
Vorhandene Beeinträchtigung des Plangebietes (Industrie-/ Verkehrsbauten) im räumlichen Zusammenhang	Bereits beeinträchtigte Gebiet sollen bei der Neuansiedlung von Gewerbe/ Industrie bevorzugt genutzt werden. Alte Symbole (Schornsteine) sind durch neue (WKA) abzulösen.	Naturnähe Kulturlandschaft (Ästhetik)
Erhebung über die Umgebung	Industrie- und Gewerbebauten sollen sich in ihrer räumlichen Ausdehnung in die Umgebung einpassen. Optische Dominanzen technischer Strukturen über die Landschaft sind zu vermeiden.	Naturnähe Kulturlandschaft (Ästhetik)
Einfluß auf geschützte Biotope	Geschützte Biotope sind dem besonderen Schutz des Gesetzes (§ 32 BbgNatSchG) anheimgestellt. Ihre Beeinträchtigung ist in jeder Hinsicht (z. B. auch ästhetisch) zu vermeiden.	Naturnähe Biodiversität
Einfluß auf Zug- und Rastvögel	Wandernde Tierarten bedürfen des Schutzes auf ihren Zugwegen und an ihren Rastplätzen. Deren Beeinträchtigungen sind zu vermeiden.	Biodiversität Naturnähe

Die Abstufung der Kriterien sollte wiederum aus rein praktischen Erwägungen so erfolgen, daß ganzzahlige Werte resultieren. Die erwähnten 50-DM-Schritte sind also beispielsweise durch 5 oder 10 Kriterienstufen zu gliedern. Hilfreich für die Nachvollziehbarkeit des Bewertungsprozesses ist die Einführung des Stufenkataloges ortsunabhängig vor der konkreten Bewertung (s. o.). In dieser Phase, die innerhalb der Leitbildentwicklung schon den Übergang zur Bewertung kennzeichnet bzw. parallel erfolgt (iterative Planung), ist die Diskussion über die Wahl der Stufen zwingend. Die Kriterien aus Tab. 19.1 können jeweils linear, logarithmisch oder anders gewichtet gegliedert werden. Wenn beispielsweise das Kriterium „Versiegelung" in fünf Stufen gegliedert wird, kann eine lineare Gliederung in Anlehnung an das BauGB (Grundflächenzahl GRZ) erfolgen. Genausogut kann argumentiert werden, das Grundmotiv Naturnähe lege es nahe, eine Unerheblichkeitsschwelle (etwa 2 oder 5 %) einzuführen und eine Obergrenze festzulegen (z. B. 50 %), oberhalb derer ohnehin nur noch von extremer Naturferne gesprochen werden kann.

4 Einbindung des Verfahrens in die Leitbildmethode

Um eine Einbindung in die Leitbildmethode zu gewährleisten, ist eine Konsistenzprüfung der aufgestellten Kriterienparameter mit den „technischen Details" leitbildorientierter Bewertungsverfahren (Vorwald & Wiegleb 1996) durchzuführen. Diese Prüfung soll auch im Falle anderer Verfahren stets gewährleisten, daß die Regeln der Leitbildmethode nicht verletzt werden.

Tabelle 19.2. Konsistenzprüfung des Verfahrens mit der Leitbildmethode

Verfahrensschritt	**Anforderungen der Leitbildmethode (nach Vorwald & Wiegleb 1996)**	**erfüllt?**
Wertzuweisung	explizit (mit Transformationsregeln, Zustands-Wertigkeits-Relationen)	ja (Wert: Geld), wenn Transformationsregeln aufgestellt werden
Festlegung von Zielgrößen	feste Zielgröße (Maximalwerte, Grenzwerte, Mindestanforderungen, Optimalwerte, andere Referenzzuständen)	ja (vgl. Tab. 19.1 und Anmerkungen), wenn Zielgrößen exakt benannt werden (Möglichkeit gegeben)
Gültigkeitsanspruch	sektorales Verfahren	ja (Schutzgut Landschaftsbild und mittelbar mitbestimmte)
Skalierung	nominal, in ordinale Wertskala überführt	ja, ordinale Wertskala mit allgemein akzeptiertem Wert (Geld)
Bezugsobjekte	Synthese aus Typus- und Objektbewertung	möglich, am Beispiel geschützter Biotope s. u.

Entsprechend Tab. 19.2 fällt die Konsistenzprüfung für die bisher angedeuteten Verfahrensschritte positiv aus. Die Aufstellung der Transformationsregeln muß nach dem Schema „geringe Versiegelung = < 5 % = sehr gut, da im Sinne des Leitbildes“ erfolgen. Entsprechend sind feste Zielgrößen bereits festgelegt, die Einführung von Unerheblichkeitsschwellen und Obergrenzen genügen gleichfalls den Anforderungen. Die Skalierung der Wertstufen in einer ordinalen Wertskala, die zudem auf einem allgemein akzeptierten Wert (Geld) beruht, erweist sich als schlüssig. Wenn in den Transformationsregeln nominal formulierte Toleranzbereiche verwendet werden, kommt das Verfahren ohne formelle Benennung der höchsten und niedrigsten Wertstufe aus, da diese direkt in Geldwerten ausgedrückt sind - ein geringer Geldwert deutet auf eine entsprechend positive Einschätzung des Eingriffs hin, da dieser durch eine relativ geringe Summe „abzulösen“ ist.

Die Synthese von Typus- und Objektbewertung soll an dieser Stelle eingehender erläutert werden. Das Kriterium „Einfluß auf geschützte Biotope“ und das Leitbild „Vermeidung von Beeinträchtigung“ stufen entsprechende Flächen als generell beachtenswert im Prozeß der Bewertung ein (Typusbewertung). Wenn gleichzeitig Rücksicht auf den tatsächlichen Einfluß des Vorhabens auf jeden einzelnen der eventuell vorhandenen geschützten Biotope genommen wird, ist der Schritt zur Objektbewertung zu bewältigen.

5 Danksagung

Mein Dank gilt Dr. Udo Bröring, Cottbus für die kritische Durchsicht des Manuskripts und die fruchtbaren Diskussionen. Ganz besonders bedanken möchte ich mich bei Prof. Gerhard Wiegleb für die vielen Gespräche, ohne die dieser Beitrag gleichfalls nicht möglich gewesen wäre. Die Erkenntnisse zum Themenkomplex Leitbild entstammen der Arbeit am Teilprojekt „Beispielhafte Entwicklung von Leitbildern und Handlungskonzepten für ausgewählte Bereiche der Lausitzer Bergbaufolgelandschaft als Lebensräume wildlebender Pflanzen und Tiere“ des BTUC-Innovationskollegs „Ökologisches Entwicklungspotential der Bergbaufolgelandschaften im Lausitzer Braunkohlerevier“, das von der Deutschen Forschungsgemeinschaft unter der Nummer INK 4/A1 gefördert wurde.

Literatur

Ahlheim, M. 1998. Monetäre Bewertung von Naturgütern aus ökonomischer Sicht. In diesem Band.

Blumrich, H., Bröring, U., Felinks, B., Fromm, H., Mrzljak, J., Schulz, F., Vorwald, J. & Wiegleb, G. 1998. Die Bedeutung der Leitbildentwicklung im Rahmen einer „guten naturschutzfachlichen Praxis“, dargestellt am Beispiel der naturnahen terrestrischen Bereiche der Niederlausitzer Bergbaufolgelandschaften. Tagungen und Arbeitsberichte 17 (im Druck).

Bröring, U., Schulz, F., Stierand, R., Vorwald, J. & Wiegleb, G. 1996. Die Leitbildmethode als Planungsmethode - Errungenschaften und Defizite, Aktuelle Reihe BTU Cottbus 8/96: 146-152.

Eser, U. & T. Potthast 1997. Bewertungsproblem und Normbegriff in Ökologie und Naturschutz aus wissenschaftsethischer Perspektive, Z. Ökol. Natursch. 6: 181-189.

Feickert, U., Köppel, J., Ufer, C., Schlesinger, B., Bosch, C. & Weizsäcker, G. v. 1993. Faktische Grundlagen für die Ausgleichsabgabenregelung (Wiederherstellungskosten). Forschungsbericht im Auftrag der BFANL, Königsdorf, 61 S.

Güsewell, S. & Dürrenberger, G. 1997. Komplementarität von Laiensicht und Expertensicht in der Landschaftsbewertung, Gaia 7(1): 23-33.

Höffe, O. (Hrsg.) 1997. Lexikon der Ethik. 5. Aufl., Beck, München: 332-334.

MUNR 1996. Erlaß zur landesplanerischen und naturschutzrechtlichen Beurteilung von Windkraftanlagen im Land Brandenburg (Windkrafterlaß des MUNR). Amtsbl. Brandenburg 7 Nr. 28: 654-664.

Sening, C. 1989. Eigenwert und Eigenrechte der Natur? Laufener Seminarbeitr. 4/87: 50-59.

Vorwald, J. & Wiegleb, G. 1996. Anforderungen an Leitbilder für die Entwicklung von Bewertungsverfahren im Naturschutz. Aktuelle Reihe BTU Cottbus 8/96: 38-49.

Wiegleb, G. 1996. Leitbilder des Naturschutzes in Bergbaufolgelandschaften am Beispiel der Niederlausitz. Verh. Ges. Ökol. 25: 309-319.

Wiegleb, G. 1997a. Leitbildmethode und naturschutzfachliche Bewertung. Z. Ökol. Natursch. 6: 43-62.

Wiegleb, G. 1997b. Beziehungen zwischen naturschutzfachlichen Bewertungsverfahren und Leitbildentwicklung. NNA-Berichte 3(97): 40-47.

20 Die monetäre Bewertung von Naturgütern aus ökonomischer Sicht

Michael Ahlheim[1]

1 Lehrstuhl für Umweltökonomie, Fakultät 4, Brandenburgische Technische Universität Cottbus, Postfach 10 13 44, D-03013 Cottbus, Telefon: #355 / 69-27 74, Fax: #355 / 69-24 72, e-mail: ahlheim@tu-cottbus.de.

Zusammenfassung. Die ökonomische Bewertung von Umwelt- und Naturgütern stößt in letzter Zeit nicht nur in der Wissenschaft, sondern auch in einer immer breiter werdenden Öffentlichkeit auf zunehmendes Interesse. Ein Grund für diese Entwicklung liegt in der steigenden Zahl von Umweltprojekten, für die knappe volkswirtschaftliche Ressourcen aufgewendet werden müssen, die für andere Verwendungen dann nicht mehr zur Verfügung stehen. Ein weiterer Grund für dieses Interesse ist in der Tatsache zu vermuten, daß ökonomische Bewertungsverfahren für Naturgüter insbesondere in den USA zunehmend bei der Schadensbemessung im Rahmen von Umwelthaftungsprozessen eingesetzt werden. In der vorliegenden Untersuchung werden zunächst die gemeinsamen wohlfahrtstheoretischen Grundlagen der verschiedenen Verfahren zur ökonomischen Bewertung von Umwelt- und Naturgütern erläutert. Danach werden die spezifischen Charakteristika der sogenannten Kontingenten Evaluierungsmethode zur gemeinsamen Erfassung der Gebrauchs- und Nichtgebrauchswerte von Naturgütern dargestellt. Dabei wird auch auf die im Hinblick auf die Validität und Reliabilität der Kontingenten Evaluierungsmethode geäußerte Kritik eingegangen.

Schlüsselwörter. Kontingente Evaluierungsmethode, Naturgüter, Nutzen-Kosten-Analyse

1 Motive für die ökonomische Bewertung von Naturgütern

Im Gegensatz zu anderen denkbaren Bewertungsformen zielt ökonomische Bewertung immer auf eine Bewertung der Nützlichkeit für den Menschen ab, wobei Nützlichkeit ganz allgemein als die Fähigkeit verstanden wird, Menschen Nutzen zu spenden. Allen Formen ökonomischer Bewertung liegt somit letztlich ein streng anthropozentrisches Weltbild zugrunde.

Die ökonomische Bewertung von Naturgütern hat in den letzten Jahren auch in der ökonomischen Fachliteratur zunehmend an Bedeutung gewonnen. Dafür lassen sich verschiedene Gründe angeben. Zum einen hat die Anzahl umweltbezogener staatlicher oder staatlich geförderter Projekte deutlich zugenommen. Der Zweck solcher Projekte besteht üblicherweise vor allem darin, die Qualität der natürlichen Umwelt zu verbessern, die unter anderem Naturgüter im weitesten Sinne umfaßt wie z. B. Tier- und Pflanzenbestände oder landschaftliche Schönheiten. Die Durchführung von Umweltprojekten ist im allgemeinen mit einem nicht unerheblichen Einsatz an knappen volkswirtschaftlichen Ressourcen verbunden, die ohne das betreffende Projekt zur Produktion anderer nutzenspendender Güter im staatlichen oder im privaten Sektor verwendet werden könnten. In einer demokratischen Gesellschaft schuldet der Staat seinen Bürgern Rechenschaft über die von ihm inspirierte Verwendung knapper Ressourcen. Aus diesem Grunde verlangt § 7 (2) der Bundeshaushaltsordnung für "geeignete Maßnahmen von erheblicher finanzieller Bedeutung" die Durchführung von Nutzen-Kosten-Analysen, die im Falle von umweltbezogenen Projekten auch die Bewertung von Naturgütern umfassen.

Ein zweites Motiv für das zunehmende Interesse an der ökonomischen Bewertung von Naturgütern ergibt sich aus dem Wunsch der amtlichen Statistik, die Entwicklung des gesellschaftlichen Wohlstands eines Landes im Zeitablauf und im Vergleich zu anderen Ländern adäquat zu erfassen. Traditionelle statistische Wohlstandsvergleiche wurden auf der Basis des Bruttoinlandsprodukts pro Kopf der Bevölkerung durchgeführt. In vielen Industrieländern zeigte sich jedoch, daß dem rapiden Anstieg dieses Wohlstandsindikators nach dem zweiten Weltkrieg ein ebenso rapider Rückgang der Umweltqualität gegenüberstand. Diese Entwicklung machte deutlich, daß ein im Hinblick auf die in einem Lande herrschende Lebensqualität aussagefähiger Wohlstandsindikator nicht auf die Darstellung von produzierten Gütern und Dienstleistungen beschränkt sein darf, sondern auch Veränderungen des natürlichen Kapitalstocks einer Volkswirtschaft erfassen muß. Diese Überlegung führte zu dem heute so populären Konzept des Ökoinlandsprodukts, das inzwischen nicht nur in der Bundesrepublik Deutschland, sondern auch in vielen anderen Industrieländern im Rahmen der amtlichen Statistik berechnet wird. Der ökonomischen Bewertung von Naturgütern kommt im Rahmen dieses Konzepts eine zentrale Rolle zu (siehe z. B. Stahmer 1993 und 1996).

Ein drittes Motiv für die in den letzten Jahren zu verzeichnende intensive wissenschaftliche Auseinandersetzung mit der ökonomischen Bewertung von Naturgütern hat seinen Ursprung in dem sogenannten "Comprehensive Environmental Response, Compensation and Liability Act" von 1980. Dieses Gesetz erlaubt es dem amerikanischen Staat, nach Unfällen, die mit Schädigungen der natürlichen Umwelt verbunden sind, von dem Unfallverursacher auch dort Schadensersatz zu fordern, wo keine privaten Vermögensschäden entstanden sind. Bei der Berechnung der entsprechenden Schadenssummen steht die ökonomische Bewertung von Naturgütern im Vordergrund des Interesses, da sie von entscheidendem Einfluß auf die Höhe der Entschädigungsforderung des Staates ist. Für die Schadensbemessung im Rahmen solcher Umwelthaftungsprozesse empfiehlt das US Department of the Interior seit 1989 die sogenannte Kontingente Evaluierungsmethode ("Contingent Valuation Method"), die weiter unten ausführlich dargestellt wird. Da es in solchen Umwelthaftungsprozessen um enorme Entschädigungsforderungen geht, ist das Interesse potentieller Umweltverschmutzer an einer Desavouierung der Kontingenten Evaluierungsmethode (KEM) beträchtlich. Daraus erklärt sich die Heftigkeit der Debatte, die seit einigen Jahren um die Zuverlässigkeit der KEM geführt wird.

Das bekannteste Beispiel für einen Umweltunfall mit anschließender weltweiter öffentlicher Diskussion über die Höhe einer angemessenen Kompensationsforderung war das Aufgrundlaufen des Supertankers "Exxon Valdez" 1989 vor Alaska. Obwohl hier kaum private Vermögensschäden zu verzeichnen waren, fühlten sich Millionen von Amerikanern von der aus diesem Unfall folgenden großflächigen Umweltverschmutzung betroffen und in ihren Gefühlen verletzt. Da hier vor allem die Vernichtung bzw. Schädigung von Naturgütern zu beklagen war, erschien eine Schadensbemessung auf der Basis einer KEM-Studie, die auch nicht marktfähige "Güter" wie eine weitgehend unberührte Naturlandschaft monetär bewertet, naheliegend. Aus diesem Grunde scheute die Firma Exxon nach dem Unfall keinen Aufwand, die Glaubwürdigkeit der KEM zu erschüttern. Dabei wurde eine Reihe aufwendiger Forschungsprojekte finanziert, deren Zweck ausschließlich darin bestand, Validität und Reliabilität dieser Methode in Zweifel zu ziehen. Ein Teil der aus diesen Projekten entstandenen Ergebnisse ist in Hausman (1993) publiziert. Einen lebhaften Eindruck von der Heftigkeit der sich an diesem Generalangriff auf die KEM und damit auch auf die ökonomische Bewertung von Naturgütern allgemein entzündenden Debatte erhält man beispielsweise durch die Lektüre von Portney (1994), Diamond & Hausman (1994) und Hanemann (1994).

Trotz der gegen die KEM vorgebrachten Bedenken erließ das sogenannte NOAA-Panel unter der Leitung der Nobelpreisträger Kenneth Arrow und Robert Solow 1993 Richtlinien zur Durchführung von KEM-Studien, nach denen in den USA seither bei Umwelthaftungsprozessen die Schadensbemessung im Hinblick auf zerstörte Naturgüter vorgenommen werden kann.[1] Obwohl die Kontroverse um die theoretische und empirische Zuverlässigkeit der KEM mit unverminderter Heftigkeit weitergeführt wird, gilt die KEM in den USA seither als das führende Instrument zur Bewertung von Umweltgütern. Die Vor- und Nachteile dieser Methode werden weiter unten ausführlich dargestellt.

Zusammenfassend kann man festhalten, daß drei wesentliche Motive für das Interesse an der ökonomischen Bewertung von Naturgütern identifiziert werden konnten: das Bedürfnis nach ökonomischer Evaluation von Umweltprojekten unter gesamtgesellschaftlichen Aspekten, die Erfassung von Veränderungen des natürlichen Kapitalstocks einer Volkswirtschaft im Rahmen der amtlichen Statistik und die Schadensbemessung bei Umwelthaftungsprozessen.

Da die ökonomische Bewertung von Naturgütern somit kein Selbstzweck ist, muß sie unter dem Blickwinkel dieser übergeordneten Aufgabenstellungen betrachtet werden. Dies soll im folgenden geschehen, wobei vor allem das traditionelle Ziel der Projektevaluation im Vordergrund steht. Im nächsten Untersuchungsteil werden zunächst die wohlfahrtstheoretischen Grundlagen der ökonomischen Bewertung von Naturgütern erläutert. Der dritte Teil der Untersuchung ist der Darstellung praktischer Bewertungsverfahren, insbesondere der bereits erwähnten KEM gewidmet, während im vierten Teil einige Perspektiven für die zukünftige Forschung auf diesem Gebiet aufgezeigt werden.

2 Wohlfahrtstheoretische Grundlagen

Der Theorie der ökonomischen Bewertung liegt, wie erläutert wurde, ein anthropozentrisches Weltbild zugrunde, d. h. alle Güter, auch Naturgüter, werden aus dem Blickwinkel des Menschen betrachtet. Naturgüter besitzen somit aus Sicht der Ökonomie keinen "Wert an sich", sondern sie werden durch den "Filter" der menschlichen Präferenzen bewertet: Ihr ökonomischer Wert ist der Wert, der ihnen von Menschen beigemessen wird. Schematisch ist dies in Abb. 20.1 verdeutlicht.

Der von einem Menschen empfundene Nutzen hängt somit von seinen persönlichen Präferenzen, d. h. von seinem Geschmack ab. Dies deckt sich mit der Alltagserfahrung, daß ein und derselbe Gegenstand, z. B. ein Kunstwerk, von verschiedenen Menschen auf ganz unterschiedliche Weise wahrgenommen und geschätzt werden kann. Ändert sich infolge eines Umweltprojekts oder eines Umweltunfalls die Menge oder Qualität der verfügbaren Naturgüter, so ist dies für ökonomische Bewertungsanalysen nur insofern relevant, als dadurch das Wohlbefinden oder der "Nutzen" der betroffenen Menschen verändert wird. Dieser hängt allerdings nicht nur von den vorhandenen Naturgütern, sondern von vielen weiteren Faktoren ab. Zu diesen gehören neben allgemeinen Rahmenbedingungen wie Gesundheit, Freundschaft, Liebe oder dem Zustand von Staat und Gesellschaft vor allem auch die von dem betreffenden Individuum konsumierten Marktgüter. Die von diesen Gütern konsumierten Mengen bestimmt das Individuum in Abhängigkeit von seinen Präferenzen, seinem Einkommen, den Marktpreisen und auch in Abhängigkeit von den verfügbaren Nichtmarktgütern wie z.B. der vorhandenen Infrastruktur, der inneren und äußeren Sicherheit und auch der Umweltqualität, zu der unter anderem die verfügbaren Naturgüter gehören. So kann sich die Eröffnung eines neuen Badesees auf die Nachfrage nach Luftmatratzen und Sonnenöl auswirken, und die Anlage eines Naturwanderpfades erhöht möglicherweise die Nachfrage nach Ferngläsern und Pflanzenbestimmungsbüchern.

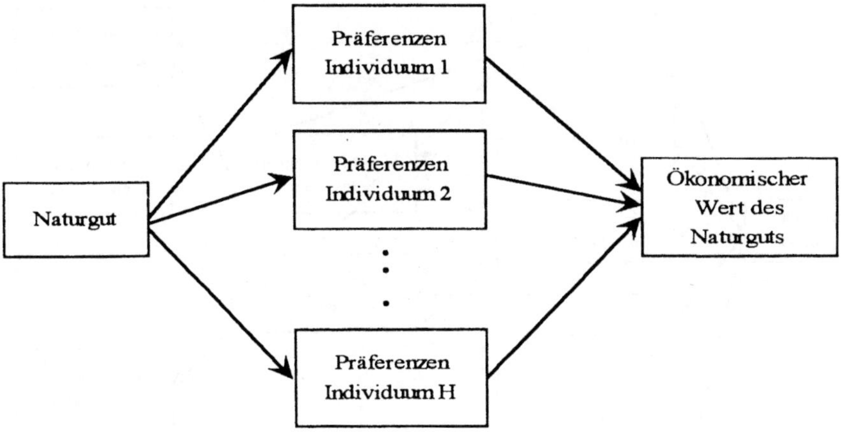

Abbildung 20.1. Die menschlichen Präferenzen als „Filter" bei der ökonomischen Bewertung von Naturgütern

Infolge eines Umweltprojekts oder auch eines Umweltunfalls können sich zumindest potentiell neben dem "Angebot" an Naturgütern auch die Einkommen der betroffenen Bevölkerung und einzelne Marktgüterpreise ändern. Werden beispielsweise infolge eines Tankerunglücks umfangreiche Fischbestände vernichtet, so hat dies auch Auswirkungen auf die Einkommen der Fischer und - über die daraus resultierenden Nachfrageeffekte - auch auf die Konsumgüterpreise der Region. Wird der Fischfang für längere Zeit unterbrochen, so beeinflußt dies sicherlich die Preise für Ausrüstungsgegenstände und natürlich die Fischpreise. Wird umgekehrt beispielsweise im Rahmen eines Umweltprojekts ein neuer Angelsee angelegt, so wird auch dies Einfluß auf das Preisgefüge und unter Umständen auf die Einkommen der betreffenden Region (z. B. durch einen vermehrten Besuch von Touristen oder Tagesgästen) haben. Wegen der hieraus resultierenden Effekte auf den Marktgüterkonsum ändert sich das Wohlbefinden bzw. der Nutzen der betroffenen Menschen in doppelter Weise: zum einen durch die von ihnen empfundene Änderung der Umweltqualität und zum andern durch die Änderung ihres Marktgüterkonsums. Diese Effekte sind in Abb. 20.2 als Übersicht zusammengestellt.

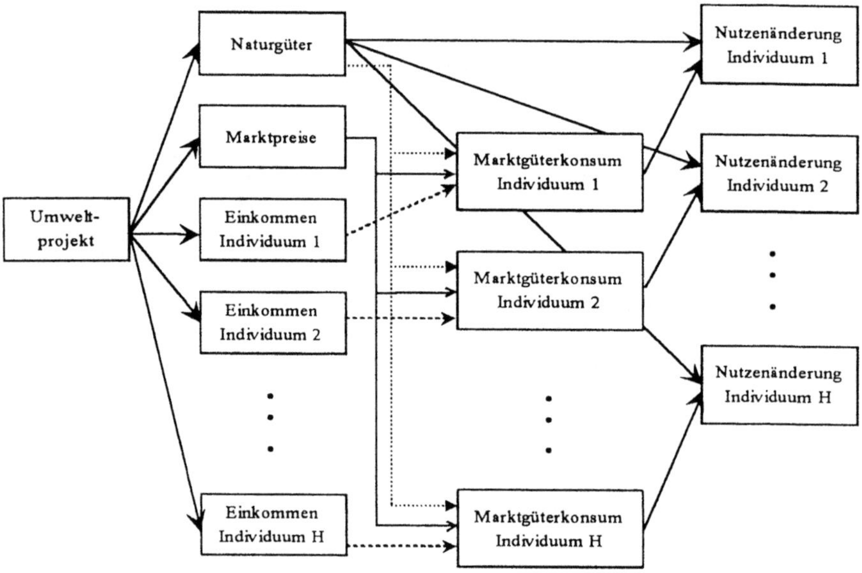

Abbildung 20.2. Die Beeinflußung des menschlichen Nutzens durch ein Umweltprojekt

In einer anthropozentrischen Welt ist ein Umweltprojekt dann gutzuheißen, wenn es den Nutzen der betroffenen Menschen erhöht. Da Nutzen weder empirisch beobachtbar noch objektiv meßbar ist, hat sich sowohl in der ökonomischen Theorie als auch in der politischen Praxis die Messung von Nutzenänderungen in Geldeinheiten durchgesetzt. Das in diesem Zusammenhang am häufigsten zum Einsatz kommende Nutzen- oder Wohlfahrtsmaß ist die von John Hicks in die ökonomische Literatur eingeführte sogenannte Kompensierende (Einkommens-) Variation (vgl. z. B. Hicks 1941 oder 1943). Die Hickssche Kompensierende Variation ("compensating variation") mißt den monetären Wert eines für ein Individuum nutzenerhöhenden Projekts durch denjenigen Geldbetrag, den man dem Individuum nach Durchführung dieses Projekts maximal entziehen könnte, ohne daß es sich schlechter fühlt als in der Ausgangssituation, d. h. vor Durchführung des Projekts. Damit ist die Kompensierende Variation für ein *nutzenerhöhendes Projekt* gleich der *maximalen Zahlungsbereitschaft* des betreffenden Individuums für dieses Projekt.

Umgekehrt mißt die Kompensierende Variation den monetären Wert eines für ein Individuum nutzenvermindernden Projekts durch denjenigen Geldbetrag, den man dem Individuum nach Durchführung dieses Projekts mindestens geben müßte, damit es sich nicht schlechter fühlt als in der Ausgangssituation. Die Kompensierende Variation für ein *nutzenverminderndes Projekt* ist damit gleich seiner *minimalen Entschädigungsforderung* für dieses Projekt. Die Kompensierende Variation ist positiv (negativ), wenn das betreffende Projekt den Nutzen des betrachteten Individuums erhöht (vermindert).[2]

Wir haben gesehen, daß ein bestimmtes Umweltprojekt (oder ein Umweltunfall) im wesentlichen drei verschiedene Arten von ökonomisch relevanten Effekten - zumindest potentiell - hervorrufen kann: Preiseffekte, Einkommenseffekte und Umwelteffekte. Die Kompensierende Variation kann aufgrund ihrer mathematischen Struktur als Wohlfahrtsmaß (s. Fußnote 2) in drei Teilmaße additiv zerlegt werden, wobei jedes dieser Teilmaße einen der genannten Effekte wohlfahrtstheoretisch bewertet. Bezeichnet man die ein Umweltprojekt insgesamt betreffende Kompensierende Variation für einen Haushalt h mit CV_h, so läßt sich dieses Gesamtmaß gemäß

$$CV_h = CVI_h + CVP_h + CVN_h$$

additiv in seine Teileffekte zerlegen. Hierbei bezeichnet CVI_h die Kompensierende Variation der projektbedingten Einkommensänderung des betrachteten Haushalts, CVP_h die Kompensierende Variation der Preisänderungen und CVN_h die Kompensierende Variation der Naturgütereffekte. Jeder dieser Effekte kann somit mit Hilfe der Kompensierenden Variation unabhängig von den beiden anderen wohlfahrtstheoretisch bewertet werden.

Diese additive Separabilität der Kompensierenden Variation in den Einkommens-, Preis- und Umwelteffekten hat erhebliche Vorteile im Hinblick auf ihre empirische Berechenbarkeit, da diese Teileffekte mit unterschiedlichen empirischen Verfahren berechnet und dann additiv zusammengefügt werden können. Dies ist insbesondere deshalb von Vorteil, weil sowohl für die empirische Bestimmung von CVI_h als auch von CVP_h sogenannte exakte ökonometrische Verfahren existieren, während dies für die Umwelteffekte CVN_h nicht zutrifft (siehe z. B. Ahlheim & Wagenhals 1988). Die Bestimmung von CVI_h und CVP_h beruht im wesentlichen auf der Verwendung empirisch objektiv beobachtbarer Marktdaten wie Einkommen, Güterpreisen und Nachfragemengen, auf deren Basis dann die Marktnachfragefunktionen eines Haushalts ökonometrisch geschätzt und zur Berechnung der CV integriert werden können.[3] Die empirische Ermittlung der Umwelteffekte CVN_h scheitert im wesentlichen daran, daß Umwelt- und Naturgüter nicht auf Märkten gehandelt werden, so daß hier kein empirisch beobachtbares Käuferverhalten vorliegt, von dem dann auf die Präferenzen eines Haushalts bezüglich dieser Güter geschlossen werden könnte. Die empirische Bestimmung der Wohlfahrtseffekte von Umwelt- und Naturgütern stellt nach wie vor eine der großen Herausforderungen der Ökonomie dar, auf die im nächsten Untersuchungsteil ausführlicher eingegangen werden soll.

Zunächst sollte jedoch zumindest kurz ein anderes Problem ökonomischer Bewertungsanalysen betrachtet werden: das sogenannte Aggregationsproblem. Bisher haben wir uns nur mit der Frage beschäftigt, wie die Auswirkungen eines Umweltprojekts auf den individuellen Nutzen empirisch bestimmt werden können. Bei fast jedem größeren Projekt ist jedoch damit zu rechnen, daß der Nutzen einiger Individuen zunimmt, während sich andere Individuen infolge des betreffenden Projekts verschlechtern. Dabei stellt sich die Frage, wie diese heterogenen Nutzenänderungen zu dem Konstrukt einer "gesellschaftlichen Wohlfahrtsänderung" aggregiert werden können, auf deren Grundlage dann über Realisierung oder Nichtrealisierung des betreffenden Projekts entschieden werden soll. Ein analoges Problem stellt sich bei der Ermittlung des infolge eines Umweltunfalls entstandenen gesellschaftlichen Schadens auf der Basis individueller Wohlfahrtsänderungen.

Das Aggregationsproblem ist natürlich nicht wissenschaftlich-objektiv, sondern nur auf der Basis normativer Überlegungen lösbar. In praktischen Nutzen-Kosten-Analysen wird einfach eine gesellschaftliche Kompensierende Variation CV als Summe der individuellen Kompensierenden Variationen über alle betroffenen Haushalte gemäß

$$CV = \Sigma_h CV_h = \Sigma_h CVI_h + \Sigma_h CVP_h + \Sigma_h CVN_h$$

gebildet, wobei die Preis- und Einkommenseffekte einerseits und die Umwelteffekte andererseits wieder mit unterschiedlichen Methoden getrennt berechnet und dann zusammengefügt werden.

Nach dem sogenannten Hicks-Kaldor-Kriterium gilt ein Umweltprojekt als gesellschaftlich vorteilhaft (nachteilig), wenn die Summe der individuellen Kompensierenden Variationen positiv (negativ) ist. Die Rationalität, auf die sich dieses Kriterium stützt, besagt, daß im Falle einer positiven Summe der individuellen Kompensierenden Variationen die individuellen Zahlungsbereitschaften der Gewinner des betreffenden Projekts insgesamt offensichtlich größer sind als die aggregierten Entschädigungsforderungen der Verlierer. Dies impliziert, daß die Gewinner potentiell in der Lage wären, die Verlierer für die ihnen entstandenen projektbedingten Nachteile vollständig zu entschädigen und dennoch einen Nutzenüberschuß zu erlangen. Bei tatsächlicher Durchführung solcher hypothetischer Kompensationszahlungen wären dann infolge des Projekts einige Individuen bessergestellt, ohne daß irgendein Gesellschaftsmitglied schlechtergestellt wäre. Ein Projekt, bei dem eine solche Kompensationslösung potentiell möglich ist, gilt als gesellschaftlich vorteilhaft im Sinne des Hicks-Kaldor-Kriteriums, und zwar unabhängig davon, ob die Zahlungen tatsächlich durchgeführt werden oder nicht. Die Tatsache, daß dieses Kriterium sowohl wegen seiner Verteilungswirkungen als auch wegen seiner mangelhaften wohlfahrtstheoretischen Konsistenz heftig angegriffen wird, hat seiner Popularität im Hinblick auf praktische Nutzen-Kosten-Untersuchungen keinen Abbruch getan.

Mit dem Wohlfahrtsmaß CV wird somit der einer Gesellschaft insgesamt aus einem Umweltprojekt erwachsende "Nettonutzen" in Geldeinheiten gemessen. Die "Kosten" eines Projekts bestehen bei dieser Betrachtungsweise in nutzenvermindernden Effekten wie projektbedingten Einkommensverminderungen, Preissteigerungen oder Verminderungen der Umweltqualität. So werden bei der Durchführung eines solchen Projekts knappe volkswirtschaftliche Ressourcen eingesetzt, die aus anderen nutzenspendenden Verwendungen abgezogen werden. Durch die projektbedingte zusätzliche Nachfrage nach den entsprechenden Produktionsfaktoren erhöhen sich deren Marktpreise, was wiederum Rückwirkungen auf die Konsumgüterpreise und damit auf die Nachfrage und den Nutzen der Haushalte hat. In vereinfachten Formen der Nutzen-Kosten-Analyse werden diese negativen Nutzeneffekte unmittelbar durch die Projektkosten, d. h. durch das Produkt aus eingesetzten Inputs und den entsprechenden Inputpreisen, bestimmt. Dies entspricht einer linearen Approximation der theoretisch korrekten Kompensierenden Variation und damit einer aus theoretischer Sicht nur schwer verdaulichen, wenn auch in der Praxis sehr beliebten Vereinfachung (siehe hierzu Ahlheim 1995).

Aus den Überlegungen dieses Abschnitts wurde deutlich, daß die empirische Erfassung der Einkommens- und Preiseffekte CVI_h und CVP_h von Umweltprojekten oder Umweltunfällen in der Praxis zwar sehr aufwendig, aber dennoch auf theoretisch befriedigende Weise möglich ist. Für eine vollständige ökonomische Bewertung solcher Ereignisse ist jedoch auch die empirische Messung der Umwelt- bzw. Naturgütereffekte CVN_h notwendig. Auf diese Problematik soll im nächsten Abschnitt ausführlicher eingegangen werden.

3 Die Bewertung von Naturgütern im Rahmen von Nutzen-Kosten-Analysen

Das entscheidende Problem bei der ökonomischen Bewertung von Naturgütern liegt, wie bereits erwähnt wurde, in der Tatsache begründet, daß solche Güter nicht auf Märkten gehandelt werden, so daß es nicht möglich ist, von dem beobachtbaren Kaufverhalten der einzelnen Haushalte auf ihre Präferenzen für die betreffenden Naturgüter zu schließen. Die ökonomische Theorie unterstellt, daß jedes auf Märkten gehandelte Gut von einem Haushalt bis zu derjenigen Menge nachgefragt wird, wo die letzte konsumierte Gütereinheit gerade soviel Nutzen (in Geldeinheiten ausgedrückt) stiftet, wie sie ihn kostet. Damit bilden die Ausgaben eines Haushalts für ein bestimmtes Gut eine untere Schranke für den (in Geldeinheiten ausgedrückten) Nutzen, den dieses Gut bei dem betreffenden Haushalt erzeugt.

In Analogie zu diesen für Marktgüter gültigen Überlegungen versuchen die sogenannten indirekten Bewertungsverfahren für Naturgüter, von dem Aufwand, den ein Individuum für die Nutzung eines bestimmten Naturguts treibt, auf den Nutzen zu schließen, den es aus diesem Gut zieht. Nach der sogenannten Aufwandsmethode würde man beispielsweise bei der ökonomischen Bewertung der Anlage eines neuen Badesees unter anderem untersuchen, wie oft ein bestimmtes Individuum diesen Badesee pro Jahr aufsucht, wieviel Zeit es für die Anfahrt aufwendet und wieviel Zeit es vor Ort verbringt. Dann muß dieser zeitliche Aufwand (je nach alternativen Verwendungsmöglichkeiten) in Geldeinheiten bewertet werden. Weiterhin muß ermittelt werden, welche Kosten dem betrachteten Individuum bei An- und Abfahrt und vor Ort entstehen usw. Alle im Zusammenhang mit der Nutzung eines solchen Sees entstehenden materiellen und (in Geldeinheiten bewerteten) immateriellen Aufwendungen werden sodann addiert und bilden eine untere Schranke für den in Geldeinheiten ausgedrückten Nutzen, den das betreffenden Individuum aus diesem Badesee zieht.

Eine andere indirekte Bewertungsmethode beruht auf den sogenannten Hedonischen Preisen für Naturgüter. Diese Methode unterstellt, daß in Grundstücks- und Immobilienpreisen häufig eine Preiskomponente enthalten ist, die sich auf die Umgebung bezieht, in der sich die betreffende Immobilie befindet. In einem am Meer gelegenen Apartmenthaus sind beispielsweise im allgemeinen die Wohnungen mit Meerblick teuerer als die dem Meer abgewandten Wohnungen. Die Preisdifferenz wird (bei Baugleichheit der Wohnungen) nach der Hedonischen Preismethode als der Preis des Naturguts "Meerblick" interpretiert. Diese Überlegungen lassen sich natürlich auch auf die Entwicklung der Grundstücks- und Immobilienpreise nach der Anlage eines neuen Badesees oder nach der Rekultivierung einer vormals unattraktiven Industrielandschaft übertragen.[4]

Der Nachteil der indirekten Bewertungsverfahren besteht darin, daß ihre Anwendung von dem Vorliegen beobachtbarer Nutzungshandlungen im Hinblick auf das zu bewertende Naturgut beruhen. Dadurch sind sie nur zur Erfassung des sogenannten Gebrauchswerts ("use value") von Naturgütern in der Lage, d. h. desjenigen Werts, der durch eine unmittelbare persönliche Nutzung des betreffenden Naturguts entsteht, also z. B. durch das Baden in einem Badesee, das Wandern auf einem Naturlehrpfad oder das Wohnen am Meer. Es ist jedoch offensichtlich, daß viele Naturgüter jenseits dieser Gebrauchswerte auch sogenannte Nichtgebrauchswerte ("non-use values") erzeugen. So fühlten sich in den USA und auch außerhalb Tausende von Menschen von der aus dem bereits erwähnten Tankerunglück vor Alaska 1989 resultierenden Umweltverschmutzung betroffen, weil die dort zerstörten Naturgüter offensichtlich so etwas wie einen "Existenzwert" für diese Menschen hatten. Dennoch waren weder vor noch nach diesem Unglück konkrete Nutzungshandlungen im Hinblick auf die betroffene Region zu beobachten, auf die man die Aufwandsmethode hätte anwenden können. Ebenso schätzen viele Menschen die reine Existenz der tropischen Regenwälder, ohne jemals persönlich eine Reise in die betreffenden Länder unternommen zu haben. Analog hierzu stehen auch Options- oder Vermächtniswerte[5] von Naturgütern in keinerlei Zusammenhang mit Nutzungshandlungen oder sonstigen beobachtbaren Tatbeständen, von denen auf die Wertschätzung für diese Güter geschlossen werden könnte.

Da die Nichtgebrauchswerte von Naturgütern offensichtlich mit den indirekten Bewertungsmethoden nicht erfaßt werden können, wurde in den letzten Jahren die Entwicklung sogenannter direkter Bewertungsverfahren vorangetrieben, die heute vor allem unter der Bezeichnung Kontingente Evaluierungsmethode ("contingent valuation method") zusammengefaßt werden. Die theoretische Basisidee der Kontingenten Evaluierungsmethode (KEM) besteht darin, auch für (eigentlich nicht marktfähige) Naturgüter fiktive oder hypothetische Märkte zu schaffen, auf denen diese Güter "gehandelt" werden. Von dem auf diesen fiktiven Märkten beobachteten Nachfrageverhalten wird dann in Analogie zu der Bewertung von Marktgütern auf die Wertschätzung, die diesen Gütern von den privaten Haushalten entgegengebracht wird, und damit auf ihren ökonomischen Wert geschlossen.

In der Praxis führt die KEM zu Befragungen, bei denen die Kompensierende Variation und damit die Zahlungsbereitschaft eines Individuums für ein bestimmtes Naturgut in einem dreistufigen Verfahren ermittelt wird. Auf der ersten Stufe wird dem befragten Individuum zunächst das von ihm (fiktiv) zu kaufende Naturgut, also z. B. ein neu anzulegender Badesee, möglichst ausführlich und anschaulich beschrieben. Dieser Aufgabe, bei der auch optische Hilfsmittel wie retuschierte Fotografien oder Videofilme verwendet werden, kommt eine besondere Bedeutung zu, da die zu "kaufenden" Güter in den meisten Fällen ja noch nicht existieren und daher - im Gegensatz zu den meisten Marktgütern - nicht vorab betrachtet werden können. Je weniger Erfahrung ein Haushalt im Umgang mit einem solchen Gut hat und je weniger exakt seine Vorstellung von dem Nutzen ist, den er aus diesem Gut einmal ziehen wird, desto geringer ist die Ernsthaftigkeit seiner Zahlungsbereitschaftsangabe.

Auf der zweiten Stufe einer KEM-Studie muß der Haushalt über den auf dem fiktiven Markt für das zu bewertende Naturgut herrschenden Marktmechanismus aufgeklärt werden. So muß dem Haushalt vermittelt werden, welchen Einfluß die von ihm geäußerte Zahlungsbereitschaft auf die Realisierung des betreffenden Umweltprojekts bzw. auf die Bereitstellung des betreffenden Naturguts hat. So wird ihm z. B. häufig gesagt, daß ein bestimmtes Projekt nur dann realisiert wird, wenn die Summe der geäußerten Zahlungsbereitschaften mindestens die Projektkosten deckt. Wichtig ist, daß der befragte Haushalt die Vorstellung erhält, daß seine Antwort unter Umständen entscheidend für das Zustandekommen des zu bewertenden Projekts sein kann. Weiterhin muß ihm mitgeteilt werden, welcher Zusammenhang zwischen der von ihm geäußerten Zahlungsbereitschaft einerseits und der im Realisierungsfall von ihm tatsächlich zu leistenden Zahlung besteht. Hier kann man ihm z. B. mitteilen, daß die anfallenden Kosten gleichmäßig unter allen Betroffenen aufgeteilt werden oder im Verhältnis zu den genannten Zahlungsbereitschaften oder auch, daß überhaupt keine spätere Zahlungsverpflichtung zu erwarten ist. Selbstverständlich sind die auf dieser Stufe gemachten Angaben entscheidend für die Ernsthaftigkeit und die Aufrichtigkeit der zu erwartenden Antworten. Wird keine Zahlungsverpflichtung erwartet, so wird die Befragung unter Umständen nicht ernst genommen, oder es wird bewußt eine viel zu hohe Zahlungsbereitschaft angegeben. Umgekehrt ist mit einer Verzerrung nach unten zu rechnen, wenn ein positiver Zusammenhang zwischen geäußerter Zahlungsbereitschaft und später zu leistender Zahlung konstruiert wird. Labortests haben allerdings ergeben, daß die Bedeutung solcher strategischer Verzerrungen in der Praxis wesentlich geringer ist, als man auf den ersten Blick annehmen würde.

Auf der dritten Stufe schließlich wird die entscheidende Frage nach der Zahlungsbereitschaft für das zu bewertende Naturgut oder Umweltprojekt gestellt. Bei früheren Untersuchungen zeigte sich, daß hier die offene, direkte Fragestellung ("Wieviel wären Sie für das fragliche Naturgut zu zahlen bereit?") zu wenig brauchbaren Ergebnissen führt, da den befragten Personen im allgemeinen jegliche Erfahrung im Umgang mit den betreffenden Gütern und damit auch jegliche

Wertvorstellung fehlt. Hilfsverfahren wie hypothetische Versteigerungen ("bidding game") oder die Zahlkartenmethode, bei der auf einer Karte verschiedene Zahlungsvorschläge gemacht werden, um den Befragten einen realistischen Rahmen für ihre Antworten vorzugeben, führten ebenfalls zu verzerrten Ergebnissen (vgl. z. B. Carson 1991).

Aus diesem Grunde kommt bei modernen KEM-Studien die sogenannte Referendumsmethode ("dichotomous choice method") zum Einsatz. Bei dieser Methode wird die befragte Person ähnlich wie beim Kauf von Marktgütern mit einem festen Preis konfrontiert und gefragt, ob sie bereit wäre, diesen Preis für das betreffende Naturgut zu zahlen oder lieber auf dieses Gut verzichten würde. Da diese Methode der alltäglichen Einkaufssituation im Supermarkt am nächsten kommt, erwartet man sich von ihr die zuverlässigsten Ergebnisse. Ihr Nachteil besteht vor allem darin, daß man wesentlich mehr Befragungen durchführen muß als beispielsweise bei dem früher verwendeten offenen, direkten Fragemodus, wodurch sich eine KEM-Studie auf der Basis der Referendumsmethode sehr verteuert. Mit der Referendumsmethode erfährt man natürlich normalerweise nicht die exakte Zahlungsbereitschaft eines einzelnen Haushalts für ein bestimmtes Naturgut, sondern nur deren obere (im Fall einer "Nein"-Antwort) oder untere (im Fall einer "Ja"-Antwort) Schranke. Daher kann mit dieser Methode keine individuelle, sondern nur eine aggregierte Zahlungsbereitschaftsfunktion für ein bestimmtes Naturgut hergeleitet werden. Für die Ermittlung der aggregierten Kompensierenden Variation $\Sigma_h CVN_h$ für das betreffende Naturgut sind diese Informationen jedoch ausreichend.

Die Kritik an der KEM ist zu vielfältig, um hier auch nur annähernd befriedigend wiedergegeben werden zu können. Daher sei in diesem Zusammenhang vor allem auf die bereits erwähnten Arbeiten von Hausman (1993), Portney (1994), Hanemann (1994) und Diamond & Hausman (1994) verwiesen. Die Zweifel der Kritiker richten sich zum einen gegen die Glaubwürdigkeit der KEM-Antworten aufgrund der Befragungssituation, da unter anderem befürchtet wird, daß die Testpersonen die Befragung nicht ernst genug nehmen oder aus strategischen Gründen bewußt falsche Antworten geben. Denkbar sind natürlich auch Verzerrungen, die unmittelbar mit der Person des Interviewers und seiner Fähigkeit, exakte Informationen über das zu bewertende (tatsächlich aber noch nicht existierende) Naturgut zu vermitteln, zusammenhängen. Andere Bedenken sind vor allem theoretischer Natur. Hierzu gehört vor allem die Einbettungshypothese, nach der von den befragten Personen möglicherweise nicht klar genug zwischen dem einzelnen zu bewertenden Naturgut einerseits und dem generellen Bedürfnis, etwas "Gutes" für die Natur bzw. Umwelt zu tun, unterschieden wird. Dies kann dann dazu führen, daß sich die geäußerte Zahlungsbereitschaft in Wirklichkeit nicht auf das konkret zu bewertende Naturgut, sondern im Extremfall auf die Rettung der Natur insgesamt bezieht (und dann natürlich viel zu hoch ist). Trotz einer inzwischen kaum mehr überschaubaren Zahl von Studien zu diesem Thema ist die Frage der empirischen Zuverlässigkeit der KEM bis heute nicht abschließend geklärt, so daß hier noch ein erheblicher Forschungsbedarf besteht.

4 Abschließende Bemerkungen

In den vorangegangenen Abschnitten wurden zum einen die wohlfahrtstheoretischen Grundlagen der ökonomischen Bewertung von Naturgütern erläutert und zum andern praktische Verfahren zur Bewertung solcher Güter vorgestellt. Während die wohlfahrtstheoretische Bewertung der Preis- und Einkommenseffekte von Umweltveränderungen mit Hilfe inzwischen etablierter ökonometrischer Verfahren theoretisch und empirisch befriedigend durchgeführt werden kann, ist die ökonomische Bewertung von Naturgütern, die nicht auf Märkten gehandelt werden können, noch immer Gegenstand heftiger wissenschaftlicher Kontroversen.

Es wurde erläutert, daß die indirekten Verfahren zur ökonomischen Bewertung von Naturgütern wie die Aufwandsmethode oder die Methode der Hedonischen Preise den tatsächlichen Wert von Naturgütern nicht vollständig erfassen können, da sie nur zur Messung des sogenannten Gebrauchswertes von Naturgütern geeignet sind. Die einzige Methode, die auch zur Erfassung der Nichtgebrauchswerte von Naturgütern eingesetzt werden kann, ist die Kontingente Evaluierungsmethode, deren empirische und theoretische Zuverlässigkeit in der ökonomischen Literatur allerdings noch immer heftig umstritten ist.

Da eine empirische Ermittlung der Nichtgebrauchswerte von Naturgütern mit anderen Methoden aus gegenwärtiger Sicht nicht möglich ist, müssen Reliabilität und Validität der Kontingenten Evaluierungsmethode auch weiterhin Gegenstand der ökonomischen Forschung bleiben. Ein Einsatz der KEM als Instrument zur Schadensbemessung im Rahmen von Umwelthaftungsprozessen, wie er in den USA bereits praktiziert wird, erscheint zum jetzigen Zeitpunkt verfrüht, da die Exaktheit dieser Methode bei der Schadensbestimmung noch nicht ausreichend nachgewiesen ist und da hier auch "kleine" Ungenauigkeiten für den Fortbestand eines Unternehmens unter Umständen von entscheidender Bedeutung sein können.

Eine vollständige Aufgabe der KEM, wie dies von ihren Kritikern gefordert wird, hätte fatale Folgen, da hierdurch eine empirische Erfassung der Nichtgebrauchswerte von Naturgütern endgültig unmöglich würde. Dies würde einerseits zu einer systematischen Unterbewertung der Natur und damit zu einer Diskriminierung naturverbessernder Umweltprojekte zugunsten anderer naturferner Projekte und andererseits zu einer "Verbilligung" umweltschädigenden Verhaltens führen. Schon aus diesem Grunde ist es dringend notwendig, die theoretische und empirische Erforschung der Kontingenten Evaluierungsmethode voranzutreiben.

Literatur

Ahlheim, M. 1995. Nutzen-Kosten-Analyse und Kontingente Evaluierung bei der Bewertung von Umweltprojekten. Staatswissenschaften und Staatspraxis 6: 317-358.

Ahlheim, M. & Rose, M. 1992. Messung individueller Wohlfahrt. 2. Auflage. Berlin.

Ahlheim, M. & Wagenhals, G. 1988. Exakte Wohlfahrtsmaße in der Nutzen-Kosten-Analyse. Zeitschrift für Wirtschafts- und Sozialwissenschaften 108: 169-193.

Breslaw, J.A. & Smith, J.B. 1995. A simple and efficient method for estimating the magnitude and precision of welfare changes. Journal of Applied Econometrics 10: 313-327.

Carson, R.T. 1991. Constructed markets. In: Braden, J.B & Kolstad, C.D. (eds.): Measuring the Demand for Environmental Quality. Amsterdam: 120-162.

Diamond, P.A. & Hausman, J.A. 1994. Contingent valuation: Is some number better than no number? Journal of Economic Perspectives 8: 45-64.

Endres, A. & Holm-Müller, K. 1998. Die Bewertung von Umweltschäden, Theorie und Praxis sozioökonomischer Verfahren. Stuttgart.

Hanemann, W.M. 1994. Valuing the environment through contingent valuation. Journal of Economic Perspectives 8: 19-43.

Hanemann, W.M. 1995. Contingent valuation and economics. In: Willis, K.G. & Corkindale, J.T. (eds.): Environmental Valuation - New Perspectives, CAB International, Oxon: 79-117.

Hausman, J.A. 1993. Contingent Valuation: a Critical Assessment. Amsterdam.

Hicks, J.R. 1941. The rehabilitation of consumer's surplus. Review of Economic Studies 8: 108- 116.

Hicks, J.R. 1943. The four consumer's surpluses. Review of Economic Studies 11: 31-41.

National Oceanic and Atmospheric Administration 1993. Report of the NOAA panel on contingent valuation. Federal Register 58/10: 4602-4614.

Portney, P.R. 1994. The contingent valuation debate: Why economists should care. Journal of Economic Perspectives 8: 3-17.

Stahmer, C. 1993. Umweltbezogene Erweiterungen der Volkswirtschaftlichen Gesamtrechnungen: Die Konzeption der Vereinten Nationen mit Input-Output-Anwendungen. In: Schnabl, H.(Hrsg.): Ökointegrative Gesamtrechnung - Ansätze, Probleme, Prognosen. Berlin: 11 ff.

Stahmer, C. 1996. Ökologie und Volkswirtschaftliche Gesamtrechnungen, in: Siebert, H. (Hrsg.): Elemente einer rationalen Umweltpolitik, Expertisen zur umweltpolitischen Neuorientierung. Tübingen.

Stephan, G. &Ahlheim, M. 1996. Ökonomische Ökologie. Berlin u. a. O.

Vartia, Y.O. 1983. Efficient methods of measuring welfare change and compensated income in terms of ordinary demand functions. Econometrica 51: 79-98.

Anmerkungen

1 Siehe National Oceanic and Atmospheric Administration (1993).

2 Formal ist die Kompensierende Variation $CV_h^{0(1}$ für ein Individuum h definiert als die Differenz zweier Werte der Ausgabenfunktion $e_h(p,n,U_h)$, wobei p der Marktpreisvektor, n der Vektor der Mengen bzw. Qualitäten der Naturgüter und U_h das Nutzenniveau eines Individuums h (h = 1,2,...,H) ist. Die Ausgabenfunktion $e_h(p,n,U_h)$ gibt denjenigen Einkommensbetrag an, den das Individuum h bei den Marktgüterpreisen p und den

Naturgütermengen bzw. -qualitäten n mindestens benötigt, um (durch geeignete Marktgüterkäufe) das Nutzenniveau U_h zu realisieren. Die Kompensierende Variation ist nun definiert als $CV_h^{0\Omega} = e_h(p^\Omega, n^\Omega, U_h^\Omega) - e_h(p^\Omega, n^\Omega, U_h^0)$, wobei das Superskript 0 die jeweiligen Ausgangswerte und Ω die jeweiligen Endwerte (nach Durchführung des Projekts) der verschiedenen Variablen symbolisiert. Die Kompensierende Variation ist damit gleich derjenigen Einkommensänderung, die das Individuum für das zu bewertende Umweltprojekt (im positiven oder negativen Sinne) kompensiert. Wegen der strengen Monotonie der Ausgabenfunktion im Nutzenniveau U gilt, wie oben behauptet wurde,

$$CV_h^{0\Omega} \gtreqless 0 \Leftrightarrow \Delta^{0\Omega} U_h \gtreqless 0 \ ,$$

wobei $\Delta^{0\Omega} U_h$ die durch das Umweltprojekt verursachte Nutzenänderung bezeichnet. Für weitere Eigenschaften der Kompensierenden Variation siehe z. B. Ahlheim & Rose (1992, S. 67 ff.).

3 Durch einige kleinere Umformungen kann man zeigen, daß die Kompensierenden Variationen für Einkommens- und Preisänderungen als

$$CVI_h + CVP_h = I_h^\Omega - I_h^0 - \int_{p^0}^{p^\Omega} \xi_h(p, n^\Omega, U_h^0)\, dp$$

dargestellt werden können, wobei $\xi_h(p,n,U_h)$ der Vektor der sogenannten einkommenskompensierten (Hicksschen) Nachfragefunktionen ist. Das Integral über diese Funktionen kann mit Hilfe eines auf Vartia (1983) zurückgehenden Verfahrens auf der Basis des (im Gegensatz zu $\xi(p,n,U)$ empirisch beobachtbaren) Marshall-Nachfragesystems eines Haushalts exakt berechnet werden (siehe z. B. Ahlheim & Rose (1992, S. 86 ff.) oder Breslaw & Smith 1995).

4 Für eine ausführlichere Darstellung der Hedonischen Preismethode und anderer indirekter Bewertungsverfahren siehe z. B. Stephan & Ahlheim (1996, S. 154 ff.) oder Endres & Holm-Müller (1998, S. 32 ff.).

5 Der Optionswert eines Naturguts entsteht aus der Tatsache, daß mir beispielsweise das Wissen um die Existenz der Sahara die Option offenhält, irgendwann in meinem Leben einmal dorthin zu fahren, auch wenn ich das bisher nicht getan habe und somit bisher auch keine Nutzungshandlung bei mir zu beobachten war. Eine großflächige Nutzung der Sahara als Mülldeponie würde diese Option zerstören und damit zu einer Nutzenverminderung führen. Der Vermächtniswert eines Naturguts erklärt sich daraus, daß man die Erhaltung eines Guts im Hinblick auf seine spätere Nutzung durch zukünftige Generationen auch dann wünschen kann, wenn man selbst eine Nutzung nicht in Betracht zieht. Auch hier würde eine Zerstörung dieses Gutes zu einer Nutzenverminderung führen.

Batch number: 10815974

Printed by Printforce, the Netherlands